レクチャーノート／ソフトウェア学 50

ソフトウェア工学の基礎 31

戸田 航史・藤原 賢二　編

まえがき

プログラム共同委員長　戸田 航史　藤原 賢二

本書は，日本ソフトウェア科学会「ソフトウェア工学の基礎」研究会 (FOSE: FOundation of Software Engineering) が主催する第 31 回ワークショップ (FOSE2024) の論文集です．ソフトウェア工学の基礎ワークショップは，ソフトウェア工学の基礎技術を確立することを目指し，研究者・技術者の議論の場を提供します．大きな特色は異なる組織に属する研究者・技術者が，3 日間にわたって寝食を共にしながら自由闊達な意見交換と討論を行う点にあります．第 1 回の FOSE は，1994 年に信州穂高で開催し，それ以降，日本の各地を巡りながら，毎年秋から初冬にかけて実施しており，今回で 31 回となります．本年は，佐賀県川上峡での開催になります．目は紅葉，耳は清流，体は温泉で癒やしつつ，活発な議論が行われることを期待します．

本年もこれまでと同様に，以下の 3 つのカテゴリで論文および発表を募集しました．

1. 通常論文ではフルペーパー (10 ページ以内) とショートペーパー (6 ページ以内) の 2 種類を募集しました．投稿は，フルペーパーに 17 編，ショートペーパーに 5 編あり，それぞれ 3 名のプログラム委員による並列査読，および，プログラム委員会での厳正な審議を行いました．その結果，フルペーパーとして 7 編，ショートペーパーとして 15 編の論文を本論文集に掲載しました．
2. ライブ論文 (2 ページ以内の速報的な内容) には，28 編の応募があり，全てを採録として，本論文集に掲載しました．ワークショップでは，論文内容についてポスター発表が行われます．
3. ポスター・デモ発表として，本論文集に掲載されない形でのポスター発表やデモンストレーションを受け付けました．24 件の応募があり，全て発表いただくことを決定しました．

なお，日本ソフトウェア科学会の学会誌「コンピュータソフトウェア」において，本ワークショップと連携した特集号が企画されています．この特集号に投稿しやすくするため，本ワークショップ論文のフォーマットを同学会誌と同一としております．本ワークショップから数多くの論文がこの特集号に投稿されることを期待します．

基調講演では，佐賀大学の掛下 哲郎氏に「生成 AI の活用を前提としたソフトウェア工学のパラダイム転換と教育」というタイトルで講演いただきます．掛下氏のこれまでのご研究を踏まえ，プログラミング，ソフトウェア工学研究の生成 AI による転換について紹介いただきます．最後に，本ワークショップのシニアプログラム委員の皆様，プログラム委員の皆様，出版委員長の中才 恵太朗氏，ソフトウェア工学の基礎研究会主査の沢田 篤史氏，近代科学社編集部および関係諸氏に感謝いたします．

Koji Toda, 福岡工業大学, Fukuoka Institute of Technology.
Kenji Fujiwara, 奈良女子大学, Nara Women's University.

プログラム委員会

共同委員長

戸田 航史　（福岡工業大学）
藤原 賢二　（奈良女子大学）

出版委員長

中才 恵太朗（大阪公立大学工業高等専門学校）

プログラム委員

天嵜 聡介　(岡山県立大学)
阿萬 裕久　(愛媛大学)
石尾 隆　(はこだて未来大学)
石川 冬樹　(国立情報学研究所)
市井 誠　(日立製作所)
伊藤 恵　(はこだて未来大学)
伊原 彰紀　(和歌山大学)
上野 秀剛　(奈良高専)
大平 雅雄　(和歌山大学)
小形 真平　(信州大学)
柏 祐太郎　(奈良先端科学技術大学院大学)
鹿糠 秀行　(日立製作所)
神谷 年洋　(島根大学)
切貫 弘之　(NTT)
桑原 寛明　(南山大学)
近藤 将成　(九州大学)
嶋利 一真　(奈良先端科学技術大学院大学)
関澤 俊弦　(日本大学)
田原 康之　(電気通信大学)
崔 恩瀞　(京都工芸繊維大学)
角田 雅照　(近畿大学)
中川 博之　(岡山大学)
中才 恵太朗　(大阪公立大学工業高等専門学校)
名倉 正剛　(南山大学)
萩原 茂樹　(千歳科学技術大学)
蜂巣 吉成　(南山大学)
花川 典子　(阪南大学)
林 晋平　(東京科学大学)
福田 浩章　(芝浦工業大学)
福安 直樹　(大阪工業大学)
本田 澄　(大阪工業大学)
槇原 絵里奈　(立命館大学)
柗本 真佑　(大阪大学)
森崎 修司　(名古屋大学)
安田 和矢　(日立製作所)
吉田 則裕　(立命館大学)

シニアプログラム委員

鰺坂 恒夫
鵜林 尚靖
大西 淳
岸 知二
権藤 克彦
杉山 安洋
本位田 真一
門田 暁人
沢田 篤史
岡野 浩三
小林 隆志
佐伯 元司
高田 眞吾
立石 孝彰
中島 震
野呂 昌満
山本 晋一郎
吉岡 信和
吉田 敦

目次

招待講演

生成 AI の活用を前提としたプログラミング教育とソフトウェア工学教育のパラダイム転換
掛下 哲郎（佐賀大学） 13

自動化

画像認識モデルに対する系統的故障の適応的自動検出手法 AdaSniper の提案
鳥越 湧真 （電気通信大学），石川 冬樹 （国立情報学研究所），
田原 康之，大須賀 昭彦，清 雄一 （電気通信大学），
高橋 寿一，高木 陽平 （株式会社 AGEST） 15

性格特性に応じたユーザモデル半自動生成手法の提案
成澤 瑠佳，小形 真平 （信州大学），青木 善貴 （BIPROGY 株式会社），
中川 博之 （岡山大学），小林 一樹，岡野 浩三 （信州大学） 25

CodeT5 と正規表現を活用した不適切な変数名の自動検出法とその評価
森 哉尋，阿萬 裕久，川原 稔 （愛媛大学） 35

品質保証

マイクロサービスにおけるコードクローンの言語間分析
太田 悠希，吉田 則裕 （立命館大学），崔 恩瀞 （京都工芸繊維大学），
槇原 絵里奈 （立命館大学），横井 一輝 （株式会社 NTT データグループ） 45

リリースまでの期間に応じて優先的に検証/導入されるコードレビューチケットの特徴分析
上中 瑞稀，伊原 彰紀 （和歌山大学） 55

バグ予測

Python テストスメルのバグ予測子としての有用性に関する定量的分析
伏原 裕生，阿萬 裕久，川原 稔（愛媛大学） 65

異なる変更量のコミットが Just-In-Time バグ予測の評価結果へ与える影響の調査
近藤 将成，池田 翔（九州大学），Krishnan Rajbahadur Gopi （Queen's University），
鵜林 尚靖（早稲田大学），亀井 靖高（九州大学） 75

保守

ライブラリ部品の利用状況の一致度に基づくソフトウェア部品分類手法の評価
横森 励士，野呂 昌満，井上 克郎（南山大学） 85

課題管理システムにおける技術的負債の返済とリファクタリングの関係の調査
池原 大貴，木村 祐太（大阪公立大学工業高等専門学校） 91

JavaScript ライブラリの後方互換性の損失によるクライアントへの影響範囲の特定
飯田 智輝，伊原 彰紀（和歌山大学） 97

教育（1）

解答プログラムのベクトル表現に基づいたプログラミング問題間の類似性評価に関する考察
三好 涼太，阿萬 裕久，川原 稔（愛媛大学） 103

Python プログラミング演習におけるエラーに対応したプログラムの編集内容の分析
増井 太一，嶋利 一真（奈良先端科学技術大学院大学），石尾 隆（公立はこだて未来大学），
松本 健一（奈良先端科学技術大学院大学） 109

マネジメント

A Machine-learning-based Approach for Project Success/Failure Prediction in Software Development
Yuhao Wu, Makoto Ichii, Masumi Kawakami (Hitachi, Ltd.),
Fumie Nakaya, Yoshinori Jodai (Hitachi Social Information Services, Ltd.) 115

ランダムフォレストと期間毎のリポジトリヒストリを用いた開発の継続性を予測するための分類手法の提案
小林 勇貴，尾花 将輝（大阪工業大学），花川 典子（阪南大学） 121

ソフトウェア規模計測方法の差異が工数見積もりに与える影響
角田 雅照（奈良先端科学技術大学院大学，近畿大学），
松本 健一（奈良先端科学技術大学院大学），
大岩 佐和子，押野 智樹（経済調査会） 127

機械学習

LIME を用いた画像認識モデルの評価手法の提案
土橋 青空，本田 澄（大阪工業大学） 133

Open AI により生成された解答に基づくプログラムの構造的誤り箇所に対するヒントの提示手法
神野 翔太，紙名 哲生（大分大学） 139

モデリング

PBL を通じたソフトウェア要件とソースコード内部構造の対応づけを狙ったレガシーコード改良の試み
須藤 真由，山川 広人（公立千歳科学技術大学大学院） 145

スケーラブルなモデル検査手法のメタ手法的考察
岸 知二（早稲田大学） 151

IoT を指向したアスペクト指向モデリングメカニズムの拡張
西條 弘起（芝浦工業大学），岸 知二（早稲田大学），野田 夏子（芝浦工業大学） 157

教育（2）

コード生成 AI の活用は主体的な学びにつながるか？　アルゴリズム教育における GitHub Copilot の導入と評価
中才 恵太朗，和田 健（大阪公立大学工業高等専門学校），角田 雅照（近畿大学） 163

大規模言語モデルによるヒント生成手法のプログラミング演習への導入
工藤 拓斗，嶋利 一真（奈良先端科学技術大学院大学），石尾 隆（公立はこだて未来大学），松本 健一（奈良先端科学技術大学院大学） 169

Foundation of Software Engineering

ライブ論文

ペアワイズ法を用いたカバレッジ考慮型 API テストケース生成手法
鈴木 康文，川上 真澄（株式会社日立製作所）..175

要求整理に向けたモデル化手法の有効性評価
園部 陽平，林 真光，林 香織，長谷川 円香，佐藤 博之（株式会社デンソークリエイト），
竹内 広宜 （武蔵大学）..177

LLM 駆動型 Kubernetes 障害分析エージェントの提案
家村 康佑（富士通株式会社），鵜林 尚靖（早稲田大学）..............................179

C/C++のシステムに対する SBOM 生成手法の検討
音田 渉（大阪大学），神田 哲也（ノートルダム清心女子大学），
眞鍋 雄貴（福知山公立大学），井上 克郎（南山大学），仇 実（株式会社東芝），
肥後 芳樹（大阪大学）..181

トレーサビリティを活用した開発資材のナレッジ化による LLM ベースの
ソフトウェア開発支援の試み
秋信 有花，倉林 利行（NTT ソフトウェアイノベーションセンタ）....................183

スマートフォンアプリケーションのレビュー自動分類のシステム実現に関する考察
宮下 拓也，横森 励士，井上 克郎（南山大学）......................................185

強化学習を用いた GraphQL API の自動テスト手法の提案
斎藤 健三郎，田原 康之，大須賀 昭彦，清 雄一（電気通信大学）......................187

Web アプリケーション向け異常系テストの自動生成に関する提案：Selenium と
ミューテーションの活用
山下 智也，阿萬 裕久，川原 稔（愛媛大学）..189

LLM を利用したキーワード拡張による検索手法の改良
久保 大雅，神谷 年洋（島根大学総合理工学部）......................................191

メトリクスごとの欠損メカニズム判別
谷本 詩温，柿元 健（香川高等専門学校）..193

脳波，皮膚温度によるプログラミング中のストレス検知
郡山 太陽（鹿児島工業高等専門学校），中才 恵太朗（大阪公立大学工業高等専門学校），
鹿嶋 雅之（鹿児島大学），揚野 翔（鹿児島工業高等専門学校）........................195

修正の影響を提示することによりコーディング規約への違反修正を支援する方法
藤吉 里帆（南山大学），中川 岳（株式会社 PKSHA Communication），
名倉 正剛（南山大学）..197

プログラミング教育における生成 AI を活用したエラー文理解支援のためのツール開発
城越 悠仁，玉田 春昭（京都産業大学） 199

プログラミング習慣化のためのバーチャルペットを育成する VSCode 拡張機能の開発
次原 蒼司，玉田 春昭（京都産業大学） 201

テイントフロー追跡を用いたコンコリックテストによるインジェクション脆弱性検出
山口 大輔（NTT ソフトウェアイノベーションセンタ），
千田 忠賢，上川 先之（NTT 社会情報研究所） 203

Web アプリケーション上でユーザーニーズを自動抽出するチャットボットの実装
中田 匠哉（神戸大学），佐伯 幸郎（高知工科大学），中村 匡秀（神戸大学） 205

ビルド可能性と依存関係のぜい弱性を用いた OSS プロジェクトの生存性評価
房野 悠真，玉田 春昭（京都産業大学） 207

差別データ多様性を意識した敵対的標本に基づく公平性テスト算法
神吉 孝洋，岡野 浩三，小形 真平（信州大学），北村 崇師（産業技術総合研究所） 209

Kotlin におけるサイクロマティック数計測ツールの開発
清水端 康佑，稲吉 弘樹，門田 暁人（岡山大学） 211

第三者データを用いたソフトウェアバグ予測の確信度の推定に向けて
北内 亮太，稲吉 弘樹（岡山大学），西浦 生成（京都工芸繊維大学），
門田 暁人（岡山大学） 213

Java プログラムの解析による習熟度の測定に向けて
奈良井 洸希（岡山大学），Ratthicha Parinthip（Kasetsart University），
稲吉 弘樹（岡山大学），Pattara Leelaprute（Kasetsart University），
門田 暁人（岡山大学） 215

ボールとパイプを組み合わせた CS アンプラグド教材に対する実験的評価の試み
陣内 純香，角田 雅照（近畿大学） 217

ゲーミフィケーション適用時のユーザと利用間隔に関する予備的分析
角田 雅照（近畿大学），神藤 昌平（日昌電気制御株式会社），
須藤 秀紹，山田 武士（近畿大学） 219

Web アプリケーションの各リビジョンにおける操作量自動分析
牧野 雄希，小形 真平（信州大学），柏 祐太郎（奈良先端科学技術大学院大学），
谷沢 智史（株式会社ボイスリサーチ），岡野 浩三（信州大学） 221

LLM と埋め込みモデルを用いた要求仕様書とソースコードのマッチング手法の提案
藤江 克彦，神谷 年洋（島根大学） 223

各層ニューロンカバレッジに基づくテストケース自動生成手法
朱 勇，岸 知二（早稲田大学） 225

生成 AI の活用を前提としたソフトウェア工学のパラダイム転換と教育

掛下 哲郎

生成 AI の急速な普及は，ソフトウェア開発の多くの側面に革新をもたらしている．従来の開発手法では，設計から実装，テストまで多くの工程が人手に依存していたが，現在は ChatGPT や GitHub Copilot などの生成 AI を活用することで，さまざまな工程が自動化されつつある．たとえば，要件定義においては，自然言語でのやり取りを通じて仕様を生成 AI が整理し，設計工程では，基本設計やアーキテクチャ選定における提案を自動生成する．また，実装時には，生成 AI が高度なコード補完を提供し，単純なコーディングタスクを自動化する．さらに，ユニットテストや統合テストの自動生成により，開発者の作業負担が軽減されると同時に，ソフトウェア品質の向上が図られている．

このような技術的進展は，プログラミング教育やソフトウェア工学教育にも大きな影響を与えている．我々の研究チームでは従来の人手による教育から脱却し，生成 AI を活用した対話型の学習環境の導入を目指している．これにより学生はより短期間で，かつ実践的にシステム開発の流れを体験できるようになっている．生成 AI が自動的に生成するフィードバックや補完機能を活用することで，学生は複雑なプロジェクトでも効率的に学ぶことが可能となり，教育の質が向上することが期待される．

Tetsuro Kakeshita, 佐賀大学, Saga University.

画像認識モデルに対する
系統的故障の適応的自動検出手法 AdaSniperの提案

鳥越 湧真　石川 冬樹　田原 康之　大須賀 昭彦　清 雄一
高橋 寿一　高木 陽平

概要: 機械学習による画像認識モデルは，特定の条件下で系統的な誤り傾向（系統的故障）を示すことがある．例えば，“白昼下での白色のトラック”という条件の画像でトラックを正しく認識できない誤り傾向がある場合，これは系統的故障であると言える．系統的故障はユーザの期待しない動作をする原因になり，あらかじめテストで系統的故障を検出しておくことが重要となる．既存研究では，人間が適応的な探索をアシストすることで効率的に系統的故障を検出する手法が提案されている．しかし，継続的に膨大なテストが必要な機械学習モデルのテストでは，これらの手法は人的コストが肥大化する問題がある．そこで本研究では，LLM を用いて適応的な探索を自動的に行い効率的に系統的故障を検出する手法 AdaSniper を提案する．AdaSniper は，どのクラスと誤認識してしまったかを表す誤認識先クラスの情報を LLM に対して与えることで適応的な探索を可能にする．評価実験では，AdaSniper がベースライン手法と比較をして，適応的な探索を行い効率的に系統的故障を検出できることを示した．

Image recognition models based on machine learning can exhibit systematic error tendencies under specific conditions. For instance, if a model consistently fails to correctly recognize a truck in images under the condition of a “white truck in broad daylight,” this can be considered a systematic error. Such errors can lead to unexpected behavior for users, making it crucial to detect systematic errors in advance through testing. Existing research has proposed methods that efficiently detect systematic errors by assisting human adaptive exploration. However, for machine learning models that require continuous and extensive testing, these methods pose significant human cost issues. In this study, we propose a method called AdaSniper, which utilizes large language models (LLMs) to automatically perform adaptive exploration and efficiently detect systematic errors. The proposed method enables adaptive exploration by providing the LLM with information on misclassified target classes, indicating which class the model incorrectly recognized. Evaluation experiments demonstrated that AdaSniper could perform adaptive exploration and efficiently detect systematic errors compared to baseline methods.

1　はじめに

近年，機械学習ベースの画像認識モデル [4] は自動運転 [6] や，医療分野 [9]，農業分野 [7] など様々な分野で優れた認識性能を発揮している．その一方で，特定の条件下で系統的な誤り傾向を示すことがある．例えば，一般的なトラックの認識率は高い一方で，白色のトラックに限定した際に認識率が低いケースは，白色のトラックという条件下で系統的な誤りを示しているといえる．このように特定の条件下での系統的な誤り傾向のことは Systematic Error などと呼ばれており，本論文では以降「系統的故障」と呼ぶ．

系統的故障は安全性の観点で問題を引き起こすことがある．例えば，オートパイロット機能が有効中のテスラ自動車は，2018 年 1 月から 2021 年 7 月の調査期間中に特定の条件下で計 11 回の事故を起こし，17

AdaSniper: An Adaptive Automated Approach for Systematic Error Detection in Image Recognition Models

Yuma Torikoshi, Yasuyuki Tahara, Ohsuga Akihiko, Yuichi Sei, 電気通信大学, The University of Electro-Communications.
Fuyuki Ishikawa, 国立情報学研究所, National Institute of Informatics.
Juichi Takahashi, Yohei Takagi, 株式会社 AGEST, AGEST, Inc.

人が負傷，1 人が死亡していた．これらの事故の多くは，夜間に緊急車両が三角コーンなどで交通規制を敷いて停車しており，緊急車両のライトで照らされた標識などがある特定の同じような条件下で発生していたことが報告されている [2].

このような背景から系統的故障の検出は，近年の重要な課題として注目されている．自動運転を始めとした自律プロダクトの安全性論証に関する標準 ANSI/UL 4600 [16] でも系統的故障の追求が重要であると言及されており，系統的故障の検出は安全性の保証をする上で重要な役割を果たすといえる．

そこで本論文では，系統的故障を自動的に検出する手法 AdaSniper を提案する．

2 既存手法の問題点と研究目的

系統的故障の検出手法はこれまでにいくつか提案されている．AdaVision [3] は，人間がフィードバックを与えながら探索を行うことで系統的故障を効率的に検出するヒューマンインザループ型 [17] の手法である．この手法では，LLM(Large Language Model) [21] を用いて系統的な誤り傾向を示しそうな条件のアイデア出しを行い，アイデアを人間が取捨選択しながらその条件が系統的故障となるかどうかテストを進めていく．これまでのテスト結果を踏まえて次にどのようなテストを行えば系統的故障が見つかりそうかを人間が繰り返し意思決定をしながら適応的な探索をしていくことで効率的に系統的故障を検出することが可能な手法となっている．効率的に検出できる手法ではあるが，人間の負担が大きく現実的に検出できる系統的故障の数に限りがあるという問題を抱えている．機械学習モデルは入力空間が膨大であり，その中から多くの系統的故障を見つけるためには膨大な人的コストが必要となる．さらに，機械学習モデルは学習をするたびにパラメータが大きく更新されるという特徴から，一度探索したとしても再学習後には再度テストを実行しない限り誤認識するかどうか分からないという問題があり，継続的なテストによるモデルの監視が必要とされていることを踏まえると，人間の負担が大きい手法は人的コストが肥大化する問題がある．

PrompAttack [8] は，組み合わせテストのアプローチにより人的コストを多くかけずに系統的故障を検出することを可能にしている．この手法は，テストする属性を組み合わせて生成したプロンプトを Text-To-Image モデル（t2i モデル）[19] に与えてテストケース画像を生成することで，テスト生成からテスト実行まで一連の流れを自動化している．また，組み合わせテスト [10] であるため，限定した範囲内においてはテスト網羅性を保証することを可能にしている．その一方で，限定された探索空間以外については何もテストできていない点は問題になりうる．

そこで本研究では，探索空間を限定せずに効率的に画像認識モデルの系統的故障を検出できる適応的な自動検出手法を提案する．

3 提案手法 AdaSniper

3.1 設計概要

提案手法の AdaSniper は，誤認識を引き起こしやすそうであるテスト条件の生成と評価を繰り返し実行することで誤認識率が高いテスト条件を探索する．テスト条件の生成にはユーザーの入力に対して応答を生成可能なチャットベースの LLM を用いる．そして画像生成モデルを用いてテストケース画像を複数生成し，それらの画像の誤認識率を測定することでテスト条件の評価を行う．特にテスト条件の生成の際には，誤認識を引き起こしやすいテスト条件を生成するために，LLM に対して過去にどのようなテスト条件の画像をどのクラスであると誤認識したのかについての情報（誤認識先クラス情報）を与えた状態でテス

図 1　雪道を走るトレーラートラック画像．クラス確率が高い順に「除雪車」,「路面電車」,「トロリーバス」,「乗用車」,「電気機関車」であると誤認識した．

ト条件を生成しており，このことは本手法において重要な役割を果たす．そこで提案手法の意図を明確にするために，まず誤認識先クラス情報の重要性について例を用いて紹介する．

図 1 は正解クラスが「トレーラートラック」の雪道を走るトレーラートラック画像である．テスト対象の画像認識モデルはこの条件の画像に対して高い誤認識傾向を示しており，この条件は系統的故障であった．このような状況において，誤認識率だけでは詳細な故障原因を知ることはできない一方で，誤認識先クラスに着目をすると誤認識をした要因のヒントが得られることがある．この画像の例では，誤認識先クラスの情報からクラス確率が高い順に除雪車，路面電車，トロリーバス，乗用車，電気機関車と誤認識をしていることが分かる．それらのクラスの中に「路面電車」や「電気機関車」などが見られることから，線路の上を走るような車両で誤認識する傾向があると推察することができる．実際に図 1 を見ると，雪道の縦縞が線路の縦縞に似ているために誤認識した可能性があると気づきを得ることができる．このように，誤認識先クラス情報から誤認識の要因を特定しテストのアイデアに活用することができる．そのため，誤認識先クラス情報は重要な役割を果たす．

次に，AdaSniper の動作概要を図を用いて紹介する．AdaSniper がテスト条件を探索する様子を探索木の形式で図示したものが図 2 である．図 2 中の各頂点は，生成と評価が行われたテスト条件を表している．1 周目の過程でテスト条件の頂点は頂点 A の一つのみであるが，2 周目の過程では頂点 A から得られた誤認識先クラスの情報と LLM を用いて，頂点 A から連想される新しいテスト条件（頂点 B〜頂点 F）を生成している．3 周目の過程では探索木の葉の頂点の中から最も誤認識率が高い頂点（頂点 E）を選び，その頂点から 2 周目と同様に連想される新しいテスト条件を生成する．4 周目以降も同様に探索が行われる．AdaSniper はこのようにして探索木を広げながら動作をする．

以上のように動作をする AdaSniper の構造全体像は図 3 の通りである．図に示すように，探索生成部，画像生成部，性能評価部，探索木管理部の 4 つのコンポーネントから構成される．まず探索生成部では誤認識先クラスの情報から次のテスト条件を探索し，次に画像生成部でテストケース画像を生成，その後に性能評価部で系統的故障であるかどうかその度合いの評価を行い，最後に探索木管理部で評価結果の記録を行う．この 4 つのコンポーネントを順番に実行することを繰り返し，1 周ごとに探索木を広げながら探索を行う．指定した探索量に達した段階でループを停止し，どのようなテスト条件の時に誤認識率が何%であったかについての情報を含んだ探索頂点情報を出力する．

以降のセクションでは，各コンポーネントの詳細について説明を行う．

3.2 初期ユーザ入力

初めにユーザは AdaSniper に対して，テスト対象クラス C_{target} と探索終了条件頂点数 L_{fin}，初期のテスト条件列 $\mathbf{X}_1$ の 3 つを入力する．C_{target} はテストしたい認識対象のクラス名であり，L_{fin} は探索木上の頂点数を何個まで広げたら動作を終了するかを指定する値である．$\mathbf{X}_1$ は，ユーザが作成した任意のテス

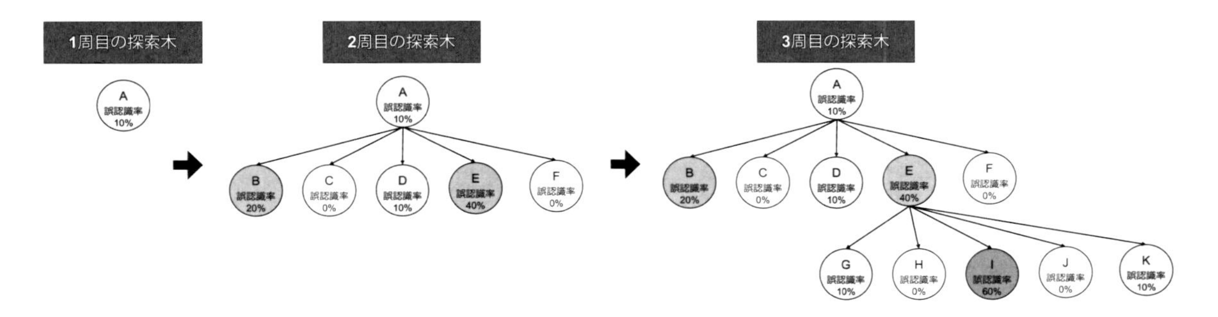

図 2　AdaSniper の探索による探索木の遷移概要

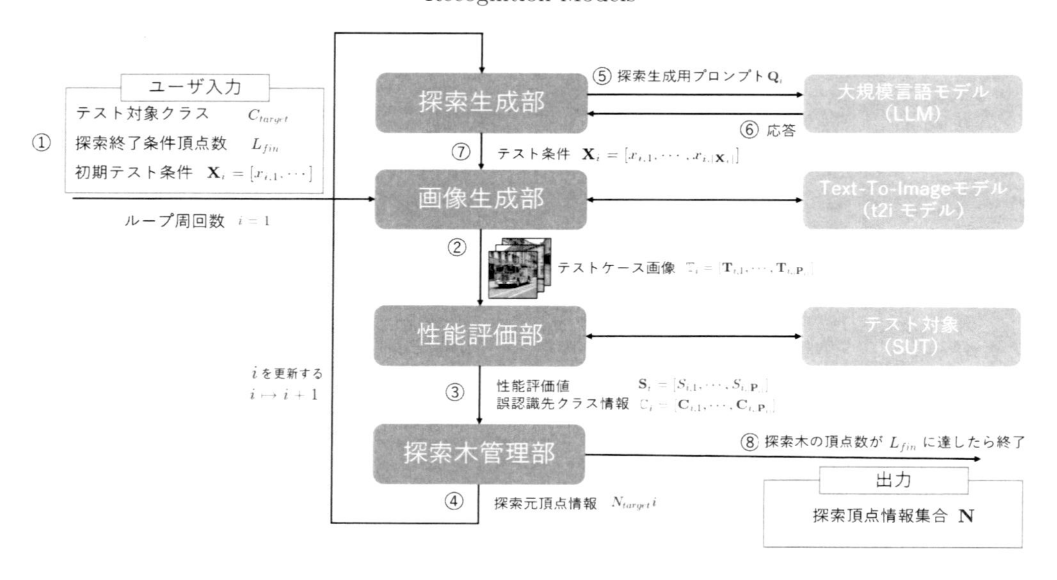

図 3　AdaSniper の全体像

ト条件のリストであり，例えば "消防車" クラスをテストしたい場合，初期のテスト条件列として $\mathbf{X}_1$ =["路上を走る消防車"] のように設定する．このように初回の画像生成用プロンプトは AdaSniper が自動生成するのではなくユーザからの入力を受け取るようにしているのには，AdaSniper に対してテストしたい抽象度を例示することで狙った抽象度合いのテスト条件が探索されるようにする意図がある．これは，LLM を用いて新しいテスト条件を出力させる際にサンプルの例示を行うと，サンプルと同じ抽象度合いのテスト条件が出力されやすいことを利用している．例えば,「路上を走る消防車の画像」と「豪雨の中，高速道路上を走る消防車を正面から撮影した画像」は抽象度が異なる例である．

以上のユーザの入力が終わると以降の動作は AdaSniper によって自動的に行われる．

3.3　画像生成部

画像生成部では，テスト条件列 $\mathbf{X}_i$ の受け取りを行い，画像生成用プロンプトに変換したのちに Text-To-Image モデル (t2i モデル) を用いてテストケース画像の生成を行う．

受け取った画像生成用プロンプトをそのまま t2i モデルの入力に用いないのは画像生成を安定させるためであり，認識対象のクラス C_{target} が画面の中央に写るような指示を加えることで，テストケース画像の期待結果が C_{target} となりやすくしている．実際には，受け取った各テスト条件 $x_{i,j} \in \mathbf{P}_i$ の末尾に対して,「$\{C_{target}\}$ is in the center.」と追記することで画像生成用プロンプト $p_{i,j}$ を生成している．なお，$\{C_{target}\}$ の部分には認識対象のクラス名が入る．

その後，すべての各画像生成用プロンプト $p_{i,j} \in \mathbf{P_i}$ に対して，t2i モデルを用いて指定した任意の枚数ずつテストケース画像を生成する．ここで $p_{i,j}$ から生成したテストケース画像の集合を $\mathbf{T_{i,j}}$ で表すと，画像生成部では最終的にすべての画像生成プロンプトに対するテストケース画像集合のリスト $\mathbb{T}_i = [\mathbf{T}_{i,1}, \cdots, \mathbf{T}_{i,|\mathbf{P}_i|}]$ を得ている．

3.4　性能評価部

性能評価部では，画像生成部で生成した画像集合 $\mathbf{T}_{i,j}$ をテスト対象の画像認識モデル SUT(System Under Test) に与え，認識性能の評価値 $S_{i,j}$ と誤認識傾向に関する情報として誤認識先クラス情報 $\mathbf{C}_{i,j}$ の取得を行う．

認識性能の評価値 $S_{i,j}$ には，対象タスクに応じて誤りの多さを表す指標を定め用いる．本論文の実験評価では一つの画像に複数オブジェクトが写っていることがある ImageNet データセット [14] で実験を行うため，Top5 誤認識率を採用する．Top5 誤認識率とは，クラス確率が上位 5 位までのクラスの中に正解クラスが含まれていない場合に誤認識と判定する Top5 予測において，テスト実行数に対して誤認識と判断された数の比率のことである．

また，Top5 予測で誤認識と判断された際には，その際のクラス確率が上位 5 位までのクラスを誤認識先クラスとして記録を行う．より厳密には，画像 t の Top5 予測において誤認識と判断されたときには Top5 誤認識クラスに含まれる 5 つのクラスを要素にもった集合を返し，Top5 予測において正しく認識できたと判断されたときには空集合を返す関数を $f(t)$ をとすると，誤認識先クラス情報 $\mathbf{C}_{i,j}$ の定義は $\mathbf{C}_{i,j} = \bigcup_{t \in \mathbf{T}_{i,j}} f(t)$ で表される．

各テストケース画像集合 $\mathbf{T}_{i,j} \in \mathbb{T}_i$ に対して，性能評価値 $S_{i,j}$ と $\mathbf{C}_{i,j}$ が得られるため，最終的にすべての性能評価列 $\mathbf{S}_i = [S_{i,1}, \cdots, S_{i,|\mathbf{P}_i|}]$ と誤認識先クラス情報 $\mathbb{C}_i = [\mathbf{C}_{i,1}, \cdots, \mathbf{C}_{i,|\mathbf{P}_i|}]$ が得られる．

3.5 探索木管理部

探索木管理部では，探索木の状態をもとに次にどの頂点から探索を進めるかの決定と，探索を終了するかの判定を行う．探索木の各頂点には，どのようなプロンプト $p_{i,j}$ で画像を生成したときに，どのような性能評価 $S_{i,j}$, $\mathbf{C}_{i,j}$ が得られたのかについての情報の組 $(p_{i,j}, S_{i,j}, \mathbf{C}_{i,j})$ が探索頂点情報 $N_{i,j}$ として記録されている．

本論文では，一つの探索頂点情報 $N_{i,j}$ を基に次に行うテストケースの画像生成用プロンプトを列挙することを探索と呼ぶ．探索を行うことで探索元の頂点からは列挙された画像生成用プロンプトの数の分だけ子の頂点が生成される．探索木の根は初期の画像生成用プロンプト $p_{i,j}$ から生成される頂点 $N_{1,1}$ であり，根のみの探索木から開始して葉のいずれかの頂点から探索を行うことを繰り返し探索木を大きくしていく．

次の探索元に使われる対象頂点は，葉の頂点のうち認識評価結果が最も悪い頂点 $N_{target}i$ が選ばれる．今回の例では，Top5 誤認識率が高い頂点が選択される．ただし，葉の頂点は必ずしも直前の探索で生成された頂点である必要はなく，これまでの探索の中で生成された葉の頂点全ての中から選ばれる．評価結果が悪い頂点を選択するのは，その頂点には誤認識先クラスの情報が多く含まれており，新しい誤認識を検出するための手がかりも多いと考えられるためである．手がかりが豊富な頂点から探索を行うことで，系統的故障を効率的に検出しようという意図がある．

ただし，この時点までで探索した頂点数が探索終了条件頂点数 L_{fin} に達していた場合は，次の探索を行わずに，探索頂点情報集合 $\mathbf{N}$ を出力して動作を終了する．$\mathbf{N}$ には，これまでに探索した全ての頂点情報 $N_{i,j}$ が含まれており，この情報からどのようなテスト条件のときに誤認識率が何%であったかを取得できる．

3.6 探索生成部

探索生成部では，受け取った探索元の探索頂点情報 $N_{target}i$ を基に探索を行い，画像生成用プロンプト列 $\mathbf{P}_i = [P_{i,1}, \cdots P_{i,|\mathbf{P}_i|}]$ を生成する．

画像生成用プロンプト列の生成には LLM を用いる．LLM に対して図 4 のような探索用プロンプトを与えることで，画像生成用プロンプトを生成する．適

```
画像認識AIが、{消防車が浸水した通りを走っている }※1というコンテキストを持つ {消防車}を
{ボートハウス、モーターボート、タクシー、水陸両用車、救助ボート } ※2と誤認識してしまいました。
{消防車}と誤認識したクラスとの共通点から新たに誤認識をしそうなコンテキストを
“{消防車が浸水した通りを走っている }”のようにこれ以外で 5つ※3列挙してください。
{ただし、実物の {消防車}は必ず含める必要があり、おもちゃや絵画の中といった実物でないものを指定してはいけません。 } ※4
{datas: [{
        context_en: "{A fire engine is driving through a flooded street.}",
        context_jp: "{消防車が浸水した通りを走っている }"}
, ... ]} ※5 というサンプルの json形式と同じ形式で列挙してください。 json出力以外は何も発言しないでください。
```

図 4 LLM へ与える探索用プロンプト例

応的な探索を可能にするために，探索用プロンプトにはどのようなテスト条件のときに（図中の※ 1），どのような誤認識先クラスの情報が得られたのか（図中の※ 2）という情報を埋め込んでいる．また，画像生成用プロンプトは一度の探索で 5 つ程度生成されるように指示を加えている（図中の※ 3）．5 つ程度に設定しているのは，数が多すぎると適応的に探索する頻度が下がってしまい効率的に系統的故障を探すことができなくなってしまい，数が少なすぎると同じような画像生成用プロンプトが生成されてしまうことを考慮して，ある程度の多様性を維持しつつ適当的な探索を可能にするためである．また，SUT が受け付ける入力画像の特性に沿った画像が生成されるようにその他の制限（図中の※ 4）も加えている．この部分は探索に応じて変更されることなく，常に同じ値となる．図中の例では，実写画像のみを認識し対象するように制約を設けている．最後に，Few-Shot Learning [5] の手法に則り，テスト条件を列挙する例を実例を用いて記載ことで，テスト条件の粒度や出力形式を指示している（図中の※ 5）．

4 評価実験

4.1 概要

本章では，AdaSniper の有効性を確認するために，誤認識先クラス情報を利用した提案手法と，誤認識先クラス情報を利用しないベースライン手法でアブレーションスタディを行った．探索したテスト条件数に対して系統的故障を多く検出する傾向があることを評価するために，検出効率性を表す評価指標として FDE(Failure Detection Efficiency) を導入し，検出効率性を比較評価した．

FDE は探索した頂点の Top5 誤認識率の平均値を指す．Top5 誤認識検出率がある基準値 k よりも大きければ系統的故障であるという明確な基準 k が存在すれば検出できた系統的故障の数で比較評価できるが，そのような客観的に合理的な基準が存在しないため Top5 誤認識率の平均値を用いている．合理的な基準値はないものの，少なくとも誤認識検出率が高いテスト条件は系統的故障である可能性が高いことから，できるだけ誤認識検出率が高いテスト条件を多く見つける手法を評価できるように Top5 誤認識検出率の平均の高さを比較し，FDE が大きい手法が，効率的に系統的故障を検出することが可能な手法であると評価している．

以上の設定のもと評価実験では次の 3 つのリサーチクエスチョンを扱った．

- RQ1 ：AdaSniper は系統的故障を見つけることができたか
- RQ2 ：AdaSniper は系統的故障を効率的に検出することができたか
- RQ3 ：AdaSinper は探索が進むにつれて効率的に系統的故障を検出していたか

まず RQ1 では，提案手法で系統的故障を検出できているかを確認した．次に RQ2 では，ベースライン手法と提案手法で FDE の比較を行い，提案手法の方が系統的故障を効率的に検出できることを検証した．最後に，提案手法はこれまでの探索結果を踏まえた適応的な探索を行うことで，探索を進めるにつれて効率的に系統的故障を検出できるようになることを意図して設計している．そこで RQ3 では，意図したとおりに探索を進めるにつれて系統的故障の検出効率性が上昇する傾向がみられるかをベースライン手法と提案手法で比較分析した．

4.2 実験対象

Keras [1] より取得した ImageNet [14] で事前学習済みの VGG16 [15] モデルを使用し評価実験を行った．ImageNet が認識可能な 1000 クラスのうち，今回はそのうち 10 クラスを対象に系統的故障の検出を行った．この 10 クラスは，各クラスについてあらかじめ t2i モデルを用いて条件が単純なプロンプトで画像を生成し，単純なプロンプトでは誤認識をしないことを確認した 620 クラスの中から任意に選択した．10 クラスには，消防車クラスやトイプードルクラスなどが含まれる．

また，提案手法と比較対象となるベースライン手法は探索生成部にて生成される探索用プロンプト Q_i の一部の形式のみが異なる．提案手法は誤認識先クラスの情報が埋め込まれたプロンプトが生成される一方で，ベースライン手法では誤認識先クラス情報の代わ

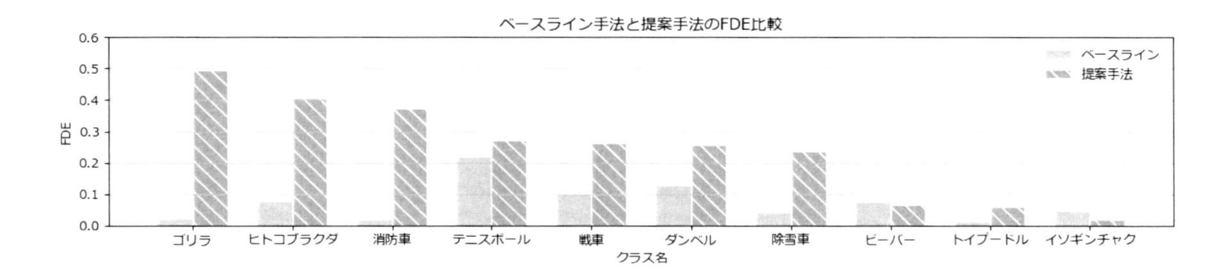

図5　2つの手法のFDE比較 (クラス別) 左: ベースライン手法，右: 提案手法

りに誤認識率が埋め込まれている．

その他の設定については以下の通りである．LLMにはGPT-4o (gpt-4o-2024-05-13) [12] を用い，t2iモデルにはSatble Diffusion v2-1 [13] を用いた．また，画像生成部では，各プロンプトごとに10枚ずつ画像を生成した．なお，探索生成部で生成する画像生成用プロンプトの数は5つ程度であることには注意されたい．それぞれのプロンプトごとに10枚ずつ生成していることを意味している．

4.3　実験手順

10クラスに対してベースライン手法と，提案手法で系統的故障の探索を行った．各クラスに対して探索木の頂点の数が100に達するまで探索を行い，各頂点では10枚の画像を生成して誤認識率を計測した．各頂点について誤認識率を計測する過程を10回繰り返し，10頂点の正答率を計測することを便宜上1サイクルと呼ぶ．各クラスごとに100頂点に達するまで計測を行うため，各クラスごとに計10サイクル行った．

4.4　実験結果

4.4.1　RQ1: 系統的故障を検出できたか

RQ1「AdaSniperは系統的故障を見つけることができたか」に対する回答はYESである．RQ1では，実際に系統的故障が見つけられていることを確認した．その結果，実際に以下の図7のような系統的故障を見つけることができていることを確認できた．各画像の下に書かれている文章が系統的故障を説明する文章であり，太文字で書かれている部分が認識対象のクラスである．掲載した12枚の画像は全てTop5予測で誤認識をした画像であり，系統的故障を見つけることができているといえる．

4.4.2　RQ2: 効率的に検出したか

RQ2「AdaSniperは系統的故障を効率的に検出することができたか」に対する回答はYESである．クラス別に，ベースライン手法と提案手法でFDEの比較を行った結果を図5に示す．

この結果は，提案手法のFDEが高い順に左から並べている．ビーバーとイソギンチャククラスを除いて，提案手法のFDEの方が上回っており，提案手法の方が効率的な系統的故障の検出に可能にしている

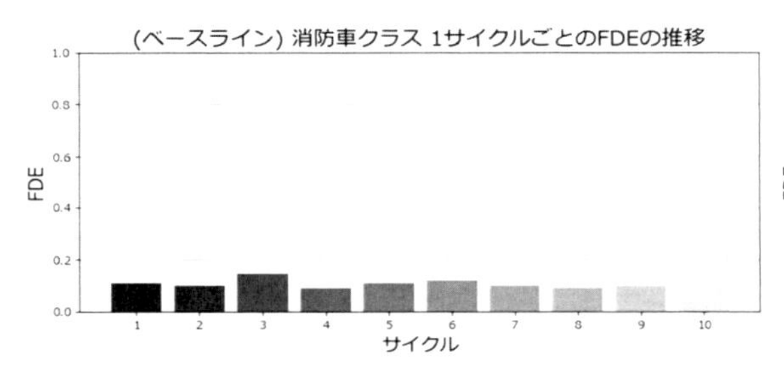

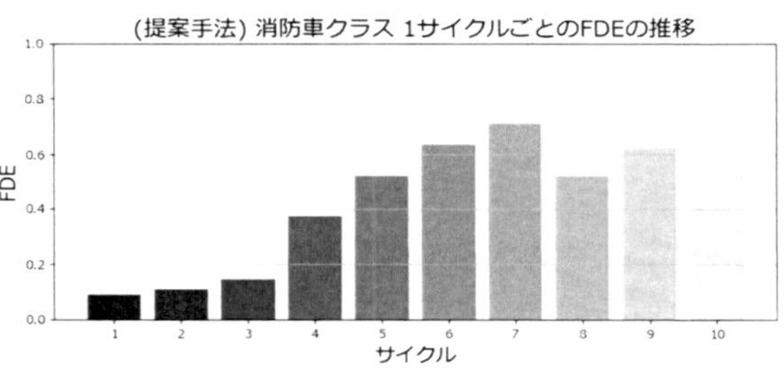

図6　2つの手法の各サイクルごとのFDEの変化 (消防車クラス) 左: ベースライン手法，右: 提案手法

ことが分かる．また，ベースライン手法と提案手法の差分が探索用プロンプトに埋め込んだ誤認識先クラス情報の有無であることを考慮すると，誤認識先クラス情報の有無が効率的な系統的故障の検出に寄与したといえる．

4.4.3 RQ3: 探索が進むにつれて効率的に検出したか

RQ3「AdaSinper は探索が進むにつれて効率的に系統的故障を検出していたか」に対する回答は YES である．RQ3 では，探索を進めるにつれて効率的に系統的故障を検出できるような適応的な振る舞いをしていたかどうかを評価するために，各サイクルごとに FDE を記録しその変化を比較した．その結果の一つが図 6 である．図 6 は，消防車クラスにおけるベースラインと提案手法のサイクルごとの FDE の遷移である．ただし 1 サイクルとは 10 頂点分の評価を行う期間を指し，サイクルごとの FDE とはその期間に評価された 10 頂点の FDE のことを指す．この図を見ると，ベースライン手法と提案手法はどちらも最初は FDE が 0.1 程度で低い一方で，提案手法だけはサイクルが経過すると FDE は徐々に増加し，6 サイクル目には 0.6 まで上昇していることが分かる．

図 6 の左側のベースライン手法のように FDE が横這いの変化をする傾向を横這い傾向，右側の提案手法のように FDE が右肩あがりの変化を示す傾向を上昇傾向と呼ぶことにすると，上昇傾向は他のクラスでも同様に観測され，提案手法は上昇傾向が 8 クラス，横這い傾向が 2 クラスであった一方でベースライン手法は上昇傾向が 1 クラス，横ばい傾向が 9 クラスであった．上昇傾向の数を比較すると，提案手法はベースライン手法の 8 倍多いことから，提案手法は探索を進めるにつれて効率的に系統的故障を検出できたと言える．

5 考察

5.1 誤認識先クラス情報の有無による探索の違い

探索木の図 8 は左がベースライン手法で，右が提案手法で消防車クラスの系統的故障を探索している探索木である．各頂点の色の濃さが誤認識率に対応しており，色が濃くなっているほど誤認識率が高いことを意味している．提案手法では，色が濃い頂点からさらに濃い頂点が伸びるが，ベースライン手法ではその傾向が見られないことが分かる．これは，誤認識が見つかった際に，提案手法はその誤認識をヒントに次の誤認識を重要な着眼点を基に列挙できている一方で，ベースライン手法は，誤認識した要因として重要でない着眼点を基に列挙してしまっているものと推察できる．例えば，ベースライン手法では,「泥にまみれた消防車」というケースで 1 枚誤認識をしていることを検出したが，この次の探索では,「外装が損傷している消防車」,「木々に囲まれた消防車」,「雨の日の消防車」,「吹雪の中の消防車」，のように，泥にまみれた消防車とは関係のない方向性で探索を進めており，系統的故障の検出には至っていなかった．「泥にまみれた消防車」の画像の誤認識先クラスを確認すると,「トラクター」,「鋤」,「収穫機」,「除雪車」,「レッカー

マウンテンバイクの横にいる トイプードル

防波堤を走る消防車

ヒトコブラクダ が玄関マットの近くに座っている

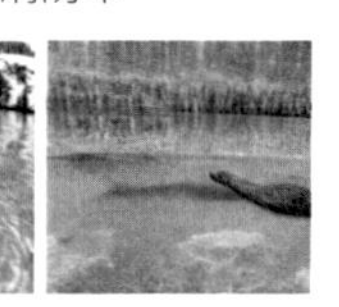

透き通った湖で泳いでいる ビーバー

図 7 提案手法で実際に検出された系統的故障の例

車」であり，トラクター，鋤，収穫機の 3 つが農業関係であることを考慮すると，畑が一面に広がるような場所で泥に汚れているケースで系統的故障を示す可能性が高そうであることが推察できる．このような機会をベースライン手法は逃してしまっていた結果，誤認識を見つけても連鎖的にさまざまな系統的故障の検出には至らなかったものと考えられる．

5.2　生成されるテスト条件の多様性について

図 8 の提案手法の探索木に着目をすると，木の深さが 10 より深い箇所では，多くの頂点で高い誤認識率を示していることが分かる．自然な疑問としてこの部分はほとんど同じようなテスト条件になっているのではないかという疑問が考えられる．この疑問への回答は，部分的に正しいが同じテスト条件ばかりではないとなる．その理由を次に説明する．

まず，木の深さが 10 より深い箇所で生成されたテスト条件の具体例を確認すると，「消防車が防波堤を通り過ぎている」,「消防車が桟橋の近くに停まっている」,「消防車がダムを渡っている」などであった．これらを抽象的に捉えるとどれも水辺に関係することであり，同じようなテスト条件ばかりではないかという指摘に対しては部分的に正しいと言える．一方で，これらのテストケースは，条件を具体的にしただけの関係ではなく，それぞれ別の観点をテストしていることも確認できる．よって，水辺という共通点はありつつもその中で一定の多様性があるといえる．

また，テストケースにこれらの多様性があることで，抽象的に捉えたときに水辺で誤認識をしやすいことに気づけるようになっている点も重要な気づきである．よって今後の展望としては，系統的故障の検出が連続する場合にはこれまでの探索結果を抽象化しまだ探索していない箇所の探索へ誘導できるようにすることで，より多様なテストケースが生成されるようにするといった発展が考えられる．

5.3　t2i モデルの性能による限界

AdaSniper は誤認識率が高いテストケースを多く検出できた一方，t2i モデルを利用しているため，対象クラスが写っていない画像や不自然な画像が生成され，本来の誤認識率より高く評価されることがあった．特に今回の実験では，テニスボールクラスやダンベルクラスでこの傾向が見られた．本手法は誤認識先クラス情報のフィードバックを基に探索を進める性質上，生成画像の誤りが探索を誤った方向に誘導する懸念があり，Stable Diffusion での画像生成が不得意なクラス [20] については，系統的故障を検出することが難しいという限界も確認された．この問題は t2i モデルを用いるテスト手法全般 [8, 11] に共通の課題であり，今後の高性能 t2i モデルの研究進展によって改善が期待される．

さらに，t2i モデルで生成した画像で見つかった系統的故障が現実の画像でも発生するとは限らない問題もある．この問題については，t2i モデルでの系統的故障検出に関する調査論文 [18] にて，生成データで検出された系統的故障の約 8 割が実際のテストデータでも確認されたと報告されており，本手法でも現実の画像で系統的故障を検出できたと考えられる．

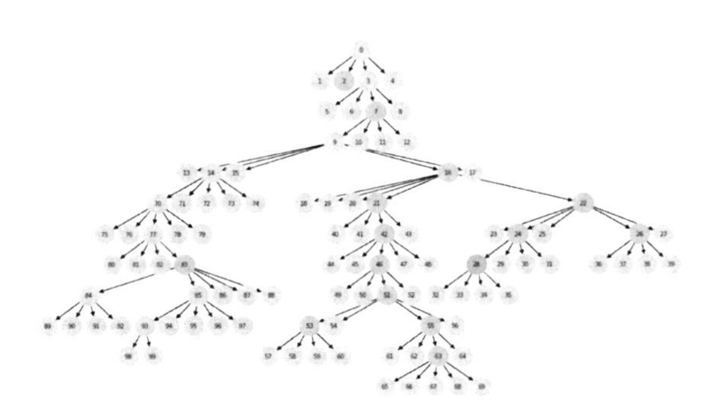

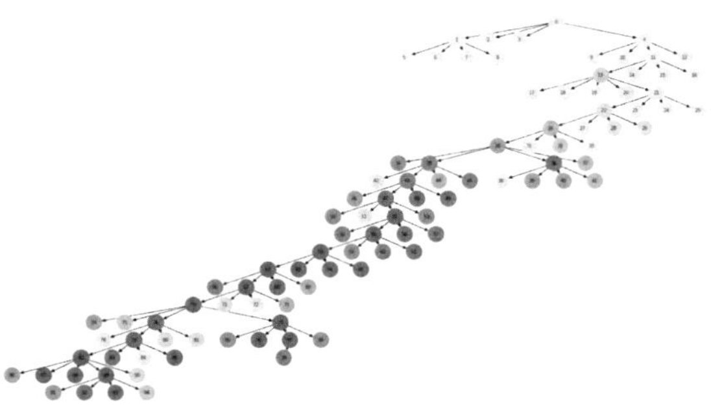

図 8　消防車クラスの探索木の比較．左: ベースライン手法，右: 提案手法

6 まとめ

既存の系統的故障検出手法は，適応の過程を人に委ねることで人的コストが増大し，自動化すると探索空間が事前定義に限定される問題があった．そこで本研究では，画像認識モデルに対する系統的故障を探索空間を事前に限定せずに適応的に自動検出する手法であるAdaSniperを提案した．AdaSniperは誤認識クラスの情報をLLMに与えることで，効率的かつ適応的に系統的故障を自動検出する．評価実験により，AdaSniperは効率的に系統的故障を検出していることを確認できた．今後の展望としては，これまでのテスト結果を整理しながら探索を行うことでよりテストケースの多様性を広げる研究への発展が考えられる．

参考文献

[1] Chollet, F. et al.: Keras, `https://keras.io`, 2015.

[2] CNN: 運転支援機能使用中のテスラ車、緊急車両への衝突相次ぐ 米当局が調査, `https://www.cnn.co.jp/business/35175306.html`, 2021. Accessed: 2024-07-15.

[3] Gao, I., Ilharco, G., Lundberg, S., and Ribeiro, M. T.: Adaptive Testing of Computer Vision Models, *2023 IEEE/CVF International Conference on Computer Vision (ICCV)*, IEEE, pp. 3980–3991.

[4] Li, Z., Liu, F., Yang, W., Peng, S., and Zhou, J.: A Survey of Convolutional Neural Networks: Analysis, Applications, and Prospects, *IEEE Transactions on Neural Networks and Learning Systems*, Vol. 33, No. 12(2022), pp. 6999–7019.

[5] Liu, J., Shen, D., Zhang, Y., Dolan, B., Carin, L., and Chen, W.: What Makes Good In-Context Examples for GPT-3?, *Proceedings of Deep Learning Inside Out (DeeLIO 2022): The 3rd Workshop on Knowledge Extraction and Integration for Deep Learning Architectures*, Agirre, E., Apidianaki, M., and Vulić, I.(eds.), Dublin, Ireland and Online, Association for Computational Linguistics, May 2022, pp. 100–114.

[6] Liu, J.: Survey of the Image Recognition Based on Deep Learning Network for Autonomous Driving Car, *2020 5th International Conference on Information Science, Computer Technology and Transportation (ISCTT)*, 2020, pp. 1–6.

[7] Luo, J., Li, B., and Leung, C.: A Survey of Computer Vision Technologies in Urban and Controlled-environment Agriculture, *ACM Comput. Surv.*, Vol. 56, No. 5(2023).

[8] Metzen, J. H., Hutmacher, R., Hua, N. G., Boreiko, V., and Zhang, D.: Identification of Systematic Errors of Image Classifiers on Rare Subgroups, *2023 IEEE/CVF International Conference on Computer Vision (ICCV)*, (2023), pp. 5041–5050.

[9] Mijwil, M., Al-Mistarehi, A.-H., Abotaleb, M., El-kenawy, E.-S., Ibrahim, A., Abdelhamid, A., and Eid, M.: From Pixels to Diagnoses: Deep Learning's Impact on Medical Image Processing-A Survey, *Wasit Journal of Computer and Mathematics Science*, Vol. 2(2023), pp. 8–14.

[10] Nie, C. and Leung, H.: A survey of combinatorial testing, Vol. 43, No. 2(2011).

[11] Nishi, Y., Ito, H., and Torikoshi, Y.: Semantic Metamorphic Testing focusing on Object Rarity, *2023 IEEE International Conference on Software Testing, Verification and Validation Workshops (ICSTW)*, 2023, pp. 288–291.

[12] OpenAI: Hello GPT-4o, `https://openai.com/index/hello-gpt-4o/`, 2024. Accessed: 2024-07-24.

[13] Rombach, R., Blattmann, A., Lorenz, D., Esser, P., and Ommer, B.: High-Resolution Image Synthesis With Latent Diffusion Models, *Proceedings of the IEEE/CVF Conference on Computer Vision and Pattern Recognition (CVPR)*, June 2022, pp. 10684–10695.

[14] Russakovsky, O., Deng, J., Su, H., Krause, J., Satheesh, S., Ma, S., Huang, Z., Karpathy, A., Khosla, A., Bernstein, M., Berg, A. C., and Fei-Fei, L.: ImageNet Large Scale Visual Recognition Challenge, *International Journal of Computer Vision (IJCV)*, Vol. 115, No. 3(2015), pp. 211–252.

[15] Simonyan, K. and Zisserman, A.: Very Deep Convolutional Networks for Large-Scale Image Recognition, arXiv:1409.1556v6, 2015.

[16] UL Research Institutes: Autonomous Vehicle Technology | UL Standards & Engagement, `https://ul.org/UL4600`. Accessed: 2024-07-24.

[17] Wu, X., Xiao, L., Sun, Y., Zhang, J., Ma, T., and He, L.: A survey of human-in-the-loop for machine learning, *Future Generation Computer Systems*, Vol. 135(2022), pp. 364–381.

[18] Yokoyama, H. and Ishikawa, F.: 画像生成モデルの弱点検出タスクへの適用可能性調査, SES 2024.

[19] Zhang, C., Zhang, C., Zhang, M., and Kweon, I. S.: Text-to-image Diffusion Models in Generative AI: A Survey, arXiv:2303.07909v2, 2023.

[20] Zhang, T., Wang, Z., Huang, J., Tasnim, M. M., and Shi, W.: A Survey of Diffusion Based Image Generation Models: Issues and Their Solutions, arXiv:2308.13142v1, 2023.

[21] Zhao, W. X., Zhou, K., Li, J., Tang, T., Wang, X., Hou, Y., Min, Y., Zhang, B., Zhang, J., Dong, Z., Du, Y., Yang, C., Chen, Y., Chen, Z., Jiang, J., Ren, R., Li, Y., Tang, X., Liu, Z., Liu, P., Nie, J.-Y., and Wen, J.-R.: A Survey of Large Language Models, arXiv:2303.18223v14, 2023.

性格特性に応じたユーザモデル半自動生成手法の提案

成澤 瑠佳　小形 真平　青木 善貴　中川 博之　小林 一樹
岡野 浩三

人に危害を及ぼさない対話型システムを開発するためには，ユーザが様々な操作をしてもシステムが安全なことを検証することが重要である．このような検証を支援するために我々はこれまで，性格特性に基づくユーザモデリングの方法や，得られたモデルとモデル検査技術を用いたシステム検証の方法を検討してきた．しかし，手法利用者は完全手動でユーザモデリングをしなければならない課題があった．そこで本稿では，性格特性に基づく様々な操作を考慮した安全性検証において，妥当なバリエーションのモデルを系統的に得られるようにすることを目的として，ユーザモデルを半自動生成する手法を提案する．有効性評価のために提案手法を踏切制御システムのモデル事例に適用した結果，性格特性に起因する危害発生例が示せただけでなく，様々なバリエーションのモデルが得られたことによる妥当な指摘も行えたため，提案手法が有効である見込みを得た．

1　はじめに

人に危害を及ぼさない対話型システムを開発するためには，ユーザが様々な操作をしてもシステムが安全なことを検証することが重要である．このような検証を支援するために我々はこれまで，ユーザの典型的な操作を性格特性[11][3]の特徴に基づきモデル化し，本モデルとモデル検査によるシステム検証の方法を検討してきた[14]．

この先行手法では，ユーザの操作手順を表すユーザモデルと，ユーザ操作によるシステム動作を表すシステムモデル，安全性が満たされるかを検証する検証式を用意し，モデル検査器 UPPAAL[7] によりシステムの安全性を検証する．本手法の特徴には，“頑固であることで指示に従わない” などの性格特性に応じてユーザモデルを作成することがある．しかし，先行研究[14]では性格特性に応じたユーザモデルが示されたのみで，手法利用者は完全手動でユーザモデリングをしなければならない課題があった．そのため，様々な操作の検証をする必要があるなか，モデルのバリエーションの確保は手法利用者の能力に依存していた．

そこで本稿では，性格特性に基づく様々な操作を考慮した安全性検証において，妥当なバリエーションのモデルを系統的に得られるようにすることを目的として，ユーザモデルを半自動生成する手法を提案する．提案手法では，システムモデルと，操作と条件の一覧表を入力とする．モデル作成時に必要となる情報を表形式で与えるようにすることで，性格特性に応じたユーザモデルを生成する．

提案手法の有効性を評価するために，ケーススタディとして，踏切制御システム[13]を参考にした例題に対する安全性検証を試みた．その結果，性格特性を原因とする危害発生の有無と危害発生までの過程の例が示せただけでなく，様々なバリエーションのモデルが得られたことによる妥当な指摘も行えたため，提案手法に一定の有効性がある見込みが得られた．

Proposal for a Semi-Automatic Generation Method of User Models Based on Personality Traits
Ruka Narisawa, Shinpei Ogata, Kazuki Kobayashi, Kozo Okano, 信州大学, Shinshu University.
Yoshitaka Aoki, BIPROGY 株式会社, BIPROGY Inc.
Hiroyuki Nakagawa, 岡山大学, Okayama University.

2　理論的背景

2.1　安全性

安全性とは “人に危害を及ぼさない状態を保つ性質” と説明でき，危害の発生確率の低減か，危害発生

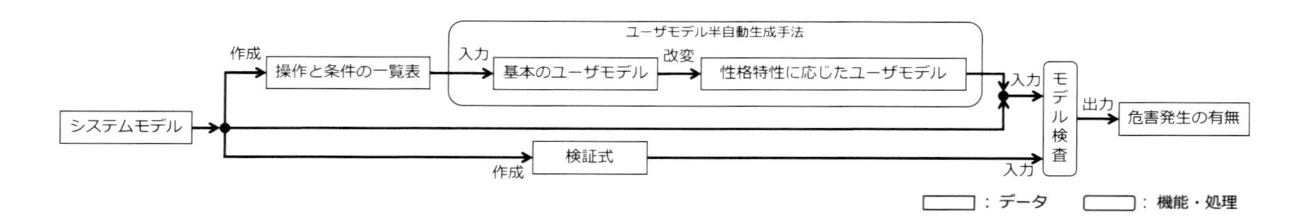

図 1　提案手法の全体像

時の被害軽減か，またはその両方の達成により向上できる[9]．本研究は，将来的にはユーザの性格特性ごとにシステム操作時の危害の発生確率を見積もる検証手法の提案を目指すが，本稿ではその前段階として，性格特性ごとの安全性検証の半自動化がどのように実現できるかを検討することを趣旨とする．そのため，取り上げる危害に対して，それが生じ得るか否かを検証するのみに留める．

2.2　性格特性

性格特性とは，パーソナリティを構成するいくつかの共通特性の程度を測定し，それらの組み合わせでパーソナリティを記述，説明するものである[15]．本研究では，安全性や危険行動に対する分析[4][6][10][8]で扱われてきたことを踏まえて，ビッグ・ファイブにおける外向性（E: Extraversion），協調性（A: Agreeableness），誠実性（C: Conscientiousness），情緒安定性（N: Neuroticism），開放性（O: Openness）の高い場合または低い場合と，SUPPS-P におけるネガティブ・アージェンシー（NU: Negative Urgency），ポジティブ・アージェンシー（PU: Positive Urgency），刺激希求（SS: Sensation Seeking），忍耐欠如（LPE: Lack of Perseverance），熟考欠如（LPR: Lack of Premeditation）の低い場合の特徴を，ユーザモデルを作成する際の基盤とする．

2.3　モデル検査

モデル検査[2]は，検証対象のシステム（モデル）が満たされるべき仕様（検証式）を満たしているか否かを網羅的に検証する手法である．モデル検査を扱う利点として，モデルと検証式を入力すれば網羅的な検証の結果が自動的に出力されるということが挙げられる[12]．そのため本研究においては，対象システムの利用時に危害が生じ得るか否かを検証する際に，作業コストを削減するためにモデル検査を用いる．

3　提案手法

まず，本稿における提案手法の全体像を図 1 に示す．提案手法は，“システムモデル” と，“操作と条件の一覧表” を入力とすることで，各性格特性に応じた “危害発生の有無” が出力として得られる．全体像のそれぞれの項目については，次節からドローンの例題[14]での具体例を交えながら説明する．

本稿では，半自動化による有効性を探ることを趣旨とするため，先行手法[14]で整理した操作の特徴一覧のうち 2 種の性格特性（ユーザの操作の特徴）のみを試行的に取り上げる．本稿で取り上げるユーザの操作の特徴を表 1 に示す．先行手法での特徴の記述に対して，ドローン以外の事例にも適用できるようにあらためている．具体的には，C1 は “通知無視” として通知に対する操作がないことを取り上げたが，この操作をより一般に “必須の操作” としている．さらに，ある必須の操作を “必ず行わない” としていたが，より広範に，ある必須の操作を “行わないことがある（行う場合もあれば，行わない場合もある）” という状況を想定する．また，C2 は “操作時間過多” であったが，操作時間を “待機状態から操作までの時間” と具体化している．

3.1　システムモデル

システムモデルは，ユーザの操作によるシステム動作を表すモデルである．本稿では UPPAAL を用いるため，時間オートマトンで記述する．

ドローンの例題においては，図 2 と図 3 に示すモ

表 1　ユーザの操作の特徴に対応する必要なデータや振舞い

特徴 ID	操作の特徴	必要な要素
C1	必須の操作をしないことがある	必須の操作の定義
C2	待機状態から操作までの時間が長い	“時間が長い” の定義

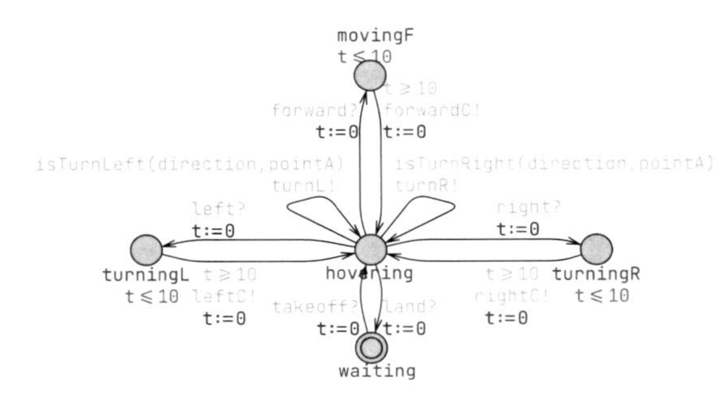

図 2　ドローンの例題におけるシステムモデル（機体動作）（文献 [14] の図 1 を引用）

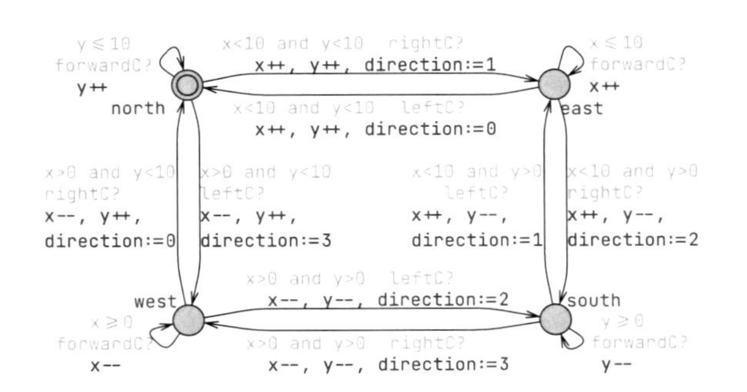

図 3　ドローンの例題におけるシステムモデル（座標移動）（文献 [14] の図 2 を引用）

デルの並列合成モデルがシステムモデルに該当する．

3.2　操作と条件の一覧表

操作と条件の一覧表は，システムに対する知識が与えられた表形式のデータである．この表は，基本のユーザモデルを生成するにあたり，システムに対する知識（開発者の想定）を反映させるために用いる．

まず，手法利用者は，システムモデル内のどのイベントがユーザの操作であるかを表の “操作” 列に記す．その後，各操作の前または後に対してユーザが行うべき条件があればそれを定める．操作する前のものを指定する場合は “操作前条件” 列に，操作する後であれば “操作後条件” 列に定める．このとき，操作前または操作後条件は，あるイベントを `event`，ある自然数を o_1，o_2，時間変数を `u` と置いたとき，以下の 4 つのいずれかの形式に則って記す．

表 2　ドローンの例題における操作と操作時の条件一覧

操作	必須の操作か	操作前条件	操作後条件
`takeoff`	no	（なし）	（なし）
`land`	no	（なし）	（なし）
`forward`	no	（なし）	`u>=10`，`u<=10`
`left`	no	（なし）	`u>=10`，`u<=10`
`right`	no	（なし）	`u>=10`，`u<=10`
`left`	yes	`turnL`，`u>=0`，`u<=0`	`u>=10`，`u<=10`
`right`	yes	`turnR`，`u>=0`，`u<=0`	`u>=10`，`u<=10`

（1）“`event`”：`event` を受信したら操作

（2）“`event`，`u>=`o_1，`u<=`o_2”：`event` 受信後，o_1 単位時間以上 o_2 単位時間以内に操作

（3）“`u>=`o_1，`u<=`o_2”：o_1 単位時間以上 o_2 単位時間以内に操作

（4）“`u>=`o_1，`u<=`o_2，`event`”：o_1 単位時間以上 o_2 単位時間以内に `event` を受信したら操作

また，定めた操作が C1 における “必須の操作” に該当していた場合は “必須の操作か” 列で “yes” と記し，該当していない場合は “no” と記す．“必須の操作” についての説明は 3.3.2 項で述べる．

以上のことについて，ドローンの例題を用いた具体例を紹介する．ドローンの例題では，システムモデル内の `takeoff`，`land`，`forward`，`left`，`right` のイベントをユーザの操作とし，このうち `forward`，`left`，`right` の 3 つには操作後に 10 単位時間のインターバルを置く．さらには，ユーザが `turnL`，`turnR` のメッセージを受け取った際には，その後 0 単位時間経過後に，それぞれ `left`，`right` の操作がされるべきと定め，これらの操作を必須の操作としている．以上を

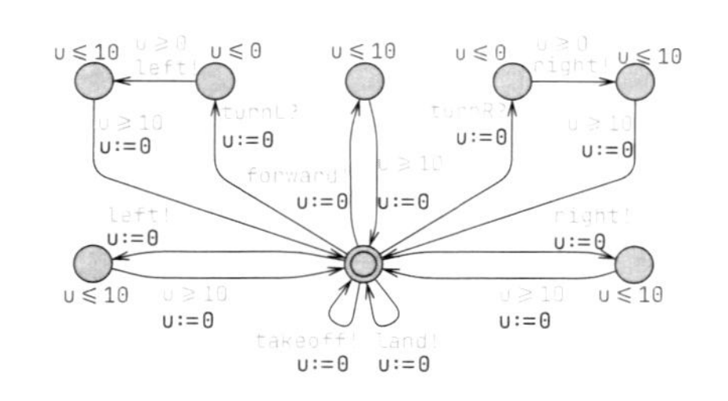

図 4　ドローンの例題における基本のユーザモデル

反映させると，表 2 に示すようにまとめられる．

3.3　ユーザモデル半自動生成手法

3.3.1　基本のユーザモデルの生成

ここでの“基本”は，システムからの通知に即時に気づいて適切に行動できるなど，開発者が期待する正しい行動を取ることを意味する．基本のユーザモデルを生成する意図としては，開発者の想定を反映した基本のユーザモデルでの検証結果と，性格特性に応じたユーザモデルでの検証結果の両方を提示することで，開発者の想定外の対策漏れを特定する狙いがある．基本のユーザモデルは，3.2 節で作成した操作と条件の一覧表に基づき，自動的に変換できる．

変換方法を説明する．まず，3.2 節で与えた表の 1 行分が 1 つの操作に対する振舞いに対応し，初期ロケーションは次の操作までの待機状態とみなす．そして，時間変数に関わる条件の判定のために，初期ロケーションからの遷移と，初期ロケーションへの遷移で u を初期化する．そのうえで，指定された内容に応じて，操作ごとに‘初期ロケーション，“操作前条件”の内容，“操作”の内容，“操作後条件”の内容，初期ロケーション’となる振舞いを形成していき，全操作についての振舞いが記せたら基本のユーザモデルは完成である．ただし，操作前または操作後条件における“u<=o_2”は，遷移元から接続されるロケーションを新たに定義し，そこでの滞在時間とする．また，“u>=o_1”は，“u<=o_2”で定義したロケーションからの遷移のガード条件とする．

表 2 の情報に基づいて，ドローンの例題における基本のユーザモデルを生成した結果を図 4 に示す．まず，`takeoff` の行に注目する．この行では `takeoff` 操作のみが与えられているので，モデル内では，“初期ロケーション，`takeoff` 操作，初期ロケーション”となる振舞いを形成する．次に，`forward` の行に注目する．この行では，`forward` 操作，操作後条件“`u>=10`，`u<=10`”が与えられている．そのため，モデル内では，“初期ロケーション，`forward` 操作，操作後条件，初期ロケーション”の順となる振舞いを形成する．なお，操作後条件は 3.2 節で示した条件の (3) に該当するため，“10 単位時間以上 10 単位時間以内に遷移”と読み替えられる．最後に，操作前条件が定められている `left` の行に注目する．この行では，`left` 操作，操作前条件“`turnL`，`u>=10`，`u<=10`”が与えられている．そのため，モデル内では，“初期ロケーション，操作前条件，`left` 操作，操作後条件，初期ロケーション”の順となる振舞いを形成する．なお，操作前条件は 3.2 節で示した条件の (2) に該当するため，“`turnL` 受信後，0 単位時間以上 0 単位時間以内に遷移”と読み替えられる．

3.3.2　性格特性に応じたユーザモデルの生成

性格特性に応じたユーザモデルは，3.3.1 項にて作成した基本のユーザモデルに基づき，自動的に変換できる．この際には，表 1 で示した“操作の特徴”を反映させるように，基本のユーザモデルを改変する．

まず，C1（協調性・低）のユーザモデルの生成方法を述べる．C1 は“必須の操作をしないことがある”と定めているため必須の操作の定義を要するが，これは操作と条件の一覧表における“必須の操作か”列にて“yes”となっている操作がそれに該当する．必須の操作とは，例えばシステムから警告などの通知があった場合における，通知の内容に対する適切な操作のことである．C1 ではその操作が行われない場合もあると想定するため，すべてまたは一部の必須の操作に関して，当該イベントの遷移と並列になるように無名の遷移を追加したものが C1 のユーザモデルとなる．必須の操作が n 個定められていた場合，C1 のユーザモデルは 2^n-1 通りで与えられる †1．

次に，C2（誠実性・低）のユーザモデルの生成方法

†1　各操作について必ず行うか否かの選択肢があるため，全体で 2^n 通りである．そこからすべての操作を必ず行う場合を除外すると 2^n-1 通りとなる．

を述べる．C2は“（操作）時間が長い”ことの定義を要するが，これは基本のユーザモデルと比べたものであるため，C2で定める操作時間は基本のユーザモデル内の操作時間よりも大きな値となる．ただし，C2もC1の場合と同様に，すべての操作に関して操作時間が長い場合もあれば，一部の操作のみ操作時間が長い場合もあると考えられる．さらには，基本のユーザモデルで定めた操作時間よりも長くなれば良いので，C2のユーザモデルには無限通りの生成パターンが考えられると言える．そのため，操作と条件の一覧表における操作前または操作後条件にて定めた各時間を変数 ox（x は自然数）に置き換え，ox は各条件で定めた値よりも大きな値をとるとする．例えば，条件が“u>=a, u<=b”で与えられているとすると a を o1 に，b を o2 に置き換えて“u>=o1, u<=o2”と考える．ただし，o1 $> a$，o2 $> b$，o1 $\leq$ o2 を満たすとする．

ドローンの例題においては，必須の操作として，turnL，turnR メッセージを受信した後にそれぞれ left，right を操作すると定めている．そのため，ドローンの例題における C1 のユーザモデルは，以下に示すように3通りの場合が考えられる．

(a) turnL と turnR の両方に従わないことがある
(b) turnR には従わないことがある
(c) turnL には従わないことがある

このうちの例として (b) のモデルを図5に示す．なお，(a) のみで C1 の検証の網羅性は満たされるが，(b) と (c) も設けることで (a) とは異なる検証結果（反例）を得るというねらいがある．

また，ドローンの例題における C2 のユーザモデルを生成した結果は図6に示すものとなる．ドローンの例題においては，o1 から o14 を与え，o1, o2, o3, o4, o5, o6, o9, o10, o13, o14 > 10，o7, o8, o11, o12 > 0，o1 $\leq$ o2，o3 $\leq$ o4，o5 $\leq$ o6，o7 $\leq$ o8，o9 $\leq$ o10，o11 $\leq$ o12，o13 $\leq$ o14 を満たすとしている．

3.4 検証式

本稿の検証式は，対象システムにおける危害発生の有無を調べるためのものである．危害を f とすると，システムモデル内で生じ得るべきでない状況を手法利用者が想定して f を手動で設定したうえで，検証式を“A[] not f”で定める．この検証式は“f となることは決してない”という意味である．

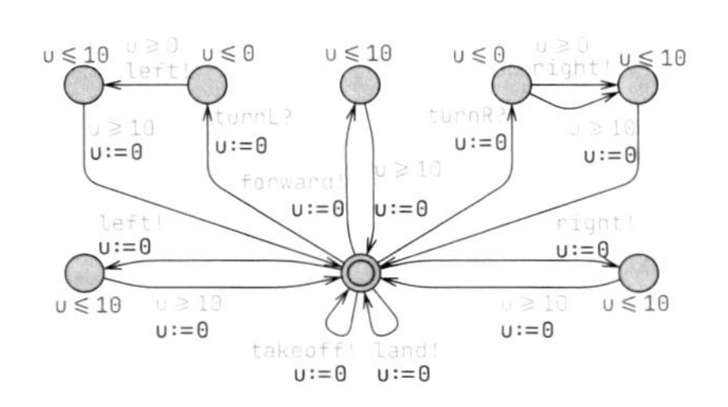

図5 ドローンの例題における C1（b）のユーザモデル

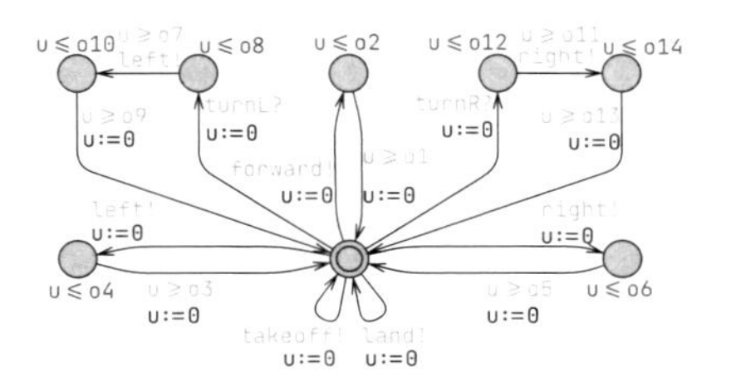

図6 ドローンの例題における C2 のユーザモデル

3.5 モデル検査・危害発生の有無

システムモデルとユーザモデル（基本のユーザモデルまたは性格特性に応じたユーザモデル）の並列合成モデルと，3.4節で定めた検証式を入力とし，UPPAAL によるモデル検査を実行する．

モデル検査により検証式が満たされるという結果が得られた場合は，ユーザの操作により危害が生じ得ないことを意味する．一方で検証式が満たされないという結果が得られた場合は，ユーザの操作により危害が生じ得ることを意味する．また，この場合には反例が得られるが，反例には危害発生に至るまでのモデルの振舞いが示される．

4 ケーススタディ

本ケーススタディでは踏切制御システム[13]の事例を参考にした例題に対して安全性検証を行い，4.2節で述べる Research Questions に答えることで提案手法の有効性を評価する．なお，提案手法の汎用性を検証する一環として，先行研究[14]でのドローンの例題とは異なるものを選定した．

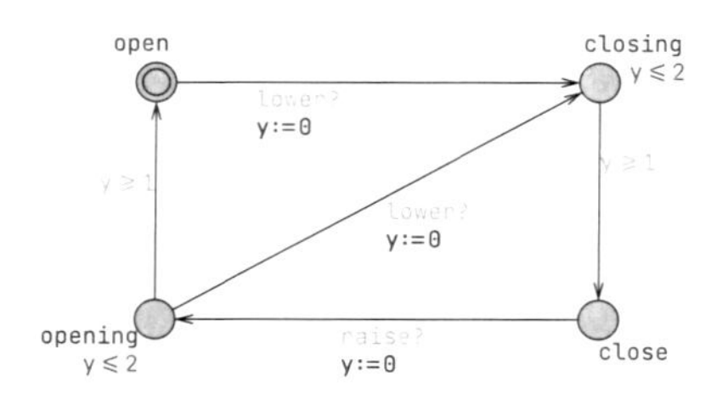

図 7　踏切制御システムのシステムモデル（遮断機）

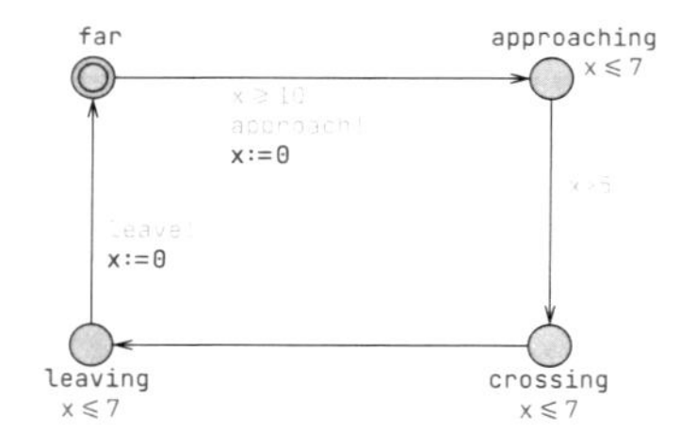

図 8　踏切制御システムのシステムモデル（列車の位置）

4.1　例題の概要

本例題では，遮断機の仕様（図 7）と，列車の動作仕様（図 8）を与え，列車の位置に応じてユーザが遮断機を操作することを考える．なお，遮断機の前後にあるセンサにより，列車の踏切への進入および通過を検知してユーザに通知することができるものとする．

遮断機は，ユーザの，下げる（lower），上げる（raise）の 2 種の操作を受け付ける．遮断機は最初，開放状態（open）であるが，下げる操作のメッセージを受信すると閉鎖途中状態（closing）に遷移する．閉鎖途中状態に遷移後は，1 単位時間以上 2 単位時間以内に閉鎖状態（close）に遷移する．閉鎖状態で，上げる操作のメッセージを受信すると開放途中状態（opening）に遷移する．開放途中状態に遷移後は 1 単位時間以上 2 単位時間以内に開放状態に遷移するが，それまでの間に下げる操作のメッセージを受信した場合は閉鎖途中状態に遷移する．

列車は，遠い（far），接近中（approaching），踏切通過中（crossing），離脱中（leaving）の状態をとる．列車は最初，遠い状態にいるが，10 単位時間以上経過後に接近中状態に遷移する．この遷移の際には，センサにより列車接近（approach）のブロードキャストメッセージを送信する．接近中状態に遷移後は，5 単位時間超 7 単位時間以内に踏切通過中状態に遷移する．その後，7 単位時間以内に離脱中状態に遷移し，さらにその後 7 単位時間以内にはセンサにより列車離脱（leave）のブロードキャストメッセージが送信され，遠い状態に戻る．

表 3　踏切制御システムにおける操作と操作時の条件一覧

操作	必須の操作か	操作前条件	操作後条件
lower	yes	approach, u>=1, u<=2	（なし）
raise	yes	leave, u>=1, u<=2	（なし）

4.2　検証の概要

4.1 節で述べた例題において，システムモデルは図 7 と図 8 の並列合成モデルである．本ケーススタディにおける安全性検証では，検証項目として“列車が踏切通過中のときに遮断機が閉まっていない”という危害が生じ得ないことを取り上げる．したがって，列車を Train としてインスタンス化したとすると，検証式は次のように示される．

```
A[] not (Train.crossing and not Gate.close)
```

さらに，1 つの特徴に基づき様々なバリエーションのモデルを生成することで，どの条件であれば危害が生じ得るか，または危害が生じ得ないかを探る．

以上を踏まえて，以下の Research Questions (RQ) に答えることを本ケーススタディの趣旨とする．

RQ 1　得られた結果は，それぞれが性格特性（操作の特徴）に起因するものであるか．

RQ 2　様々なバリエーションのモデルを用いた検証の結果では，妥当な指摘がされたか．

4.3　ユーザモデルの生成

4.1 節の例題に対する安全性検証を行うために，3 章の手順に従ってユーザモデルを生成する．

まず，基本のユーザモデルを生成する．システムに対する知識をモデルに反映させるために，操作と操作時の条件一覧を作成した．作成した結果を表 3 に示

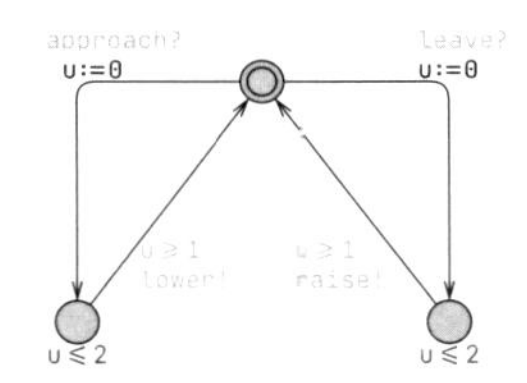

図 9　踏切制御システムにおける基本のユーザモデル

す．ここでは必須の操作として，図 7 内で定めた，遮断機を下げる lower 操作と，遮断機を上げる raise 操作を取り上げている．lower は，列車接近を示す approach メッセージを受けた後，1 単位時間以上 2 単位時間以内に操作される．raise は，列車離脱を示す leave メッセージを受けた後，1 単位時間以上 2 単位時間以内に操作される．そして，表 3 に基づいて基本のユーザモデルを生成した結果を図 9 に示す．

次に，性格特性に応じたユーザモデルとして，まずは C1 のユーザモデルを生成する．C1 は，基本のユーザモデルから，表 3 における "必須の操作か" 列で "yes" となっている操作の振舞いの一部またはすべてに関して，操作イベントと並列になる無名の遷移を追加する．生成した結果を図 10 (a)，(b)，(c) に示す．それぞれ，approach と leave の両方に従わないことがある場合，approach には従うが leave には従わないことがある場合，leave には従うが approach には従わないことがある場合を示している．

次に，C2 のユーザモデルを生成する．C2 は，一部またはすべての操作における操作時間が，基本のユーザモデルにて定めた時間よりも長い．生成した結果を図 11 に示す．ただし，パラメータを調整しやすいように，変数 o1，o2，o3，o4 を導入し，$\mathtt{o1}, \mathtt{o3} > 1$，$\mathtt{o2}, \mathtt{o4} > 2$，$\mathtt{o1} \leq \mathtt{o2}$，$\mathtt{o3} \leq \mathtt{o4}$ を満たす任意の整数として置く．そのうえで，lower に関する操作前条件を "u>=o1，u<=o2" として，raise に関する操作前条件を "u>=o3，u<=o4" として置き換えた．

4.4　検証結果

4.2 節の検証を行った結果を示す．

4.4.1　基本のユーザモデル

図 9 で示した基本のユーザモデルで検証したところ，検証式が満たされるという結果が得られた．その

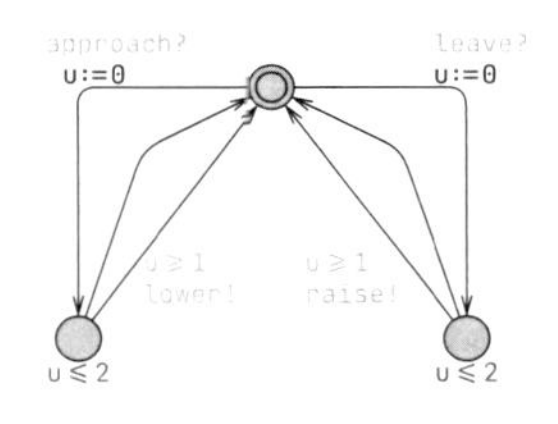

(a) 両方に従わないことがある場合

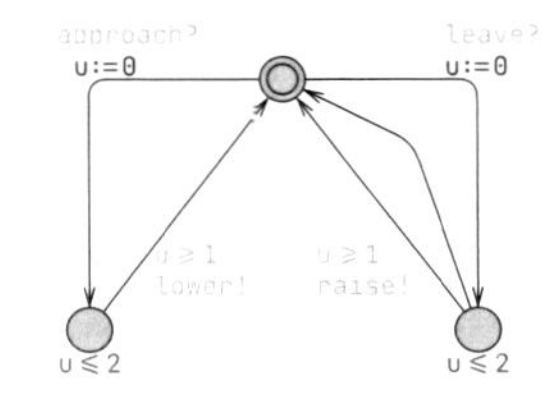

(b) leave には従わないことがある場合

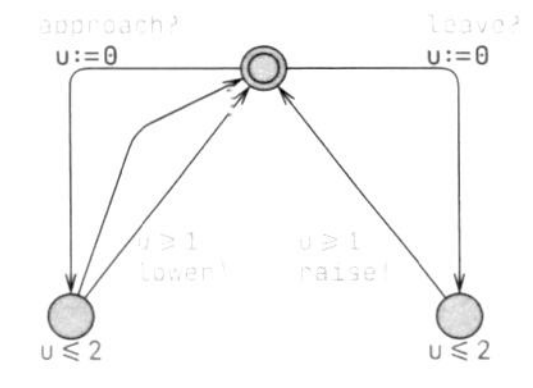

(c) approach には従わないことがある場合

図 10　踏切制御システムにおける C1 のユーザモデル

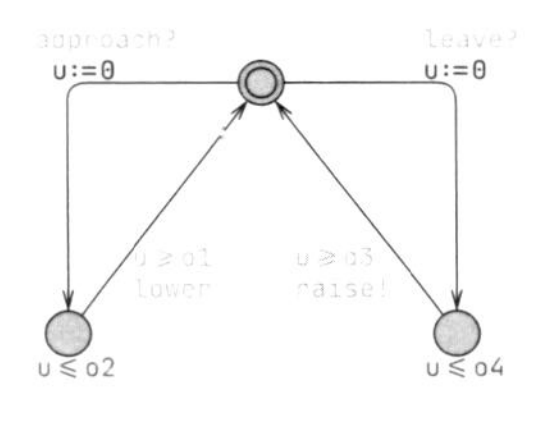

図 11　踏切制御システムにおける C2 のユーザモデル

ため，開発者の期待通りの操作をするユーザでは，"列車が踏切通過中のときに遮断機が閉まっていない" という危害は生じ得ないと言える．

4.4.2　C1 のユーザモデル

C1 のユーザモデルは，approach と leave の両方に従わないことがある場合（図 10 (a)），leave には従わないことがある場合（図 10 (b)），approach には従わないことがある場合（図 10 (c)）の 3 通りを与えた．それぞれの結果は以下の通りである．

(a)　検証式は満たされない

(b)　検証式は満たされる

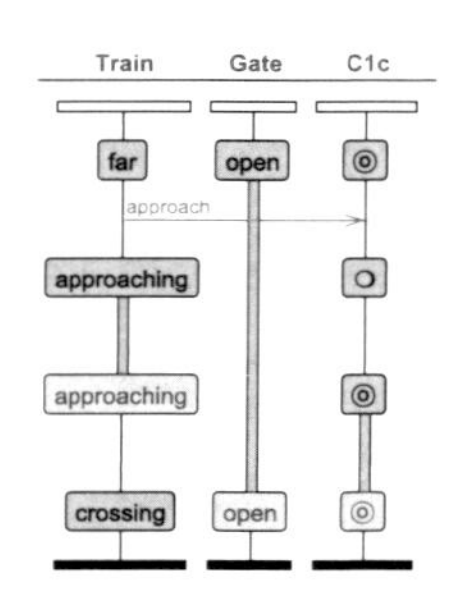

図 12　C1 のユーザモデルの検証で得られた反例

(c) 検証式は満たされない

このうち，(a) と (c) にて得られた反例を図 12 に示す．縦軸はステップ数であり，ロケーションの遷移状況を示している．横軸はモデルである．なお，(a) と (c) はどちらも同一の反例が得られた．この反例では，3 ステップ目で，遮断機（Gate）が開放状態（open）であるにもかかわらず，列車（Train）が踏切通過中状態（crossing）に至ることが示されている．

4.4.3　C2 のユーザモデル

C2 のユーザモデルは，一部またはすべての操作における操作時間が，基本のユーザモデルにて定めた時間よりも長いという前提で，図 11 のように与えた．指定した条件を満たす範囲で変数の値を変えて検証したところ，o1 もしくは o2 の値が 3 以下，または o3 もしくは o4 の値が 9 以下となる場合に検証式が満たされるが，それ以外の場合では検証式が満たされないことがわかった．

ここで，検証式が満たされない場合の境界値について，得られた反例を示す．まず，o1，o2 での例として，$(o1, o2, o3, o4) = (4, 4, 2, 2)$ とした場合の反例を図 13 (a) に示す．この場合においては，4 ステップ目で，遮断機（Gate）が閉鎖途中状態（closing）であるにもかかわらず，列車（Train）が踏切通過中状態（crossing）に至ることが示されている．

次に，o3，o4 での例として，$(o1, o2, o3, o4) = (2, 2, 10, 10)$ とした場合の反例を図 13 (b) に示す．この場合においては，11 ステップ目で，遮断機（Gate）が開放状態（open）であるにもかかわらず，列車（Train）が踏切通過中状態（crossing）に至ることが示されている．

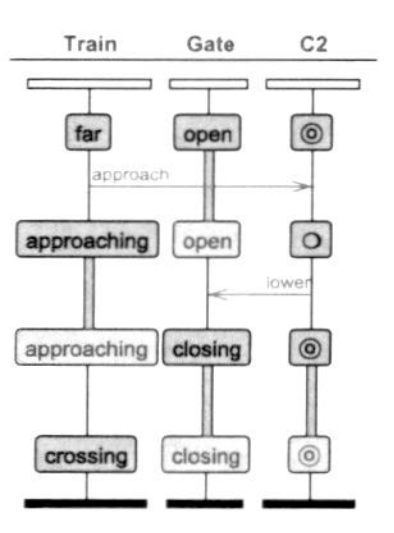
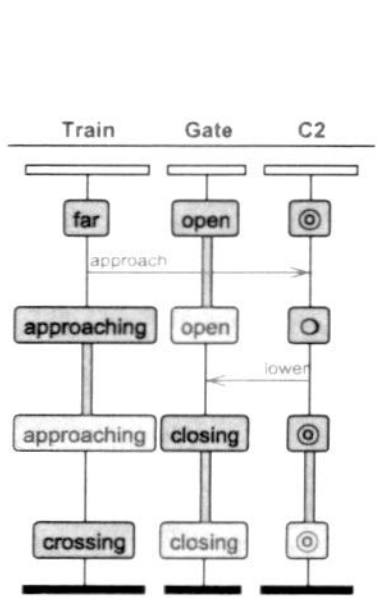

(a) o1，o2 を境界値にした場合の反例

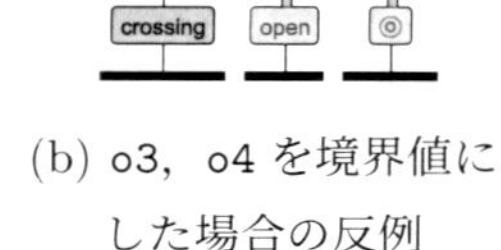

(b) o3，o4 を境界値にした場合の反例

図 13　C2 のユーザモデルの検証で得られた反例

5　考察

5.1　RQ 1

5.1.1　C1 のユーザモデル

C1 での検証により，図 10 (a)，(b)，(c) に対して，それぞれ以下に示すことを特定できた．

(a) approach か leave のいずれかに必ず従わなければ，危害が生じ得る．

(b) leave に対して何も操作しないことがあっても，危害は生じ得ない．

(c) approach に対して必ず lower 操作をしなければ，危害が生じ得る．

まず，(b) の結果を考察する．(b) では，leave メッセージに対しては何も操作しないことがあるが，approach メッセージに対しては必ず lower 操作を行うとした．つまり，遮断機を一度下げるがそれ以降は上げないという状況が生じ得る．列車の通過前に遮断機が一度下がってしまえば本稿で定めた危害は生じ得ないため，操作の特徴に起因する検証結果が得られたと言える．

次に，(c) の結果を考察する．図 12 では，1〜2 ステップ目で Train が approaching に遷移しているため，これにより approach メッセージが送信される．本来であれば，ユーザはそれを受けて lower 操作をすることで，Gate は closing に遷移するはずである．しかし，図 12 ではそのような振舞いは見られず，Gate は open を維持している．このような状況は，approach に対して lower 操作をしないことがあるという (c) の特徴によるものと言えるため，操作の特徴に起因する検証結果が得られたと考える．また，(a) は (c) の特徴を内包するため，(a) についても同様に操作の特徴に起因する検証結果が得られたと言える．

5.1.2 C2 のユーザモデル

C2 での検証により，図 13 (a)，(b) に対して，それぞれ以下に示すことを特定できた．

(a) approach の受信後，lower 操作前に 4 単位時間以上経過すると，危害が生じ得る．

(b) leave の受信後，raise 操作前に 10 単位時間以上経過すると，危害が生じ得る．

まず，(a) の結果を考察する．図 13 (a) では，1〜2 ステップ目で Train が approaching に遷移したことによる approach メッセージに対して，その 4 単位時間経過後（2〜3 ステップ目）にユーザが lower 操作をする振舞いが見られる．しかし，3〜4 ステップ目で Train が approaching から crossing へと遷移しているが，先の lower 操作による閉鎖が間に合わず，4 ステップ目で危害発生に至っている．この結果は操作時間が長いという特徴によるものと考えられるため，操作の特徴に起因する検証結果が得られたと言える．

次に，(b) の結果を考察する．図 13 (b) では，6〜7 ステップ目で Train が far に遷移したことによる leave メッセージに対して，その 10 単位時間経過後（8〜9 ステップ目）にユーザが raise 操作をする振舞いが見られる．しかし，その途中の 7〜8 ステップ目で Train が approaching に遷移したことによる approach メッセージが送られるが，ユーザは先の raise 操作の途中であるためそれを受け付けないという状況が生じている．その後，10〜11 ステップ目で Train が crossing へと遷移するが，閉鎖が行われていないため危害発生に至っている．この結果も操作時間が長いという特徴によるものと考えられるため，操作の特徴に起因する検証結果が得られたと言える．

5.2 RQ 2

5.2.1 C1 のユーザモデル

C1 のユーザモデルでの検証では，いずれも “必須の操作をしないことがある” という特徴でありながら，(a)，(c) では検証式が満たされないが (b) では検証式が満たされるという結果が得られた．そしてこれにより，危害発生に直接的に影響を及ぼすのは approach による lower 操作の有無であることと，leave による raise 操作の有無は危害発生に影響しないことの 2 点が特定できた．特に 2 点目は，(a) のみの検証では approach による lower 操作に起因して検証式が満たされないという結果が得られるのみであるため，新たな指摘である．この新たな指摘によって，例えばある程度は raise 操作に関する検討の比重を下げることができるため，設計の効率化につながると考えられる．したがって，C1 での検証において，(a) だけでなく (b) と (c) も生成したことにより得られた新たな指摘は妥当であったと言える．

5.2.2 C2 のユーザモデル

C2 のユーザモデルでの検証では，“待機状態から操作までの時間が長い” という特徴に対して，具体的にどの値の範囲で危害が生じ得るかを特定した．操作までの時間が長いことによる危害発生は，例題の参考元の文献 [13] においても言及されていたが，境界値を探るような検証法は述べられていなかった．境界値を探ることで，例えば一定の時間が過ぎても操作されない場合には操作を促す警告を発するようにするなど，対策を施すべき部分の洗い出しの一助となると考えられる．そのため，C2 での検証において，複数のバリエーションを生成したことにより得られた新たな指摘は妥当であったと言える．

6 関連研究

形式検証技術を用いてユーザの操作とシステムの安全性を検証する関連研究として，Bolton ら [1] の研究が挙げられる．この研究では，Hollnagel が提唱したエラー行為の表現型 [5] に基づいてユーザのエラー操作（ある手順のスキップ，同じ手順を繰り返すなど）をモデル化し，エラー操作を組み合わせた場合にシステム利用時に危害が生じ得るか否かをモデル検査を用いて検証する手法を提案している．

本研究との差異は，ユーザの操作をモデル化する際の拠り所にある．Bolton らの研究ではエラー行為の表現型に基づくため，一般的なエラー操作への対策を検討できる．一方で，本研究では性格特性に基づくため，従来手法とは別の範囲をカバーできる可能性がある．さらには，ユーザの具体的な特性を考慮するため，従来手法よりも特化的な検討が行えると言える．例えば，システムを利用するユーザの大まかな性格特性の傾向が判明している場合においては，再現性が高い振舞いが自ずと見えてくるため，優先的に取り組むべき対策の分析に有効的に作用すると考える．

7 まとめ

本稿では，性格特性に基づく様々な操作を考慮した安全性検証において，妥当なバリエーションのモデルを系統的に得られるようにすることを目的として，ユーザモデルを半自動生成する手法を提案した．ケーススタディを通して提案手法の有効性を評価した結果，性格特性に起因する危害発生例が示せただけでなく，様々なバリエーションのモデルが得られたことによる妥当な指摘も行えたため，提案手法が有効である見込みを得た．

今後の課題として，本稿で扱わなかった操作の特徴に対しても生成手順を与えることが挙げられる．その際には，本稿での基本のユーザモデルに対して遷移を削除する場合（C1）や変数の値を変更する場合（C2）のみでなく，例えば C5 の “操作放棄” という特徴に基づいて全ロケーションからデッドロックに陥る可能性をもたせるなど，遷移を追加する場合も考慮して検討する．また，さらに多くの事例に適用することで提案手法の汎用性を確認し，C1〜C6 以外の性格特性にも対応できるよう拡張していきたい．

参考文献

[1] Bolton, M. L., Bass, E. J., and Siminiceanu, R. I.: Generating phenotypical erroneous human behavior to evaluate human–automation interaction using model checking, *International Journal of Human-Computer Studies*, Vol. 70, No. 11(2012), pp. 888–906.

[2] Clarke, E., McMillan, K., Campos, S., and Hartonas-Garmhausen, V.: Symbolic model checking, *International conference on computer aided verification*, 1996, pp. 419–422.

[3] Cyders, M. A., Littlefield, A. K., Coffey, S., and Karyadi, K. A.: Examination of a short English version of the UPPS-P Impulsive Behavior Scale, *Addictive behaviors*, Vol. 39, No. 9(2014), pp. 1372–1376.

[4] Dahlen, E. R. and White, R. P.: The Big Five factors, sensation seeking, and driving anger in the prediction of unsafe driving, *Personality and individual differences*, Vol. 41, No. 5(2006), pp. 903–915.

[5] Hollnagel, E.: The phenotype of erroneous actions, *International Journal of Man-Machine Studies*, Vol. 39, No. 1(1993), pp. 1–32.

[6] Pourmazaherian, M., Baqutayan, S. M. S., and Idrus, D.: The role of the big five personality factors on accident: A case of accidents in construction industries, *Journal of Science, Technology and Innovation Policy*, Vol. 7, No. 1(2021), pp. 34–43.

[7] Uppsala University, Aalborg University: UPPAAL, https://uppaal.org/.（閲覧日：2024 年 8 月 6 日）.

[8] 喜入暁, 松本昇: 短縮版多次元衝動的行動尺度日本語版 (SUPPS-PJ) のさらなる妥当性の検証, パーソナリティ研究, Vol. 31, No. 2(2022), pp. 112–121.

[9] 向殿政男: 信頼性と安全性, *SEC journal*, Vol. 10, No. 3(2014), pp. 8–10.

[10] 広瀬文子: ヒューマンエラー傾向測定手法作成の試み (その 1)-調査票作成ならびにエラーと性格特性に関する検討, 電力中央研究所報告 *Y*, Vol. 6014(2007), pp. 1–17.

[11] 村上宣寛, 村上千恵子: *主要 5 因子性格ハンドブック 三訂版: 性格測定の基礎から主要 5 因子の世界へ*, 筑摩書房, 2017.

[12] 後藤隼弐, 吉岡信和: シーケンス図を用いたモデル検査支援ツール, 日本ソフトウェア科学会大会論文集, Vol. 31(2014), pp. 304–321.

[13] 中田明夫: 時間オートマトンによる実時間システムの形式的検証, 計測と制御, Vol. 48, No. 11(2009), pp. 803–809.

[14] 成澤瑠佳, 小形真平, 青木善貴, 中川博之, 小林一樹, 岡野浩三: 性格特性に基づくシステム安全性検証の試み, *ソフトウェアエンジニアリングシンポジウム 2024* 論文集, Vol. 2024, 2024.

[15] 和田さゆり: 性格特性用語を用いた Big Five 尺度の作成, 心理学研究, Vol. 67, No. 1(1996), pp. 61–67.

CodeT5 と正規表現を活用した不適切な変数名の自動検出法とその評価

森 哉尋　阿萬 裕久　川原 稔

変数名は単なる識別子というだけでなく，処理内容を適切に表現していることが望ましい．一般に変数名の適切さ評価には人手によるコードレビューが必要であり，それだけに工数のかかる作業となっている．これまでに，変数名そのものやそれを取り巻くソースコードの特徴をメトリクスによって数値化し，機械学習（ランダムフォレスト）によって名前変更発生の有無を予測する手法が知られているが，コードの文脈までは考慮できていなかった．そこで本論文では，大規模言語モデルの 1 つである CodeT5 を使ってコードの文脈を考慮した評価を行うことを考え，そこに正規表現によるパターンマッチングも組み合わせることで不適切な変数名を自動的に検出する新たな手法を提案している．そして，実際に人手によって行われたコードレビューデータに対する評価実験を行い，提案手法をランダムフォレストを用いた従来手法と併用することでより良い検出が可能であることを報告している．

1　はじめに

プログラムにおいて，変数はデータやオブジェクトを格納・参照するために欠かせない存在である．開発者は変数に名前を割り当てるが，その名前は変数の役割を反映していることが望ましい [3,20]．適切な名前が与えられた場合，開発者だけでなく第三者にも読みやすく理解しやすいコードとなる．逆に，役割とは関係のない名前やわかりにくい名前が与えられた場合，それによってコードが理解しにくいものになったり誤解を招きやすいものになったりする恐れがある [5].

それゆえ，“変数名の適切さ” は重要であるが，その評価を客観的かつ機械的に行うことは容易でない．変数の命名についてはコーディング規約等でガイドラインが与えられることがあるが，その内容は “ローカル変数には短く意味のある名前をつけること” [8] や “グローバル変数には分かりやすい名前をつけること” [12] といった定性的で具体性に欠ける内容であることが多く，自動的に判定できるものではない．このため，変数名の適切さを人手で確認するしかないのが現状である．また，開発の進行・保守の過程で変数の名前と役割の間で乖離が生じる場合もある．したがって，コードの作成時のみならず，変更時にも変数名の適切さ確認が必要であり，この作業は重要であると同時に開発者やレビューアの負担にもなっている [16].

そこで本論文では，変数名の適切さを評価して不適切な名前を自動検出するための手法を提案する．具体的には，Java プログラムにおけるローカル変数に着目し，大規模言語モデルのマスク予測を活用した評価を行う．ただし，この手法では言語モデルの学習データに存在しない名前は予測が困難という問題もある．そのため，変数名の型や代入式の右辺にも着目し，当該変数の名前とこれらの要素の間で正規表現によるパターンマッチングを行い，言語モデル単体でのマスク予測の欠点を補うこと考えている．

以下，2 節で関連研究と研究動機について述べ，3 節で新たな手法の提案を行う．そして，4 節で評価実験の内容を説明し，その結果について考察する．最後に，5 節で本論文のまとめと今後の課題を述べる．

A CodeT5 and Regular Expression-Based Automated Method For Detecting Inappropriate Variable Names and Its Evaluation

Yahiro Mori, 愛媛大学大学院理工学研究科数理情報専攻, Ehime university.

Hirohisa Aman, Minoru Kawahara, 愛媛大学統合情報メディアセンター, Center for Information Technology, Ehime university.

2 関連研究と研究動機

2.1 メトリクスとランダムフォレストの活用

前述したように，名前の適切さ評価は人手に頼るところが多く，必ずしも容易ではない．そうした負担の軽減に向け，Zhang ら [22] は静的コード解析を用いてさまざまなメトリクス測定を行い，そこで得られたメトリクスデータ（特徴データ）をランダムフォレストで学習することで，識別子に対して名前変更が必要かどうかを予測する手法を提案している．そこでは，次に示す 5 つのメトリクス群を利用している（表 1）．

(1) Inherence. 識別子固有の特徴（識別子の長さや構成，スタイル等）を定量化する．これらの特徴は，その識別子で名前変更が起こるかどうかを予測するための手がかりとなる [10]．Granularity（粒度）には，パッケージ，クラス，メソッド，グローバル変数，及びローカル変数の 5 種類が定義されている．識別子の長さ（length や size）はその特徴を表し，ContainsVerb や ContainsNoun，CountainsAdj 等はその構成要素に関する特徴を定量化する．

(2) Relation with Convention. 識別子とコーディング規約及び共通規約との関係を定量化する．識別子がコーディング規約や開発者の間で共通認識されている規約に従っていない場合，名前変更が行われやすい [1,4]．FollowConPos と FollowConStyle は識別子の品詞とスタイルがそれぞれ規約 †1 に従っているか確認する．例えば，クラス名は “名詞を含み，かつ各単語の 1 文字目を大文字とした名前” とされている．したがって，“`MyClassName`” であれば規約を遵守しており，メトリクス値は “true” となる．FollowCommonPos と FollowCommonStyle は，開発者が共通で認識している規約に関わるメトリクスである．具体的には，品詞とスタイルの出現頻度に関して，累積相対度数が 80 %に達するまでに出現した品詞とスタイルを共通規約として定義している．

(3) Relation with Code Entities. 識別子と関連するコード要素の関係を定量化する．識別子が字句的あるいは意味的に他のコード要素と関わりを持つ場合，それらは同時に名前変更が行われる傾向にある [7]．例えば，メソッド `getName` と変数 `name` というペアについて，`name` が別名に変更される場合には `getName` も変更される可能性が高い．ContainsOthers や SameName 等は当該識別子が他識別子を含むか，あるいは他識別子に含まれるかを判定する．そして，MinEdit や MaxJaccard は識別子同士の類似度を数値化するものであり，前者は最小編集距離を，後者は構成トークンの一致度（Jaccard 係数）をそれぞれ意味する．

表 1　メトリクスの概要

メトリクス	内容
(1) Inherence	
Granularity	識別子の粒度
Length	文字列の長さ
Size	トークン数
ContainsVerb	動詞を含むか
ContainsNoun	名詞を含むか
ContainsAdj	修飾語を含むか
Contains$	$を含むか
Style	命名スタイル
StartWithUpper	先頭文字が大文字か
DigitCount	識別子に含まれる数字の数
(2) Relation with Convention	
FollowConPOS	コーディング規約（品詞）に従っているか
FollowConStyle	コーディング規約（スタイル）に従っているか
FollowCommonPOS	共通の品詞に従っているか
FollowCommonStyle	共通のスタイルに従っているか
(3) Relation with Code Entities	
ContaiOthers	他の識別子を含むか
ContainedByOthers	他の識別子に含まれるか
SameName	異なる粒度に同名の識別子があるか
SameNameDiffGra	同粒度に同名の識別子があるか
ContainFather	親識別子の名前を含むか
MinEdit	他識別子との最小編集距離
MaxJaccard	他識別子における Jaccard 係数の最大値
(4) Enclosing File	
LOC	包括ファイルの LOC
ImportCount	インポート文の数
CommentCount	コメント数
ConditionCount	条件文の数
IterationCount	イテレーション文の数
(5) History	
ChangeCount	識別子の変更回数
StateChangeCount	包括式の変更回数
FileChangeCount	包括ファイルの変更回数

†1 `https://www.oracle.com/java/technologies/javase/codeconventions-namingconventions.html`

(4) Enclosing File. 当該識別子を含むファイルの特徴を定量化する．ファイル内の条件文や繰り返し文が増えるほど，その内容は規模が大きく複雑になる．そのため，コードの明確さや論理性を保つため，開発者は識別子名を変更することがある．包括ファイルと識別子の変更は同時に発生する可能性があり，ファイルの特徴を測定することで名前変更の発生を予測できる [2]．LOC はファイルのコード行数を測定し，ImportCount と CommnetCount はファイル内のインポート文とコメント文を計上する．ConditionalCount は条件式（if 文と switch 文），IterationCount は繰り返し（for 文と while 文）を計上する．

(5) Hisotry. 識別子とそれを包括する式，及びファイルの変更回数を測定する．識別子とそのコンテキストの変更回数が多いほど，その識別子に対する適切な命名は困難であることが分かるため，将来的に名前変更が行われる可能性は高いといえる．

なお，Hisotry 群に属する 3 つのメトリクスについては，識別子そのものの変更履歴を追跡する必要があるが，筆者らが調べた範囲では明確な測定方法が与えられておらず再現には至らなかった．それゆえ，後述する評価実験では，これら 3 つのメトリクスはやむなく測定対象外としている点に注意されたい．

2.2 大規模言語モデルによるマスク予測の活用

上述したメトリクスによる予測とは別のアプローチとして，コード補完技術がある．この技術は，コーディングの際にそれまでに入力したソースコード片から次に記述が必要な変数やメソッド呼び出し等を推定して候補を自動生成するというものである．コード補完技術の研究は，Mandelin らによるツール Prospector の開発に始まり，それ以降さまざまなアプローチが提案されてきた [6, 9, 13, 19]．これには型補完やコードの局所性を活用する手法等が含まれ，これらを利用することでコードの自動生成や予測の精度向上を実現させている．近年では，大規模言語モデルを活用したアプローチも見られるようになってきた．例えば，Mastropaolo ら [14] は，T5 等の大規模言語モデルを活用した変数名推薦の効果を調査しており，その有効性が報告されている．さらに，言語モデルでは一部のトークンをマスクしておいて，そこに入る適切なトークンを予測するマスク予測というタスクが可能であることから，マスクした変数名がマスク予測の候補として挙がってくるかどうかでもって不適切な変数名を検出するという手法も研究されている [15]．

しかしながら，そこには制限も多く，コーパスに存在しない名前には対応できなかったり，名前が長くなるほど予測精度が低下するという問題点も指摘されている．特に，変数名が複数の単語から構成される複合語である場合，その復元は困難になることも多く，結果的に不適切な変数名の検出精度を低下させてしまう．プログラミングにおいて，特定の文脈や用途に応じて複合語やその略語が変数名として使われることは珍しくなく，そのような名前を処理できないことは変数名の適切さ自動評価における重大な障壁となる．

2.3 研究動機

前述したように，変数の名前変更予測に関する手法はいくつか提案されており，それらを活用することで不適切な変数名の自動検出も可能であると考えられる．しかしながら，メトリクスを使った手法では，変数名そのものとその周辺のソースコードの特徴については活用しているものの，他の識別子（変数名，メソッド名等）との名前やそのスタイルの一致といった観点に限定されており，ソースコードの文脈については十分に考慮できていない．当該変数が“どういった変数と一緒にどういったかたちで使われているのか”といった観点についてはメトリクスで特徴化するのは難しい．例えば，ある配列に格納されている値の平均値を求めるコード断片があり，その平均値を格納する変数の名前が“`max`”になっていたとする．その際，平均値を求める典型的な処理（値の合計を求めて個数で割る）やその処理を反映した名前のメソッドが呼び出されていれば，人間から見ればその文脈から名前が不適切であることに容易に分かるが，変数名とその周辺コードの特徴量だけではその不自然さを指摘できないことが懸念される．

一方，大規模言語モデルを活用した手法では，そのような文脈に関する懸念は払拭されるものと期待できるが，上述したように学習コーパスに依存する問題も考えられる．例えば，ある変数に何らかのメソッドの戻り値が代入されていた場合，その変数名にはその戻り値やその型に対応する名前が適しているものと思われる．それゆえ，言語モデルでそのような期待される名前が推薦されなかったとしても，代入式の右辺や型名から類推できる名前になっているようであれば，その名前は問題視する必要はないと考えられる．そのような確認は正規表現を用いたパターンマッチングで比較的容易に実現可能であることから，本論文ではそのようなパターンマッチング技術を大規模言語モデルと組み合わせることで，より良い自動検出を目指す．

3 提案手法

本節では，不適切な変数名を自動検出するための手法を提案する．以下，3.1 節で提案手法の概要を述べ，3.2 節でその詳細を説明する．さらに 3.3 節では従来手法との組合せ手法についても提案する．

3.1 概要

不適切な変数名を自動検出するための手法を提案する．この手法は，CodeT5 [21] のマスク予測による評価に，正規表現を用いた周辺コード要素とのパターンマッチング評価を加えたものである．提案手法（便宜上，これを “提案手法 1” と呼ぶ）の流れを図 1 に示す．この手法は 2 段階の評価プロセスで構成される．

(i) マスク予測：変数名をマスキングし，CodeT5 によるマスク予測機能を活用して，適切な変数名を予測する．予測トークンが元々の変数名と一致（完全一致）する場合，その変数名を適切と評価し，そうでない場合は次の評価に進む．この段階では，変数名が文脈と合致しているかどうかを評価している．

(ii) 正規表現によるパターンマッチング：1 段目の評価で変数名がマスク予測結果と一致しなかった場合，その周辺コード要素（型や代入式右辺のメソッド名等）との間で正規表現によるパターンマッチングを行う．正規表現パターンに合致した場合はその変数名を適切なものと判断し，そうでない場合は不適切なものと評価する．ここでは，変数名が文脈からは予測されなかったものの，代入式や型名に由来したものになっているかどうかで評価している．

3.2 提案手法 1

以下では，提案手法 1 を構成する 2 つの段階について詳細に説明する．3.2.1 節がマスク予測に，3.2.2 節が正規表現マッチングにそれぞれ対応している．

3.2.1 CodeT5 の活用

CodeT5 は Wang らが提案した深層学習モデルである [21]．このモデルは Transformer から派生したモデル T5 [18] と同じアーキテクチャを持ち，Python，Java，JavaScript，PHP，Ruby 及び C# の 6 つのプログラミング言語を対象として事前学習されている．また，一部のトークンをマスクで隠したソースコード片を入力として与えられると，そのマスク部分に入ると推察されるトークンを予測する “マスク予測” 機能が提供されている．それゆえ，変数名をマスクして与えると，その変数名が何であったかを周辺のソースコードから推定できる．その際，マスク前の変数名が予測結果として与えられる場合，元の名前はソースコード文脈から見て自然な名前であったと思われる．逆に不適切なものであったとすれば，そのような名前が予測される可能性は低いと考えられるため，予測トークンと元の名前の一致・不一致をもって変数名の適切さ評価をするというのがこれを用いる狙いである．具体的には以下に示す 3 つの手順でもって変数名の適切さ評価を行う．

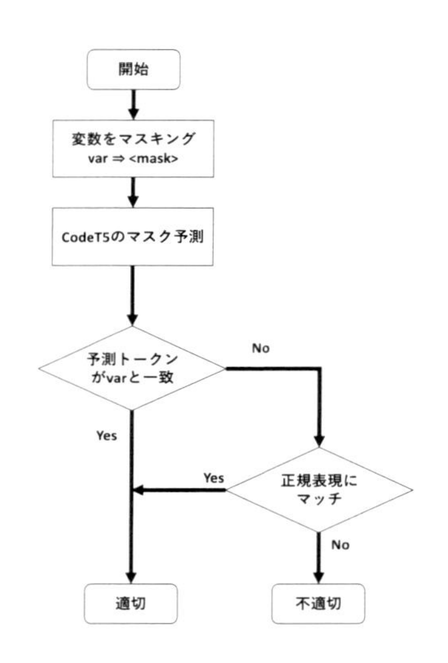

図 1 提案手法 1 のフローチャート

(1) 変数名のマスキング

評価対象の変数について，それを含むメソッドのソースコードを取得し，その中で当該変数を特殊トークン “<extra_id_n>” に置き換える（図 2）．

(2) マスク予測

ファインチューニング済みの CodeT5 モデルを用意し，手順（1）で用意したマスク付きソースコードに対してマスク予測を行う．なお，ファインチューニングでも手順（1）と同様のマスキングを行ったソースコードを別途用意して使用する．

(3) 適切さ評価

予測された変数名をもとに，元の変数名の適切さを評価する．元の名前が予測された変数名と完全一致すればその名前は適切であると判定し，そうでない場合は名前変更が必要な不適切な名前であると判定する．

3.2.2 正規表現の活用

CodeT5 のマスク予測に基づく手法では，ソースコードの文脈を考慮した変数名評価が期待される．しかしながら，コーパスに含まれないトークンについては，変数名の候補として推薦されることがないため，CodeT5 単体による変数名の適切さ評価には限界がある．そこで，コーパスに依存しない評価手法として，周辺コードを活用した評価手法を提案する．

変数に名前を付けるにあたって，その変数に格納されるデータの “型” と “役割・意味” は考慮されることが多いのではないかと筆者らは考えた．例えば，データ型に関して言えば，char 型の変数の名前を “c” や “ch” としたり，“ConfigType” 型の変数の名前を “configType” にしたりすることが考えられる．また，データの意味や役割に関しては言えば，ある変数に “calculateTotalAmount()” というメソッドの戻り値を代入する場合，そのメソッド名から何らかの合計値や総量を扱うものと考えられ，代入先の変数の名前は “total” や “amount” にするのが自然であると考える．こうした型や代入式の右辺に基づく命名パターンには一定の妥当性があり，コーパスに含まれない変数名の評価に貢献するのではないかと考えられる．

例えば，図 3 に示すように “azureCredential” という変数名を評価対象とした場合，この名前はその型から見れば自然な名前であると思われるが，マスキングして CodeT5 で予測すると “token” が予測結果となり，そのままでは本来の名前と一致しないため不適切と評価されてしまう．しかし，正規表現による評価を加えることで，その型名 “AzureCredential” とパターンマッチすることとなり，この変数名は適切であるという評価になる．このような，いわば CodeT5 でのマスク予測から外れたものを別の視点から救済するというのが本手法の狙いである．

このアイデアのもと，以下の手順で適切さを評価することを提案する．

(1) 変数名に関連するコード要素の抽出

まず，各変数についてその命名に影響を及ぼす可能性のある要素をソースコード片から抽出する．具体的には表 2 に示す 7 種類の要素を抽出する．

```
...
int[] array = [1, 2, 3];
int sum = 0;
for (int i = 0; i < array.length; i++) {
        sum += array[i];
}
return sum;
...
```

↓ 変数 sum をマスキング

```
...
int[] array = [1, 2, 3];
int <extra_id_0> = 0;
for (int i = 0; i < array.length; i++) {
        <extra_id_1> += array[i];
}
return <extra_id_2>;
...
```

図 2　変数名のマスキング例

```
AzureCredential azureCredential
    = AzureAuthHelper.oAuthLogin(environment);
```

↓ マスキング

```
AzureCredential <extra_id_0>
    = AzureAuthHelper.oAuthLogin(environment);
```

↓ 予測

```
token
```

図 3　CodeT5 では “不適切な名前” と扱われてしまう例

表 2　正規表現パターンで注目する要素

注目要素	例（下線部に注目）
変数の型	
型名	`StringBuilter sb;`
ジェネリクス部	`List<Node> nodes;`
変数に対する代入式の右辺	
変数名	`type = ... nodeType ...;`
メソッド名	`total = obj.calculateTotal();`
クラス名	`customer = Customer.getName();`
フィールド名	`name = this.name;`
文字列	`price = map.get("price");`

表 3　命名パターン

命名パターン	説明
完全一致	変数名が注目要素と完全に一致する
接頭辞	変数名が注目要素の接頭辞である
接尾辞	変数名が注目要素の接尾辞である

(2) 命名パターンによる変数名評価

抽出した要素と変数名を比較し，当該変数の名前がいずれかの要素に基づいた命名になっているかどうかでもって名前の適切さを評価する．その判断は表 3 に示す 3 種類の命名パターンに従って行う．ただし，その際に大文字と小文字の違いは無視する．また，接尾辞のパターンマッチでは，変数名が 1 文字の場合に偶然に一致してしまう可能性を排除するため，判定対象は 2 文字以上の変数名に限定する．

3.3　従来手法との組合せ（提案手法 2 及び 3）

上述した提案手法 1 では大規模言語モデル CodeT5 と正規表現パターンを活用しており，2.1 節で紹介したメトリクスとランダムフォレストを用いた従来手法とは異なる視点を有している．そのため，両者の間で不適切な変数名予測に差異が生じることも十分考えられる．提案手法 1 と従来手法を組み合わせることで，より良い予測が実現できる可能性もある．そこで本論文では，次の 2 種類の手法をそれぞれ提案手法 2 及び提案手法 3 として提案する．

- **提案手法 2**：
  提案手法 1 と従来手法の両方でもって “不適切な名前” と予測された場合に限ってその変数名を “不適切” と予測し，それ以外の場合は “不適切ではない” と予測する．
- **提案手法 3**：
  提案手法 1 と従来手法の少なくともいずれか一方でもって “不適切な名前” と予測された場合はその変数名を “不適切” と予測し，それ以外の場合は “不適切ではない” と予測する．

4　評価実験

本節では提案手法の有効性を評価するために行った評価実験について報告する．

4.1　目的

本論文では，不適切な変数名を自動検出するために，CodeT5 と正規表現パターンを利用した手法を新たに提案手法 1 として提案した．これは，メトリクスとランダムフォレストを用いた従来手法とは異なる視点から変数名を評価できるものと考えている．あわせて，従来手法と提案手法 1 の出力を論理積及び論理和の考え方で組み合わせる提案手法 2 及び 3 も提案した．実データを用いてこれら 3 つの提案手法の有効性を調べることが本実験の目的である．

4.2　対象

本実験では Mastoropaoro ら [14] のコードレビューデータセット（以降，CRs と表記）を活用した．CRs はコードレビューの過程で変更された（変更前後の）ソースコードを収集したデータセットである．本実験では不適切な変数名の自動検出を目的としているため，変更前後のソースコードを筆者らが目視で確認し，名前変更が施されたと思われる変数名を評価データとして抽出した．具体的には，変更前後のコード行を比較し，変数名のみが変更されている場合，あるいは型名の変更に伴って変数名も一部のみ変更されている場合を抽出した．

その結果，名前変更が施された変数名として 179 個を抽出でき，それらの変更前の名前を “不適切な変数名” とした．つまり，ここで扱う “不適切な変数名であるか否か” という分類問題における正例（+）として扱うこととした．さらに，CRs 内では変更が確認されなかった変数名が 16,674 個だけあったため，その中からランダムに 179 個を抽出し，それらを同分類問題の負例（–）として扱うこととした．負例データをランダムサンプリング（アンダーサンプリング）によって抽出した理由は，データセットにおける正例と負例の比率を 1:1 に揃えるためである．以上より，179 個の正例と 179 個の負例を合わせた 358 個の変数名を本実験のデータセットとして利用した．

4.3 手順

本実験では，以下の手順で従来手法，提案手法，並びに組合せ手法の評価を行う．

4.3.1 従来手法（ランダムフォレスト）

(1) メトリクス測定

データセットに含まれる各変数に対し，それぞれを含んだ Java ソースファイルを取得して JavaParser†2 で構文解析を行う．そして，解析結果に基づいて，表 1 に示した Inherence 群，Relation with Convention 群，Relation with Code Entities 群，並びに Enclosing File 群のメトリクスについて測定を行う．なお，Inhrence 群のメトリクス Size（変数名のトークン数）の測定には，変数名の自動分割ツール Spiral†3 [11] を用いる．同群のメトリクス ContainsVerb（変数名に動詞を含むか）や ContainsNoun（変数名に名詞を含むか）等の品詞解析が必要なものについては SCANL Ensemble tagger†4 [17] を用いる．

(2) ランダムフォレストの学習・評価

ランダムフォレストによる学習と評価を行うには，訓練データとテストデータが必要となる．提案手法との比較を行うにあたって同じテストデータを使う必要があり，なおかつ，そのデータ数は多い方が望ましいと考えられる．そこで，評価データセットをランダムに 4 つの部分データセット DS1, DS2, DS3, 及び DS4 に分割する．そして，図 4 に示すように 4 つの部分データセットのうち 3 つを訓練データセットとしてランダムフォレストを構築し，残った 1 つの部分データセットをテストデータとして不適切な変数名の予測を行う．テストデータとして使用する部分データセットを変えて，同様の学習と評価を全部で 4 回行うことで，元々の評価データセット全体に対する予測結果を得ることができる．つまり，各データに対して予測結果とその正誤が得られることになるため，それらを 1 つの混同行列へ統合できる．その上で適合率，再現率，及び F 値を評価値として算出する．

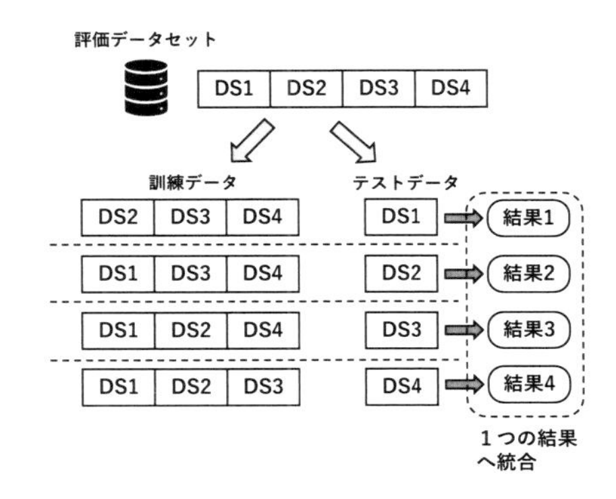

図 4 ランダムフォレストの学習・評価

4.3.2 提案手法 1（CodeT5 と正規表現）

(1) CodeT5 のファインチューニング

提案手法では，大規模言語モデル CodeT5 のマスク予測機能を活用して変数名の適切さを評価しようとしている．ただし，マスク予測の精度を可能な限り高めるには，評価に先立ってモデルのファインチューニングを行うことが望ましい．そこで本実験では，評価データセットとは異なるデータとして，オープンソフトウェア OpenJDK†5 のソースコードを用意し，ファインチューニングに使用する．OpenJDK は Java プラットフォームのオープンソース実装であり，世界中で広く使用されている．その開発は 600 名を超える開発者により 15 年以上にわたって保守されており，不適切な変数名が使われている可能性は低いと考えられることからファインチューニング用のデータとして利用することとした．具体的には，129,041 個のメソッド（マスク付き）を学習に使用し，32,262 個をその検証に使用した．

(2) Java メソッドの抽出

提案手法では CodeT5 を使うことでコードの文脈を考慮しつつ変数名の評価を行うが，その際には当該変数の周辺コード（メソッドの内容）が必要になる．

†2 https://github.com/javaparser/javaparser
†3 https://github.com/casics/spiral
†4 https://github.com/SCANL/ensemble_tagger

†5 https://github.com/openjdk/jdk.git，コミットハッシュ c2502228

そのため，評価データセット内の各変数に対し，それが登場する Java メソッドをソースファイルから抽出する．その際，コメント文は含めないものとする．

(3) 変数の型名と関係する代入式の抽出

前述したように，提案手法では変数の命名にその型名や代入式の内容が影響する可能性を考慮し，複数の正規表現パターンも使用する．それらのパターンについて照合を行うため，当該 Java メソッドの内容から，当該変数の型宣言とそれに対する代入式をすべて抽出する．

(4) 変数名のマスキング

CodeT5 ではマスク化されたトークンに対して，その部分にどういう名前が入るかを予測する“マスク予測”を実行できる．提案手法では，マスク予測によって元の名前ないしその一部が予測されるか否かでもって，元の名前の適切さを評価しようとしている．それゆえ，各変数について，対応する Java メソッド内で当該変数をマスキングしたコード断片を作成する．

(5) 変数名の評価

提案手法により，変数名の変更（不適切かどうか）を予測する．そして，正解ラベルに基づいて，予測の適合率，再現率，及び F 値を評価値として算出する．

4.3.3 提案手法 2 及び 3

(1) 従来手法と提案手法 1 による評価

まず，従来手法と提案手法 1 それぞれでもって独立に変数名の適切さを予測する．

(2) 評価の統合

従来手法と提案手法 1 それぞれの予測結果に基づき，提案手法 2 及び提案手法 3 による予測データを作り出す．具体的には，提案手法 2 では従来手法と提案手法 1 の両方で“不適切”とされた変数名のみを不適切（正例）と見なし，それ以外はすべて不適切でない（負例）と見なす．提案手法 3 では，従来手法と提案手法 1 の少なくとも一方で“不適切”とされた変数名は不適切（正例）と見なし，それ以外はすべて不適切でない（負例）と見なす．そして，正解ラベルに基づいて，予測の適合率，再現率，及び F 値を評価値として算出する．

4.4 結果

各手法によって得られた正誤判定の結果を表 4 に示す．あわせて，適合率，再現率及び F 値の算出結果を表 5 に示す．なお，各評価尺度の中で最も良い値を太字で強調している．

結果として，適合率については従来手法（メトリクスとランダムフォレスト）が最も高い結果となった．一方，適合率と F 値については，提案手法 3 が最も高い結果となった．この手法は，いわば従来手法と提案手法 1 の結果の論理和による評価であり，そのようなかたちで複数のモデルの出力を組み合わせることで，適合率がやや落ちるものの，他に比べて高い再現率を得ることができ，両者の調和平均である F 値という観点では最も優れた結果になったといえる．

4.5 考察

評価実験の結果，提案手法 3（提案手法 1 と従来手法のいずれかが“不適切”と予測した場合にはその変数名を“不適切”と評価）が再現率及び F 値で最も優れた性能を示した．このことから，2 つの手法を組み合わせることで単一の手法では見逃されがちな観

表 4 各手法の予測結果（混同行列）

(a) 従来手法

		予測	
		+	−
実際	+	117	62
	−	51	128

(b) 提案手法 1

		予測	
		+	−
実際	+	95	84
	−	91	88

(c) 提案手法 2

		予測	
		+	−
実際	+	61	118
	−	28	151

(d) 提案手法 3

		予測	
		+	−
実際	+	151	28
	−	114	65

表 5 評価尺度の比較

	評価尺度		
	適合率	再現率	F 値
従来手法	**0.696**	0.654	0.674
提案手法 1	0.511	0.531	0.521
提案手法 2	0.685	0.341	0.455
提案手法 3	0.570	**0.844**	**0.680**

表 6　真陽性及び偽陰性の分布

		従来手法		
		TP	FN	合計
提案手法 1	TP	61	34	95
	FN	56	28	84
合計		117	62	179

点を補完でき，従来手法より多様な変数名評価を実現しつつ，予測性能を維持できているものと推察する．

この点を確認するため，実験に用いた 179 個の不適切な変数名について，提案手法 1 と従来手法それぞれ単体での予測による真陽性（TP）と偽陰性（FN）の組合せを表 6 に示す．同表から分かるように，両手法で共通して正しく検出できた名前は 179 個中 61 個であったのに対し，いずれか一方のみによって検出できたものは 90 個（=34+56）であった．つまり，2 つの手法では検出される不適切な変数名の傾向には差異が小さくないことが分かる．それゆえ，従来手法と提案手法 1 のどちらか 1 つだけを単体で用いたり，提案手法 2 のように両者で結果が一致するものだけを用いたりするよりも，提案手法 3 として両者の判定結果を尊重する統合方法が功を奏したものと考える．

次に，提案手法と従来手法の間での不適切な変数名検出の違いについて考察する．提案手法 1 と従来手法の両方で“正しく”不適切な名前として検出できたものは表 6 の通り 61 個であり，その内訳は複合語が 39 個，それ以外が 22 個であった．検出された名前の例として，`ctx` や `updatedRealm`，`current` 等があり，省略形や単語，複合語の様々な特徴を持つ名前の検出に成功していた．表 7 ではこれを (TP, TP) として示している．同様にして，提案手法 1 のみで正しく検出できた事例を (TP, FN) として，その逆を (FN, TP) として，両方の手法で正しく検出できなかった事例を (FN, FN) として同表にまとめている．

一方，従来手法でのみ正しく検出できた名前は非複合語の方が多く，`entry` や `result` といった英単語や `i` という定番の名前が見られた．逆に提案手法 1 でのみ正しく検出できた名前は従来手法とは逆で複合語の方が多く，例えば `clientSpan` や `valueSet`，`originalXml` 等であった．これらの結果から，従来手法では汎用的に使われる名前についてはそれが不適切であった場合に検出しやすい傾向にあり，その一方で提案手法 1 では前後の文脈も考慮することでドメインに依存するかもしれない複合語を検出しやすい傾向になるのではないかと考えられる．それゆえ，実験結果から分かるように，提案手法 1 と従来手法のいずれか一方で“不適切な名前”と判定された場合には当該変数名を不適切と判定する提案手法 3 が最も有用な判定手法となったのではないかと考えられる．

表 7　真陽性及び偽陽性の組合せにおける名前の分布

(提案手法 1, 従来手法)	複合語	非複合語	変数名の例

(TP, TP)	39	22	`ctx`
			`updatedRealm`
			`current`

(FN, TP)	23	33	`entry`
			`result`
			`i`

(TP, FN)	25	9	`clientSpan`
			`valueSet`
			`originalXml`

(FN, FN)	11	17	`response`
			`data`
			`e`

なお，いずれの手法でも正しく検出できなかった名前として `response` や `data`，`e` 等が見られた．これらはドメインを問わず一般的に広く使用されていると考えられ，どちらかといえば従来手法でもって検出されることが期待されるもののようにも思えるが，適切な名前として使用される場面も多く，結果として機械学習では正例として判定されなかったのではないかと推察される．このような名前に対しては，より詳細な分類ルールの設定や新たな視点からの評価が必要になると考えられ，それについては今後の課題としたい．

5　まとめと今後の課題

本論文では，不適切な変数名の自動検出の実現に向け，CodeT5 のマスク予測と正規表現パターンマッチングを組み合わせた手法を新たに提案した．従来から，変数名の特徴メトリクスを説明変数としたランダムフォレストによって不適切な（名前変更が必要な）変数名を予測する手法が知られていたが，ソースコード文脈の観点も考慮することが有効ではないかと考え，新たに提案した手法（提案手法 1）との比較，並びに従来手法との組合せ手法（提案手法 2 及び 3）との比較も行った．評価実験の結果，提案手法 1 と従来手法の少なくともいずれか一方で “不適切” と判定される場合には当該変数名を不適切なものとして警告する手法（提案手法 3）が最も優れていることを確認できた．結果を分析したところ，提案手法 1 と従来手法ではそれぞれ正しく判定しやすい変数名の傾向に違いがあり，それゆえ両者のいわば論理和をとった提案手法 3 が最良な手法になったものと考えられる．

今後の課題として，本論文の実験では活用できなかった変数名やソースコードの変更履歴についてもデータ収集を行い，さらなる判定性能の向上を目指すことが挙げられる．あわせて，名前変更に対してコードクローンが及ぼす影響についても分析することが挙げられる．名前変更データ内にコードクローンが含まれていた場合，類似した変更にデータが偏ってしまい判定精度に影響を及ぼしていた可能性があるため，その観点からも分析を行う必要があると考えている．

謝辞 本研究は JSPS 科研費 21K11831，21K11833，23K11382 の助成を受けたものです．

参考文献

[1] Allamanis, M., Barr, E. T., Bird, C., and Sutton, C.: Learning natural coding conventions, *Proc. 22nd ACM SIGSOFT Int'l Symp. Foundations of Softw. Eng.*, 2014, pp. 281–293.

[2] Börstler, J. and Paech, B.: The role of method chains and comments in software readability and comprehension—An experiment, *IEEE Trans. Softw. Eng.*, Vol. 42, No. 9(2016), pp. 886–898.

[3] Boswell, D. and Foucher, T.: *The Art of Readable Code: Simple and Practical Techniques for Writing Better Code*, O'Reilly Media, Sebastopol, CA, 2011.

[4] Butler, S.: Mining Java class identifier naming conventions, *Proc. 34th Int'l Conf. Softw. Eng.*, May 2012, pp. 1641–1643.

[5] Ceccato, M., Di Penta, M., Falcarin, P., Ricca, F., Torchiano, M., and Tonella, P.: A family of experiments to assess the effectiveness and efficiency of source code obfuscation techniques, *Empir. Softw. Eng.*, Vol. 19(2014), pp. 1040–1074.

[6] Chatterjee, S., Juvekar, S., and Sen, K.: SNIFF: A Search Engine for Java Using Free-Form Queries, *Fundamental App. Softw. Eng.*, Chechik, M. and Wirsing, M.(eds.), Lecture Notes in Computer Sc., Vol. 5503, Springer, March 2009, pp. 385–400.

[7] Falleri, J.-R., Huchard, M., Lafourcade, M., Nebut, C., Prince, V., and Dao, M.: Automatic extraction of a WordNet-like identifier network from software, *Proc. Int'l Conf. Prog. Comp.*, June 2010, pp. 4–13.

[8] Gosling, J., Joy, B., Steele, G., and Bracha, G.: *Java* 言語仕様, 桐原書店, 東京, 3rd edition, 2006.

[9] Gvero, T., Kuncak, V., Kuraj, I., and Piskac, R.: Complete completion using types and weights, *ACM SIGPLAN Notices*, Vol. 48, No. 6(2013), pp. 27–38.

[10] Hofmeister, J. C., Siegmund, J., and Holt, D. V.: Shorter identifier names take longer to comprehend, *Empir. Softw. Eng.*, Vol. 24, No. 6(2018), pp. 1–27.

[11] Hucka, M.: Spiral: splitters for identifiers in source code files, *J. Open Source Softw.*, Vol. 3, No. 24(2018), pp. 653.

[12] Kernighan, B. W. and Pike, R.: プログラミング作法, アスキー, 東京, 2000.

[13] Mandelin, D., Xu, L., Bodík, R., and Kimelman, D.: Jungloid Mining: Helping to Navigate the API Jungle, *ACM SIGPLAN Notices*, Vol. 40, No. 6(2005), pp. 88–61.

[14] Mastropaolo, A., Aghajani, E., Pascarella, L., and Bavota, G.: Automated variable renaming: are we there yet?, *Empir. Softw. Eng.*, Vol. 28(2023), pp. 45:1–45:26.

[15] 森哉尋, 阿萬裕久, 川原稔: 変数名の自動評価に向けた名前のゆらぎに関する調査, ソフトウェア工学の基礎 *30*, (2023), pp. 171–172.

[16] Murphy-Hill, E., Parnin, C., and Black, A. P.: How We Refactor, and How We Know It, *IEEE Trans. Softw. Eng.*, Vol. 38, No. 1(2011), pp. 5–18.

[17] Newman, C. D., Decker, M. J., Alsuhaibani, R. S., Peruma, A., Mkaouer, M. W., Mohapatra, S., Vishnoi, T., Zampieri, M., Sheldon, T. J., and Hill, E.: An Ensemble Approach for Annotating Source Code Identifiers With Part-of-Speech Tags, *IEEE Trans. Softw. Eng.*, Vol. 48, No. 9(2022), pp. 3506–3522.

[18] Raffel, C., Shazeer, N., Roberts, A., Lee, K., Narang, S., Matena, M., Zhou, Y., Li, W., and Liu, P. J.: Exploring the limits of transfer learning with a unified text-to-text transformer, *J. Machine Learning Res.*, Vol. 21, No. 2(2020), pp. 5485–5551.

[19] Tu, Z., Su, Z., and Devanbu, P.: On the Localness of Software, *Proc. 22nd ACM SIGSOFT Int'l Symp. Foundations of Softw. Eng.*, Vol. 2014, November 2014, pp. 269–280.

[20] Wake, W. C.: *Refactoring Workbook*, Addison-Wesley Professional, Boston, 2004.

[21] Wang, Y., Wang, W., Joty, S., and Hoi, S. C.: CodeT5: Identifier-aware unified pre-trained encoder-decoder models for code understanding and generation, *CoRR*, Vol. abs/2109.00859(2021).

[22] Zhang, J., Luo, J., Liang, J., Gong, L., and Huang, Z.: An Accurate Identifier Renaming Prediction and Suggestion Approach, *ACM Trans. Softw. Eng. & Methodol.*, Vol. 32, No. 6(2023), pp. Article 148.

マイクロサービスにおけるコードクローンの言語間分析

太田 悠希　吉田 則裕　崔 恩瀞　槇原 絵里奈　横井 一輝

マイクロサービスとは，複雑なソフトウェアを相互に通信可能な小規模サービス群に分割するアーキテクチャスタイルである．既存研究おいて，マイクロサービスの各サービスは小規模なプログラムで実現されているにもかかわらず，多くのサービスにコードクローンが含まれていることが報告されている．また，それらコードクローンの同時修正が報告されており，マイクロサービスにおいてコードクローンが保守コストを増大させていることがわかっている．しかし，既存研究が行った調査では，8 個のみのプロジェクトに含まれるサービスを対象としており，それらサービスはすべて Java で開発されている．そのため，様々な言語で開発された多くのサービスを対象とした調査を行うと，Mo らの調査とは大きく異なる結果が得られる可能性がある．そこで本研究では，12 言語で開発された 284 個のプロジェクトを対象としてマイクロサービスに含まれるコードクローンの調査を行った．その結果，C#はプログラム全体におけるコードクローンの割合や，複数のコードクローンが同時に修正されるものの割合が高いことがわかった．

1　はじめに

マイクロサービスとは，複雑なソフトウェアを相互に通信可能な小規模サービス群に分割するアーキテクチャスタイルである [3] [8] [13]．マイクロサービスの特徴の 1 つは，疎結合なサービス群に分割することで，各サービスの開発やデプロイ，保守を独立して行うことができることである [8] [13]．

マイクロサービスを採用したプロジェクトにおいて，モジュール性を考慮しながら小規模サービス群に分割されているのであれば，各サービスに含まれるコードクローンは少ないことが予想される．しかし，Mo らの研究では，対象としたサービスの多くにコードクローンが含まれていると報告されている [8]．また，それらコードクローンの同時修正が報告されており，マイクロサービスにおいてコードクローンが保守コストを増大させていることがわかっている [8]．これら Mo ら研究成果は，マイクロサービスを採用したプロジェクトに対して，コードクローンのライブラリ化を支援するなどの保守支援が必要であることを示唆している．マイクロサービスでは，各サービスを独立して開発できるため，各サービスは Java だけでなく様々な言語で開発されているにもかかわらず，Mo らの調査対象は Java で開発されたサービスのみである．そのため，他言語で開発されたプロジェクトがマイクロサービスを採用していたときに，コードクローンに対して保守支援が必要かどうかはわかっていない．

そこで本研究では，マイクロサービスにおけるコードクローンに関して，対象を 12 言語に拡大し，保守支援の必要性を調査した．具体的には，d'Aragona らが収集したマイクロサービスの大規模データセット [1] を対象として，クローン率や同時修正率に関して言語間分析を行った．本稿において，クローン率はプログラム全体に対するコードクローンの割合を指し，同時修正率は全クローンセット（2.1 節参照）のうちの同時修正されるものの割合を指す．分析対象の 284

Cross-Language Analysis of Code Clones in Microservices
Yuki Ota, Norihiro Yoshida, Erina Makihara, 立命館大学, Ritsumeikan University.
Eunjong Choi, 京都工芸繊維大学, Kyoto Institute of Technology.
Kazuki Yokoi, 株式会社 NTT データグループ, NTT DATA Group Corporation.

個のOSSプロジェクトは，Javaを含む12言語[†1]で記述されている．

本分析では，以下の3つのRQを設定した．

RQ1： クローン率が高い言語はどれか？

RQ2： プロダクトコードとテストコード間でクローン率に差異はあるか？

RQ3： コードクローンに対する同時修正率が高い言語はどれか？

RQ1とRQ3では，各言語で記述されたコードクローンに対して保守支援の必要性を調査するために，各言語のクローン率や同時修正率を計測した．RQ2では，言語ごとにテストフレームワークが異なることから，テストコードのクローン率や同時修正率が言語間で異なると考え，プロダクトコードとテストコードを分けて計測を行った．

12言語で記述されたプログラムに対してコードクローン検出を行うため，容易に対応言語を増やすことが可能な検出ツールであるCCFinderSW [10] を用いた．CCFinderSWは，CCFinder [6] と同じくトークン列の等価性に基づくType-2クローン（2.1節参照）を検出する．分析結果の概要を以下に示す．

- Java と C#はクローン率と同時修正率の両者が高く，これら言語で記述されたサービスは，コードクローンにより保守性が低下していると考えられる．そのため，コードクローンのライブラリ化などの保守支援が必要であると考えられる．
- プロダクトコードとテストコード間で，クローン率や同時修正率に有意差がある言語が存在した．このため，同一言語であってもテストコードかどうかで，コードクローンが保守性に与える影響は異なると考えられる．このことから，コードクローンのライブラリ化などの保守支援を検討する際は，プロダクトコードとテストコードを区別する必要があると考えられる．

以降，2章においてコードクローンやマイクロサービスに関する関連研究を述べ，3章では対象プロジェクトや言語を選定するための予備調査について述べる．その後，4章と5章において，それぞれ分析と結果を説明する．6章で分析結果と本調査の制限等について考察を行い，最後に7章で本稿をまとめる．

2 関連研究

2.1 コードクローンとその検出ツール

コードクローンとは，プログラム中に存在する互いに一致，または類似したコード片を指す [4]．これまでに，トークン列や構文木の照合や深層学習に基づきコードクローンを検出する手法が数多く提案されてきている [5] [6] [9] [10] [12]．互いにコードクローンとなる2つのコード片の組をクローンペアと呼び，コードクローンの同値類をクローンセットと呼ぶ．本稿では，以下の3つのコードクローンの分類を用いる [9]．

Type-1 クローン 空白やタブの有無，括弧の位置などのコーディングスタイル，コメントの有無などの違いを除き完全に一致するコードクローン

Type-2 クローン Type-1クローンの違いに加えて，変数名や関数名などのユーザ定義名，変数の型などが異なるコードクローン

Type-3 クローン Type-2クローンの違いに加えて，文の挿入や削除，変更などが行われたコードクローン

従来，コードクローン検出ツールの対応言語を増加させることが困難であったが，瀬村らは多様なプログラミング言語に容易に対応できるコードクローン検出ツールCCFinderSWを開発した [10]．CCFinderSWは，構文解析器生成系の1つであるANTLRで利用される構文定義記述から字句解析に必要な文法を自動的に抽出する．そして，抽出した文法に基づきType-2クローンを検出する．CCFinderSWの利用者は，構文定義記述が集められたリポジトリ grammars-v4[†2]から対象言語の構文定義記述を取得し，ツールの実行時に入力として与えることで対応言語を増加させることができる．

†1 CとC++は，1つの言語として数えている．この理由は，本研究で使用したコードクローン検出ツールであるCCFinderSWが，これらを1つの言語として扱うからである．

†2 https://github.com/antlr/grammars-v4

2.2 マイクロサービスとそのデータセット

マイクロサービスとは，小さな独立したサービスを組み合わせて 1 つの大きなアプリケーションを構成するアーキテクチャである [3] [8] [13]．その特徴として，サービス間の独立性，疎結合，データ分離を保ちながら開発とデプロイを行うことが挙げられる [8] [13]．これらの特徴が，アプリケーションのスケーラビリティと開発の迅速性をもたらしている．

d'Aragona らは，OSS リポジトリの大規模コレクションである World of Code [7] からマイクロサービスを採用した 387 個のプロジェクトを抽出し，データセットとして公開している [1]．

2.3 Java におけるマイクロサービスのコードクローンの調査

Mo らは，OSS のマイクロサービスプロジェクトに含まれる Type-1 と Type-2，Type-3 クローンの存在とそれらの同時修正を調査した [8]．彼らの調査では，バージョン V_i で検出されたクローンペア C_i が修正され，V_{i+1} でクローンペア C_{i+1} として検出された場合，クローンペア C_{i+1} を同時修正されたクローンペアと定義した．

彼らの調査結果によると，サービス内では 57.1%から 91.7%，サービス間では 35.7%から 87.5%の *LOC* がクローンになっている．さらに，プロジェクトごとに 5 バージョンを比較した結果，サービス内では 28.6%から 60.0%，サービス間では 14.3%から 63.6%の *LOC* が同時修正されたクローンになっていた．

Mo らの調査は，サービス内外のクローンペアを区別した分析を行っている点や，Type-3 クローンを対象としている点において優れているが，その一方で以下に示す 3 つの問題点がある．

- マイクロサービスでは，各サービスを独立して開発できるため，各サービスは Java だけでなく様々な言語で開発されているにもかかわらず，調査対象のサービスがすべて Java で開発されている．
- 調査対象のプロジェクトの数が 8 個のみである．
- テストコードに含まれるコードクローンの一部は，テストフレームワークが原因で生じると考えられるが，プロダクトコードに含まれるコードクローンと区別せず調査されていいる．

表 1　検出対象のプログラミング言語

C/C++, Java, Perl, PHP, Python, Ruby
Rust, Scala, Go, JavaScript, TypeScript, C#

3 予備調査

本章では，分析対象のプロジェクトや言語を選定するために実施した予備調査について説明する．

まず，2.2 節で説明した d'Aragona らのデータセットには，リポジトリが現存しないプロジェクトが 24 個あったため，これらを全て除外した．

次に，プロジェクトにおいて使用されているプログラミング言語を調査した †3．この調査は，以下の手順で実施した．

手順 1： データセットからソースコードを取得する．

手順 2： プロジェクトごとに得られたソースコードに対して GitHub Linguist†4 を実行する．

手順 3： 実行結果から各言語の *LOC*(Lines of Code) を計算．

手順 4： HTML などの非プログラミング言語を除外し，プロジェクトにおける使用言語比率を算出する．

表 2 は，この予備調査で得られた，全プロジェクトにおける言語ごとの LOC を降順に並べたものである．この表に基づき，本研究で対象する言語を表 1 のとおりに定めた．また，関数型言語 Elixir は命令型プログラミングのための言語ではないので除いた．GitHub†5 上で配布されている CCFinderSW は JavaScript，TypeScript，C#に対応していなかったため，構文定義記述を追加することによってこれら言

†3　d'Aragona らのデータセットには，各プロジェクトの使用言語の項目があるものの，一部のプロジェクトにおいて other だけ記載されており使用言語を特定できないプロジェクトがあった．そのため本研究では，この項目は使用しなかった．

†4　Git リポジトリ中の使用言語を特定するライブラリ `https://github.com/github-linguist/linguist`

†5　`https://github.com/YuichiSemura/CCFinderSW`

表 2　全プロジェクトの言語ごとの LOC

言語	$KLOC$	言語	$KLOC$
Java	169,647	Rust	33,074
Python	158,332	Ruby	28,558
JavaScript	156,462	Scala	19,390
Go	87,738	C	18,215
PHP	74,280	Elixir	17,671
TypeScript	64,034	Perl	9,918
C++	35,889	Vue	3,875
C#	34,294	Kotlin	1,348

語に対応した CCFinderSW を本研究では用いた．

最後に，プログラム全体のうち対象言語で書かれたプログラムの割合が 95%以上のプロジェクトを抽出した．条件を満たさないプロジェクトが 70 個存在したため，これらを全て除外した．

予備調査の結果として，除外されなかった 284 個のプロジェクトを分析対象に設定した．

4　分析

マイクロサービスにおけるクローン率や同時修正率に関して言語間比較を行うために，以下の RQ を設定した．

RQ1： クローン率が高い言語はどれか？

RQ2： プロダクトコードとテストコードでクローン率に違いがあるか？

RQ3： コードクローンに対する同時修正率が高い言語はどれか？

言語ごとにテストフレームワークが異なることから，テストコードのクローン率や同時修正率が言語間で異なると考え，RQ2 および RQ3 ではプロダクトコードとテストコードを分けて，分析を行った．ファイルのパス名やファイル名に小文字大文字を区別なく test が含まれていたら，そのファイルに含まれるプログラムは全てテストコードとして扱う．それ以外のファイルは，全てプロダクトコードとして扱う．また，あるクローンセットに含まれるコード片が 1 つ以上テストコードに含まれていたら，テストコードのクローンセットとする．あるクローンセットに含まれるコード片が全てプロダクトコードに含まれていたら，プロダクトコードのクローンセットとする．

次に，分析手法について説明する．本分析では，3 章で説明した 284 個のプロジェクトを分析対象とする．図 1 は RQ に回答するために実施する本研究の分析手法の概要を示す．この図で示すように，d'Aragona らのデータセットからリポジトリの URL を取得し，`git clone` コマンドを用いて GitHub から分析対象のプロジェクトの最新ソースコードを取得する．

次に，取得したソースコードに対して，CCFinderSW を用いてコードクローンを検出する．このとき，CCFinderSW の設定は，検出範囲をファイル間に，出力形式をクローンセット，検出するコードクローンの最低トークン数 (しきい値) を CCFinderSW のデフォルト値である 50 トークンに設定した．検出範囲をファイル間にしたのは，サービス間や機能間のコードクローンを検出するためである．

その後，本分析のために作成したプログラムが CCFinderSW の検出結果ファイルを読み込み，分析に情報を付加してデータベースに格納する．このとき，作成したプログラムが CCFinderSW の検出結果ファイルから，ファイル情報とクローンセット情報を取得し，それらの情報をデータベースに格納する．また，ファイルごとのクローン率情報もデータベースに格納する．本研究では，クローン率は $ROC(F)$ の値を用いて計算する．$ROC(F)$ はファイル F がどの程度重複化しているかを表す指標である．$ROC(F)$ は以下の式で計算される．

$$ROC(F) = \frac{LOC_{duplicated}(F)}{LOC(F)}$$

上の式で，$LOC(F)$ は F の行数を，$LOC_{duplicated}(F)$ は F の LOC のうちクローンセットに含まれている LOC を示す．これ以降では，$ROC(F)$ をクローン率と呼ぶ．また，クローンセット情報をデータベースに格納するとき，`git blame` コマンドを用いて，クローンセットに含まれているコード片ごとに含まれるコミット情報を付け加える．

最後に，データベースに格納された情報を言語ごと，テストコードかプロダクトコードか同時修正されたクローンセットかどうかに基づいて分類し，各 RQ に回答する．プロダクトコードとテストコードの区別は以下のとおりである．

- ファイルのパス名やファイル名に小文字大文字を区別なく test が含まれていたら，そのファイ

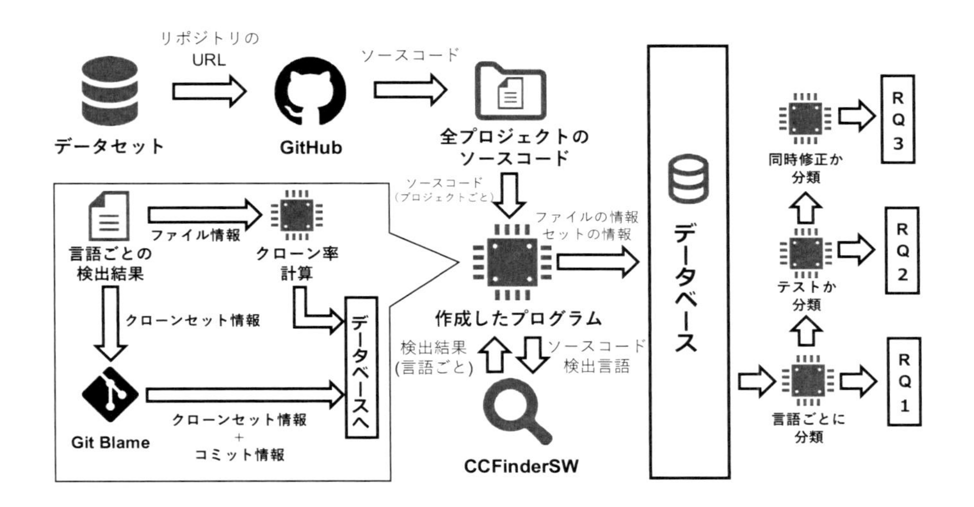

図 1 分析手法の概要

ルに含まれるプログラムは全てテストコードとして扱う.

- それ以外のファイルは，全てプロダクトコードとして扱う.

また，クローンセットがプロダクトコードとテストコードのどちらであるかの判定基準は以下のとおりである.

- あるクローンセットに含まれるコード片が 1 つ以上テストコードに含まれていたら，テストコードのクローンセットとする.
- それ以外（つまり，あるクローンセットに含まれるコード片が全てプロダクトコードに含まれていたら），プロダクトコードのクローンセットとする.

以下の手順で，各クローンセットに対して，同時修正が行われたか判定する．この際，最新のコミットから 100 コミットを分析対象とした．これは，データセット [1] に含まれるプロジェクトは，最低 100 以上のコミットを持つためである.

手順 1： クローンセットに含まれる各コード片に対して，クローン検出したバージョンからみて 100 バージョン以内の修正を列挙し，その中で最も新しい修正を特定する．以上の作業をクローンセットに含まれる全てのコード片に対して行う.

手順 2： 1. で特定した修正集合の中に，同一コミットが含まれていれば，同時修正が行われたと判定する．さもなくば，同時修正が行われなかったと判定する.

5 分析結果

5.1 RQ1: クローン率が高い言語はどれか？

4 章で定義したクローン率に基づき，プロジェクトごとに各言語の平均クローン率を算出し，算出した値を言語間で比較した．その分析結果を図 2 に示す．この図の縦軸はクローン率，横軸は言語を示す.

図 2 が示すように，クローン率の中央値が最も高かった言語は，C#で 40%であった．C#に次いで、Java が 39%、Go が 35%と高い値を示した．また，最小値に着目すると，C#は 12%であるのに対し，Java と Go はそれぞれ 1%と 4%であった．一方，クローン率の中央値が最も低かった言語は，Ruby と C/C++で，いずれも 10%であった．また，Ruby と C/C++は最大値はそれぞれ 25%，20%であった.

RQ1 への回答

最もクローン率の中央値が高い言語は C#で 40%であった．2 位と 3 位は Java，Go であり，それぞれ 39%，35%であった.

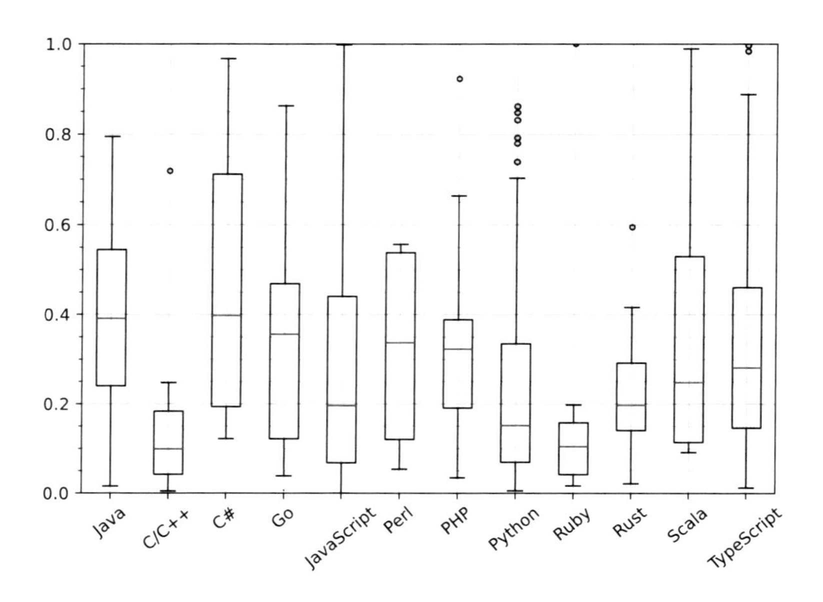

図 2　言語ごとのクローン率の箱ひげ図

表 3　言語ごとのプロダクトコードとテストコードの LOC およびプロジェクト数
(各プロジェクトが複数言語に該当することがある)

言語	$KLOC_p$	$KLOC_t$	N_F	N_P
Java	2,745	1,223	30,808	78
C/C++	399	57	2,018	13
C#	565	16	8,890	20
Go	1,419	770	9,888	28
JavaScript	7,515	490	32,457	152
Perl	35	3	309	4
PHP	1,349	177	11,314	23
Python	2,299	1,517	29,908	88
Ruby	690	108	12,848	14
Rust	528	253	4,190	10
Scala	302	215	4,935	10
TypeScript	2,032	293	24,539	54
合計	19,877	5,122	1,721,04	284

5.2　RQ2: プロダクトコードとテストコードでクローン率に違いがあるか？

プロダクトコードとテストコードにおけるクローン率に違いがあるか，言語ごとに分析した．

テストコードとプロダクトコードの言語ごとのクローン率の分析結果を図 3 に示す．この図に示すように，プロダクトコードにおけるクローン率の中央値の上位 3 言語は，C#，Java，Go で，それぞれ 39%，39%，37%であった．また，C#の最小値が 12%である一方，Java と Go の最小値はそれぞれ 0%と 1%であった．テストコードでは，クローン率の中央値の上位 3 言語は，C#，Java，PHP で，それぞれ 37%，37%，29%であった．また，C#，Java，PHP のいずれの言語も最小値は 0%であった．C#と Java はプロダクトコードとテストコードの両方で高いクローン率を示した．

また，各言語ごとのプロジェクト数，および言語ごとのプロダクトコードとテストコードの LOC を表 3 に示す．この表では，LOC_p はプロジェクトコードの LOC の合計，LOC_t はテストコードの LOC の合計，N_F はファイル数，N_P はプロジェクト数を示す．また，プロジェクト数は 1 つのプロジェクトに複数の言語が含まれている場合がある．この表より，いずれの言語でもプロダクトコードとテストコードは十分な量存在することが分かる．

最後に，プロダクトコードとテストコードにおけるクローン率の有意差を，有意水準 5%でマン・ホイットニーの U 検定で確かめた．その結果，Go と Python でプロダクトコードとテストコードの間に有意な差が見られた．

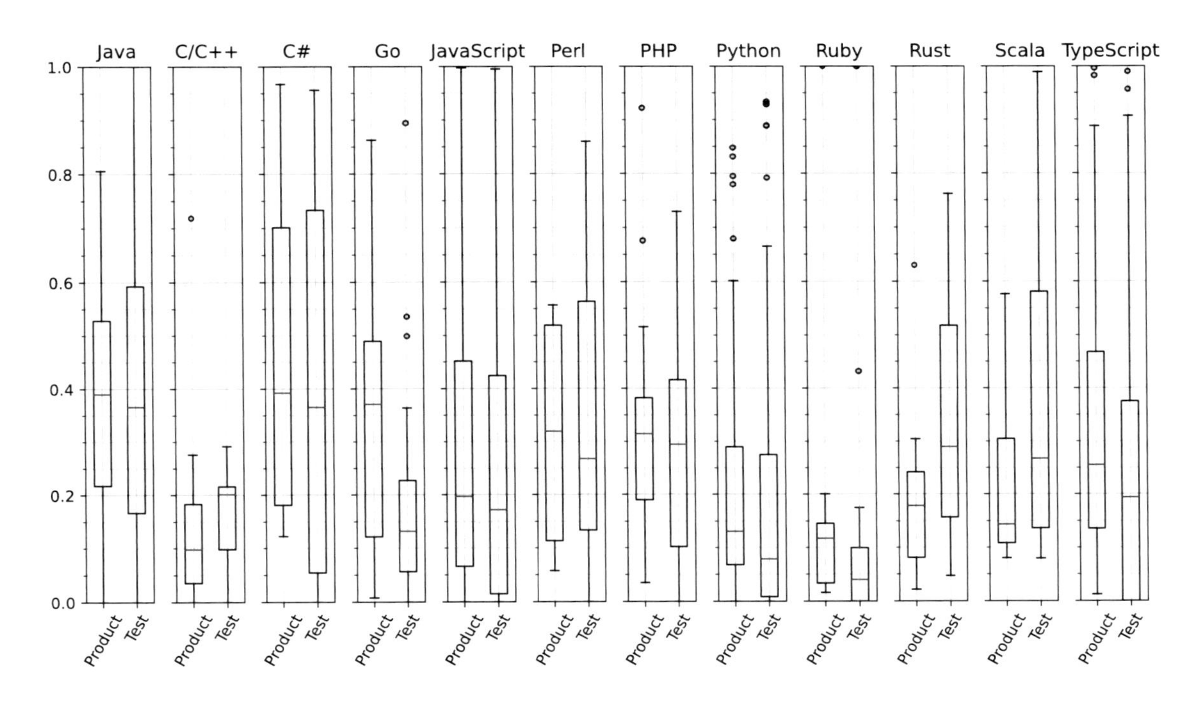

図 3　テストコードとプロダクトコードにおける言語ごとのクローン率

> RQ2 への回答
>
> Go と Python で，クローン率におけるプロダクトコードとテストコードの有意差が見られた．したがって，一部の言語では，プロダクトコードとテストコードのクローン率が異なるといえる．

5.3　RQ3: コードクローンに対する同時修正率が高い言語はどれか？

コードクローンに対する同時修正率が言語によって異なるか，テストコードとプロダクトコードを区別し分析した．本分析における同時修正率は，同時修正されたクローンセットの数を全体のクローンセットの数で割ったものである．

分析結果を図 4 に示す．この図では，縦軸にプロジェクトごとの同時修正率を示し，横軸に言語ごとにテストコードとプロダクトコードを分けて示す．図に示すように，C#の同時修正率の中央値が全言語で最も高く，71%であった．一方，C/C++と Perl の同時修正率の中央値が全言語で最も低く，1%であった．これらの結果から，言語によって同時修正率が異なると明らかになった．プロダクトコードにおける同時修正率の中央値の上位 3 件言語は C#，TypeScript，Java で，それぞれ 76%，38%，36%であった．これらの言語の最小値に着目すると，C#は 11%である一方で，TypeScript と Java では 0%であった．また，テストコードにおける同時修正率の中央値の上位 3 件言語は C#，Java，Ruby で，それぞれ 66%，42%，38%であった．これらの言語の最小値は全て 0%であった．

最後に，プロダクトコードとテストコードにおける同時修正率の有意差を，有意水準 5%でマン・ホイットニーの U 検定で確かめた．その結果，TypeScript で有意な差が見られた．

> RQ3 への回答
>
> 最も同時修正率の中央値が高かった言語は C#で，71%であった．一方，最も同時修正率の中央値が低かった言語は，C/C++と Perl で，1%であった．したがって，言語によって同時修正率が異なるといえる．また，TypeScript において，プロダクトコードとテストコードの間で同時修正率に有意差があった．

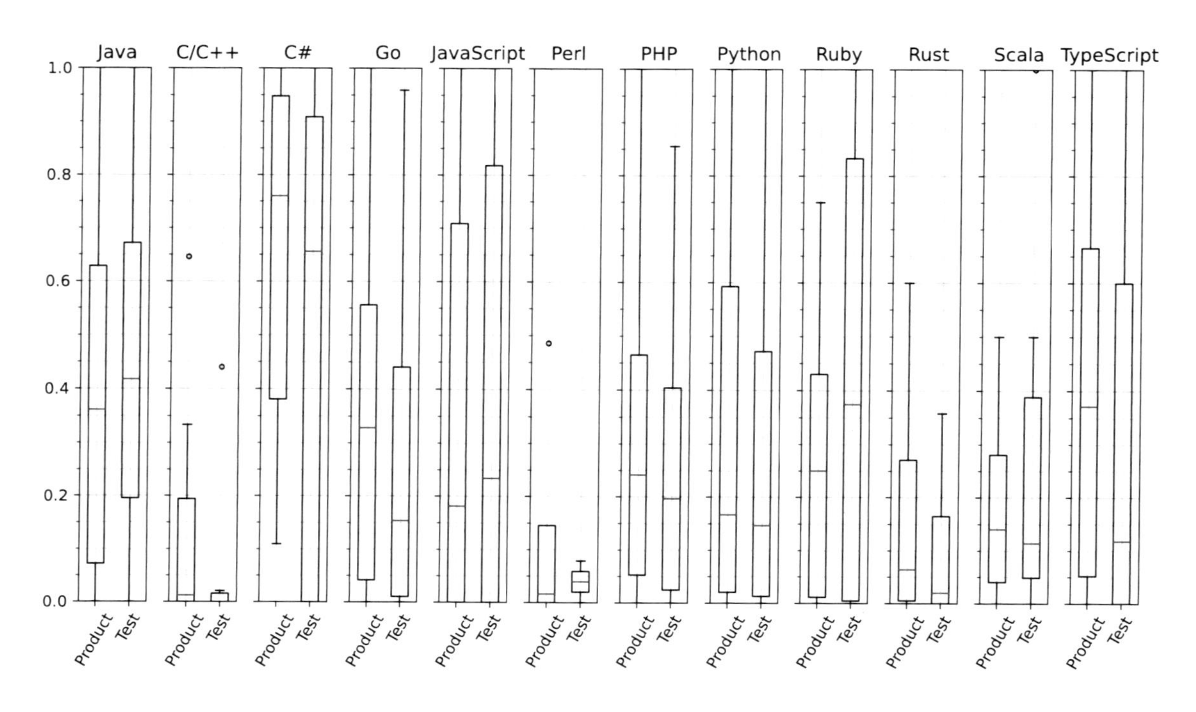

図 4　プロダクトコードとテストコードにおける言語ごとの同時修正率

6　考察

6.1　分析結果に対する考察

RQ2 と RQ2 の結果より，プロダクトコードとテストコード間で，クローン率や同時修正率に有意差がある言語が存在した．RQ2 では，Go と Python において，プロダクトコードとテストコードの間にクローン率に有意な差が見られた．また，RQ3 では，TypeScript において，プロダクトコードとテストコードの間に同時修正率に有意な差が見られた．このため，同一言語であってもテストコードかどうかで，コードクローンが保守性に与える影響は異なると考えられる．よって，コードクローンのライブラリ化などの保守支援を検討する際は，プロダクトコードとテストコードを区別する必要があると考えられる．

分析結果より，どの言語のコードクローンが保守性を低下させるかを考察する．コードクローンの存在はソフトウェアの保守性を低下させる原因の一つとして知られている．しかし，すべてのコードクローンが保守コストを増大させるわけではない．コードクローンに変更が発生した際に，変更が伝播することで保守性を低下させる．既存研究では，プロジェクトの生存期間の間に一度も変更されない，あるいは定常的に変更されないコードクローンが存在することを示している [11] [2]．したがって，クローン率と同時修正率が高い言語が保守性を低下させる．5.1 節より，プロダクトコードでは，クローン率の中央値の上位 3 言語は，C#，Java，Go で，それぞれ 39%，39%，37%であった．また，5.3 節より，プロダクトコードにおける，同時修正率の中央値の上位 3 言語は C#，TypeScript，Java で，それぞれ 76%，38%，36%であった．これらの結果から，C#と Java のクローン率と同時修正率が共に高く，これらの言語のコードクローンが保守性を低下させる．そのため，コードクローンのライブラリ化などの保守支援が必要であると考えられる．

6.2　妥当性への脅威

はじめに，コードクローン検出ツールについて考える．本分析では多様なプログラミング言語に一様に対応するため，クローン検出ツールに CCFinderSW を用いた．しかし，このツールでは Type-2 までのコードクローンしか検出できない．したがって，Type-3 のコードクローンの分析は本分析では行っていない．

次にクローン検出範囲について考察する．Mo らの調査では，コードクローンをマイクロサービス内とサービス間に分類して調査した．しかし，Mo らの調査と比べ，本分析ではデータセットのプロジェクト数が増加したため，クローンセットをサービス間とサービス内のものに手動で分類することが困難であった [8]．したがって，本分析の結果は，サービス内クローンおよびサービス間クローンについて調査した結果ではない．

次に自動生成コードについて考察する．本分析ではテストコードとプロダクトコードを分けて分析した．よって，テストコードの関係しているクローンセットによる結果への影響は考慮できている．しかし，RPC システムの一種である gRPC†6 や，オブジェクト指向言語の getter/setter などのプロダクトコードに含まれうる自動生成コードが存在する．通常，自動生成コードの分類は，ソースコードのコメントの分類によって行われる．今回の分析では，多数の言語の分析を行うため，その言語ごとに異なった手法で分類を行う必要がある．したがって，本分析の結果には自動生成コードによる結果への影響は考えられていない．

次にテストコードの定義について考察する．本分析では，クローンセットに 1 つでもテストコードが含まれていれば，テストコードのクローンセットとして扱った．しかし，プロダクトコードとテストコードを分けてクローン検出を行う手法も存在する．したがって，その場合の結果は本分析では考えられていない．

次に言語ごとの特徴について考察する．本分析ではクローンの検出範囲をファイル間に限定している．しかし，Java であれば 1 ファイルに 1 クラス，Python であれば 1 ファイルに 1 モジュールなど，言語ごとに 1 ファイルに含まれうる単位が異なる．したがって，言語ごとのファイル構造の違いに起因する結果の変動は考慮できていない．また，プロジェクト内での用いられ方が言語ごとに異なる場合がある．さらに，言語ごとに用いられるフレームワークが異なっている．しかし，本分析ではコードクローンの発生要因の分析は行なっていない．したがって，言語ごとの用いられ方やフレームワークによる結果への影響は考慮できていない．

最後に，同時修正の定義について考察する．本分析では同時修正の判定をコミット番号で行っている．しかし，コミット自体を複数に分けた上で単一マージで取り込んで整合性を取る場合は同時修正と判定できていない．また，本分析では先行研究 [8] とは異なり，最新版のクローンのみを同時修正の判定に用いている．これは，大規模なデータセットに対応するためである．したがって，本分析の結果はこれらによる影響は考えられていない．

7 まとめ

本稿では，Mo らの調査結果を踏まえて，多言語かつ大規模な OSS のマイクロサービスのデータセットに対するコードクローンの分析を行った [8]．予備調査ではデータセットのプロジェクトにどのような言語が含まれるかを調査した．分析はプロジェクト数が多いデータセットに対して処理を行い，RQ ごとに言語，テスト，同時修正の有無で分類することで行った．その分析結果は，マイクロサービスでは言語ごと，テストコードとプロダクトコードでコードクローンが異なった性質を持つことを示した．また，Java と C#のコードクローンが他の言語と比べ保守性を低下させることも示した．

今後の展望として，以下が挙げられる．

- Mo らの調査では Type-3 クローンを検出し調査を行っていた．しかし，本分析では，対象とする言語を増やしたことによって，それに対応できる Type-3 クローン検出ツールが存在しなかった †7．したがって，そのようなコードクローン検出ツールが開発された際の課題とする．
- マイクロサービスでは，サービス間のコードク

†6 https://grpc.io/

†7 多様な言語に対応可能な Type-3 クローン検出ツールとして MSCCD [14] が挙げられるが，本分析で対象とした Perl に非対応であり，Scala や Ruby のプログラムに対してコンパイルエラーが発生することある．

ローンが独立性を脅かす．Mo らの調査ではクローンペアをサービス内とサービス間に分類していた．しかし，本分析ではデータセットの規模が大きくなったことで分類が困難になり，行えなかった． そこで，大規模なデータセットにも対応可能な分類手法を今後考案する．

- 自動生成コードがプロダクトコードのコードクローンの結果に影響を与えていることが考えられる．しかし，本分析では自動生成コードを分類した分析が行えていない．したがって，多言語なデータセットにも対応可能な自動生成コードの分類手法を今後考案する必要がある．
- 本分析は，プロダクトコードとテストコードを分けてクローン検出を行っていない．したがって，プロダクトコードとテストコードを分けてクローン検出を行った結果の分析を今後行う．
- 本分析の考察では C#と Java のコードクローンが他の言語よりも保守性を低下させると結論付けた．しかし，この言語による結果の違いが何に起因するかは分かっていない．したがって，言語による結果の違いの原因を今後調査する．

謝辞 本研究は，JST さきがけ JPMJPR21PA ならびに JSPS 科研費 JP24K02923，JP20K11745，JP23K11046 の支援を受けた．

参 考 文 献

[1] d'Aragona, D. A., Bakhtin, A., Li, X., Su, R., Adams, L., Aponte, E., Boyle, F., Boyle, P., Koerner, R., Lee, J., Tian, F., Wang, Y., Nyyssölä, J., Quevedo, E., Rahaman, S. M., Abdelfattah, A. S., Mäntylä, M., Cerny, T., and Taibi, D.: A Dataset of Microservices-based Open-Source Projects, *2024 IEEE/ACM 21st International Conference on Mining Software Repositories (MSR)*, 2024, pp. 504–509.

[2] Göde, N. and Koschke, R.: Frequency and risks of changes to clones, *Proceedings of the 33rd International Conference on Software Engineering*, ICSE '11, New York, NY, USA, Association for Computing Machinery, 2011, pp. 311–320.

[3] 本田澄, 大八木勇太朗, 井垣宏, 福安直樹: マイクロサービス開発入門者のための簡易な教材の開発, 第 *9* 回実践的 *IT* 教育シンポジウム論文集, (2023), pp. 83–92.

[4] 井上克郎, 神谷年洋, 楠本真二: コードクローン検出法, コンピュータソフトウェア, Vol. 18, No. 5(2001), pp. 47–54.

[5] Jiang, L., Misherghi, G., Su, Z., and Glondu, S.: DECKARD: Scalable and Accurate Tree-Based Detection of Code Clones, *29th International Conference on Software Engineering (ICSE'07)*, 2007, pp. 96–105.

[6] Kamiya, T., Kusumoto, S., and Inoue, K.: CCFinder: A Multilinguistic Token-Based Code Clone Detection System for Large Scale Source Code, *IEEE Transactions on Software Engineering*, Vol. 28, No. 07(2002), pp. 654–670.

[7] Ma, Y., Bogart, C., Amreen, S., Zaretzki, R., and Mockus, A.: World of Code: An Infrastructure for Mining the Universe of Open Source VCS Data, *2019 IEEE/ACM 16th International Conference on Mining Software Repositories (MSR)*, 2019, pp. 143–154.

[8] Mo, R., Zhao, Y., Feng, Q., and Li, Z.: The existence and co-modifications of code clones within or across microservices, *Proceedings of the 15th ACM/IEEE International Symposium on Empirical Software Engineering and Measurement (ESEM)*, 2021, pp. 1–11.

[9] Roy, C. K., Cordy, J. R., and Koschke, R.: Comparison and evaluation of code clone detection techniques and tools: A qualitative approach, *Science of Computer Programming*, Vol. 74, No. 7(2009), pp. 470–495.

[10] 瀬村雄一, 吉田則裕, 崔恩瀞, 井上克郎: 多様なプログラミング言語に対応可能なコードクローン検出ツール CCFinderSW, 電子情報通信学会論文誌 *D*, Vol. 103, No. 4(2020), pp. 215–227.

[11] 山中裕樹, 崔恩瀞, 吉田則裕, 井上克郎, 佐野建樹: コードクローン変更管理システムの開発と実プロジェクトへの適用, 情報処理学会論文誌, Vol. 54, No. 2(2013), pp. 883–893.

[12] Zhang, J., Wang, X., Zhang, H., Sun, H., Wang, K., and Liu, X.: A Novel Neural Source Code Representation Based on Abstract Syntax Tree, *2019 IEEE/ACM 41st International Conference on Software Engineering (ICSE)*, 2019, pp. 783–794.

[13] Zhao, Y., Mo, R., Zhang, Y., Zhang, S., and Xiong, P.: Exploring and Understanding Cross-service Code Clones in Microservice Projects, *2022 IEEE/ACM 30th International Conference on Program Comprehension (ICPC)*, 2022, pp. 449–459.

[14] Zhu, W., Yoshida, N., Kamiya, T., Choi, E., and Takada, H.: MSCCD: grammar pluggable clone detection based on ANTLR parser generation, *Proceedings of the 30th IEEE/ACM International Conference on Program Comprehension*, ICPC '22, New York, NY, USA, Association for Computing Machinery, 2022, pp. 460–470.

リリースまでの期間に応じて優先的に検証/導入されるコードレビューチケットの特徴分析

上中 瑞稀　伊原 彰紀

オンラインコードレビューサービスを導入するOSS開発では，日々多くのコードレビューを依頼するコードレビューチケットが提出され，検証者は優先的にコードレビューするチケットを選択する．従来研究では，チケット提出時に得られる特徴に基づき優先順位づけする手法が提案されているが，コードレビューするチケットの優先順位は日々変動する．本研究では，直近のリリースまでの期間に応じて検証/導入されるコードレビューチケットの特徴の違いを分析する．また，リリースまでの期間別に優先的に検証/導入されるコードレビューチケットを予測する．ケーススタディとして，OpenStackプロジェクトを対象に分析した結果，リリースまでの期間に応じて検証/導入されるチケットの特徴には違いがあることを明らかにした．また，優先的に検証/導入されるコードレビューチケットを予測した結果，優先的に検証/導入する必要のないチケットの検出では提案手法の有用性が示された．

1　はじめに

ソフトウェア開発において，変更提案されたソースコードの可読性や欠陥の有無を開発者が評価するコードレビューの作業は，ソフトウェアの品質維持のために重要な役割を担っている [3] [10]．コードレビューでは，複数人の開発者（検証者）がソースコードを検証し，ソースコードを実装した開発者（実装者）と共にソースコード変更の妥当性について合意形成を図り，必要に応じて修正を繰り返す．

コードレビューはソフトウェア開発プロセスの一連の作業において，時間，作業量ともに高いコストを要する作業である [1]．コードレビューを効率化するため，昨今ではGitHub，Gerrit，Review Boardなどのオンラインコードレビューサービスを利用した方式（モダンコードレビュー [3]）の導入が増加している．このようなサービスではソースコードの変更提案をレビューチケットとして保存・管理する．大規模なソフトウェア開発プロジェクトでは，日々膨大なソースコードの変更提案が提出されており，検証者は変更提案の内容や緊急性を考慮しながら優先的に検証するチケットを選択している [7]．

従来研究では，チケット提出時に得られる特徴（変更行数や変更ファイル数など）に基づき，開発者らが優先的に検証するチケットを機械学習アルゴリズムを用いて特定する手法を提案している [13] [12]．当該手法は，セキュリティに関連するようなソフトウェア利用者に悪影響を与えるソースコードの改善のように，チケット提出時期によって優先順位の変動が小さいチケットの特定に有用である．しかし，検証する優先順位が日々変動するチケットが存在する．Kononenkoらは，開発者へのインタビューにおいて，直近のリリースに導入するチケットの優先順位はリリースまでの期間によって異なることを明らかにしている [8]．特に，ラピッドリリースを導入しているプロジェクトでは検証を次のリリースに延期することも少なくない．従来手法は，このようなリリースまでの期間などの開発状況に応じた検証するチケットの優先順位の決定には適していない．

本研究では，直近のリリースまでの期間に応じて検証されるコードレビューチケットの特徴の違いを明らかにする．さらに，リリースまでの期間別に優先

Prioritized Analysis of Reviewed or Merged Review Tickets for Each Period before Release

Mizuki Uenaka, Akinori Ihara, 和歌山大学, Wakayama University.

的に検証されるコードレビューチケットを予測する有効性を明らかにする．また，従来研究 [9] ではコードレビューに要する時間はチケットの特徴に限らず，チケット提出時期にも依存するため，本研究では直近のリリースまでの期間に応じて導入されるコードレビューチケットも分析する．本研究では，コードレビューツール Gerrit を使用するクラウド基盤ソフトウェア OpenStack の 6 つのコアコンポーネントプロジェクトを対象に 2 つのリサーチクエスチョン (RQ) を検証する．

RQ1: リリースまでの期間に応じて検証/導入されるチケットの特徴に違いがあるか？

RQ1 では，従来研究 [13] で提案されている開発者やチケットの特徴（4 種類）と従来研究 [4] [8] の知見から有用と示唆される開発者や変更内容の特徴（3 種類）を特徴量として計測し，リリースまでの期間別に検証/導入されるコードレビューチケットの特徴量の違いを分析する．

RQ2: リリースまでの期間に応じて優先的に検証/導入されるチケットの変化をどの程度捉えられるか？

RQ2 では，RQ1 で計測した特徴量を用いてチケットが直近のリリースに検証/導入されるか否かを予測するモデルをリリースまでの期間別に構築し，評価する．また従来研究との比較として分析対象期間を区別しないモデルによる予測結果と比較する．

以降，本論文では，2 章で OSS 開発におけるコードレビュープロセスと従来研究について述べる．その後，3 章で分析対象とするデータセットを述べ，4，5 章で RQ1，RQ2 の分析手法および結果を述べる．そして，6 章で結果の考察および妥当性の脅威について述べ，7 章でまとめる．

2 ソフトウェア開発におけるコードレビュープロセス

2.1 コードレビュープロセス

図 1 はコードレビュー作業の一連の流れを説明する概略図を示す．検証者は，実装者が提出したコードレビューチケットを確認し，変更提案に対して 3 つの判断（導入，却下，修正要求）のいずれかを決定する．導入はソースコードをリポジトリに導入し，却下はソースコードを導入することなくコードレビューチケットを閉じる．修正要求は，コードレビューチケットを提出した実装者にソースコードの改修を依頼する．検証者は，修正要求を繰り返すことで，ソフトウェアの品質を維持しつつ，不具合修正やさらなる機能拡張を行う．

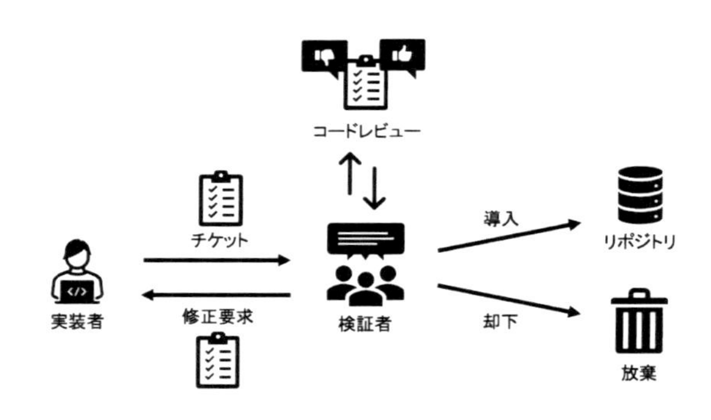

図 1 コードレビュープロセス

コードレビューはソフトウェア開発に多大な貢献をもたらす一方で，膨大なコストがかかる作業でもある．1 つのコードレビューチケットの確認に数日から数ヶ月の期間を要することもあり，1 週間で平均 6 時間程度をコードレビューに費やすプロジェクトも多い [11]．特に，大規模なオープンソースソフトウェア (OSS) 開発では，膨大なチケットを受け付けるため，検証者は変更提案の内容や緊急性を考慮して，優先的に検証するチケットを選択している [7]．

2.2 従来研究

2.2.1 チケットの優先順位付け

Veen [13] らは，OSS 開発を対象にコードレビューの優先順位付け手法を提案している．従来研究では，機械学習アルゴリズムを用いて，変更内容や作成者の特徴などの 14 種類の特徴を説明変数とし，コードレビューチケットに翌日までに検証結果が投稿されるか否かを予測する手法を提案している．当該研究ではリリースまでの期間によって日々優先順位が変動するような変更提案のチケットに対して誤った優先順位を算出することが示唆される．そのため，本研究ではリリースまでの期間ごとに予測モデルを構築し，ベースラインと比較することでリリースまでの期間による予測精度の違いを分析する．

2.2.2 開発者の貢献量がチケットの検証/導入判断にもたらす影響

Bosu [4] らは，OSS 開発における開発者の地位がチケットの導入に影響するのか否かを明らかにするために，OSS 開発に積極的に貢献する開発者と消極的な開発者がそれぞれ作成したソースコードのレビュープロセスの違いを調査した．8 つの OSS プロジェクトから導入もしくは却下と判断されたチケットのコードレビューデータを調査した結果，積極的に貢献する開発者のチケットほど，導入もしくは却下までの時間が短く，導入される確率が高いことが明らかとなった．そのため本研究では，実装者の貢献量を捉えるため，従来研究 [13] の特徴量である導入実績（実装者が過去に提案したチケットの導入率）だけでなく，報告実績（実装者が過去に提案したチケット数）を特徴量に加え，リリースまでの期間ごとの特徴量の違いを分析する．

2.2.3 変更内容がチケットの検証判断にもたらす影響

Kononenko [8] らは，コードレビューにかかる時間および導入判断に影響を与える要因を明らかにするためにコードレビューチケットを調査した．定性的分析として開発者へのインタビューを行った結果，レビューにかかる時間は変更内容（バグ修正，リファクタリング等）によって異なることが明らかとなった．そのため，本研究では変更内容によって検証判断が異なると考え，従来研究 [6] [2] において利用されていたチケットのタイトルと概要に含まれる単語に基づき，バグ修正，リファクタリング，またはその他に分類し，バグ修正確信度とリファクタリングを特徴量に加え，リリースまでの期間ごとの特徴量の違いを分析する．

2.3 本研究の動機

従来研究 [13] は，優先順位の変動が小さいコードレビューチケットの特定には有用である．しかし，提出されるチケット数に対して検証可能な開発者数のような開発リソースが少ない場合，検証/導入可能なチケット数に限りがあるため，リリースまでの期間に検証の優先順位が変化するチケットの選択には適していない．

本研究では，RQ1 としてリリースまでの期間に着目し，リリースまでの期間別に検証/導入されるコードレビューチケットの特徴を分析する．RQ2 では，RQ1 で分析した特徴量を用いてリリースまでの期間別に，優先的に検証/導入されるコードレビューチケットを予測する．

3 分析対象データセット

本研究では，OpenStack プロジェクトのうち，コアコンポーネント 6 プロジェクト（Nova，Neutron，Cinder，Keystone，Swift，Glance）を分析対象とする．各プロジェクトの変更提案の中で，立ち上げ時から 2022 年 9 月時点で導入もしくは却下されたコードレビューチケットを収集する．具体的には，OpenStack がコードレビュー管理システムとして使用する Gerrit[†1] から，コードレビュー履歴を収集し，変更提案のチケットの特徴量を計測した．また GitHub から，各バージョンのリリース日およびリリースに導入されたチケットの特定を行った．分析対象プロジェクトのリリース間隔が約 3ヶ月であるため，本研究では各プロジェクトでリリースに導入されたコードレビューチケットの変更提案を対象とし，特にリリース直前の 3ヶ月に導入されたチケット数の上位 5 バージョンを分析対象とする．表 1 は分析対象とする各プロジェクトのバージョンを示す．また，長期間に渡り放置される変更提案は，短期的な優先順位の決定には関与しないため，リリース直前の 6ヶ月以内に提出されたチケットを分析対象とする．

4 RQ1: リリースまでの期間に応じて検証/導入されるチケットの特徴に違いがあるか?

4.1 分析手法

4.1.1 コードレビューチケットの分類

本研究では，リリースまでの 3ヶ月の期間内に検証/導入されるコードレビューチケットの特徴量の違いを明らかにする．具体的には，各プロジェクトのリ

†1 Gerrit: `https://review.opendev.org`

表 1　プロジェクトごとの対象リリースバージョン

プロジェクト	チケット数	バージョン（リリース3ヶ月以内に導入されたチケット数）
Nova	39,870	13.0.0.0b3(529), 14.0.0.0b1(475), 16.0.0.0b2(451), 17.0.0.0b1(410), 20.0.0.0rc1(392)
Neutron	24,467	7.0.0.0b1(326), 8.0.0.0b1(400), 9.0.0.0b1(296), 11.0.0.0b1(286), 16.0.0.0b1(186)
Cinder	17,155	8.0.0.0b1(249), 8.0.0.0rc1(249), 9.0.0.0b2(249), 11.0.0.0b2(249), 12.0.0.0b2(235)
Keystone	10,764	8.0.0a0(182), 9.0.0.0b3(211), 10.0.0.0b2(220), 11.0.0.0b1(167), 15.0.0.0rc1(165)
Swift	8,737	1.9.2(180), 2.4.0(154), 2.7.0(117), 2.17.0(105), 2.27.0(101)
Glance	6,248	11.0.0a0(70), 12.0.0.0b1(83), 12.0.0.0b3(72), 13.0.0.0b1(64), 17.0.0.0b1(73)

リース間隔が約3ヶ月（12週間）であるため，リリース直前の12週間を図2に示すように12週前から8週前までを初期，8週前から4週前までを中期，4週前からリリースまでを終期として4週間ずつの3期間に分割し，それぞれの期間において優先的に検証されたチケットの特徴量の違い（RQ1-1），および優先的に導入されたチケットの特徴量の違い（RQ1-2）をそれぞれ分析する．

（RQ1-1 検証） 本研究では各期間において，従来研究[13]と同様に，検証者からのコメントや評価が投稿されれば優先的に検証されるチケットと捉え「検証開始済み」に分類し，チケットの提出から検証を開始するまでは「非検証」に分類する．本研究では，時期に応じて優先的に検証を要すると判断されるチケットの特徴を明らかにするため，検証が開始されたチケットは，次の期間以降から分析対象外とする．図2のチケットを例に説明すると，対象チケットは初期に提出されてはいるが，当該時期にまだ検証されていないため「非検証」に分類する．また，中期に検証者からのコメントや評価が投稿されたため「検証開始済み」に分類し，終期以降は分析対象外とする．

（RQ1-2 導入） 本研究では各期間において，GitHubリポジトリにマージ処理されると「導入済み」に分類し，チケットの提出からリポジトリにマージ処理されるまでは「非導入」に分類する．また「導入済み」のチケットは，次の期間以降から分析対象外とする．図2のチケットを例に説明すると，対象チケットは初期や中期では導入されていないため「非導入」に分類する．また，終期にマージ処理されたため「導入済み」に分類し，以降は分析対象外とする．

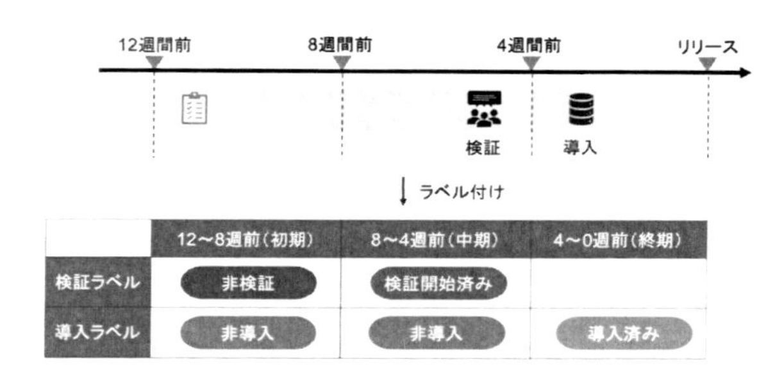

図2　チケットに対するラベル付け例

表2　RQ1の分析に用いる7種類の特徴量

特徴量	説明	従来研究
報告実績	実装者が過去に提案したチケット数	[4]
導入実績	実装者が過去に提案したチケットの導入率	[4], [13]
追加行数	チケットで追加されている変更行数	[13], [14]
削除行数	チケットで削除されている変更行数	[13], [14]
テストコード含有	変更ファイルにテストが含まれているか	[13]
バグ修正確信度	バグ修正の変更提案である確度	[6], [8]
リファクタリング	リファクタリングの変更提案か否か	[2], [8]

4.1.2　レビューチケットの特徴量の計測

本研究では，表2に示す7種類の特徴量をリリースまでの各期間における分析対象のチケットから計測する．これらの特徴量は，従来研究に基づき決定した特徴量である．ただし，従来研究で計測していたGitHub特有の説明変数は計測対象外とする．バグ修正確信度は，従来研究[6]において利用されていた正規表現をチケットのタイトルと概要に適用することで，チケットがバグである確度を3値に分類した特徴量である．なお，本研究では報告実績等の時系列によって値が変化する特徴量は，同一の変更提案でもリリースまでの期間別に再計測する．

4.1.3 レビューチケットの特徴量の比較

初期，中期，終期の 3 つの期間における検証/導入されるコードレビューチケットの特徴量を分析する．具体的には，リリースまでのそれぞれの期間において，未検証チケットと検証開始済みチケット，また導入チケットと非導入チケットに関する特徴量の違いをそれぞれマンホイットニーの U 検定を用いて統計的有意差を確認する．

4.2 結果

RQ1 では，リリースまでの期間（初期，中期，終期）に応じて，検証開始済み/非検証のチケットや導入済み/非導入のチケットの特徴量に対してマンホイットニーの U 検定を用いることで，チケットの特徴量を比較する．結果の表では，P 値が 0.01 未満は***，0.01〜0.05 は**，0.05〜0.1 は*で表記する．

（RQ1-1 検証） 表 3 は，各プロジェクトの初期，中期，終期において検証されるチケットと検証されないチケットの特徴量の検定結果を示す．表 3 の結果から，多くのプロジェクトにおいて追加行数の特徴量はいずれの期間でも検証開始済み/非検証のチケット間で統計的に有意な差があることを確認した．したがって，どの時期でも追加行数は検証判断において重要であることが示唆される．次に，導入実績は Cinder プロジェクトや Keystone プロジェクトにおいて，初期では統計的有意差を確認できなかったが，中期や終期それぞれでは統計的有意差を確認できた．図 3 は，有意差を確認できた Cinder プロジェクトの未検証チケットと検証開始済みチケットの導入実績の分布を示す．終期における未検証チケットと検証開始済みチケットをそれぞれ作成した開発者の導入実績（中央値の差）は，初期や中期に比べて大きく，終期には導入実績の高い開発者が作成したチケットを優先的に検証されていることが示唆される．したがって，リリースまでの期間に応じて検証されるチケットの特徴には違いがあることが示唆された．

（RQ1-2 導入） 表 4 は各プロジェクトの初期，中期，終期において導入されるチケットと導入されないチケットの特徴量の検定結果を示す．表 4 の結果から，導入実績，追加行数の特徴量は全てのプロジェクトの全期間において，導入済み/非導入のチケット間で統計的に有意な差があった．この結果から，どの時期でも導入実績および追加行数は導入判断において重要であることが示唆される．一方，バグ修正確信度は初期や終期と比べて中期の方が統計的に有意差のあるプロジェクトが増加する．図 4 にリリースまでの期間によって有意差の変化した Keystone プロジェクトの導入済みチケットと非導入チケットのバグ修正確信度の分布を示す．バグ修正確信度は提案がバグ修正である確度を 3 値に分類した特徴量であり，図 4 では黒色で示されている提案が最もバグである確度が低く，次いで斜線，白色と図 4 の積み上げ棒グラフの下部の分類ほどバグである確度が高い．この結果から，特に中期ではバグ修正確信度の低いチケットが優先的に導入されるという結果が得られた．なお，終期も中期と同じような結果であるが，これは終期のバグ修正確信度にも導入済み/非導入のチケット間で統計的に有意な差があったためであると考えられる．

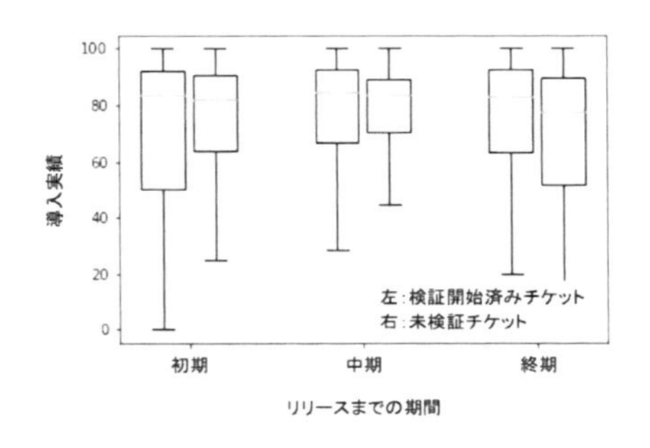

図 3 Cinder プロジェクトにおける検証開始済み/非検証のチケットの導入実績の分布

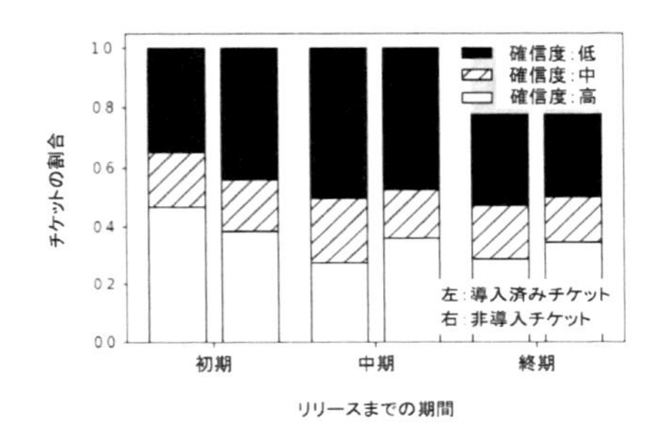

図 4 Keystone プロジェクトにおける導入済み/非導入のチケットのバグ修正確信度の分布

表 3　RQ1-1：検証される変更提案と検証されない変更提案の特徴量の検定結果

(Nova (No), Neutron (Ne), Cinder (C), Keystone (K), Swift (S), Glance (G))

特徴量	初期						中期						終期					
	No	Ne	C	K	S	G	No	Ne	C	K	S	G	No	Ne	C	K	S	G
導入実績	***	***				***	***	***	*	**		***	***	***	***	***		***
報告実績			**	***		**			***	***	*			***			***	
追加行数	***	***	*	***	***	***	***	***	***	***	***	***	***	***	***	***	***	***
削除行数	*	***			**			*			***				**			
テストコード含有	***			***			***					*		**	*	*		
バグ修正確信度	***	***	***	**		***	***	***	***			**	***	***	***	*		***
リファクタリング				**				*	**						**			

表 4　RQ1-2：導入される変更提案と導入されない変更提案の特徴量の検定結果

(Nova (No), Neutron (Ne), Cinder (C), Keystone (K), Swift (S), Glance (G))

特徴量	初期						中期						終期					
	No	Ne	C	K	S	G	No	Ne	C	K	S	G	No	Ne	C	K	S	G
導入実績	***	***	***	***	***	***	***	***	***	***	***	***	***	***	***	***	***	***
報告実績	***	***	***	***	*	***	***	***	***	***		*	***	***	***	***		
追加行数	***	***	***	*	***	*	***	***	***	***	***	***	***	***	***	***	***	***
削除行数		**							**								*	**
テストコード含有	***	***		***		***	***	***	***	***	*	**	***	***		**	**	
バグ修正確信度	***	***	***			*	***	***	***	***	**	***	***	***		*		***
リファクタリング	***		**		*	**						*	**				**	*

したがって，リリースまでの期間に応じて導入されるチケットの特徴には違いがあることが示唆された．

5　RQ2: リリースまでの期間に応じて優先的に検証/導入されるチケットの変化をどの程度捉えられるか？

5.1　分析手法

5.1.1　予測モデルの構築

RQ2 では，直近のリリースまでに検証されるか否か，直近のリリースまでに導入されるか否かを目的変数とする 2 クラス分類モデル（検証予測モデル，導入予測モデル）を期間別に構築する．図 5 は，予測モデルを構築するための概略図を示す．本研究では提案手法として各分析区間のデータを用いて学習および評価を行う初期モデル，中期モデル，終期モデルの 3 モデルを構築し，ベースライン手法として全ての期間のデータセットを用いて，それぞれの期間で学習モデルを構築し，分析区間ごとに評価を行う．具体的には，5 バージョンのうち最も新しい 1 つをテストデータとし，残り 4 つを学習データとすることで

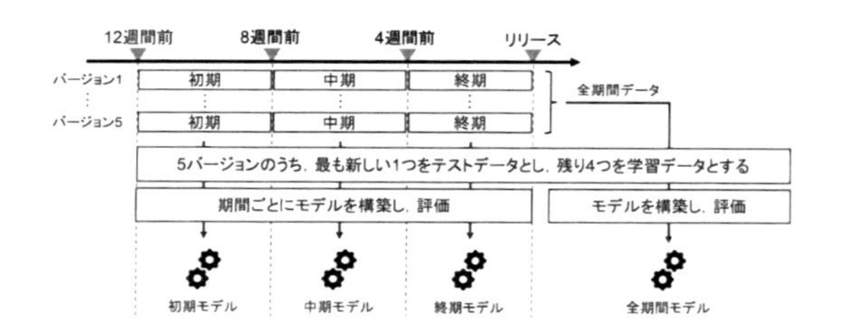

図 5　予測モデル構築の概略図

各モデルを構築する．検証予測モデルおよび導入予測モデルの構築には，それぞれ機械学習アルゴリズムである Random Forests モデル [5] を用いる．しかし，RQ2 では目的変数が不均衡なデータを扱うため，Balanced Random Forest モデル †2 を用いる．

5.1.2　予測モデルの評価

本分析では，それぞれの期間を対象に，評価指標として適合率，再現率，F 値を用い，提案手法の予測精

†2　imblearn.ensemble.BalancedRandomForestClassifier: `https://imbalanced-learn.org/stable/references/generated/imblearn.ensemble.BalancedRandomForestClassifier.html`

表 5　RQ2-1：検証モデルの予測結果

プロジェクト名	Nova						Neutron					
評価指標	初期		中期		終期		初期		中期		終期	
	提案	ベース	提案	ベース	提案	ベース	提案	ベース	提案	ベース	提案	ベース
適合率	0.44	**0.48**	0.56	**0.58**	**0.56**	0.52	**0.57**	**0.57**	0.61	**0.64**	0.72	**0.74**
再現率	0.54	**0.76**	0.52	**0.84**	0.68	**0.78**	0.51	**0.57**	0.55	**0.65**	0.61	**0.66**
F 値	0.48	**0.49**	0.54	**0.69**	0.61	**0.62**	0.53	**0.58**	0.57	**0.65**	0.66	**0.70**
プロジェクト名	Cinder						Keystone					
適合率	**0.84**	0.80	**0.89**	0.86	**0.83**	0.79	**0.47**	0.41	**0.63**	0.54	**0.73**	0.67
再現率	0.49	**0.69**	0.57	**0.73**	0.77	**0.81**	0.57	**0.80**	0.38	**0.74**	0.67	**0.81**
F 値	0.62	**0.74**	0.69	**0.79**	**0.80**	**0.80**	0.51	**0.54**	0.47	**0.63**	0.70	**0.73**
プロジェクト名	Swift						Glance					
適合率	0.38	**0.40**	**0.66**	0.62	**0.66**	0.65	0.88	**0.91**	0.68	**0.72**	0.71	**0.75**
再現率	0.58	**0.71**	0.49	**0.73**	**0.79**	**0.79**	0.81	**0.85**	0.78	**0.81**	0.63	**0.71**
F 値	0.46	**0.51**	0.57	**0.67**	**0.72**	0.71	0.85	**0.87**	0.73	**0.76**	0.67	**0.73**

表 6　RQ2-2：導入モデルの予測結果

プロジェクト名	Nova						Neutron					
評価指標	初期		中期		終期		初期		中期		終期	
	提案	ベース	提案	ベース	提案	ベース	提案	ベース	提案	ベース	提案	ベース
適合率	0.15	**0.18**	0.27	**0.29**	0.31	**0.32**	**0.27**	**0.27**	**0.38**	0.34	0.28	**0.30**
再現率	**0.74**	0.62	**0.73**	0.64	0.52	**0.56**	0.44	**0.52**	**0.69**	**0.69**	**0.55**	**0.55**
F 値	0.26	**0.27**	**0.40**	**0.40**	0.39	**0.41**	0.33	**0.36**	**0.49**	0.46	0.37	**0.39**
プロジェクト名	Cinder						Keystone					
適合率	0.09	**0.13**	0.26	**0.27**	**0.39**	0.34	**0.26**	**0.26**	**0.37**	0.33	0.39	**0.44**
再現率	0.33	**0.73**	0.54	**0.62**	**0.57**	**0.57**	**0.60**	0.53	0.31	**0.54**	0.25	**0.55**
F 値	0.15	**0.22**	0.35	**0.38**	**0.46**	0.43	**0.36**	0.35	0.34	**0.41**	0.30	**0.49**
プロジェクト名	Swift						Glance					
適合率	**0.36**	0.30	0.12	**0.17**	**0.16**	**0.16**	**0.20**	0.19	0.22	**0.27**	**0.31**	0.24
再現率	0.59	**0.67**	0.19	**0.44**	0.24	**0.32**	**0.66**	0.55	0.57	**0.70**	**0.81**	0.71
F 値	**0.44**	0.41	0.15	**0.25**	0.19	**0.21**	**0.31**	0.28	0.32	**0.39**	**0.45**	0.36

度とベースライン手法の予測精度を比較する．評価指標のうち，適合率はモデルが正例（検証するまたは導入する）と予測したうちの正解割合，再現率は正解のうちモデルが正例と予測した割合であり，この2つの指標はトレードオフの関係である．本研究では，ベースライン手法は期間を問わない汎用性の高いモデルが構築される一方，提案手法は学習するデータをリリースまでの期間で区切っているため，その期間に特化したモデルが構築されると考える．従って，提案手法では再現率よりも適合率が高くなると考え，適合率および適合率と再現率の調和平均であるF値を対象に予測結果を解釈する．

5.2　結果

表5は検証予測モデル，表6は導入予測モデルの結果を示す．それぞれ，提案手法とベースライン手法を比較して精度の高いモデルを太字で表記する．

（RQ2-1 検証） 表5の結果から，提案手法とベースライン手法の精度を比較すると提案手法とベースライン手法の適合率およびF値の差は一部を除き10%未満であるため，各手法の精度に大きな差は見られなかった．そこで，5.3節において提案手法とベースライン手法で，検証されたチケットと非検証されたチケットを正しく判別できた数を比較することで，各手法の違いを分析する．

（RQ2-2 導入） 表6の結果から，提案手法とベースライン手法の精度を比較するとRQ2-1と同じく，提案手法とベースライン手法の適合率およびF値の差は一部を除き10%未満に止まっているため，各手法の精度に大きな差は見られなかった．そのため，RQ2-1同様，5.3節において提案手法とベースライン手法で，導入されたチケットと非導入されたチケットを正しく判別できた数を比較することで，各手法の違いを分析する．

5.3 誤判別されたチケットの分析

本節では，直近のリリースまでの時間に応じて，優先的に検証，または導入されるチケットを特定する本提案手法が，特定可能なチケットの特徴を分析する．具体的には，各モデルにおいて偽陰性（正例データを誤って負例と予測）および偽陽性（負例データを誤って正例と予測）となったチケット数を分析する．

表7は，提案手法およびベースライン手法のそれぞれで正しく検証/非検証を判別したチケット数を示す．Novaプロジェクトを対象とした検証予測モデルでは，正例605チケットの中で両モデルで正しく判別できたのは327チケット，誤判別したのは98チケットであった．また，提案手法のみで正しく判別できたのは24チケット（初期で6チケット，中期で6チケット，終期で12チケット）であり，ベースライン手法のみで正しく判別できたのは156チケット（初期で42チケット，中期で82チケット，終期で32チケット）であったことを示す．表7から，全てのプロジェクトにおいて，ベースライン手法が提案手法より多くの正例のチケットを正しく判別する一方，負例のチケットは，Glanceプロジェクトを除く5プロジェクトにおいて提案手法がベースライン手法より正しく判別できた．

また，表8は，提案手法およびベースライン手法のそれぞれで正しく導入/非導入を判別したチケット数を示す．表8から，Nova，Glanceプロジェクトを除く4プロジェクトにおいて，ベースライン手法が提案手法より正例のチケットを正しく判別する一方，負例のチケットはNovaプロジェクトを除く5プロジェクトで提案手法の方がベースライン手法より正しく判別した．

これらの結果から，検証予測/導入予測のいずれも提案手法は負例（検証されないチケット，または導入されないチケット）を検出するために有用なモデルであり，ベースライン手法は正例（検証されるチケット，または導入されるチケット）を検出するために有用なモデルである．このことから，ベースライン手法はリリースまでの期間全体を通して優先されるチケットの特定に有用である一方で，提案手法は一部の期間のみで優先されるチケットの特定に有用であると示唆される．

6 考察

6.1 優先的に検証/導入されるチケットの特徴が変化するタイミング

本研究では，各プロジェクトにおけるリリース直前の3ヶ月に導入されたチケット数の上位5バージョンを分析対象として2つのRQを検証した．その結果，リリースまでの期間に応じた検証/導入されるチケットの特徴の違い，およびリリースまでの期間ごとの提案手法の予測精度を明らかにした．これらの結果はプロジェクトによって異なる．RQ2-2では，Neutronプロジェクトでは中期に予測精度が向上する一方で，Glanceプロジェクトでは終期に予測精度が向上している．したがって，今後は優先的に検証，または導入するチケットの特徴が変わる時点を見積もる手法を確立する．

6.2 妥当性の脅威

6.2.1 内的妥当性

本研究で取り扱う検証予測モデルは，優先的にコードレビューされるチケットを特定することを目的としており，一度検証されたチケットは「検証開始済み」と分類し，次の期間以降から分析対象外としている．しかし，実装者が検証者からの修正要求に基づき改修したソースコードを再提出する場合，検証者は改めて優先して検証するチケットを選択していることが示唆

表 7　提案手法およびベースライン手法のそれぞれで正しく検証/非検証を判別したチケット数

プロジェクト	正解ラベル	データ数	両手法で正解	両手法で不正解	片方の手法のみ正解							
					初期		中期		終期		合計	
					提案	ベース	提案	ベース	提案	ベース	提案	ベース
Nova	正例	605	327	98	6	42	6	82	12	32	24	**156**
	負例	634	157	272	39	16	66	22	50	12	**155**	50
Neutron	正例	298	149	88	3	9	7	16	9	17	19	**42**
	負例	184	71	77	10	6	5	4	5	6	**20**	16
Cinder	正例	420	232	86	5	34	8	31	9	15	22	**80**
	負例	113	40	41	12	1	8	1	9	1	**29**	3
Keystone	正例	168	84	29	2	13	1	22	4	13	7	**48**
	負例	147	28	54	24	0	24	1	13	3	**61**	4
Swift	正例	187	104	35	2	7	4	23	6	6	12	**36**
	負例	176	59	72	12	8	16	0	5	4	**33**	12
Glance	正例	165	116	22	6	9	1	2	3	6	10	**17**
	負例	56	20	25	0	2	1	3	2	3	3	**8**

表 8　提案手法およびベースライン手法のそれぞれで正しく導入/非導入を判別したチケット数

プロジェクト	正解ラベル	データ数	両手法で正解	両手法で不正解	片方の手法のみ正解							
					初期		中期		終期		合計	
					提案	ベース	提案	ベース	提案	ベース	提案	ベース
Nova	正例	358	178	92	14	6	25	12	13	18	**52**	36
	負例	1,540	677	439	52	128	43	97	52	52	147	**277**
Neutron	正例	165	81	58	3	7	3	3	5	5	11	**15**
	負例	501	245	170	18	9	19	9	11	20	**48**	38
Cinder	正例	193	87	60	0	12	7	13	7	7	14	**32**
	負例	727	306	236	66	14	39	29	27	10	**132**	53
Keystone	正例	159	44	59	5	2	4	16	5	24	14	**42**
	負例	349	147	91	12	23	38	8	25	5	**75**	36
Swift	正例	93	22	42	3	5	1	9	4	7	8	**21**
	負例	384	176	75	27	14	37	13	29	13	**93**	40
Glance	正例	73	38	15	5	2	1	4	5	3	**11**	9
	負例	272	80	124	14	20	6	8	15	5	**35**	33

される．今後の研究では，提出時点の優先順位だけでなく，再提出された時点のチケットの優先順位も検討する．

本研究では従来研究で使用された説明変数に基づき 7 種類の特徴量を分析しているが，今後は変更されたソースコードの変更量だけでなく，内容に関する特徴量（複雑度，等）も分析する．

6.2.2　外的妥当性

本研究では，ケーススタディとして OpenStack プロジェクトのコアコンポーネント 6 プロジェクトのコードレビューチケットを対象とした．対象とするプロジェクトやリリースバージョンを変更した場合に分析結果および予測精度が変化することが示唆される．しかし，本研究では Gerrit を利用するプロジェクトの中でもコードレビューチケットが多く提案されている OpenStack プロジェクトのコアコンポーネントプロジェクトを対象としている．また，その中でも導入されたチケットの多いバージョンを対象としている．そのため，データセットとするプロジェクトやリリースバージョンの変更による分析結果および予測精度への影響は低いと示唆する．

7　おわりに

本論文では，リリースまでの期間に応じて優先的に検証/導入されるコードレビューチケットの特徴の分析を目的に，2 つの RQ を検証した．データセットとして，OpenStack プロジェクトのコアコンポーネント 6 プロジェクト（Nova, Neutron, Cinder, Keystone, Swift, Glance）を分析対象とし，チケットの特徴量を収集，比較することで，リリースまでの期間に応じて優先的に検証/導入されるチケットの特徴が異なることを明らかにした．また，それらの特徴量を学習させることで，直近のバージョンリリースに向けて検証される変更提案や導入される変更提案の予測モデルを構築した．モデルの予測精度を評価した結果，提案手法とベースライン手法の精度に大きな差は見られなかった．また，考察した結果から提案手法は負例（優先的に検証/導入する必要のないチケット）を正確に検出できることが明らかとなった．今後は，優先的に検証，または導入するチケットの特徴が変わる時点を見積もる手法を確立する．

参考文献

[1] Tarek K. Abdel-Hamid. The economics of software quality assurance: a simulation-based case study. *MIS Q.*, 12(3):395–411, 1988.

[2] Eman Abdullah AlOmar, Mohamed Wiem Mkaouer, and Ali Ouni. Can refactoring be self-affirmed? an exploratory study on how developers document their refactoring activities in commit messages. In *Proceedings of the 3rd International Workshop on Refactoring (IWoR '19)*, page 51–58, 2019.

[3] Alberto Bacchelli and Christian Bird. Expectations, outcomes, and challenges of modern code review. In *Proceedings of the International Conference on Software Engineering (ICSE '13)*, page 712–721, 2013.

[4] Amiangshu Bosu and Jeffrey C. Carver. Impact of developer reputation on code review outcomes in oss projects: An empirical investigation. In *Proceedings of the 8th ACM/IEEE International Symposium on Empirical Software Engineering and Measurement (ESEM '14)*, 2014.

[5] Leo Breiman. Random forests. *Mach. Learn.*, 45(1):5–32, 2001.

[6] Jacek Śliwerski, Thomas Zimmermann, and Andreas Zeller. When do changes induce fixes? In *Proceedings of the 2005 International Workshop on Mining Software Repositories (MSR '05)*, page 1–5, 2005.

[7] Georgios Gousios, Andy Zaidman, Margaret-Anne Storey, and Arie van Deursen. Work practices and challenges in pull-based development: the integrator's perspective. In *Proceedings of the 37th International Conference on Software Engineering (ICSE '15)*, page 358–368, 2015.

[8] Oleksii Kononenko, Tresa Rose, Olga Baysal, Michael Godfrey, Dennis Theisen, and Bart de Water. Studying pull request merges: a case study of shopify's active merchant. In *Proceedings of the 40th International Conference on Software Engineering: Software Engineering in Practice (ICSE-SEIP '18)*, page 124–133, 2018.

[9] Chandra Maddila, Chetan Bansal, and Nachiappan Nagappan. Predicting pull request completion time: a case study on large scale cloud services. In *Proceedings of the 2019 27th ACM Joint Meeting on European Software Engineering Conference and Symposium on the Foundations of Software Engineering*（*ESEC/FSE '19*）, page 874–882, 2019.

[10] Shane McIntosh, Yasutaka Kamei, Bram Adams, and Ahmed E. Hassan. The impact of code review coverage and code review participation on software quality: A case study of the qt, vtk, and itk projects. In *Proceedings of the 11th Working Conference on Mining Software Repositories (MSR '14)*, page 192–201, 2014.

[11] Peter C. Rigby and Christian Bird. Convergent contemporary software peer review practices. In *Proceedings of the 2013 9th Joint Meeting on Foundations of Software Engineering (ESEC/FSE '13)*, page 202–212, 2013.

[12] Nishrith Saini and Ricardo Britto. Using machine intelligence to prioritise code review requests. In *Proceedings of the 43rd International Conference on Software Engineering: Software Engineering in Practice (ICSE-SEIP '21)*, page 11–20, 2021.

[13] Erik van der Veen, Georgios Gousios, and Andy Zaidman. Automatically prioritizing pull requests. In *Proceedings of the 12th Working Conference on Mining Software Repositories (MSR '15)*, page 357–361, 2015.

[14] Peter Weißgerber, Daniel Neu, and Stephan Diehl. Small patches get in! In *Proceedings of the 2008 International Working Conference on Mining Software Repositories (MSR '15)*, page 67–76, 2008.

Python テストスメルのバグ予測子としての有用性に関する定量的分析

伏原 裕生　阿萬 裕久　川原 稔

一般に単体テストのテストケースはテストコードのかたちで用意され，テストを自動的に行えるよう整備されていることが多い．そうすることで，被テストコード（製品コード）が変更された際にはテストを即時かつ自動的に行うことができ，製品コードの品質保証に役立つ存在となっている．しかしながら，テストコードも製品コードと同じく人手で書かれるプログラムとなっていることも多く，テストコードそのものに問題があって，適切なテストを実現できていない恐れもある．いわば，テストコードにおけるコードスメルという考え方であり，それをテストスメルという．テストスメルの存在は開発者に誤ったテスト結果，即ち，テストで不具合は見つからなかったという誤った安心感を与えてしまうこともある．本論文では Python テストコードにおけるテストスメルに着目し，テストスメルを有したテストコードが適切なテストを行えていないのではないかという考えの下，テストスメルは被テストコード（製品コード）のバグ予測子として有用であるかどうかについて，定量的な分析を行っている．

1　はじめに

ソフトウェアの品質保証は我々の安心・安全な生活の基盤となる重要な活動である．特に，ソフトウェアのテストはその基本であり，すべての機能をさまざまな条件の下でテストすることがその鍵となっている．ソフトウェアテストにはさまざまな種類が存在しているが，その中で最も基本的であり，なおかつ早期にバグを検出できるのは単体テストである [4]．単体テストは，テスト対象モジュールのためのテストケースを xUnit といった単体テストフレームワーク [7] に従ったテストコードのかたちで用意することが多く，そうすることでテストの実行と結果の確認を人手を介さずに自動的に行うことができる．それゆえ，単体テストケースとして多数のテストコードを製品コードとともに作成しておくことで，開発・保守を進めながら同時にテストも行うことができ，品質保証を効率的に行えるようになっている．

しかしながら，そのような品質保証は“テストコードが適切に書かれている”という前提の下で成り立つことに注意が必要である．テストコードが人手で作成されたソースコードである以上，その前提が常に成り立つとは言い切れない．つまり，テストコードそのものが適切に製品コードをテストしているとは断言できない場合もある．その場合，製品コード（被テストコード）にバグが潜在していたとしても，テストコードの不適切さゆえに製品コード内のバグを見逃してしまう恐れがある．したがって，“製品コードにそれをテストするテストコードが存在すること”と“製品コードを適切にテストできていること”は同義とは言えない．そして，そのような不適切なテストコードによるテストは，製品コードにおけるバグを見逃したまま，開発者に誤った安心感を与えかねない．

それゆえ，テストコードそのものの品質もまた重要な観点であると筆者らは考える．ソースコードにおける潜在的な問題点として，リファクタリングの分野ではさまざまな“コードスメル”が研究・提案されているが，同様の概念はテストコードにも適用できる．これを“テストスメル”[1] といい，いくつかのテストスメルが提案されてきている [1,7,10]．近年

A Quantitative Analysis of Usefulness of Python Test Smells as Bug Predictors

Yuki Fushihara, Hirohisa Aman, Minoru Kawahara, 愛媛大学, Ehime University.

では Python が主要なプログラミング言語の 1 つになりつつあるが，これにあわせて Python 向けのテストスメル検出ツール PyNose [12] が開発されている．これまで，テストスメルの検出や出現傾向に関する報告はいくつか行われている [3,6–9,11] が，テストスメルと製品コードの品質の関係に関する報告は，筆者らの知る限りまだ少ないのが現状である [2,10]．そこで本論文では，PyNose で検出可能なテストスメルに着目し，テストスメルを有した Python テストコードでテストされている製品コードでのバグ見逃しを念頭に置いたバグ予測について考える．そして，テストスメルがバグ予測子として有用となりうるかどうかについて，定量的なデータ分析を行うことで，テストスメルと製品コードの品質の関係を調査する．結果として，製品コードのメトリクスをバグ予測子として使用した場合と比較して高い精度でバグ予測を行えることを確認した．

以下，2 節で本論文の関連研究と研究動機について述べ，3 節でデータ分析の内容を説明する．そして，4 節で分析結果を示し，それに対する考察を行う．最後に 5 節で本論文のまとめと今後の課題を述べる．

2 関連研究と研究動機

2.1 テストスメルと研究動機

単体テストフレームワークでは，テストケースとしてさまざまなテストコードを用意しておくことで，それらの実行と動作確認を自動で行えるようになっている．ここで，テストコードもまたソースコードであることを考えると，コードスメルの概念はテストコードにも適用できる．そこで Deursen ら [1] は “テストケースを開発する際の設計不良によって引き起こされるコードスメル” として “テストスメル” という概念を定義し，11 種のテストスメルを導入してそれらのリファクタリング方法を提案した．Deursen らによってテストスメルの概念が導入された後も Meszaros [7] や Greiler ら [10] によってさらに多様なテストスメルが提案され，今日に至っている．

テストスメルはテストコードだけでなく製品コードの品質にも影響するという報告 [10] もあり，さまざまなプログラミング言語とその単体テストフレームワークを対象としてテストスメルを自動的に検出するツールが開発されるようになってきている [6,8,9,11]．そして，Wang ら [12] も Python におけるテストスメルの自動検出ツールがその需要の高まりに反して存在しないことに着目し，18 種類のテストスメルを自動検出できるツール “PyNose” を開発した．

このように，Python に対するテストスメル検出ツールの開発により，Python という言語の需要とテストスメル研究の少なさとの間のギャップは埋まりつつある．しかしながら筆者らの知る限り，Python テストコードにおけるテストスメルが（それによってテストされる）製品コードの品質に及ぼす影響についてはまだ十分に検討されていない．そこで我々は，(次小節で紹介する) “Python テストスメル” と “製品コードにおけるバグの有無” の関係に着目し，テストコードにスメルが含まれていると，それによってテストされる製品コードでは後にバグが見つかりやすい傾向，換言すればテストでバグが見逃されやすい傾向にあることを定量的分析を通じて報告した [2]．ただし，文献 [2] では 50 個のオープンソース開発プロジェクトのみを対象とした比較的小規模な調査・分析に留まっており，なおかつ，バグ率の傾向を調べるのみであって，テストスメルのバグ予測子としての有用性については検討できていなかった．そこで本論文では，より多くのプロジェクトからデータを収集して分析を行い，その上で “テストスメル情報をバグ予測に活用できるか” という観点からさらなる検討を行っていくことにする．これが本論文の主たる研究動機である．

2.2 PyNose で検出されるテストスメル

プログラミング言語にはそれぞれ言語特有の特徴があり，それに起因してテストスメルにも言語間で差異が見られることがある．つまり，ある言語でよく見られるテストスメルが別の言語では存在しにくかったり，その逆の現象が見られることもある．例えば，Java ではファイルオブジェクトをその存在を確認しないまま使用する Resource Optimism [1] というテストスメルが知られている．一方，Python では一般にファイルの読み書きでは `open()` が使用される [1] ため，ファイルは常にリソースと関連付けられる [12]．その

表 1 Python テストスメルの種類

No.	テストスメル	説明
1	S_1: **Assertion Roulette**	テスト失敗時のメッセージが記述されていないアサーションがテストケースに複数存在している [1].
2	S_2: **Conditional Test Logic**	テストケースに制御構文が存在している [8].
3	S_3: **Constructor Initialization**	`setUp()` メソッドを使用せずにテストケースの準備を行っている [8,12].
4	S_4: **Default Test**	`MyTestCase` という名前のテストスイートが存在する [8,12].
5	S_5: **Duplicate Assert**	テストケース内に同一のアサーションが存在している [8].
6	S_6: **Empty Test**	テストケースに実行可能な文が存在しない [8].
7	S_7: **Exception Handling**	`assertRaises()` メソッドを使用せずに例外をテストしている [8,12].
8	S_8: **General Fixture**	`setUp()` メソッド内でインスタンス化されたフィールドがいくつかあるがそれらをすべてのテストケースが使用しているわけではない [8,12].
9	S_9: **Ignored Test**	`@unittest.skip` デコレータがテストケースに記述されている [8,12].
10	S_{10}: **Lack of Cohesion of Test Cases**	テストスイート内のテストケースにまとまりがない [3,12].
11	S_{11}: **Magic Number Test**	数値リテラルが変数に代入されずに直接記述されている [8].
12	S_{12}: **Obscure In-Line Setup**	テストケースに 10 個以上のローカル変数が宣言されている [3].
13	S_{13}: **Redundant Assertion**	常に真もしくは偽となるような条件をテストしているアサーションがある [8].
14	S_{14}: **Redundant Print**	テストケースに print() 関数が存在している [8,12].
15	S_{15}: **Sleepy Test**	テストケースに time.sleep() 関数が使用されている [8,12].
16	S_{16}: **Suboptimal Assert**	より最適なアサーションが存在する [12].
17	S_{17}: **Test Maverick**	`setUp()` メソッドを使用していないテストケースが存在する.
18	S_{18}: **Unknown Test**	アサーションがテストケースに登場しない [9].

ため，Java と異なり開発者がリソースの有無に関して過剰に注意を払う必要性は低く，この種のスメルは Python では考慮されない事が多い．Wang ら [12] はそのような観点から Python のテストコードで考えられるテストスメルを選定し，表 1 に示す 18 種類を検出可能なツール PyNose を開発した．なお，これら 18 種類のうち，Suboptimal Assert は Wang らが独自に追加したものであり，それ以外の 17 種はそれより以前から提案されていたテストスメルとなっている．本論文では PyNose を活用することで，これら 18 種類のテストスメルを分析対象とする．

3 データ分析

我々は，前節で紹介した 18 種類の Python テストスメルを対象とし，テストスメルの出現割合やテストスメルを有したテストコードでテストされている製品コードの品質（バグ率）に関して定量的なデータ分析を行った．本節ではその内容について説明する．

3.1 研究課題

我々はデータ分析に際して，次の 3 つの研究課題（Research Question: RQ）を考えた．

RQ1: テストコードにはどういったテストスメルが出現しやすいか？

RQ2: テストスメルの存在は（テスト対象の）製品コードのバグ率に影響するか？

RQ3: テストスメルの情報は製品コードのバグ予測に役立つか？

RQ1 は，さまざまなテストスメルが存在する中で，どういったテストスメルがよく見られるのかを実データを収集して把握しようというものである．これを把握することは，テストスメル混入の予防策を立案する上で重要となってくる．即ち，頻出しやすいテストスメルほどその混入を防ぐことが全体としてのテストスメルの数を抑えることに効果的であると考える．

RQ2 は，テストスメルの存在がテスト対象となる製品コードのバグ率にどれほど影響するのかを把握しようというものである．出現率が高いテストスメルであっても，そのテストスメルが製品コードバグ率とは結びついていないような場合も考えられる．また逆に，出現率が低いテストスメルであっても，それがバグ率の高さと結びついているような場合もあるかもしれない．もしも後者のようなケースを観測できた場合，特にそのテストスメルを解消するようなリファクタリングを促すべきと考える．また，異なる種類のテストスメルが同時に存在すればするほどテスト対象となる製品コードのバグ率が高くなるようであれば，テストスメルの同時出現種類数の多いテストコードに対して早急にリファクタリングを促すべきと考える．

RQ3 は，テストスメルの検出結果がバグ予測において有用な説明変数（予測子）として使えるかもしれないというアイデアに関する問いである．一般にバグ予測では，製品コードそのものの特徴（メトリクス）が基本的な説明変数として使用される．これに対し，テストスメルは製品コードとは直接的なつながりはないものの，“それに対するテスト” という異なる視点から得られる情報となっている．そのため，そのような視点のデータがバグ予測の説明変数として有用かどうかを調べることに価値はあると筆者らは考えた．さらには，テストスメルが製品コードのバグ予測子として有用であることが確認されれば，これまでの研究とは異なる視点から “テストスメルの有害性” を実証的に示すことができるという期待もある．

3.2 分析対象

本分析では Wang らの先行研究 [12] と同じ Git リポジトリをデータ収集源とする．Wang らは，活発に開発が行われているプロジェクト [5]（toy プロジェクトを除く）として，以下のすべての条件を満たした 450 個の Git リポジトリを分析対象と選定していた．

1. スター数が 50 以上である．
2. テストファイルに変更履歴がある．
3. コミットが 1,000 以上存在する．
4. 10 人以上のコントリビュータが存在する．
5. 最初のコミットから 2 年が経過している．
6. 直近の 1 年以内にプッシュが行われている．

本論文では，上述した 450 個のリポジトリを GitHub から収集し，その中の Python ソースコード（ソースファイル）を分析対象とした．

3.3 分析手順

本データ分析の手順を以下に示す．

(1) バグに関連する issue 番号の取得

対象プロジェクトそれぞれの issues を調査し，手作業でバグに関連する issue のラベルを取得する．そして，GitHub Rest API を用いてプロジェクトごとに issue 情報をまとめた JSON ファイルを取得し，バグ関連ラベルが付いている issue 番号を取得する．

(2) 製品コードとテストコードの対応付け

対象の各プロジェクトについて， Git リポジトリのローカルコピーを作成し，master ブランチの各コミットについて製品コードとその製品コードをテストしているテストコードの対応付けをファイル単位で行う．具体的には，`unittest` フレームワークを使用しているコードをテストコードとし，いずれか 1 つのテストコードで読み込まれて使用されているコードを被テストコード（対応する製品コード）と見なす．

(3) バグ修正直前のコミットを取得

各リポジトリのコミットメッセージから issue のマージコミットを特定し，それが分岐する前のコミットを取得する．

(4) バグ修正で変更された製品コードのリストを取得

issue の番号をコミットメッセージに含んだマージコミットと，それが分岐する前のコミット間の差分を調べ，変更のあったファイル名をバグ修正が施された製品コード（ソースファイル）として取得する．

(5) 製品コードごとのバグの判定

対象としたプロジェクトそれぞれの分析時の最新コミットにおける製品コードそれぞれに対し，その製品コードが手順（4）で得られたリストに含まれていれば “バグあり” と判定し，さもなくば “バグ無し” と判定する（図 1）．

(6) バグの判定ごとに PyNose で解析

バグありと判定された製品コードについてはバグが指摘される直前のコミット，即ち，手順（3）で得たコミットについて PyNose によってテストスメルの存在を調査する．バグ無しと判定された製品コードについては最新コミットについて同様にテストスメルの存在を調べる．

(7) 製品コードがテストスメル付きテストコードでテストされているか調査

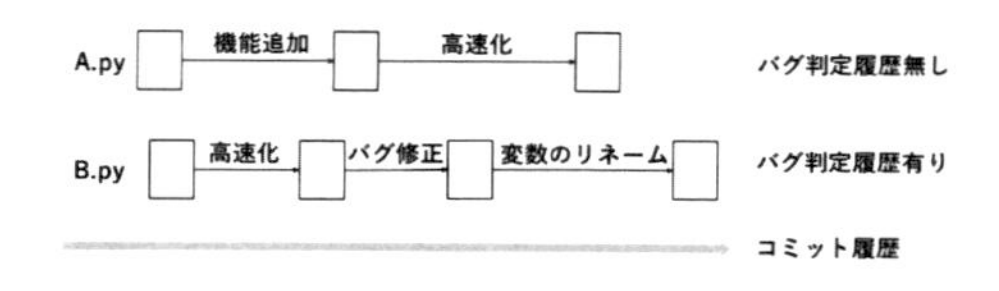

図 1 バグ判定のイメージ図

手順（2）で得られた対応付けをもとに各製品コードに対応するテストコードのリストを取得し，手順（6）でのテストスメル検出結果を用いてそのテストコードごとに存在するテストスメルの一覧を取得する．

（8）プロジェクトのフィルタリング

以上の手順で得られた製品コードのうち，次の3つの条件すべてを満たすもののみを分析対象とする．それ以外は対象から外す．

1. “`__init__.py`”というファイル名ではない．
2. 変更履歴が存在する．
3. Python3.x 系であり，エラーなく動作する．

（9）テストスメルの出現数を計上

RQ1への回答の準備として，上述の手順を経て得られたテストスメルの数をその種類ごとに集計する．

（10）テストスメルの出現パターンごとに製品コードのバグ率を算出

RQ2への回答の準備として，製品コードのバグ率をそれをテストするテストコードでのテストスメルの出現パターンに合わせて算出する．具体的には18種類のテストスメル S_i（$i = 1, \ldots, 18$）それぞれについて，S_i がテストコードに出現している際にそのようなテストコードでテストされている製品コードのバグ率 $P(Bug|S_i)$ を算出する．なお，ここでいうバグ率とは，上述の手順内で対象となった製品コード（ソースファイル）の中でバグありとラベル付けされているものの割合を意味する．

また，複数種類のテストスメルが同時に出現している場合についても検討するため，その種類数にも着目し，製品コードを（a）テストスメルは存在しない，（b）テストスメルの種類数が平均以下，（c）テストスメルの種類数が平均より多い，の3グループに分ける．そして，各グループにおけるバグ率を算出する．

（11）製品コードに対するバグ予測モデルの比較

RQ3への回答の準備として，テストスメルの検出結果を（18次元のベクトルと見立てた）説明変数，製品コードでのバグの有無を目的変数としたバグ予測モデルを構築する．さらに，製品コードの基本的な4種類のコードメトリクス（LOC，サイクロマティックス数，関数・メソッドの個数，及びクラスの個数）を説明変数としたバグ予測モデルも構築する．なお，バグ予測のモデルにはランダムフォレストを使用し，予測性能の指標にはROC曲線のAUC値を用いる．ただし，モデルの構築と評価にはそれぞれ訓練データとテストデータが必要となるため，10分割交差検証のかたちでモデルの構築と評価を行い，それらの平均値でもって性能を比較する．

4　結果及び考察

本節ではオープンソースプロジェクトから収集したデータに対する分析結果とそれらに対する考察をRQに対応させたかたちで示す．なお，前節の手順（8）により，最終的に193件のプロジェクトが対象となり，それらの中から4,658個の製品コード（ソースファイル）が得られた．そして，そのうちの950個の製品コードがバグありとなっていた．

4.1　RQ1

18種類のテストスメル（S_i）それぞれについて，製品コードが S_i を有するテストコードでテストされている割合を算出した．結果を表2に示す．

表2に示したように，94.65% の製品コードは何らかのテストスメル付きのテストコードでテストされていることが分かった．つまり，テストスメルは多く

表2　製品コードがスメル付きテストコードでテストされている割合

i	テストスメル（S_i）	スメル付きテストコードでテストされている割合	
1	Assertion Roulette	75.87%	(3,534/4,658)
2	Conditional Test Logic	58.16%	(2,709/4,658)
3	Constructor Initialization	1.20%	(56/4,658)
4	Default Test	0.02%	(1/4,658)
5	Duplicate Assert	36.58%	(1,704/4,658)
6	Empty Test	2.62%	(122/4,658)
7	Exception Handling	25.61%	(1,193/4,658)
8	General Fixture	47.94%	(2,233/4,658)
9	Ignored Test	12.17%	(567/4,658)
10	Lack of Cohesion of Test Cases	45.88%	(2,137/4,658)
11	Magic Number Test	4.14%	(193/4,658)
12	Obscure In-Line Setup	9.85%	(459/4,658)
13	Redundant Assertion	3.31%	(154/4,658)
14	Redundant Print	42.44%	(1,977/4,658)
15	Sleepy Test	21.25%	(990/4,658)
16	Suboptimal Assert	32.74%	(1,525/4,658)
17	Test Maverick	29.97%	(1,396/4,658)
18	Unknown Test	32.80%	(1,528/4,658)
	いずれか1つ以上	94.65%	(4,409/4,658)

のテストコードで出現するのが現実であるといえる．その中でも “Assertion Roulette（S_1）” と “Conditional Test Logic（S_2）” は半数以上の製品コードについてそれらのテストコードで出現しており，まさに頻出するテストスメルであることが分かった．

テストスメル S_1 は，1 つのテストケース内に複数のアサートメソッドがあるにも関わらず，それぞれにはテスト失敗時のメッセージが記述されていないというものである．2 番目に多いテストスメル S_2 は，テストコードに制御文（条件分岐）が書かれているというものである．本来，単体テストは簡潔であるべきであり， if 文や for 文といった制御構文の存在はその簡潔性を損なう要因となってしまう．そして，簡潔性が損なわれたテストコードでは可読性や保守性が低下するのはもちろんのこと，真に適切なテストが行われているかどうかについても疑問を生じさせかねない．

これらに共通する特徴としては，テストコードの可読性が挙げられる．S_1 に関して言えば，アサートメソッドに失敗時のメッセージが書かれていないということは，そのアサートメソッドで確認しようとしている事柄（意図）が明記されておらず，第三者がすぐにはその意図を理解できない恐れがある．S_2 については，テストコードを一般的な製品コードと同様に書いてしまっているため，テストコードそのものにバグを作り込んでしまっても第三者がすぐに気が付かない可能性が考えられる．条件分岐や繰り返しによってコードを記述するのではなく，確認したい事柄を 1 つずつ順番にアサートメソッドで記述することで，テストコードを第三者にとっても分かりやすいものに仕上げることが愚直ではあるが確実であると思われる．

その他で多く出現するテストスメルとしては “General Fixture（S_8）” や “Lack of Cohesion of Test Cases（S_{10}）”，“Redundant Print （S_{14}）” が見受けられた．これらもテストコードの簡潔さを損なうようなスメルであり，より小さく簡潔なものへリファクタリングできるものと考えられる．

一方， Default Test（S_4）は検出件数が 1 件のみであった．これは PyNose における S_4 の定義が影響していたものと考えられる．S_4 は “テストスイート名がデフォルトのまま変更されていない” というものであるが，そこでいうデフォルト名が開発環境（IDE）に依存するという問題がある．PyNose は PyCharm という Python 用 IDE のプラグインとして開発された経緯があるため，実際には PyCharm でのデフォルト名である “`MyTestCase`” にしか対応していない．今回は各プロジェクトでどういった開発環境が使われていたのかまでは追跡できていないため，この点についてのさらなる調査は今後の課題としたい．

以上から RQ1 については次の通り回答する：
テストコードに出現しやすいテストスメルとしては，Assertion Roulette （S_1）がその傾向が最も強く，出現率は 75.87% であった．次いで， Conditional Test Logic（S_2）， General Fixture（S_8），Lack of Cohesion of Test Cases （S_{10}） ，Redundant Print（S_{14}） が順に多く存在していた．いずれもテストコードの簡潔さに悪影響を及ぼしかねないスメルであり，まずはこれらの数を減らすよう努めることがテストコードの品質向上につながるものと考えられる．

4.2 RQ2

各テストスメル S_i について，それがテストコードに出現している場合の被テストコード（製品コード）でのバグ率 $P(Bug|S_i)$ を求めた結果を表 3 に示す．

表 3 テストスメルを有したテストコードでテストされている製品コードのバグ率

テストスメル（S_i）	$P(Bug\|S_i)$	
S_1	20.6%	(727/3,534)
$\boldsymbol{S_2}$	**24.6%****	(663/2,692)
$\boldsymbol{S_3}$	**62.5%****	(35/56)
$\boldsymbol{S_5}$	**23.0%***	(392/1,704)
S_6	23.8%	(29/122)
$\boldsymbol{S_7}$	**28.1%****	(335/1,193)
S_8	22.3%	(499/2,233)
S_9	20.1%	(114/567)
S_{10}	24.1%	(516/2,137)
$\boldsymbol{S_{11}}$	**23.8%****	(46/193)
S_{12}	19.8%	(91/459)
$\boldsymbol{S_{13}}$	**28.6%***	(44/154)
S_{14}	21.8%	(430/1,977)
S_{15}	19.0%	(188/990)
$\boldsymbol{S_{16}}$	**25.8%****	(393/1,525)
$\boldsymbol{S_{17}}$	**26.3%****	(367/1,396)
$\boldsymbol{S_{18}}$	**27.1%****	(414/1,528)
製品コード全体での平均バグ率（$P(Bug)$）	20.4%	(950/4,658)

(*: $0.01 \le p$ 値 < 0.05, **: p 値 < 0.01)

なお，Default Test（S_4）は出現件数が少ないことからここでは除外してある．ここでは，製品コード全体の平均バグ率との間でカイ二乗検定を用いた際の統計的有意差が見られたものを太字で強調してある．

表 3 から分かるように，最も高い条件付きのバグ率 $P(Bug|S_i)$ はテストコードに “Constructor Initialization（S_3）” という種類のテストスメルが見られる場合であった．その種のテストコードでもってテストされた製品コードのバグ率は全体平均の約 3 倍の高さになっていた．そして，17 種類中 9 種類のテストスメルについては，その出現を前提とした条件付きバグ率は全体平均よりも有意に高い結果となった．

また，興味深いことに，単純に出現頻度が高いテストスメルでテストされている製品コードのバグ率が高いわけではなかった．具体的には Assertion Roulette（S_1）は最も出現頻度の高いテストスメルであった（表 2）が，バグ率の高さは 14 番目であった．Constructor Initialization（S_3）は 2 番目に出現頻度の低いスメルであったが，バグ率は最も高いものとなっていた．

次に，テストスメルの同時出現種類数を求めたところ，その平均値は 4.86 であった[†1]．得られた平均値をもとに，(a) テストスメルが存在していない，(b) 同時出現種類数が平均以下（4 種類以下），及び (c) 平均以上（5 種類以上），という 3 パターンについて，それらでテストされている製品コードの条件付きバグ率を算出した．その結果を表 4 に示す．

興味深いことに，テストスメルが出現しないテストコードでテストされている製品コードよりも，テストスメルは出現するが種類数が少ない（4 種類以下）ものの方が低いバグ率を示していた．そして，テストスメルの種類数が多く（5 種類以上に）なると有意に高いバグ率になっていた．つまり，特定のテストスメルだけでなく，5 種類以上の多くの異なるスメルが同時に出現するような場合についても着目する価値があると思われる．

以下ではまず，表 3 に示した結果について考察を述べる．同表に示したように，製品コード全体の平均バグ率が 20.4% なのに対し，17 種類中 9 種類のテストスメルについては，それらを有したテストコードでもってテストされた製品コードでより高いバグ率を示しており，統計的に有意な差も見られた．特に，Constructor Initialization（S_3），Redundant Assertion（S_{13}），Exception Handling（S_7），Unknown Test（S_{18}），Test Maverick（S_{17}），及び Suboptimal Assert（S_{16}）についてはバグ率が 25% を超えていた．

Constructor Initialization（S_3）は非推奨なやり方でテストコードの初期設定を行っているというスメルであり，そのことで適切なテストを行えていなかった恐れがある．ただし，このテストスメルが出現する頻度は低く，それを有したテストコードでもってテストされた製品コードは 56 個のみであった．それゆえ，一概にこれが有害性の高いテストスメルであるか否かは断言できないが，少なくともほとんどのテストコードではそのような非推奨な書き方はされていないため，バグ率が高いという本調査結果を否定するものではないと考える．

一方， Redundant Assertion（S_{13}），Exception Handling（S_7）， Unknown Test（S_{18}），Test Maverick（S_{17}），及び Suboptimal Assert（S_{16}） については出現頻度はそこまで低くない（154 個，1,193 個，1,528 個，1,396 個，及び 1,525 個）．Unknown Test（S_{18}）を除く 4 種のテストスメルについては，より良いテストの記述方法に関するスメルのため，そのこと自体に有害性が高いとは考えにくいが，やはりテストコードの書き方として非推奨なものとなっており，何らかの見落としを誘発しやすい傾向にあったのではないかと思われる．Unknown Test（S_{18}）については，`unittest` を使用しているにもかかわらず，そのフレームワークで用意されているモジュールを

表 4　テストスメルの出現種類数に応じた製品コードのバグ率

テストスメルの出現種類数	製品コードのバグ率	
0	21.3%	(53/249)
1 ∼ 4	15.7%**	(351/2,242)
5 ∼ 17	25.2%**	(546/2,167)
製品コード全体ので平均バグ率（$P(Bug)$）	20.4%	(950/4,658)

†1　Default Test は対象外として算出した値である．

使用していないことがテストコードの可読性を下げ，結果的にバグの洗い出し不足につながったのではないかと思われる．しかしながら，必ずしもモジュールの不使用がバグの洗い出しにつながるわけではないため，その点に関する詳細な追跡調査は今後の課題としたい．

次に，表 4 に示したテストスメル出現種類数とバグ率の関係について考察を述べる．テストスメルの出現種類数が多い場合，つまり 5 種類以上が同時に出現している場合でバグ率が最も高いという結果は，その前に示したテストスメルの出現によるバグ率の上昇傾向からおおよそ予想されるものであった．より多様なテストスメルが出現するようなテストケースの方が，その規模も大きく複雑なものになりやすく，それゆえテストコードそのものにバグを混入してしまっていたり，テストが不十分であることに気が付けていなかったりしていたものと推察される．

一方，テストスメルの出現種類数とバグ率は比例するようにも思われたが，出現種類数が 1 ～ 4 種類と少ない場合はむしろ逆であり，テストスメルが全く出現しない場合よりも有意にバグ率が低いという結果が見られた．その要因として，次の 2 点が影響していたのではないかと筆者らは考える．

1. テストスメルが存在しないテストコードでテストされている製品コードの総数が少なかった．
2. テストコードには問題点があるが，PyNose ではテストスメルが検出されなかった．

1 点目は対象となる製品コードの総数が少ないため，今回確認された傾向が他の Python プロジェクトでは見られない可能性があるということである．つまり，この点は今回の分析結果における外的妥当性への脅威になると考えられる．表 2 に示したように，製品コードのうちの約 95% については，それをテストするテストコードに 1 つ以上のテストスメルが観測されている．換言すれば，テストスメルが出現しないテストコードでテストされている製品コードは約 5% しか見られず，標本として得られた個数は 249 個しかなかった．それゆえ，より多くのデータを収集した場合，この傾向は変わる可能性を否定できない．

2 点目は，テストコードそのものには問題があって，それゆえ被テストコード（製品コード）のバグ率がやや高くなっていたが，テストコードにおける問題点が PyNose ではテストスメルとして検出されなかった場合もあるのではないかというものである．例えば， Assertion Roulette（S_1）の定義は，テスト失敗時のメッセージが記述されていないアサーションがテストケースに“複数”存在していることである．それゆえ図 2 に示すようにアサートメソッドが 1 つだけの場合は PyNose ではスメル S_1 が検出されないことになる．

```
class Disk(unittest.TestCase):

    def test_get_filesystem_type_default_root(self):
        open_mocked = unittest.mock.mock_open(read_data=
                PROC_MOUNTS)
        with unittest.mock.patch('builtins.open', open_mocked):
            self.assertEqual('ext4', disk.get_filesystem_type())
```

図 2　Assertion Roulette が判定されない例

```
class TestWandb(unittest.TestCase):

    def test_init_wandb_disabled(self):
        mock_wandb_run = Mock()
        with patch("skll.utils.wandb.wandb.init", return_value=
                mock_wandb_run) as mock_wandb_init:
            WandbLogger({}, "")
            mock_wandb_init.assert_not_called()
```

図 3　テストケースをまとめるためだけに unittest を使用している例

別の例としては図 3 に示すように，`unittest` を使用しているが，そのアサーションは使用していないというテストコードもあった．それゆえ，“PyNose では検出されない問題”が“テストスメル数 = 0”のテストコードには潜んでいた可能性も考えられる．

以上から RQ2 については次の通り回答する：
17 種類中 9 種類のテストスメルについては，その出現が製品コードの品質を脅かす可能性を有するといえる．特に，Constructor Initialization（S_3），Redundant Assertion（S_{13}），Exception Handling（S_7），Unknown Test（S_{18}），Test Maverick（S_{17}），及び Suboptimal Assert（S_{16}）の出現は注目に値することが確認された．これらすべてが頻出するスメルというわけではないが，それだけに検出された場合にはリファクタリングを検討する価値があると思われる．

また，上述したテストスメル以外であっても，多くのテストスメルが同時に見られるようであれば注意が必要である．複数種類のテストスメルが同時に出現する場合，それだけ各スメルの悪影響が重なり合っている可能性が考えられるため，より多くのスメルが見られるテストコードについても優先的にリファクタリングを施すのが望ましいと思われる．

4.3 RQ3

各テストスメルの出現数を説明変数として，製品コードのバグ予測を行った結果を図 4 に示す．あわせて，比較対象として，製品コードのメトリクスを説明変数としたバグ予測結果を図 5 に示す．

その結果，テストスメルを用いたバグ予測モデルの平均 AUC 値は 0.76 となり，コードメトリクスを用いた予測モデルの平均 AUC 値である 0.62 を十分に

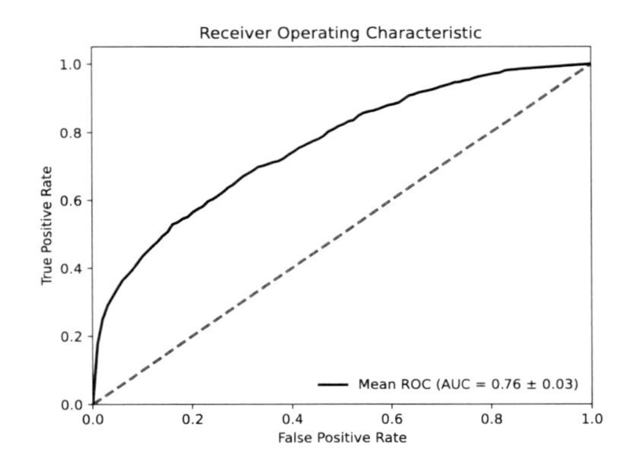

図 4　テストスメルを説明変数とした際の ROC 曲線

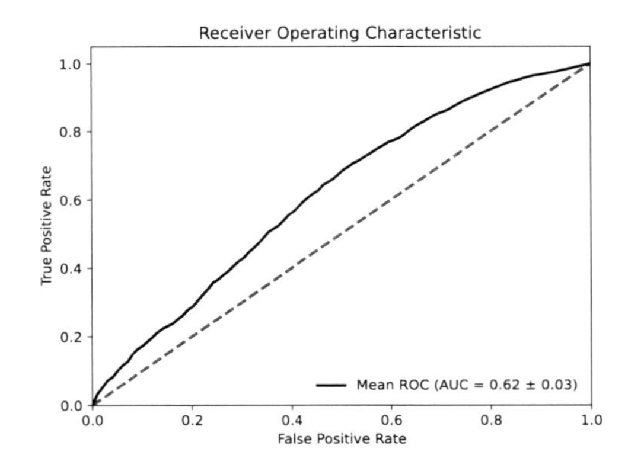

図 5　コードメトリクスを説明変数とした際の ROC 曲線

上回る（0.14 ポイント高い）ことを確認できた．つまり，単に製品コードのメトリクスをもとにバグ予測を行うよりも，テストスメルを説明変数としてバグ予測を行った方が予測精度が高いことが見てとれた．

テストスメルのデータは製品コードそのものの特徴とは異なり，テストという間接的な視点から製品コードを観測するものとなっている．そして，そのような間接的な特徴量でもってバグ潜在を予測するという実験を行ったわけであるが，製品コードの規模と複雑さという基本的なコードメトリクスを用いるよりも高い予測性能を確認できたことは興味深い．このことから直ちに “テストスメルの存在” と “製品コードでのバグ見落としの可能性” を結びつけるということまではできないが，テストスメルに着目することの重要性，そしてそれらが間接的にせよ製品コードの品質へ影響を及ぼしかねないと警鐘を鳴らすことの有用性について，その一端を定量的に示すことができたのではないかと筆者らは考える．

繰り返しになるが，テストスメルが直ちに製品コードのバグとつながるとは断言できないが，テストコードにテストスメルが見られることは少なからずテストコードそのものの品質に悪影響を及ぼしていると思われる．そして，そのようなテストコードでテストすることは，多少なりとも被テストコードに対する品質保証にも影響する可能性があるといえよう．

また別の視点として，製品コードとテストコードの作成者が同一であった場合の影響もあったのではないかと推察される．一般に，ソフトウェア開発者は開発・保守を行いながら単体テストも行うことが多い．それゆえ，製品コードを作成した開発者が，それをテストするテストコードも作成していた可能性は高いと思われる．したがって，製品コードに意図せずバグを作り込んでしまっていた際に，開発者自身は十分なテストを想定できておらず，そのためテストコードも不十分なままとなっていたことが懸念される．そのような場合にテストスメルも検出されていたケースも少なくないのではないかと推察されるが，その点についての詳細な追跡調査は今後の課題としたい．

以上から RQ3 については次の通り回答する：

テストスメルは製品コードの品質と直接結びつくものではないが，その検出データは製品コードに対するバグ予測子として有用であることが分かった．具体的には，製品コードのコードメトリクスを説明変数としたランダムフォレストモデルの平均 AUC 値が 0.62 であったのに対し，テストスメルを説明変数としたものでは平均 AUC 値は 0.76 となった．

5 まとめと今後の課題

本論文では，Python におけるテストスメルに着目し，それらの出現割合といった基礎的データの収集と分析を行い，テストスメルのバグ予測子としての有用性についても分析を行った．その結果，約 95% の製品コードはテストスメルを有したテストコードでテストされていることが分かった．また，その中でも出現しやすいテストスメルが存在することを確認した．

スメルを有したテストコードでもってテストされている製品コードの品質をバグ率の観点から分析した結果，17 種類中 9 種類のテストスメルについては，それらを有するテストコードでもってテストされていた製品コードのバグ率は全体平均よりも高い傾向を確認できた．特に，出現頻度は高くないものの，比較的高いバグ率につながるテストスメルも確認できた．また，テストスメルが 5 種類以上同時に出現するようなテストコードでテストされる製品コードでもバグ率が高いことも確認できた．これらの結果から，全体平均よりも製品コードのバグ率の高い 9 種のスメルに対してリファクタリングを行うこと，さらには，スメルの同時出現種類数の多いテストコードに対してもリファクタリングを行うことの重要性を示すことができた．最後に，ランダムフォレストを用いたバグ予測実験を通じて，テストスメルそのものもまたバグ予測子として有用であることを確認できた．

今後の課題として，分析対象プロジェクトを拡大してより多くのデータ収集と分析を行い，結果の一般性を高めることと PyNose 以外のツールを用いた場合の分析についても検討することが挙げられる．あわせて，テストコードそのものに対しても追跡調査を行っていく予定である．

謝辞 本研究の一部は JSPS 科研費 21K11831，21K11833，23K11382 の助成を受けたものです．

参考文献

[1] Deursen, A. V., Moonen, L., Bergh, A., and Kok, G.: Refactoring Test Code, *Proc. 2nd Int'l Conf. Extreme Prog. & Flexible Processes in Softw. Eng*, 2001, pp. 92–95.

[2] Fushihara, Y., Aman, H., Amasaki, S., Yokogawa, T., and Kawahara, M.: Fault-Proneness of Python Programs Tested By Smelled Test Code, *Proc. 50th Euromicro Conf. Softw. Eng. & Advanced App.*, August 2024, pp. 373–378.

[3] Greiler, M., Van Deursen, A., and Storey, M.-A.: Automated detection of test fixture strategies and smells, *Proc. IEEE 6th Int'l Conf. Softw. Testing, V. & V.*, March 2013, pp. 322–331.

[4] 石原一宏, 田中英和: ソフトウェアテストの教科書—品質を決定づけるテスト工程の基本と実践, ソフトバンククリエイティブ, 東京, 2012.

[5] Kalliamvakou, E., Gousios, G., Blincoe, K., Singer, L., German, D. M., and Damian, D.: The promises and perils of mining github, *Proc. 11th Working Conf. Mining Softw. Repositories*, May 2014, pp. 92–101.

[6] Lambiase, S., Cupito, A., Pecorelli, F., De Lucia, A., and Palomba, F.: Just-in-time test smell detection and refactoring: The darts project, *Proc. 28th Int'l Conf. Program Comp.*, May 2020, pp. 441–445.

[7] Meszaros, G.: *xUnit test patterns: Refactoring test code*, Pearson Education, 2007.

[8] Peruma, A., Almalki, K., Newman, C. D., Mkaouer, M. W., Ouni, A., and Palomba, F.: tsDetect: an open source test smells detection tool, *Proc. 28th ACM Joint European Softw. Eng. Conf. & Symp. Foundations of Softw. Eng.*, November 2020, pp. 1650–1654.

[9] Peruma, A., Almalki, K. S., Newman, C. D., Mkaouer, M. W., Ouni, A., and Palomba, F.: On the distribution of test smells in open source android applications: An exploratory study, *Proc. 29th Annual Int'l Conf. Comp. Sc. & Softw. Eng.*, November 2019, pp. 193–202.

[10] Spadini, D., Palomba, F., Zaidman, A., Bruntink, M., and Bacchelli, A.: On the relation of test smells to software code quality, *Proc. IEEE Int'l Conf. Softw. Maintenance & Evol*, September 2018, pp. 1–12.

[11] Virgínio, T., Martins, L., Rocha, L., Santana, R., Cruz, A., Costa, H., and Machado, I.: Jnose: Java test smell detector, *Proc. 34th Brazilian Symp. Softw. Eng.*, December 2020, pp. 564–569.

[12] Wang, T., Golubev, Y., Smirnov, O., Li, J., Bryksin, T., and Ahmed, I.: PyNose: A Test Smell Detector For Python, *Proc. 36th IEEE/ACM Int'l Conf. Automated Softw. Eng.*, June 2021, pp. 593–605.

異なる変更量のコミットがJust-In-Timeバグ予測の評価結果へ与える影響の調査

近藤 将成　池田 翔　Gopi Krishnan Rajbahadur
鵜林 尚靖　亀井 靖高

バグを含んだコミットを予測するためにJust-In-Timeバグ予測モデル（JITモデル）が研究されている．コミットから得られるメトリクスを説明変数とする機械学習分類器を利用するモデルが一般的である．説明変数として変更メトリクスが活用されることが多いが，JITモデルはその中でもコードの変更量に関するメトリクス（例：追加された行数）に予測結果が依存することが知られている．このような依存は，JITモデルが大きな変更量のコミットを優先してバグありと判定している可能性を示唆している．つまり，小さな変更量のコミットを正確に予測できていない可能性がある．しかし，小さな変更量のコミットもソフトウェアプロジェクトの変更の大きな割合を占めており，これらのコミットに含まれるバグを正しく予測する必要がある．バグ予測モデルに関するこれまでの研究ではコミットを変更量で分けずに評価を行っているため，そういった小さなコミットに対する予測精度を評価できていない．本研究ではコミットを変更量で分けずに評価した場合，JITモデルに対する評価結果を正しく解釈できない可能性について調査を行った．まず小さな変更量のコミットを定義し，それらのコミットがソフトウェアプロジェクトにおいて無視できない割合存在しており，かつ，バグを混入する可能性があることを示した．また，JITモデルの予測精度はコミットの変更量ごとに異なることを示した．最後に，11の分析対象のプロジェクトのうち最大で10のプロジェクトで，小さな変更量のコミットに対するJITモデルの予測精度が有意に低いことを明らかにした．

1　はじめに

Just-In-Timeバグ予測モデル（JITモデル）はバグを含んだソースコードに対する変更（例：コミット）を予測するためのモデルである [10]．開発者はソースコードに対する変更を作成した段階で，その変更が将来的にバグを引き起こす可能性を知ることができる．これにより，バグの早期発見に繋げることで，ソースコードの品質向上を目指す．

JITモデルは過去の変更から得られるメトリクスを説明変数とする機械学習分類器を訓練することで構築される [11]．Gitで管理されたある特定のソフトウェアプロジェクトが対象である場合，まずそのプロジェクトからすべてのコミットを収集する．次に，バグを含むコミットとバグを含まないコミットを識別する．その後，コミットから説明変数となるメトリクス（例：変更メトリクス [10]）を抽出する．コミットは機械学習分類器の訓練に使う訓練データと，訓練された分類器の予測精度を評価するためのテストデータに分割される．最終的に訓練データで訓練されたJITモデルはテストデータで評価される．

この手順は広くJITモデルの研究で採用されているが，テストデータのコミットの持つ特性を考慮していない問題がある．McIntoshとKamei [16] およびKondoら [14] は，追加行および削除行というコミットの変更量に関連するメトリクス（サイズメトリクス）がJITモデルの予測において重要であることを示している．つまり，JITモデルはコミットにおける行単位の変更量に予測結果が依存している．変更量が大きければバグを混入する可能性のある行は増える

Analysis of the impact of different commit sizes on the evaluation of just-in-time defect prediction
Masanari Kondo, Sho Ikeda, Yasutaka Kamei, 九州大学, Kyushu University.
Gopi Krishnan Rajbahadur, Huawei Canada, Huawei Canada.
Naoyasu Ubayashi, 早稲田大学, Waseda University.

ため，変更量が大きいコミットはバグ混入コミットとなりやすい．そのため，JIT モデルは大きな変更量のコミットをバグありと判定するように訓練されている可能性がある．この仮説が正しいとすると，小さな変更量という特性を持つコミットのバグを見逃しやすくなり，小さな変更量のコミットに対する JIT モデルの予測精度が低くなる可能性がある．

JIT モデルにおいて，大きな変更量のコミットのみならず小さな変更量のコミットも正しく予測することは重要である．先行研究 [7,13,17] では，ソフトウェアプロジェクトに対する変更の大きな部分を小さな変更が占めていることが示されている．例えば Purushothaman と Perry [17] は 10 行以下の変更がソフトウェアプロジェクトの変更のおおよそ 50%を占めることを示している．また，10%の変更が 1 行のみの変更であることを示している．ソフトウェアプロジェクトに対して変更を行うため，当然ながらこうした小さな変更もバグを混入する可能性がある．そのため，少ない追加行・削除行を持つコミットのような小さな変更であったとしても，JIT モデルによりバグの有無を正しく予測することが求められる．

本研究では，JIT モデルの評価において，コミットをその変更量に基づいて分割することの必要性について調査する．コミットは広くソフトウェア開発に使われる Git における変更の単位である．具体的には以下の 2 つの研究設問（RQ）を設定し，それに対する回答を得ることを目指す．

RQ1: 小さな変更量のコミットはソフトウェアプロジェクトにバグを混入させるか？

RQ2: 既存の JIT モデルは小さな変更量のコミットを正しく予測できるか？

RQ1 により，小さな変更量のコミットの予測の重要性を示す．RQ2 により，既存の JIT モデルが小さな変更量のコミットに対してどの程度予測精度を持つかを調査する．

以降，第 2 章では本研究の背景について関連研究の観点から説明する．第 3 章では本研究における実験設定について説明する．第 4 章では RQ1 および RQ2 についての実験結果について説明する．第 5 章では小さな変更量のコミットを予測するためにどのような研究が今後必要か実験結果より考察する．第 6 章では妥当性への脅威について述べ，第 7 章では結論と JIT モデル評価のガイドラインを示す．

2 関連研究

Just-In-Time バグ予測は変更に対するバグ予測とも言い換えられる研究分野である．コミット等のソースコードに対する変更がバグを含んでいるかを予測する予測モデル（JIT モデル）を構築することで，バグの早期発見を支援することを目指す [10]．この章では Just-In-Time バグ予測に関連する研究について概説し，本研究の必要性について論じる．

JIT モデルに利用する機械学習分類器として何を使うかは非常に重要な要素である．近年では深層学習モデルがさまざまな分野で成功を収めていることから，JIT モデルにおいても深層学習モデルを利用する研究が増えている [6,27]．例えば，Yang ら [27] は，Deep Belief Network を利用して変更メトリクス [10] からより良いメトリクスを取り出すことで JIT モデルの精度向上を目指す研究を行っている．研究結果より，ロジスティック回帰を利用したモデルよりも 32.33% 多くのバグを見つけることができたと報告している．

Yang ら [27] の研究からわかるように，コミット等の変更をどのようにメトリクスに変換するかも重要な要素である．先行研究ではコミットの変更量を示すサイズメトリクスが JIT モデルの予測精度に影響を与えることが示されている [14,16]．例えば，McIntosh と Kamei [16] は，追加行および削除行のサイズメトリクスが JIT モデルの予測結果を説明する上で重要であることを示している．この結果は，JIT モデルの予測結果は変更量に依存している可能性を示唆している．仮に大きな変更量を持つコミットを JIT モデルがバグとして予測しやすいのであれば，小さな変更量を持つコミットのバグを相対的に適切に予測できていない可能性がある．

本研究の目的は，JIT モデルの評価においてコミットをその変更量に基づいて分割して評価を行うことの必要性について調査することである．メトリクスは JIT モデルにおいて非常に重要な要素であるが，仮に変更量に関連するメトリクスに JIT モデルの予測結

表 1 分析対象の Apache オープンソースプロジェクト

プロジェクト名	コミット数	バグコミット割合 (%)	訓練データ期間	訓練データコミット数
ActiveMQ	10,510	27.03	2005-12-12 - 2013-10-10	7,426
Camel	41,049	18.65	2007-03-19 - 2017-06-21	28,822
CXF	15,524	20.91	2008-04-23 - 2015-09-07	10,958
Hadoop	22,747	24.29	2009-05-19 - 2017-05-10	15,923
HBase	17,343	28.81	2007-04-03 - 2016-06-17	12,146
Hive	14,145	7.61	2008-09-02 - 2017-03-09	10,000
Jackrabbit Oak	16,599	13.36	2012-03-06 - 2016-10-10	11,620
Karaf	8,082	10.78	2007-11-26 - 2017-01-28	5,900
PDFBox	8,761	1.85	2008-06-22 - 2017-05-05	6,133
Stanbol	3,387	13.26	2010-11-30 - 2013-01-02	2,373
Tika	4,677	15.67	2007-06-08 - 2017-01-30	3,340

果が依存している場合，JIT モデルは特定の変更量のコミットをうまく予測できる一方で，その他の変更量のコミットに対する予測精度が相対的に低い可能性がある．

3 実験設定

3.1 コミットの分類の定義

本研究では Git リポジトリから収集されたコミットに対する JIT モデルを構築し，コミットの変更量ごとの JIT モデルの精度評価を行う．そのため，コミットをその変更量によって分類する必要がある．本研究では，先行研究 [7,17] を参考にして以下の 3 つの分類を定義した．

Micro コミット： 5 行以下の追加行を含むコミット．

Small コミット： 5 行より多く 10 行以下の追加行を含むコミット．

Large コミット： 10 行より多くの追加行を含むコミット．

本研究では，Micro コミットおよび Small コミットを小さなコミットとして扱う．

3.2 分析対象のデータ

本研究では 11 の Apache オープンソースプロジェクトを分析対象とした．これらは全て GitHub 上で公開されている．表 1 に分析対象のプロジェクトの一覧を示す．

これらのプロジェクトは先行研究 [19] で利用されていた 15 のプロジェクトから選択された．これらのプロジェクトでは 74%のコミットがイシューレポートとリンク可能であると示されている．このような高いリンク率はバグ予測において使用するデータセットの品質を担保する上で重要な要素である [15,24]．リンク率が低い場合，バグ修正コミットの見逃しが多くなり，見逃されたバグ修正コミットと対応するバグ混入コミットも見逃してしまうためである．

先行研究で使われていたプロジェクトのうち Ambari，Felix，Sling および Spark は分析対象から除外した．Ambari および Spark は GitHub の `linguist` で計算された Java 言語の割合が 50%未満であったため除外した．Felix および Sling はそれぞれの名前がタイトルのリポジトリ（例：apache/felix）が存在しないため除外した．

3.3 分析の流れ

分析対象のリポジトリに対して以下の手順で分析を行った．図 1 に実験の全体像を示す．ステップ 2 までの手順を行い RQ1 に関する分析を行う．ステップ 3 以降の手順を行い RQ2 に関する分析を行う．

[ステップ 1：バグ混入コミットの識別] JIT モデルを評価するためには，バグ混入コミットとバグを混入していないコミットを識別する必要がある．バグ混

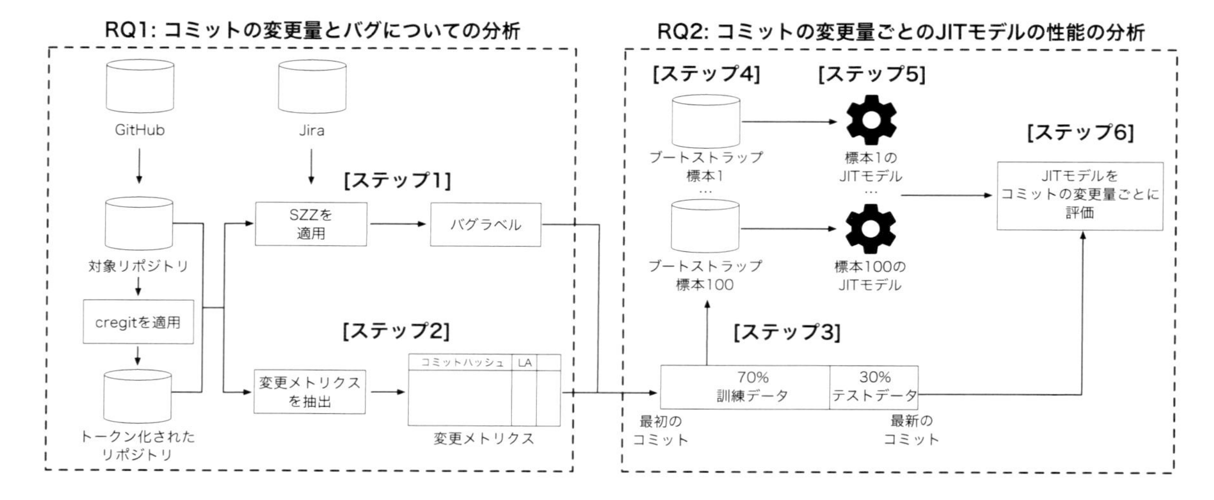

図 1　実験の全体像

入コミットを識別するために，本研究では SZZ アプローチ [16,20] を使う．以下で本研究での SZZ アプローチの手順を説明する．

まず初めにバグを修正したコミットを特定する．バグを修正したコミットはバグに関するイシューレポートの番号がコミットメッセージに書かれたものである．Apache プロジェクトは Jira を使ってイシューレポートを管理している．そのため，分析対象のプロジェクトの Jira のイシューレポートのデータを収集する．そのうち，Bug というタイプのイシューレポートのイシュー番号をコミットメッセージに持つコミットをバグ修正コミットとして識別する．

次に，バグ修正コミットで変更されたコード片を混入したコミットを，バグ混入コミットとして識別する．バグ修正コミットで変更が必要なコード，つまり，バグを含んだコードを追加したコミットであるためである．まずバグ修正コミットにおける修正行を特定する．それら修正行が追加されたコミットを `git blame` [5] によって発見する．見つかったコミットをバグ混入コミットとして識別する．ただし，単純な `git blame` の適用では，バグ混入コミットの発見時に誤りが生じる可能性がある [4]．そこで本研究では `cregit` [4] を適用して，トークン単位でのバグ混入コミットの識別を行った．通常の行単位ではなくトークン単位であるため，より細粒度で追跡が可能となる．

なおマージコミットを分析対象から除外した．マージコミットは複数のコミットをマージするものである．そのため，バグ原因となるコミットは，マージされた対象のコミットとするべきであるためである．

[ステップ 2：変更メトリクスの計算]　変更メトリクス [3,9,10,14,27,28] はコミットの特徴を数値情報および 0/1 の 2 値情報で表したものである．本研究では CommitGuru [18] を活用して変更メトリクスを計算した．この時，追加行がないコミットは分析対象から除外した．SZZ アプローチを使う場合，追加行がないコミットはバグ混入コミットとはならないためである．

[ステップ 3：訓練データとテストデータの構築]　JIT モデルの評価を行うためには，機械学習分類器を訓練するための訓練データと，訓練された分類器の予測精度を評価するためのテストデータを用意する必要がある．本研究ではコミットをその日付でソートし，前半 70%を訓練データ，後半 30%をテストデータとして分割した．交差検証は頻繁に利用される訓練データ・テストデータの分割手法であるが本研究では利用しなかった．コミットデータは時系列データであることから，訓練データとテストデータを時系列順に分割することが求められる．交差検証は未来のデータを訓練データ・過去のデータをテストデータとして分割する可能性があり，このような設定は実際の予測シナリオとは異なるためである．

また，訓練データにおけるバグ混入コミットについても，未来のデータを使って識別されることがないようにする必要がある．そこで，訓練データにおけるバグ混入コミットと紐づくバグ修正コミットを確認し，もしバグ修正コミットがテストデータに含まれていた場合は，そのバグ混入コミットをバグ混入ではないコミットとして扱った．

[ステップ4： ブートストラップサンプリング] データ選択のバイアスを取り除くために，ブートストラップサンプリングを行った．この手法はバグ予測において利用が推奨されている [23]．

この手法では訓練データからランダムに重複ありで訓練データと同じ個数のコミットを取り出し，これを1つの標本データとする．本研究では100個の標本データを作成する．それぞれの標本データで訓練したJITモデルをテストデータで評価する．最後に100個のJITモデルの予測結果をまとめて評価する．

なお，各標本データにおいて変更メトリクスは標準化される．本研究では z-score[†1] を利用して，平均0，標準偏差1に標準化した．

[ステップ5： 分類器の学習とハイパーパラメータ調整] 本研究では3つの教師あり学習分類器を使いJITモデルを構築した．我々は先行研究 [2] で利用されているJ48，ランダムフォレスト，および，IBkを利用した．先行研究ではEALR [10] も利用されているが，EALRはエフォートを考慮したバグ予測モデルであり，本研究の目的には適していないため除外した．

各分類器のハイパーパラメータを最適化するために，本研究では差分進化法 [21] を利用した．ハイパーパラメータを最適化することで，得られた予測結果が最適なものであると考えられる．

なお，分類器の訓練時にはコミットの変更量は考慮していない．本研究の目的は，既存の方法で構築されたJITモデルの評価において，コミットの変更量を考慮することの重要性を示すことである．

[ステップ6： JITモデルの評価] JITモデルを評価する指標として，本研究ではROCのAUC，F1，MCC，および，Brierスコアを利用した．これらの指標はJITモデルを評価する上で広く使われている [2, 6, 14]．AUCおよびF1は0–1の値を取り，1に近いほど予測精度が高いことを示す．MCCは-1–1の値を取り，絶対値が1に近いほど予測精度が高いことを示す．Brierスコアは0–1の値を取り，0に近いほど予測精度が高いことを示す．

コミットの変更量ごとの評価結果を明らかにするために，テストデータをMicroコミット，Smallコミット，および，Largeコミットに分割した．

予測精度に対してウィルコクソン検定 [26] とCliffデルタによる効果量の測定を行った．評価結果がコミットの変更量によって異なるかを検証する．

4 結果

4.1 RQ1: 小さな変更量のコミットはソフトウェアプロジェクトにバグを混入させるか？

最大で9.8%のMicroコミットおよび19.6%のSmallコミットがバグ混入コミットである． 表2はMicroコミット，Smallコミット，および，Largeコミットにおけるバグ混入コミットの割合をプロジェクトごとに示している．MicroコミットではActiveMQプロジェクトにおいて9.8%がバグ混入コミットである．Smallコミットでも同様にActiveMQプロジェクトにおいて19.6%がバグ混入コミットである．この数値はLargeコミットにおける最大値の42.7%（HBase）と比較すると低いが，十分におおきな割合であり，小さなコミットもバグ混入の原因になることを示している．

MicroコミットとSmallコミットを合わせた小さなコミットはコミット全体の39.8%を占める． バグ混入コミットの割合が高くとも，その絶対数が少なければソフトウェアプロジェクトへの影響は小さい．そこで表2の分母に着目してみると，MicroコミットもSmallコミットも全体のコミットに占める割合が高い．例えば，MicroコミットではKarafプロジェクトで43.7%（Microが2,998でSmallが614）を占め，SmallコミットではPDFBoxプロジェクトで13.2%（Microが3,381でSmallが1,080）を占める．Micro

†1 https://scikit-learn.org/stable/modules/generated/sklearn.preprocessing.StandardScaler.html

表 2　コミットの変更量ごとのバグ混入コミットの割合（バグ混入コミット数/全ての分析対象コミット数）

プロジェクト名	Micro	Small	Large
ActiveMQ	9.8% (303/3,083)	19.6% (202/1,033)	41.2% (2,335/5,669)
Camel	3.4% (486/14,458)	9.1% (328/3,592)	32.6% (6,835/20,936)
CXF	3.9% (168/4,362)	7.8% (119/1,534)	34.0% (2,956/8,695)
Hadoop	2.2% (101/4,601)	7.5% (163/2,161)	33.9% (5,262/15,542)
HBase	7.1% (328/4,590)	14.0% (252/1,801)	42.7% (4,412/10,334)
Hive	1.1% (26/2,381)	2.8% (28/1,014)	10.1% (1,015/10,082)
Jackrabbit Oak	5.5% (233/4,236)	9.4% (144/1,528)	18.8% (1,841/9,813)
Karaf	2.4% (71/2,998)	9.1% (56/614)	22.9% (744/3,256)
PDFBox	0.2% (8/3,381)	0.6% (7/1,080)	3.9% (146/3,718)
Stanbol	1.7% (14/803)	1.4% (4/294)	22.3% (431/1,937)
Tika	3.0% (35/1,186)	5.6% (26/468)	26.0% (670/2,574)

コミットと Small コミットを合わせた場合，全プロジェクトをまとめると 39.8%のコミットが Micro コミットもしくは Small コミットである．よって，小さなコミットはその絶対数も多いことがわかる．

回答：大きな変更量のコミットの方がバグ混入を引き起こす割合が高い．ただし，小さな変更量のコミット（10 行以下の追加行を含むコミット）はソフトウェアプロジェクトの開発における変更の 40%弱を占める．また，それらのコミットがバグ混入の原因となる割合は，Micro コミットという小さなコミットに絞っても 10%弱と無視できない．

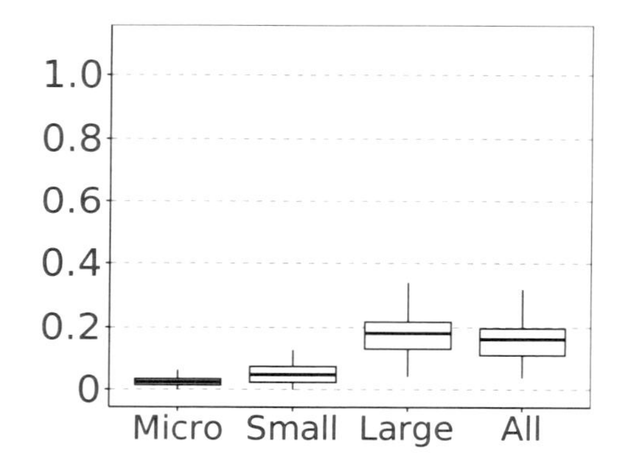

図 2　Camel プロジェクトにおける J48 の F1 スコアの箱ひげ図（All は全てのコミットを示す）

4.2　RQ2: 既存の JIT モデルは小さな変更量のコミットを正しく予測できるか？

コミットの変更量によって評価指標の値は異なる．表 3 は各変更量および各分類器ごとに結果が示されている．セルの値は，100 回のブートストラップサンプリングの標本データそれぞれで訓練してテストデータを予測した時の 100 個の結果の中央値を示している．黄色のセルと青のセルは Micro コミット，Small コミット，Large コミット，全てのコミットに対する評価指標の中で，最も高い値と最も低い値を示している．ただし，統計的に有意な差（$p \leq 0.01$）があり，かつ，Cliff デルタが無視できない大きさ（0.147 以上）であるセルのみである．“Num(黄, 青)” は黄色のセルと青のセルの個数の合計である．左側が黄色のセルの数，右側が青のセルの数の合計である．

この表から，コミットの変更量ごとに予測精度が異なることが観察できる．実際，“Num(黄, 青)” をみると数値に偏りが見られる．例えば，AUC におけるランダムフォレスト（RF）をみると，全 11 プロジェクト中 8 プロジェクトで全コミットに対する評価結果が Micro，Small，および Large に対する評価結果より有意に高い．図 2 は Camel プロジェクトにおける J48 の F1 スコアの箱ひげ図である．Micro および Small における F1 スコアは Large と比較すると

表 3　コミットの変更量ごとの予測値の中央値

プロジェクト名	分類	AUC RF	AUC J48	AUC IBk	F1 RF	F1 J48	F1 IBk	MCC RF	MCC J48	MCC IBk	Brier RF	Brier J48	Brier IBk
Num(黄, 青)	Micro	2, 3	5, 3	2, 3	0, 8	0, 10	0, 10	0, 10	1, 5	1, 6	11, 0	11, 0	11, 0
	Small	1, 7	1, 1	6, 1	0, 8	0, 3	3, 2	0, 8	0, 3	4, 2	0, 0	0, 0	0, 1
	Large	0, 2	0, 8	1, 7	8, 0	9, 0	7, 0	4, 0	0, 0	1, 2	0, 11	0, 11	0, 10
	全コミット	8, 0	5, 0	2, 1	0, 0	1, 0	0, 0	6, 0	8, 1	5, 2	0, 0	0, 0	0, 0
ActiveMQ	Micro	0.598	0.567	0.553	0.000	0.024	0.000	0.000	-0.014	-0.023	0.029	0.059	0.046
	Small	0.536	0.546	0.533	0.000	0.084	0.105	0.000	0.005	0.039	0.077	0.129	0.096
	Large	0.526	0.531	0.520	0.029	0.115	0.053	-0.011	-0.012	-0.027	0.148	0.213	0.182
	全コミット	0.641	0.570	0.520	0.025	0.102	0.052	0.008	0.010	-0.011	0.103	0.160	0.130
Camel	Micro	0.730	0.606	0.541	0.000	0.024	0.019	-0.002	0.015	0.002	0.016	0.022	0.027
	Small	0.612	0.542	0.529	0.000	0.047	0.057	-0.008	0.011	0.010	0.058	0.076	0.077
	Large	0.639	0.539	0.528	0.074	0.181	0.160	0.014	0.032	0.047	0.155	0.241	0.212
	全コミット	0.801	0.589	0.553	0.065	0.162	0.139	0.056	0.100	0.087	0.077	0.117	0.107
CXF	Micro	0.626	0.570	0.534	0.000	0.036	0.008	0.000	0.015	-0.017	0.023	0.044	0.049
	Small	0.558	0.557	0.533	0.000	0.049	0.060	0.000	0.002	0.003	0.052	0.094	0.093
	Large	0.558	0.519	0.508	0.029	0.150	0.144	0.028	0.018	-0.005	0.162	0.238	0.239
	全コミット	0.677	0.540	0.516	0.027	0.134	0.125	0.043	0.045	0.024	0.103	0.158	0.160
Hadoop	Micro	0.595	0.531	0.536	0.000	0.000	0.024	0.000	-0.009	-0.001	0.019	0.024	0.050
	Small	0.569	0.554	0.540	0.000	0.045	0.074	0.000	0.003	0.032	0.039	0.081	0.070
	Large	0.640	0.542	0.542	0.042	0.181	0.232	0.047	0.045	0.067	0.176	0.264	0.260
	全コミット	0.734	0.561	0.564	0.040	0.172	0.217	0.061	0.078	0.096	0.129	0.196	0.197
HBase	Micro	0.636	0.544	0.536	0.000	0.086	0.108	0.000	0.039	0.047	0.060	0.088	0.097
	Small	0.603	0.538	0.546	0.000	0.108	0.111	0.000	0.037	0.025	0.084	0.138	0.129
	Large	0.528	0.535	0.514	0.012	0.109	0.130	-0.046	-0.039	0.003	0.229	0.320	0.304
	全コミット	0.581	0.551	0.514	0.011	0.111	0.129	-0.023	-0.007	0.019	0.173	0.245	0.236
Hive	Micro	0.500	0.500	0.500	0.000	0.000	0.000	0.000	0.000	0.000	0.001	0.006	0.004
	Small	0.655	0.571	0.666	0.000	0.000	0.000	0.000	-0.008	-0.007	0.006	0.017	0.013
	Large	0.683	0.572	0.534	0.000	0.026	0.023	-0.009	0.012	0.010	0.023	0.038	0.029
	全コミット	0.734	0.574	0.535	0.000	0.024	0.021	-0.007	0.014	0.011	0.018	0.031	0.023
Jackrabbit Oak	Micro	0.618	0.559	0.545	0.000	0.031	0.065	0.000	0.006	0.037	0.025	0.045	0.067
	Small	0.556	0.551	0.548	0.000	0.052	0.097	0.000	0.007	0.043	0.047	0.082	0.094
	Large	0.614	0.537	0.517	0.000	0.086	0.080	-0.021	0.014	-0.006	0.075	0.121	0.133
	全コミット	0.655	0.538	0.519	0.000	0.077	0.079	-0.014	0.025	0.009	0.057	0.097	0.111
Karaf	Micro	0.785	0.621	0.556	0.000	0.000	0.034	0.000	-0.013	0.005	0.021	0.036	0.055
	Small	0.623	0.561	0.570	0.000	0.093	0.174	0.000	0.020	0.081	0.103	0.160	0.159
	Large	0.629	0.526	0.535	0.026	0.162	0.174	0.022	0.028	0.041	0.112	0.220	0.193
	全コミット	0.752	0.566	0.561	0.019	0.144	0.146	0.030	0.070	0.070	0.065	0.123	0.119
PDFBox	Micro	0.500	0.500	0.500	0.000	0.000	0.000	0.000	0.000	0.000	0.000	0.001	0.007
	Small	0.500	0.500	0.500	0.000	0.000	0.000	0.000	0.000	0.000	0.001	0.003	0.013
	Large	0.986	0.817	0.730	0.000	0.000	0.000	0.000	-0.004	-0.004	0.004	0.017	0.010
	全コミット	0.995	0.893	0.725	0.000	0.000	0.000	0.000	-0.002	-0.002	0.002	0.008	0.009
Stanbol	Micro	0.557	0.629	0.624	0.000	0.000	0.000	0.000	-0.008	-0.016	0.010	0.019	0.032
	Small	0.868	0.626	0.684	0.000	0.000	0.000	0.000	-0.016	-0.025	0.016	0.032	0.049
	Large	0.685	0.534	0.539	0.029	0.120	0.143	0.035	0.040	0.036	0.101	0.158	0.156
	全コミット	0.772	0.601	0.549	0.027	0.115	0.124	0.044	0.053	0.051	0.065	0.106	0.107
Tika	Micro	0.672	0.581	0.563	0.000	0.000	0.042	0.000	-0.014	0.025	0.020	0.041	0.072
	Small	0.558	0.600	0.603	0.000	0.000	0.098	0.000	-0.034	0.052	0.046	0.096	0.120
	Large	0.601	0.542	0.521	0.104	0.208	0.155	0.022	0.043	-0.027	0.151	0.260	0.261
	全コミット	0.725	0.573	0.523	0.096	0.183	0.135	0.061	0.084	0.018	0.093	0.166	0.181

低い．以上より，コミットの変更量を考慮しなかった場合，特定の変更量を持つコミットに対する JIT モデルの予測精度が低いことを見逃す恐れがある．

F1 スコアと MCC では，Micro コミットと Small コミットへの JIT モデルの評価結果が他のコミットへの評価結果と比較して有意に低いケースが最大 10 プロジェクトで観測された．"Num(黄, 青)" をみると Micro コミットおよび Small コミットで F1 と MCC に青色のセルが多いことがわかる．ただし，AUC および Brier スコアでは良い評価結果である場合（黄色のセル）が多数観測された．JIT モデルの出力はあるコミットがバグである確率（0–1 の範囲）であり，通常は 0.5 を閾値としてこの確率をバグありとバグなしの 2 値に変換してコミットに対するバグの有無の予測とする．F1 と MCC はこの 2 値に変換された結果を評価するが，AUC と Brier スコアは確率そのものを評価する．バグである確率に対する評価が良いことから，Micro コミットおよび Small コミットに対する予測時に Large コミットとは異なる閾値を設定することで，JIT モデルのバグありコミットの判定精度を向上できる可能性がある．

回答：コミットの変更量ごとに JIT モデルの予測精度は異なる．特に小さな変更量のコミットに対する JIT モデルの予測精度は F1 および MCC で低い．AUC および Brier スコアでは良い精度の場合もあったため，小さな変更量のコミットに対する予測精度を向上させる余地がある．

5 考察

小さな変更量のコミットに対するバグ予測の精度を向上させるためにはどのような方法が考えられるか？
本研究結果は小さな変更量のコミットに対する既存の JIT モデルの予測精度が高くないことを示している．小さな変更はソフトウェアプロジェクトにおいて重要な要素であり，無視することはできない．そのため，小さな変更量に対するバグ予測の精度を向上させることが今後の研究に求められる．

本研究結果から 1 つの方策として考えられるのは，コミットの変更量に応じて JIT モデルのバグあり・なしの閾値を変更することである．機械学習の分類器は 0 から 1 の範囲でコミットがバグである可能性を出力する．本研究の実験では 0.5 を閾値としてバグあり・なしを分類している．この場合，F1 スコアと MCC の値が低くなり，小さな変更量のコミットをうまく予測できなかった．

一方で，AUC および Brier スコアは悪くない値であるケースが観察された．AUC および Brier スコアは閾値を使わずに予測精度を評価する指標である．つまり，様々な閾値を使って予測精度を評価していると考えられる．そのため，適切な閾値を設定することで，小さな変更量のコミットに対する予測精度を向上させることができる．今後の研究として，コミットの変更量に応じて適切な閾値を設定する方法を検討する方向性が考えられる．

もうひとつの方法として，変更メトリクス以外のメトリクスを利用することが考えられる．変更量に関するメトリクスが含まれていなければ，分類器は他のメトリクスに基づいて予測を行う．ひとつの例として，コードの埋め込み表現をメトリクスとして用いることが考えられる．コードの埋め込み表現を用いたバグ予測はこれまでにも多数行われており [8, 11, 22, 25]，メトリクスを使った方法よりも高い予測精度が達成できることを示している．

コード埋め込み表現の応用可能性について明らかにするために，我々は追加・削除されたトークンの埋め込み表現を Bag-of-Words（BoW） [29] によってメトリクス化し，バグ予測に利用した．簡易的な評価を行った結果，BoW を使うことで Micro コミットおよび Small コミットに対する予測精度を向上させる場合があることを観測した．ただし，場合によっては BoW を使うことで予測精度が低下する場合もあり，今後更なる検証が必要である．

回答：コミットの変更量に応じて JIT モデルのバグあり・なしの閾値を変更することで，小さな変更量のコミットに対する予測精度を向上させることができる．また，変更メトリクス以外のメトリクスを活用することで，変更量に予測結果が依存しない JIT モデルを構築できる．

6 妥当性への脅威

構成概念妥当性： 本研究では先行研究 [7,17] を参考にしてコミットを 3 種類に分類した．この時の分類の基準は本研究におけるパラメータであり，異なるパラメータでは異なる結果が得られる可能性がある．ただし，本研究の目的はコミットの変更量に基づいてコミットを分割して評価を行うことの必要性を示すことである．そのため，本研究の結論はこのパラメータに依存しない．

本研究の対象は時系列データであり，交差検証を使うことができない．そのため，訓練データとテストデータの分割を 1 度しか行っていない．ブートストラップサンプリングを行っているため，訓練データに関するデータ選択のバイアスは取り除かれているが，テストデータに関するバイアスは取り除かれていない．今後の研究では，テストデータに関するバイアスを取り除く必要がある．例えば，訓練データとテストデータを分割する箇所を変更することで，複数のテストデータを準備することが考えられる．

バグデータの品質は本研究の妥当性に強く影響する [1,12]．高い品質を確保するために，分析対象のプロジェクトとして 74%のコミットがイシューレポートとリンクするものを選択した．

外的妥当性： 調査対象は Java で書かれた 11 の Apache プロジェクトである．そのため，本研究成果は全てのソフトウェアプロジェクトに適用できるわけではない．今後の研究として他の言語のプロジェクトに対しても同様の分析を行うことが求められる．言語によっては小さな変更量の定義が異なる可能性がある．

本研究では 3 つの教師あり学習分類器を利用して JIT モデルを構築した．そのため，他の分類器を利用した場合，結果が異なる可能性がある．また分類器の説明変数として変更メトリクスを利用したが，変更コード片の埋め込み表現 [6,8,11,22,27] など他の説明変数も考えられる．これらの観点についても，今後の調査が求められる．

内的妥当性： 本研究では SZZ アプローチを使ってバグ混入コミットを識別した．SZZ アプローチはバグ予測において広く使われる手法であるがその精度は 100%ではない．そのため，誤ったバグ混入コミットが含まれている可能性および見逃されたバグ混入コミットが存在する可能性がある．

7 おわりに

本研究ではコミットの変更量に基づいてコミットを分割して評価を行うことの必要性について調査した．調査の結果，JIT モデルを評価する際にはコミットの変更量を考慮することで，JIT モデルの精度についてより正しい理解ができることがわかった．コミットの変更量を考慮しない場合，特定の変更量を持つコミットに対する予測精度が低いことを見逃す恐れがある．JIT モデルの研究者はコミットの変更量を考慮することで，より正確な結論を導くことができる．本研究成果より，JIT モデルの評価において以下のガイドラインを提案する．

- JIT モデルを構築する前に，まず対象プロジェクトのコミットの変更量の分布を確認する．
- もし Micro コミットおよび Small コミットの割合が高い場合（例：40%以上）コミットの変更量ごとに JIT モデルの評価を行うことを検討する．

謝辞 本研究の一部は，JSPS 科研費 JP21H04877，JP22K18630，JP22K17874，JP24K02921，JSPS 二国間交流事業 JPJSBP120239929，及び，稲盛財団の稲盛科学研究機構（InaRIS: Inamori Research Institute for Science）フェローシップの助成を受けた．

参考文献

[1] Bird, C., Bachmann, A., Aune, E., Duffy, J., Bernstein, A., Filkov, V., and Devanbu, P.: Fair and balanced?: bias in bug-fix datasets, *Proceedings of the 7th Joint Meeting of the European Software Engineering Conference and the ACM SIGSOFT Symposium on the Foundations of Software Engineering (ESEC/FSE)*, ACM, 2009, pp. 121–130.

[2] Fu, W. and Menzies, T.: Revisiting unsupervised learning for defect prediction, *Proceedings of the 11th Joint Meeting on Foundations of Software Engineering (FSE)*, 2017, pp. 72–83.

[3] Fukushima, T., Kamei, Y., McIntosh, S., Yamashita, K., and Ubayashi, N.: An empirical study of just-in-time defect prediction using cross-project models, *Proceedings of the 11th Working Conference on Mining Software Repositories (MSR)*, ACM, 2014, pp. 172–181.

[4] Germán, D. M., Adams, B., and Stewart, K.: cregit: Token-level blame information in git version control repositories, *Empirical Software Engineering*, (2019), pp. 2725–2763.

[5] Git community: git-blame - Show what revision and author last modified each line of a file.

[6] Hoang, T., Dam, H. K., Kamei, Y., Lo, D., and Ubayashi, N.: DeepJIT: an end-to-end deep learning framework for just-in-time defect prediction, *Proceedings of the 16th International Conference on Mining Software Repositories (MSR)*, IEEE, 2019, pp. 34–45.

[7] Islam, J. F., Mondal, M., and Roy, C. K.: A comparative study of software bugs in micro-clones and regular code clones, *Proceedings of the 26th International Conference on Software Analysis, Evolution and Reengineering (SANER)*, IEEE, 2019, pp. 73–83.

[8] Jiang, T., Tan, L., and Kim, S.: Personalized defect prediction, *Proceedings of the 28th International Conference on Automated Software Engineering (ASE)*, IEEE, 2013, pp. 279–289.

[9] Kamei, Y., Fukushima, T., McIntosh, S., Yamashita, K., Ubayashi, N., and Hassan, A. E.: Studying just-in-time defect prediction using cross-project models, *Empirical Software Engineering*, Vol. 21, No. 5(2016), pp. 2072–2106.

[10] Kamei, Y., Shihab, E., Adams, B., Hassan, A. E., Mockus, A., Sinha, A., and Ubayashi, N.: A Large-Scale Empirical Study of Just-in-Time Quality Assurance, *IEEE Transactions on Software Engineering*, Vol. 39, No. 6(2013), pp. 757–773.

[11] Kim, S., Whitehead Jr, E. J., and Zhang, Y.: Classifying software changes: Clean or buggy?, *IEEE Transactions on Software Engineering*, Vol. 34, No. 2(2008), pp. 181–196.

[12] Kim, S., Zhang, H., Wu, R., and Gong, L.: Dealing with noise in defect prediction, *Proceedings of the 33rd International Conference on Software Engineering (ICSE)*, IEEE, 2011, pp. 481–490.

[13] Kondo, M., German, D., Kamei, Y., Ubayashi, N., and Mizuno, O.: An Empirical Study of Token-based Micro Commits, *Empirical Software Engineering (accepted, to appear)*, (2024).

[14] Kondo, M., German, D. M., Mizuno, O., and Choi, E.-H.: The impact of context metrics on just-in-time defect prediction, *Empirical Software Engineering*, Vol. 25, No. 1(2020), pp. 890–939.

[15] Kondo, M., Kashiwa, Y., Kamei, Y., and Mizuno, O.: An Empirical Study of Issue-Link Algorithms: Which Issue-Link Algorithms Should We Use?, *Empirical Software Engineering*, Vol. 27, No. 136(2022).

[16] McIntosh, S. and Kamei, Y.: Are fix-inducing changes a moving target? a longitudinal case study of just-in-time defect prediction, *IEEE Transactions on Software Engineering*, Vol. 44, No. 5(2018), pp. 412–428.

[17] Purushothaman, R. and Perry, D. E.: Toward understanding the rhetoric of small source code changes, *IEEE Transactions on Software Engineering*, Vol. 31, No. 6(2005), pp. 511–526.

[18] Rosen, C., Grawi, B., and Shihab, E.: Commit Guru: Analytics and Risk Prediction of Software Commits, *Proceedings of the 2015 10th Joint Meeting on Foundations of Software Engineering (FSE)*, 2015, pp. 966–969.

[19] Schermann, G., Brandtner, M., Panichella, S., Leitner, P., and Gall, H.: Discovering Loners and Phantoms in Commit and Issue Data, *Proceedings of the 2015 IEEE 23rd International Conference on Program Comprehension (ICPC)*, 2015, pp. 4–14.

[20] Śliwerski, J., Zimmermann, T., and Zeller, A.: When do changes induce fixes?, *Proceedings of the 2005 International Workshop on Mining Software Repositories (MSR)*, ACM, 2005, pp. 1–5.

[21] Storn, R. and Price, K.: Differential evolution–a simple and efficient heuristic for global optimization over continuous spaces, *Journal of global optimization*, (1997), pp. 341–359.

[22] Tan, M., Tan, L., Dara, S., and Mayeux, C.: Online defect prediction for imbalanced data, *Proceedings of the 37th International Conference on Software Engineering (ICSE)*, IEEE, 2015, pp. 99–108.

[23] Tantithamthavorn, C., McIntosh, S., Hassan, A. E., and Matsumoto, K.: An empirical comparison of model validation techniques for defect prediction models, *IEEE Transactions on Software Engineering*, Vol. 43, No. 1(2016), pp. 1–18.

[24] Tu, H., Yu, Z., and Menzies, T.: Better Data Labelling with EMBLEM (and how that Impacts Defect Prediction), *IEEE Transactions on Software Engineering*, (2020).

[25] Wang, S., Liu, T., Nam, J., and Tan, L.: Deep semantic feature learning for software defect prediction, *IEEE Transactions on Software Engineering*, (2018).

[26] Wilcoxon, F.: Individual Comparisons by Ranking Methods, *Biometrics Bulletin*, Vol. 1, No. 6(1945), pp. 80–83.

[27] Yang, X., Lo, D., Xia, X., Zhang, Y., and Sun, J.: Deep learning for just-in-time defect prediction, *Proceedings of the International Conference on Software Quality, Reliability and Security (QRS)*, IEEE, 2015, pp. 17–26.

[28] Yang, Y., Zhou, Y., Liu, J., Zhao, Y., Lu, H., Xu, L., Xu, B., and Leung, H.: Effort-aware just-in-time defect prediction: simple unsupervised models could be better than supervised models, *Proceedings of the 24th International Symposium on Foundations of Software Engineering (FSE)*, 2016, pp. 157–168.

[29] Zhang, Y., Jin, R., and Zhou, Z.-H.: Understanding bag-of-words model: a statistical framework, *International Journal of Machine Learning and Cybernetics*, Vol. 1(2010), pp. 43–52.

ライブラリ部品の利用状況の一致度に基づくソフトウェア部品分類手法の評価

横森 励士　野呂 昌満　井上 克郎

本稿では，ソフトウェア部品を利用部品の一致度を用いて分類する手法のバリエーションとして，利用ライブラリ部品の一致度を用いた手法を提案し，手法の有効性を評価する．大本の手法と同様の手順で分析を行い，得られた樹形図から部品の集合を得た場合に，得られた部品の集合がどのような性質を持つかを調査する．大本の手法との結果の傾向の違いの調査などを通じて，各手法の特徴やそれらを組み合わせたアプローチなどの可能性を議論する．

1 はじめに

現在，長期間利用されるソフトウェアは珍しくなく，保守活動として，運用中に発見された不具合の修正，外部環境の変化への対応，要望に応じた機能追加，ソフトウェア品質向上のための対応，潜在的な問題への対応などを目的とした変更が行われている．変更の結果として，ソフトウェアの規模は時間とともに増大し，ソフトウェアを構成する部品の数も増加し，内部構造も複雑になる．このような長期間活用されるソフトウェアには，プログラム理解を目的とした理解支援手法が欠かせない．

我々の研究グループでは，『利用する部品が似ている部品は，機能的に同種のことを実現している部品である．』という仮説のもとに，ソフトウェア部品を利用部品の一致度を用いて分類する手法を提案し，その手法の特徴や短所などを考察した [1,2]．得られた部品の集合内の部品についてそれぞれが実現している機能の類似性を調査した結果 [2]，樹形図上でまとまりになっている部品群の多くは主となる機能に関連した点で機能的な共通点を有していた．

本稿では，[2] の手法のバリエーションとして，利用部品の一致度として利用ライブラリ部品の一致度を用いた手法を提案し，結果の有効性を評価する．大本の手法と同様の手順で分析を行い，得られた樹形図から部品の集合を得た場合に，得られた部品の集合がどのような性質を持つかや，結果の違いを調査することで，二つの手法の有効性や組み合わせたアプローチの可能性などを議論する．

2 背景技術

2.1 ソフトウェア部品と利用関係

一般にソフトウェア部品とは，その内容をカプセル化したうえで，交換可能な形で実現したシステムモジュールの一部であると考えられる．ソフトウェアは複数のソフトウェア部品で構成されると考えることができ，継承，変数宣言，インスタンス作成，メソッド呼び出し，フィールド参照など，「ある部品が他の部品を利用する」「他の部品からその部品が呼び出される」関係を利用関係として定義できる．本研究では，開発者が再利用を行う単位として，.java のソースファイルをソフトウェア部品として分析する．

図 1 は，これらをモデル化したものである．一つのソフトウェアは複数の部品から構成され，ある部品は他の部品の機能を利用しながら機能を実現することを示す．利用部品には，ソフトウェア内で定義された部品だけでなく，ライブラリなどソフトウェア外で提供される部品も考えられる．本稿では，類似度の計

Evaluation of component-clustering approach based on using library components
Reishi Yokomori, Masami Noro, Katsuro Inoue, 南山大学, Nanzan University.

算で扱う利用関係として，細い線で示す「ソフトウェア内で定義されたクラス」から「ソフトウェア外で定義されたクラス」への利用関係（以下，ソフトウェア外の部品への利用関係）のみを考慮する．（[1,2] では太線のソフトウェア内の利用関係を用いている．）

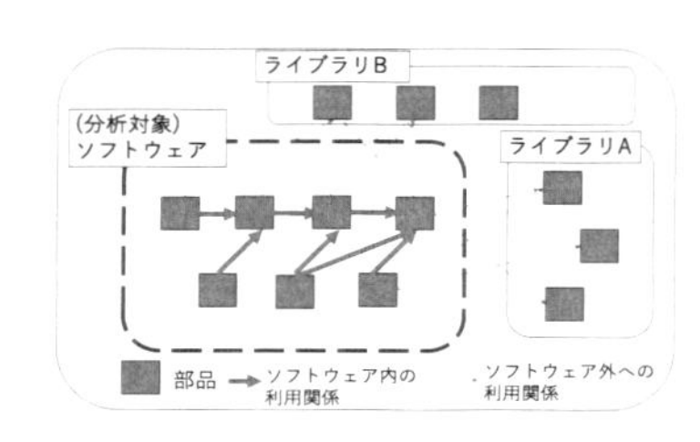

図 1　ソフトウェアを構成するソフトウェア部品と利用関係

2.2　利用部品の一致度に基づくソフトウェア部品分類手法

一つの部品が機能を実現する際，全てを単独で完結するわけではなく，他の部品やライブラリの機能を活用しながら目的の機能を実現する．機能を利用するために必要な前処理，後処理などは，同種の部品でパターンのように出現することも多い．

我々は利用先に関して，2 部品が利用している部品の一致している割合が高いほど，機能的な観点で目的や役割が似た部品となると考えた．[1,2] では，ソフトウェア内の利用関係だけを考慮して，利用部品の一致度から各部品の類似度を計算し，類似度から距離行列を作成し，階層的クラスター分析から樹形図を得ることで，あるソフトウェア内の部品を分類する手法を提案した．[2] では，部品群内の部品が機能面で関連性を有しているかや，部品群内の部品の機能的な共通点は共通利用部品と関連しているかについて調査した．結果，樹形図上でまとまりになっている部分の約 9 割で機能的な関連性が見られ，ほぼすべての事例で機能的な共通点は共通利用部品と関連していた．

3　ソフトウェア外部品への利用関係の一致度に基づくソフトウェア部品分類手法の評価

[2] における実験からは，樹形図上でまとまりとなっている部分に関して，高い精度で類似性を確認できた．一方で実際のソフトウェア内には，ソフトウェア内の他の部品を利用しない部品も多く存在し，それらは [2] の手法では分析対象外となる．様々なプロジェクトに [2] の手法を適用したところ，全部品のうち 50 – 70%くらいを部品群に含むことができたが，割合としては向上の余地があると考えた．

そこで本稿では，[2] の手法のバリエーションとして，利用ライブラリ部品の一致度をクラスタリングにおける類似度として用いた手法を提案し，樹形図上で得られた部品のまとまりがどの程度類似性を有しているのかを調査する．提案手法では類似度計算の部分のみを変更し，ソフトウェア外の部品への利用関係のみを考慮するが，基本的には [2] の手法と同じ手順を用いる．樹形図上で得られた部品のまとまりの性質を比較することで，本手法の有効性と階層的クラスタリングに基づく分類手法の拡張性を評価する．このために，以下のリサーチクエスチョンを設定する．

RQ: **ソフトウェア外の部品への利用関係に基づいたクラスタリングの結果と，ソフトウェア内で定義された部品間の利用関係に基づいたクラスタリングの結果はどのように違うか？**

3.1　樹形図を得る手順 [1,2]

1. Classycle Analyzer [3] で分析対象の各部品（ファイル）の利用関係を抽出する．
2. 各部品対の 2 つの利用部品の集合の類似度（0 以上 1 以下の値）を jaccard 係数を用いて求める．
3. 各部品対の距離を (1-類似度) として計算し，部品間の距離行列を作成する．
4. 距離行列から階層的クラスター分析を行い，樹形図を得る．文献 [1] と同様に群平均法を用いる．

3.2　樹形図から類似部品群を切り出す方法 [2]

実験では，樹形図上で（最上部で結合している部品以外の）葉の場所に位置する複数部品からなる部品のまとまりそれぞれに対し，機能的な類似性を有しているかをソースコードなどの目視などから判定する．類似性を有していない場合は判定を終了し，樹形図上では点線で表現する．類似性を有している場合，さらに根に向かって順番に類似性を有しているかを同様に判定していく．最終的に機能的な類似性を持つ部品だけを最大限含むように切り出し類似部品群とする．

3.3 実験の手順について

前述のリサーチクエスチョンに対する実験として，以下の手順で実験を行う．実験の概略を図 2 に示す．

1. ソフトウェア内の部品間の利用関係を用いて 3.1 の手順で樹形図を得る．
2. 1 で得た樹形図上に存在する部品のまとまりそれぞれに対し，根に向かって順に類似性があるかを判定し，類似性を持つ部品だけが最大限含まれるよう切り出し類似部品群を求める．(3.2 参照)
3. ソフトウェア外の部品への利用関係を用いて 1 と同じ手順で樹形図を得る．
4. 3 の樹形図に対して 2 の手順を適用し，類似部品群を抽出する．(3.2 参照)
5. 2 の結果と 4 の結果を比較し，それぞれの手法の特徴や長所・短所を考察する．

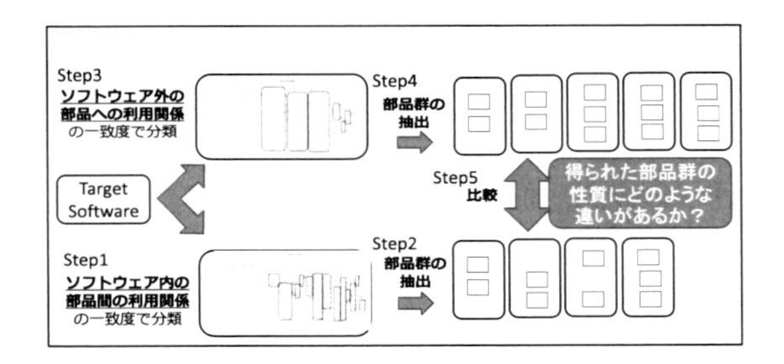

図 2 実験の概略

4 調査結果

Jlgui (Ver.3.0) を分析対象として，手法を適用した結果を紹介する． Jlgui は，グラフィカルな音楽プレーヤーを実現したソフトウェアで， 本バージョンは 70 のソースファイルで構成されている．最初に，ソフトウェア内の利用関係で分類した場合の樹形図 (図 3) を分析した結果 [2] について紹介する．70 部品のうち 40 部品が 7 の部品のまとまりに分けられたが，その中で機能的な関連性を見出すことができたのは，5 部品群中の 36 部品であった．最終的に，34 部品には関連する部品を見つけることができなかった．まとまりとなっていたが関連性がなかった 4 個の部品以外の内訳は，25 部品は利用関係を持たなかったり，他と利用関係が一致する部品がない部品で，樹形図の左上もしくは右上に配置された．残りの 5 部品は部品群取得時に，樹形図上で近くの部品と類似性を見いだせず，部品群に取り込まれなかった．

次に，ソフトウェア外の部品への利用関係（ライブラリ部品の利用状況の一致度）で分類した場合の樹形図を図 4 に示す．樹形図上で葉となっている部分について，それぞれを部品のまとまりとみなして類似性を調査した結果を表 1 に示す．表では，部品数と部品の例，共通部品の例と共通利用部品の数，機能的な類似点について示している．結果として，70 部品のうち 60 部品が 20 の部品のまとまりに分けられたが，その中で機能的な関連性を見出すことができたのは 15 部品群中の 50 部品であった．最終的に 20 部品には関連する部品を見つけることができなかった．表中で関連性が「特になし」だった 10 部品以外の内訳は，2 部品は利用関係を持たなかったり，他と利用関係が一致する部品がない部品で，樹形図の左上に配置された．残りの 8 部品は部品群取得時に，樹形図上で近くの部品と類似性を見いだせず，部品群に取り込まれなかった．

次に JFM (Ver.0.9.1) を分析対象として，適用した結果の概略を示す． JFM は，ファイルマネージャーを実現したソフトウェアで， 本バージョンは 85 のソースファイルで構成されている．

ソフトウェア内の利用関係で分類した場合の結果 [2] からは，85 部品のうち 56 部品が 16 の部品のまとまりに分けられ，すべてのまとまりにおいて機能的な関連性が存在した．最終的に，29 部品には関連する部品を見つけることができなかった．内訳は，24 部品は利用関係を持たなかったり，他と利用関係が一致する部品がない部品で，樹形図の左上に配置された．残りの 5 部品は部品群取得時に，樹形図上で近くの部品と類似性を見いだせず，部品群に取り込まれなかった．

次に，ソフトウェア外の部品への利用関係で分類した場合，85 部品のうち 73 部品が 16 の部品のまとまりに分けられたが，その中で機能的な関連性を見出す

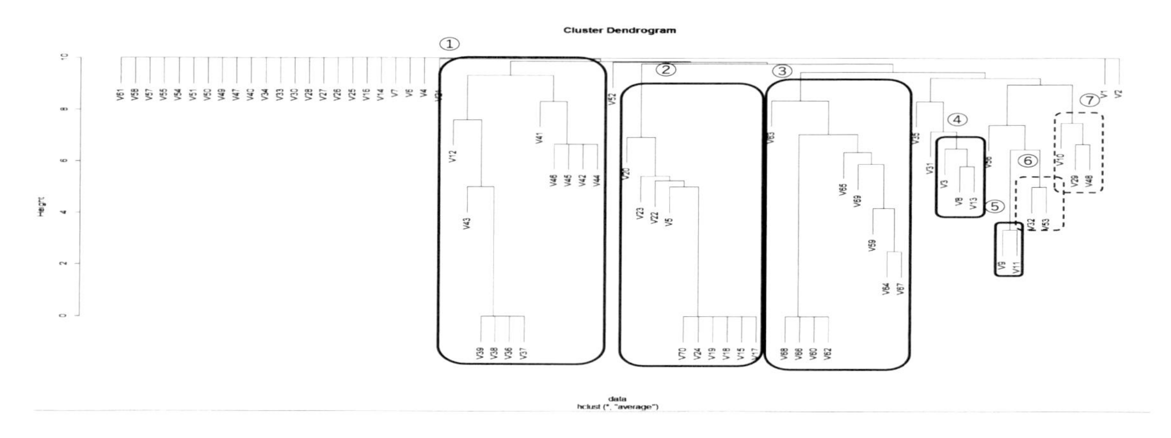

図 3　ソフトウェア内の利用関係の一致度で分類した場合の樹形図 (JlGui)（点線は関連性なし，[2] で分析済み）

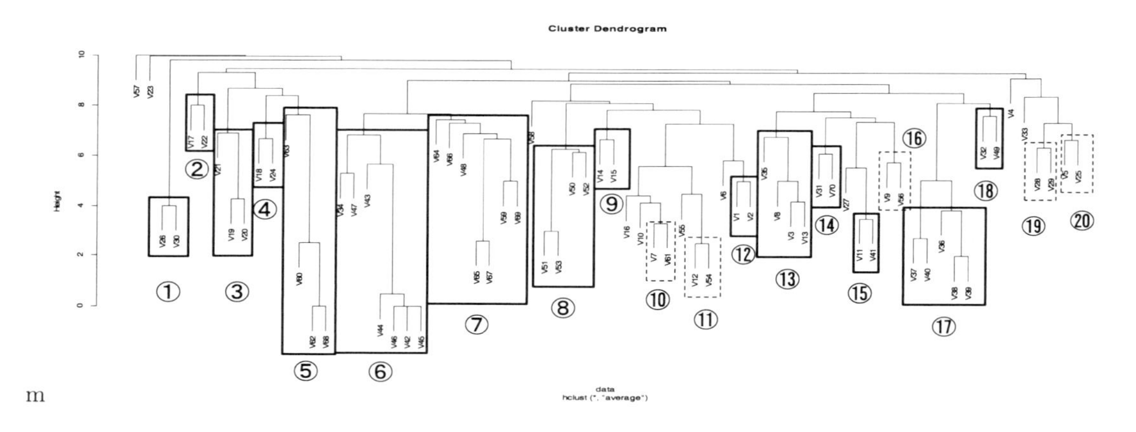

m

図 4　ソフトウェア外への利用関係の一致度で分類した場合の樹形図 (JlGui)（点線は関連性なし）

ことができたのは，11 部品群中の 61 部品であった．最終的に，24 部品には関連する部品を見つけることができなかった．まとまりにおいて関連性がなかった 12 部品以外の内訳は，5 部品は利用関係を持たなかったり，他と利用関係が一致する部品がない部品であった．残りの 7 部品は部品群取得時に，樹形図上で近くの部品と類似性を見いだせず，部品群に取り込まれなかった．

5　考察

5.1　2 手法の比較について

ソフトウェア内の利用関係で分類した場合の結果 [2] からは，樹形図から得られた部品のまとまりの多くは機能的な関連を示しやすいが，利用部品が全くないことから分析対象外となる部品の数が多いことが傾向として得られた．一方で，今回の実験である，ソフトウェア外の部品への利用関係で分類した場合の結果からは，分析対象外となる部品の数は少ないが，樹形図から得られた部品のまとまりの中には機能的な関連を示さないものもあることが確認できた．以下では，この 2 点についてさらに考察していく．

分類対象となる部品数の違いについて

ソフトウェア内の利用関係だけを考えた場合，他の部品を利用しない部品がある一定数存在し，それらは分類の対象外となってしまう．一方で，そのような部品でもライブラリ部品は利用する機会があり，ソフトウェア外の部品への利用関係を用いて分類した場合，利用部品がなかったり，利用部品の一致が見られない

表 1　図 4 で得られた 20 の部品のまとまりについての内訳

#	部品数	部品の一例（クラス名のみ）	共通利用部品例（クラス名のみ）	共通	機能的な類似点
①	2	DragAdapter, PopupAdapter	MouseAdapter, MouseEventa	3	UI イベントの管理
②	2	ActiveJBar, ActiveJPopup	JPanel	1	UI の実現やイベント管理
③	3	ActiveJIcon, ActiveJLabel	ImageIcon, Icon	4	UI における視覚的な情報を提供
④	2	ActiveJButton, ActiveJToggleButton	Border	1	UI におけるボタン操作
⑤	4	EmptyPreference, OutputPreference	Border, TitledBorder	3	設定管理に関連するクラス
⑥	7	APEDialog, UrlDialog	LayoutManager, JDialog	12	入力のためのダイアログ実現
⑦	7	Preferences, DevicePreference	JPanel, Border, TitledBorder	10	設定管理に関連するクラス
⑧	4	FileNameFilter, FileSelector	File, FileFilter	5	ファイルを管理する部品
⑨	2	AbsoluteConstraints, AbsoluteLayout	Serializable, Dimension など	4	UI コンポーネントの配置を制御
⑩	2	PlayerActionEvent, NodeItem	Object, String	2	特になし
⑪	2	PlaylistItem, Alphabetizer	Math, Object, String	3	特になし
⑫	2	ControlCurve, Cubic	Object	1	イコライザー機能の実現
⑬	4	PlayerUI, EqualizerUI	ActionEvent, SwingUtilities	24	UI を構成する部品
⑭	2	BasePlaylist, Configuration	File, FileReader, FileWriter	14	プレイリストの管理
⑮	2	PlaylistFactory, TagInfoFactory	Class, Object, String	10	ファクトリクラスとしての関連
⑯	2	Skin, SpectrumTimeAnalyzer	Color, Graphics, BufferedReader	20	特になし
⑰	5	FlacInfo, TagInfo	InputStream, File	8	音楽フォーマット関連
⑱	2	SkinLoader, BMPLoader	Image, InputStream, String	5	画像リソースの管理
⑲	2	ImageBorder, PlaylistUIDelegate	Graphics, Image, ImageObserver	4	特になし
⑳	2	SplinePanel, ActiveSliderUI	Graphics, Image, ImageObserver	4	特になし

部品というのは，全体の 5% 程度ほどで，多くの部品に分類する機会を与えるという意味では，本手法は有効な手法であると考えることができる．

分類した部品間の類似性について

通常，オブジェクト指向でソフトウェアを設計する際には，ソフトウェアの基本的な概念に相当するものを部品（クラス）として定義した上で，それらを用いてソフトウェアや機能が構成されていく．そのため，2 部品が共通で利用しているソフトウェア内の部品は，共通して利用している概念や要素であることが多く，ソフトウェア内の利用関係の一致度で分類すると，樹形図から得られる部品のまとまり内の部品は，機能的なまとまりがあることを示していた．分類結果はある機能に関連する部品をまとめるという観点から分類した結果のように見える．

一方で，ソフトウェア外の部品への利用関係を用いて分類した場合，ライブラリにおけるどの機能を利用しているかという，より細かい観点からの分類に見えた．部品として共通の機能を利用しているが，共通点が各部品の主たる目的に直結していない事例が見られた．もう一つの傾向として，java.lang.Object などの 汎用的なクラスのみの利用で分類された部品のまとまりも多くみられた．そういう部品は．同一の目的の部品が同一の作られ方をしたからということで関連性を偶然示すものも多いが，どうみても機能的な関連性を示すとは言えない部品のまとまりも多くみられた．精度の向上を期待して汎用的なクラスを除外するという方策を試したところ，かえって全体的に精度が下がるという結果にもなった．結果として，以上のような理由で機能的な関連を示さない部品のまとまりが存在し，それらは全体の 2-3 割程度を占めた．

5.2　2 手法の有効活用方法について

以上のように，2 つの手法についてはそれぞれに一長一短が存在する．部品群内の部品間の機能的な類似度の示しやすさという観点からは，ソフトウェア内の利用関係を用いた場合が有効であった．一方で，最終的に部品全体のなかでどれくらいの部品に類似部品を見つけることができたかという割合で考えると，ソフトウェア内の利用関係で分類した場合の 6 割前後という割合と比較して，ソフトウェア外の部品への利用関係で分類した場合は，約 7 割程度と高かった．ただしそれでもまだ全体の 7 割程度で，より多くの部品を分類対象に含むには，さらなる改善が必要である．

結果から、ソフトウェア外の部品の利用関係を用いることで分類対象部品の数を確保しつつ，機能的類似性の高い結果を得るためにソフトウェア内の利用関係を組み合わせることが有効であると考える．この意図で．2 つの指標を組み合わせたハイブリッドなアプローチが改善の方法として有効であると考える．具体的な方法として，指標を組み合わせた新指標のもとで評価するべきか，単にそれぞれの結果から類似部品群を求めて，結果を組み合わせるべきかについてはまだ十分な実験を行っておらず，今後の課題である．

5.3 有効性に対する脅威について

現在数個のソフトウェアプロジェクトに対してしか適用しておらず，一般的な傾向についてさらなる分析が必要であると考える．アプリケーションのジャンルによって，関連性の示しやすさに差が存在するかもしれない．今回の分類手法は，Java におけるクラスの作り方に依存しているところが大きいとも考えられ，他言語を対象にした場合同じように関連性が得られるかについては未知数である．

また，類似性の判断を現在は人の手によって行っており，判断基準があいまいになりやすいという問題点も存在する．今後，対話型 AI などを類似性の判断に導入することで，より客観的な判断が行われることを担保することも考えたい．また，樹形図から部品群を切り出す方法について，自動化の方法を検討したい．

6 関連研究

利用関係解析の活用法として，アーキテクチャリカバリーという分野が挙げられる．Zhang は文献 [4] で，オブジェクト指向で構築されたシステムに対して，クラスグラフを抽出しクラスタリングを適用することで，ソフトウェアアーキテクチャを復元する手法を提案している．Constantinou は文献 [5] で，アーキテクチャにおけるレイヤーと設計に関するメトリクスとの関係を調査している．ソースコードからパターンを抽出する研究も数多く行われている．Zhong らは文献 [6] で，ソフトウェアリポジトリから API の呼び出し文を抽出し提示することで，API の利用方法の学習を支援するシステムを提案した．吉田らは文献 [7] で，コードクローン中の依存関係を利用して，リファクタリングにおけるクローンの解消を支援するための手法を提案した．

7 まとめ

本稿では，ソフトウェア部品を利用部品の一致度を用いて分類する手法のバリエーションとして，利用ライブラリ部品の一致度に基づく階層的クラスター分析手法を提案し、その評価実験を行った．結果として，2 手法の間に一長一短があることを確認した．今後は，精度や対象となる部品数の改善を目的としたハイブリッドなアプローチとして，それぞれの分類結果を組み合わせるアプローチの可能性について調査したい．最終的に，理解支援を目的とした類似部品掲示ツールを作成したいと考える．

謝辞 本研究は 2024 年度南山大学パッヘ研究奨励金（I-A-2）の助成を受けている．

参 考 文 献

[1] R. Yokomori, N. Yoshida, M. Noro, and K. Inoue, “Use-relationship based classification for software components,” Proceedings of 6th International Workshop Kulaon the Quantitative Approaches to Software Quality, pp.59–66, 2018.

[2] 横森 励士，野呂 昌満，井上 克郎：“利用部品の一致度に基づいて得られたソフトウェア部品群における部品間の関連性の調査”，ソフトウェア工学の基礎 30，日本ソフトウェア科学会，FOSE2023, pp.33–42, 2023.

[3] Classycle. http://classycle.sourceforge.net/.

[4] Q. Zhangs, D. Qiu, Q. Tian, and L. Sun, “Object-oriented software architecture recovery using a new hybrid clustering algorithm,” Proceedings of the Seventh International Conference on Fuzzy Systems and Knowledge Discovery, pp.2546–2550, 2010.

[5] E. Constantinou, G. Kakarontzas, and I. Stamelos, “Towards open source software system architecture recovery using design metrics,” Proceedings of the 15th Panhellenic Conference on Informatics, pp.166–170, 2011.

[6] H. Zhong, T. Xie, L. Zhang, J. Pei, and H. Mei, “Mapo: Mining and recommending API usage patterns,” Proceedings of the 23rd European Conference on Object-Oriented Programming (ECOOP 2009), pp.318–343, 2009.

[7] N. Yoshida, Y. Higo, T. Kamiya, S. Kusumoto, and K. Inoue, “On refactoring support based on code clone dependency relation,” Proceedings of the 11th IEEE International Software Metrics Symposium, pp.16:1–16:10, 2005.

課題管理システムにおける技術的負債の返済とリファクタリングの関係の調査

池原 大貴　木村 祐太

将来的に保守コストの増大化を引き起こす設計や実装などのことを技術的負債という．技術的負債の蓄積は，保守コストの増大化以外に，ソフトウェアの進化の妨げに影響するため，早期に取り除く (返済する) ことが望ましい．近年のソフトウェア開発では，課題管理システムを用いて技術的負債を管理する TD-Issue が存在する．しかし，TD-Issue における技術的負債の返済についてコード変更の観点から調査した研究は存在しない．そこで TD-Issue を対象とした技術的負債の返済とリファクタリングの関係について明らかにする．この目的のために，本論文では，TD-Issue に紐づくコミットを対象にリファクタリング操作を含む割合や最も利用されるリファクタリング操作について調査する．調査の結果，リファクタリング操作を含むコミットは約 60%であり，リファクタリング操作が適用されるファイルは約 32%であることがわかった．

1 はじめに

技術的負債 [3] とは，将来的に保守における問題を引き起こす低品質な設計や実装のことを指す．技術的負債は，短期的には開発のスピードを高めることができるが，早期に取り除くこと（技術的負債の返済）をしなければ，保守コストの増大を引き起こす [6,8] ことが一般的に知られている．また，技術的負債が早期に返済されず蓄積することで，開発における 23〜35 %の余分な作業が要求される，あるいは，新たな技術的負債の導入につながる [1,2] ことなどが明らかにされている．そのため，技術的負債の蓄積を抑制し，継続的に返済することが望ましい．

これまで技術的負債の返済に関して多くの研究で調査されている．もとより，技術的負債がリファクタリングの重要性を説いた比喩表現ということもあり，従来研究のなかでも，技術的負債の返済とリファクタリングの関係を調査した研究 [10,12] が存在する．特に，技術的負債の代表例であるコードの臭いの除去を技術的負債の返済と見立て，リファクタリングとの関係を調査している．

近年のソフトウェア開発では，開発者が課題管理システムを用いて技術的負債を管理している事例（TD-Issue）が存在することが調査によって明らかにされている [11]．TD-Issue は，“bug” や “enhancement” などと同様に，“debt” といった独自のラベルを課題票（Issue）に付与し，技術的負債に関する課題として開発者が報告し管理される．TD-Issue に関する研究では，Issue の内容に注目した研究しか存在しておらず，TD-Issue に紐づく実際のコードの変更（つまり，技術的負債の返済）に注目した研究は未だ存在しない．

そこで本論文では，TD-Issue に紐づく技術的負債の返済とリファクタリングの関係について明らかにすることを目的とする．本調査では，TD-Issue を扱っているかつ技術的負債の返済を行ったことがある 139 の Java プロジェクトを対象に分析を行う．139 の Java プロジェクトで扱われている TD-Issue から追跡した技術的負債の返済に関するコミットに

Investigating the Relationship between Technical Debt Repayment in Issue Tracking System and Refactoring.
Daiki Ikehara, 大阪公立大学工業高等専門学校, Osaka Metropolitan University College of Technology.
Yuta Kimura, 大阪公立大学工業高等専門学校, 和歌山大学, Osaka Metropolitan University College of Technology, Wakayama University.

対して RefactoringMiner [9] を用いて解析し，技術的負債の返済とリファクタリングの関係を分析する．RefactoringMiner はバージョン 3.0.7 のものを使用する．

2 関連研究

2.1 TD-Issue に関連する研究

TD-Issue は，Xavier らの調査 [11] で初めて紹介されている．[11] では，GitLab や GitHub にホストされている 5 つのプロジェクトを対象に，TD-Issue の管理される内容の分類や導入による問題などに関する開発者へのインタビューなどを実施している．

木村ら [15] は，テキスト，報告者，プロセス，ソースコードの 4 つの観点から TD-Issue の特徴の分析を行っている．調査の結果では，報告者（Issue を報告した開発者）の開発経験が豊富であることや Issue がクローズされるまでの時間が他の Issue と比べて長いことがわかった．また，機械学習（SVM，ランダムフォレスト，ロジスティック回帰）を用いて特徴を学習し分類モデルの構築と評価をしている．

田口ら [14] は，Issue の報告時点で TD-Issue かどうかを分類するためのモデルの構築と評価を行っている．この調査では，Issue のテキスト（タイトルと本文）と単語分散表現を用いてどの程度分類可能かを明らかにしている．

Skryseth ら [7] は，GitHub から収集した 55,600 の TD-Issue を用いて Transformer モデルの訓練を行い，TD-Issue を扱っていないプロジェクトの課題管理システムを対象とした TD-Issue の分類実験を行っている．

2.2 技術的負債の返済とリファクタリングの関係に関連する研究

技術的負債の返済に関する研究において，リファクタリングと結びつけて議論する研究者は数多く存在する [4]．なかでも，技術的負債の一つであるコードの臭いを技術的負債と見立てた研究は広く行われている．

Tufano ら [10] は，200 のオープンソースプロジェクトを対象に，コードの臭いの導入や除去について調査している．この調査では，検出されたコードの臭いのうち 20 %が除去され，そのうちの 9 %がリファクタリングによって除去されることがわかった．また，吉田ら [12] も同様に，3 つのオープンソースプロジェクトを対象に，コードの臭いの除去に対するリファクタリングの有効性について調査している．調査の結果，リファクタリングによってコードの臭いが除去されることはほとんどないことを明らかにしている．

Zabardast ら [13] は，産業プロジェクトを対象に，リファクタリングの有効性を調査している．この調査では，SonarQube†1 が検出する技術的負債の返済にリファクタリングが有効かどうかを分析しており，特定の技術的負債に対してリファクタリングが有効であることを確認した．

Peruma ら [5] は，ソースコードコードコメントによって示唆される技術的負債である，Self-Admitted Technical Debt（SATD）の返済とリファクタリングの関係について調査している．この調査では，SATD の返済にリファクタリングが用いられている変更（コミット）は 55 %存在しており，従来研究と比較して，SATD の返済にリファクタリングが利用されやすいことを明らかにした．

3 Research Question

まず，TD-Issue を対象とした技術的負債の返済とリファクタリングの関係について明らかにするために設定した Research Question を説明する．その後，本論文の調査に用いるデータセットおよび収集方法について説明する．

RQ1： リファクタリング操作はどの程度含まれているのか

動機 従来研究において，技術的負債の返済にどのくらいリファクタリングが用いられているのか明らかにされている．本調査においても，まず，TD-Issue における技術的負債の返済とリファクタリングの関連性を定量的に示し，リファクタリングの有効性を理解する．また，一度の変更で適用されるリファクタリング操作の種類数の分布を

†1 https://www.sonarsource.com/products/sonarqube/

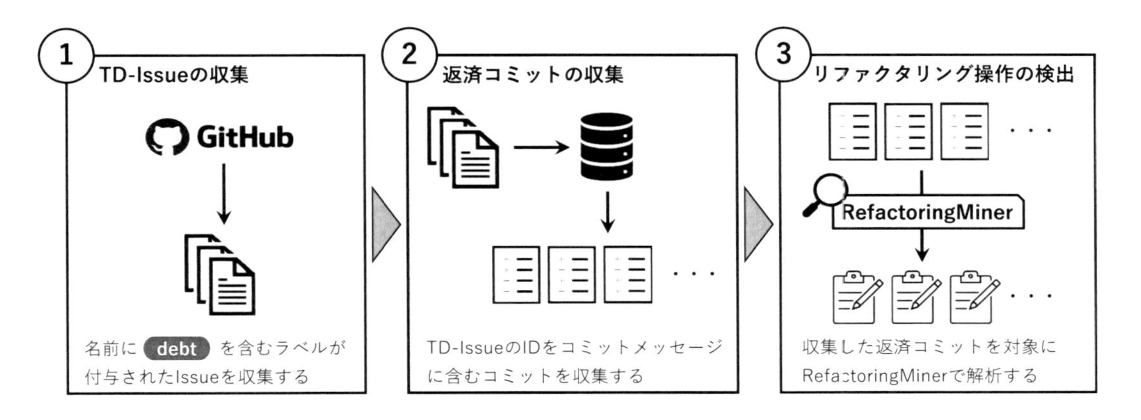

図 1　データの収集手順

調査し，技術的負債の変更の複雑さを理解する．

方法 RQ1 に回答するために，まず，TD-Issue に紐づいているコミット（**返済コミット**）を対象にリファクタリングが行われたかどうかを調査する．リファクタリングの検出に関して，3.1 節で後述する．返済コミットの変更対象となった Java ファイルのうち，1 ファイルでもリファクタリングが含まれていれば 1 件と計上し，全返済コミットに対してどれほど含まれているのかを件数（**コミット数**）と割合で示す．また，一度の変更で適用されるリファクタリング操作の種類数を集計し，その分布を箱ひげ図で示す．

RQ2： 利用頻度の高いリファクタリング操作は何か

動機 TD-Issue で扱われる技術的負債がどのようなリファクタリングによって返済されることが多いのかを調査することで，技術的負債の返済の自動化に向けて，開発者にとって需要がある，あるいは，自動化の可能性があるリファクタリング操作を理解する．

方法 RQ2 に回答するために，全てのコミットを対象に適用されたリファクタリング操作を検出し，種類ごとに適用頻度を集計する．また，コミット単位で，適用されたリファクタリング操作の調査も行う．コミット単位での調査では，種類ごとにリファクタリング操作が適用された返済コミットの件数を計算する．

3.1　データセット

本論文の調査では，Skryseth らの調査 [7] で用いられたデータセットに含まれている GitHub プロジェクトをフィルタリングし利用する．従来研究では，Java を用いて開発が行われているプロジェクトを対象としているため，本調査においても同様に，Java プロジェクトを対象とする．そこで，まず，[7] のデータセットから，GitHub にホストされている Java プロジェクトを収集する．そして，今回の調査では，特にコードの変更について注目するため，TD-Issue を基点としたコードの変更を開発履歴に持たないプロジェクトは除外する．

次に，選定した Java プロジェクトを対象に，分析のためのデータを収集する．収集の手順について方法について，図 1 に示す．

TD-Issue の収集 まず，Github GraphQL API を用いて，対象となる Java プロジェクトから Issue を収集する．次に，収集した Issue に付与されているラベル名に “**debt**” を含む Issue を TD-Issue として収集する．このとき，大文字・小文字問わず “debt” を含んでいるものを対象とする．また，収集した期間について，2024 年 7 月 6 日までに “closed” となった Issue を対象としている．

返済コミットの収集 収集した TD-Issue を基点として変更が行われたコミット（返済コミット）を収集する．Github GraphQL API を用いて，まず TD-Issue のタイムラインを取得する．Issue

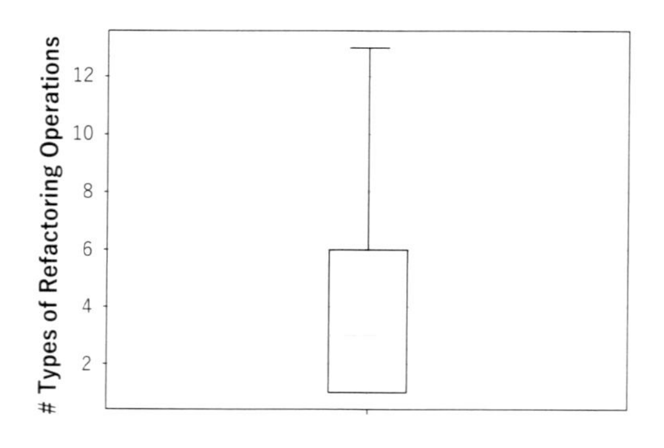

図 2　コミット単位でのリファクタリング操作の種類数

表 1　リファクタリング操作の適用頻度上位 5 件（コミット単位）

種類	頻度
Change Variable Type	988 (25.0%)
Rename Method	946 (23.9%)
Rename Variable	829 (21.0%)
Change Return Type	806 (20.4%)
Change Attribute Type	788 (19.9%)

のタイムラインを取得する理由として，Issue の ID をコミットメッセージ含めている場合，該当する Issue のタイムラインにコミットの情報が自動で紐づけられるためである．次に，このタイムラインから紐づけられているコミットを特定し収集する．

リファクタリング操作の検出　収集したコミットを対象に RefactoringMiner [9] を実行し，各変更に含まれるリファクタリング操作を検出する．検出したリファクタリング操作はファイル情報とともに保存されるため，どのファイルでどのリファクタリング操作が行われたのか特定することが可能となっている．

最終的に，対象となったプロジェクトは 139 プロジェクト存在し，それらのプロジェクトから収集した TD-Issue は 3,668 件となった．また，TD-Issue に紐づく返済コミットは 6,625 件存在した．本調査では，これら 6,625 件の返済コミットを対象に RefactoringMiner で解析した結果を利用する．

4　結果

4.1　RQ1 の結果

コミット単位でリファクタリング操作の有無を調べると，6,625 コミット中 3,950 コミットがリファクタリング操作を含んでおり，全体の 59.6%のコミットがリファクタリング操作を含んでいることがわかった．

次に，コミット単位での集計したリファクタリング操作の種類数を集計すると，図 2 に示す結果が得られた．最小値が 1，中央値が 3，最大値が 13 となり，半数以上の返済コミットにおいて複数の種類のリファクタリング操作が適用されていることがわかる．このことから，TD-Issue で扱われる技術的負債の返済には複数の種類のリファクタリング操作を組み合わせる必要があり，複雑な変更が行われている可能性がある．

4.2　RQ2 の結果

6,625 件の返済コミットを対象に RefactoringMiner でリファクタリング操作を検出した結果，適用頻度が高かった上位 5 件のリファクタリング操作を表 1 に示す．表中の割合は，RQ1 でリファクタリングを含んでいた返済コミット 3,950 件を母数として計算した結果を表している．頻度に注目すると，データ型の変更（Change * Type）と再命名（Rename *）に関する操作が上位に存在することがわかった．このことは，開発するソフトウェアの要件や仕様が変更され，それに応じてデータ型の変更や再命名が発生しているのではないかと考えられる．

5　議論

5.1　リファクタリングを含まない変更によって返済される技術的負債とは何か？

今回の調査ではリファクタリング操作を含まない返済コミットが約 40%存在しており，技術的負債の返済には，必ずしもリファクタリングが用いられるわけではないことがわかった．そこで，追加分析として，リファクタリング操作を含まなかった返済コミットと紐づく TD-Issue を目視で分析し分類する．リファクタリング操作を含まない返済コミットと紐づいていた

TD-Issue は 601 件存在しており，今回の追加分析ではランダムにサンプリングした 151 件を対象に，著者 2 人で目視分析する．まず，TD-Issue の内容について著者らで議論を行い，内容に関するキーワードを生成し TD-Issue に対して付与する．その後，オープンコーディングを用いて生成したキーワードの統合を行い，目視した TD-Issue を再分類する．

設計（44.4%） 設計は，機能の実装方法などに関するカテゴリとなっている．Java ファイルの変更を対象としていることから，設計に関するものが最も多い結果となった．TD-Issue の内容ではおもに不要なコードの削除，実装方法の変更，処理の変更，未実装や機能不足について言及されていた．

テスト（17.2%） テストは，テストケースの追加や変更などに関するカテゴリとなっている．特にテストカバレッジを高めるためのテストの追加が多く言及されていた．そのほかには，Flaky テストの解消や標準に則っていないテスト内容の変更などが言及されていた．

インフラストラクチャ（15.2%） インフラストラクチャは，ソフトウェア開発に用いているツールやサードパーティ製のソフトウェアやライブラリに関するカテゴリとなっている．インフラストラクチャでは，おもにツールのバージョンアップグレードによる互換性の問題や，サードパーティライブラリのメジャーアップデートの破壊的変更の影響について言及されていた．そのほかには，メンテナンスされなくなったサードパーティライブラリの依存関係を取り除くことや，ツール導入による自動化について言及されていた．

パフォーマンス（5.3%） パフォーマンスは，処理速度やメモリに関するカテゴリとなっている．処理速度低下の原因となっているコードの除去や変更，あるいは，メモリ使用効率の改善などについて言及されていた．

その他（17.9%） その他では，ドキュメンテーションやセキュリティ，UI について言及されていたものが含まれている．例えば，ドキュメンテーションに関するものでは，Java ファイル中に含まれるメソッドに関するコードコメントの不足や，コードとコードコメントの不整合などが言及されていた．

いずれの内容においても，Java ファイルの変更を必要とするものではあるが，内容に応じて技術的負債の返済のために必要とされる解決策は異なる．そのため，TD-Issue で扱われる技術的負債の返済を支援するには，Issue の内容を分類し，分類結果に応じて適切な解決策を提示するなどの工夫が今後必要になると考えられる．

5.2 妥当性への脅威

内的妥当性 技術的負債の返済とリファクタリングの関係を調査するために RefactoringMiner を用いてリファクタリング操作の検出を行った．そのため，RefactoringMiner の検出性能によって本論文の結果に影響があると考えられるが，RefactoringMiner はかなり高い性能で検出できることが明らかにされており，調査結果への影響は少ないと考えられる．しかし，RefactoringMiner では定義されていないリファクタリング操作が調査結果に含まれている場合，調査結果が異なる可能性がある．また，今回対象としたプロジェクトの中には，Java で実装されているクラスメソッドを新たなクラスとして抽出し，Kotlin でクラスの実装を行っている場合がみられた．そのため，RefactoringMiner では検出できないリファクタリング操作が含まれている．実際に，技術的負債の返済時に変更された Kotlin ファイルの件数を調べたところ，456 ファイルしか存在していなかった．今回の調査対象となった Java ファイルが 103,134 ファイル存在することから，結果に大きな影響がないと考えられる．

外的妥当性 本調査では，139 の Java プロジェクトを対象に調査を実施している．139 の Java プロジェクトの中には，さまざまなドメインのプロジェクトを含んでいるため，本調査結果には一定の妥当性があると考えられる．しかし，Java 以外の言語を用いて開発しているプロジェクトでは異なる結果を示す可能性がある．そのため，今後はPythonプロジェクトなどを対象とした同様の調査を実施することを予定している.

構成概念妥当性 本論文では，TD-Issueについて，"debt"を名前に含むラベルが付与されているIssueとして定義し調査している．しかし，異なる表現のラベル（例えば，"refactor"など）によって技術的負債について言及されている可能性は排除できない．また，プロジェクトによっては，Issueではなく，Pull-requestにラベルを付与し直接技術的負債の返済を行なっていることがある．そのため，今後はPull-requestも対象として拡大すべき可能性がある.

6 おわりに

本論文では，TD-Issueを対象とした，技術的負債の返済とリファクタリングの関係について調査を行った．調査の結果，TD-Issue解決のために行われた変更（返済コミット）のうち，約60%の変更においてリファクタリング操作が含まれていることがわかった．従来研究におけるコードの臭いとリファクタリングの関係の調査と比較して，TD-Issueでは比較的リファクタリングが用いられていることがわかった.

追加の調査では，リファクタリング操作を含まなかった変更に関して，紐づくTD-Issueの目視分析を行った．その結果，Javaファイルの変更は行われているが，設計，テスト，インフラストラクチャ，パフォーマンスなど，さまざまな内容が扱われており，プログラムの構造に関するリファクタリングでは捉えきれないものがTD-Issueには含まれていることがわかった.

今後は，Java以外の言語を用いて開発しているプロジェクトを対象に同様の調査を行い，言語の違いによる影響などを明らかにする予定である．また，それらの調査結果に基づき，技術的負債の返済の自動化に向けて取組む.

参 考 文 献

[1] Besker, T., Martini, A., and Bosch, J.: The Pricey Bill of Technical Debt: When and by Whom Will it be Paid?, *Proc. ICSME*, 2017, pp. 12–23.
[2] Besker, T., Martini, A., and Bosch, J.: Technical Debt Cripples Software Developer Productivity: A Longitudinal Study on Developers' Daily Software Development Work, *Proc. TechDebt*, 2018, pp. 105–114.
[3] Cunningham, W.: The WyCash Portfolio Management System, *SIGPLAN OOPS Mess*, Vol. 4, No. 2(1992), pp. 29–30.
[4] Li, Z., Avgeriou, P., and Liang, P.: A Systematic Mapping Study on Technical Debt and its Management, *J. Syst. Softw.*, Vol. 101, No. C(2015), pp. 193–220.
[5] Peruma, A., AlOmar, E. A., Newman, C. D., Mkaouer, M. W., and Ouni, A.: Refactoring Debt: Myth or Reality? An Exploratory Study on the Relationship between Technical Debt and Refactoring, *Proc. MSR*, 2022, pp. 127–131.
[6] Seaman, C., Guo, Y., Zazworka, N., Shull, F., Izurieta, C., Cai, Y., and Vetró, A.: Using Technical Debt Data in Decision Making: Potential Decision Approaches, *Proc. MTD*, 2012, pp. 45–48.
[7] Skryseth, D., Shivashankar, K., Pilán, I., and Martini, A.: Technical Debt Classification in Issue Trackers using Natural Language Processing based on Transformers, *Proc. TechDebt*, 2023, pp. 92–101.
[8] Tom, E., Aurum, A., and Vidgen, R.: An Exploration of Technical Debt, *J. Syst. Softw.*, Vol. 86, No. 6(2013), pp. 1498–1516.
[9] Tsantalis, N., Mansouri, M., Eshkevari, L. M., Mazinanian, D., and Dig, D.: Accurate and Efficient Refactoring Detection in Commit History, *Proc. ICSE*, 2018, pp. 483–494.
[10] Tufano, M., Palomba, F., Bavota, G., Oliveto, R., Penta, M. D., Lucia, A. D., and Poshyvanyk, D.: When and Why Your Code Starts to Smell Bad (and Whether the Smells Go Away), *IEEE Trans. Softw. Eng.*, Vol. 43, No. 11(2017), pp. 1063–1088.
[11] Xavier, L., Ferreira, F., Brito, R., and Valente, M. T.: Beyond the Code: Mining Self-Admitted Technical Debt in Issue Tracker Systems, *Proc. MSR*, 2020, pp. 137–146.
[12] Yoshida, N., Saika, T., Choi, E., Ouni, A., and Inoue, K.: Revisiting the Relationship between Code Smells and Refactoring, *Proc. ICPC*, 2016, pp. 1–4.
[13] Zabardast, E., Gonzalez-Huerta, J., and Šmite, D.: Refactoring, Bug Fixing, and New Development Effect on Technical Debt: An Industrial Case Study, *Proc. SEAA*, 2020, pp. 376–384.
[14] 田口舞奈, 木村祐太, 大平雅雄: 技術的負債に関する課題票の単語分散表現を用いたテキスト分類, ソフトウェア・シンポジウム, ソフトウェア技術者協会, 2023, pp. 28–37.
[15] 木村祐太, 大平雅雄: 技術的負債に関連する課題票分類手法の構築, 情報処理学会論文誌, Vol. 64, No. 1(2023), pp. 2–12.

JavaScript ライブラリの後方互換性の損失によるクライアントへの影響範囲の特定

飯田 智輝　伊原 彰紀

ソフトウェア開発では，開発効率を上げるために特定の機能がまとめられたライブラリを利用する．ライブラリ開発者がライブラリの品質を維持するために機能追加や修正などを行いバージョン更新する中で，既存機能の変更や削除によって後方互換性を損失することがある．後方互換性の損失はライブラリを利用するクライアントソフトウェアの振る舞いの阻害につながるが，ライブラリ開発者がクライアントソフトウェアを実行することなく影響範囲を特定することは容易ではない．本研究では，ライブラリ更新後にクライアントテストが失敗となったクライアントから依存ライブラリに関わるソースコード断片を抽出し，後方互換性の損失の原因となるソースコード断片からライブラリと関数の呼び出し文の記述パターンを作成する．作成した記述パターンをもとにテストが成功しているクライアントを分析することで，実際には影響を受けているクライアントを特定する．

1　はじめに

ソフトウェア開発を効率的に進めるために機能が使いやすい形にまとめられたライブラリが広く公開されている．開発者はライブラリの利用により，開発者自身が同じ機能を再実装する必要がなくなるため開発効率が向上する [1] [2]．ソフトウェアが新機能追加，バグ修正によって頻繁にソースコードを更新されるように，ライブラリも例外ではない [3]．ライブラリの更新には，脆弱性の修正などライブラリを利用するクライアントソフトウェア（以降，クライアント）にとって重要な変更が含まれることがあり，ライブラリのバージョン更新は，ライブラリを再利用するクライアントが依存ライブラリの更新を余儀なくされることも多い．

ライブラリのバージョン更新はソフトウェアの品質維持のために重要であるが，ライブラリ更新に機能削除や仕様変更といったクライアントに影響を与える変更が含まれる場合，更新前後でライブラリのソースコードに不整合が生じ，クライアントが実行時エラーになることがある．このように，更新後の依存ライブラリがクライアントに影響を与えることを後方互換性を損失するという．通常は，後方互換性を損失するバージョンをリリースする場合，バージョン名で後方互換性を損失する変更を含むことが周知できるようメジャーバージョンとしてリリースする．しかし，バージョン名の付与はライブラリ開発者が手動で行うため，後方互換性を損失しているにもかかわらず誤ってマイナーバージョンとしてリリースすることもあり，当該変更に関して機能の動作変更内容が文書化されていないことがある [4]．

Mujahid らは，後方互換性を損失する JavaScript ライブラリバージョンを特定するために，ライブラリ更新前後のクライアントテストを確認する実験を行っている [5]．当該研究は，クライアントテストの成否をもとに影響を受けたクライアントを把握しているが，クライアントテストが不十分な場合に後方互換性の損失の影響を受けていることを検出できない．事前分析として uuid の 2 つのバージョンを調査した結果，後方互換性を損失する多くのライブラリは，ライブラリの呼び出し文と関数の呼び出し文を変更しており，本研究ではライブラリと関数の呼び出し文の記

Identification of Clients due to Loss of JavaScript Library Backward Compatibility

Tomoki Iida, Akinori Ihara, 和歌山大学, Wakayama University.

法に着目する．ただし，本研究の事前分析において，後方互換性を損失する場合にライブラリの呼び出し文と対応する関数の呼び出し文が多様であることを明らかにした．本研究では，多様なライブラリと関数の呼び出し文から記述パターンを生成し，テストに成功したクライアントの中でライブラリの後方互換性の損失の影響を受けるクライアントを特定する．特に，クライアントのテストから発見できる構文的な互換性と振る舞い的な互換性の両方を分析対象とする．

以降，本論文では，2 章で後方互換性の損失と従来研究について述べる．3 章で後方互換性が損失するライブラリの呼び出し文，および関数呼び出し文の記述パターンの生成方法を述べる．4 章でケーススタディのためのデータセットおよび分析結果を述べ，5 章でまとめる．

2 後方互換性の損失

2.1 後方互換性の損失の課題

ライブラリを利用することで効率的にソフトウェアを実装できるが，使用するライブラリバージョンの更新に後方互換性の損失が含まれるとクライアントが実行時エラーを引き起こすことがある．ライブラリバージョンに後方互換性の損失を含む場合，クライアントはライブラリのバージョンをダウングレードするか，後方互換性の損失の影響を受けない書き方に書き換えるか，または影響を受ける機能の使用を停止することになる．後方互換性の損失を含むライブラリをリリースする場合，ライブラリ開発者は影響を受けない書き方を公開することもあるが，既存機能の変更に関する文書化がされていないことが多く，開発者にとってライブラリの更新判断や修正にかけるコストが増加している [4]．

2.2 従来研究

ライブラリバージョンの更新における後方互換性の損失の有無を判定する手法としてテストを用いる手法が提案されている [5] [6]．Mujahid らは，ライブラリの後方互換性の損失の有無を判定するために，該当ライブラリに依存するクライアントテストを用いた手法を提案している [5]．当該手法は，ライブラリバージョン更新前後でクライアントテストを実行し，成功していたテストが依存ライブラリの更新後に失敗すれば後方互換性の損失と判定する．また，松田らは，ライブラリの機能の変更に伴うライブラリのテスト変更の有無から後方互換性の損失の有無を判定する手法を提案しており，クライアントテストの実行結果をもとにした後方互換性の損失有無の判定を評価に利用している [6]．Møller らは，後方互換性の損失への対処を支援するために後方互換性の損失の影響を受けるクライアントのプログラムの場所を検出する手法を提案している [7]．この手法では，後方互換性の損失の影響を受ける記述パターン集を手作業で作成し，パターン集をもとにクライアントのソースコードを静的に解析することで影響を受ける場所を検出している．ただし，テストが成功しているクライアントの中で実際には後方互換性の損失の影響を受ける範囲は分析していない．

2.3 動機

ライブラリ開発者は，ライブラリの変更によってクライアントの振る舞いに影響を与えるライブラリの呼び出し方を確認することで，後方互換性の損失によるクライアントへの影響範囲を特定できる．しかし，ライブラリ更新のたびにクライアントのソースコードから使用方法を確認することはコストが膨大になるため現実的でない．

本研究では，依存ライブラリバージョンの更新に伴って後方互換性の損失の影響を受けたクライアントは，ライブラリが周知するライブラリの呼び出し方，関数の呼び出し方をしていたのか調査する．JavaScript ライブラリである uuid で後方互換性の損失を含む 2 種類のバージョン更新（uuid@7.0.3...8.0.0-beta.0, uuid@3.4.0...7.0.0-beta.0[†1]）のいずれかを実施し，テストを失敗したクライアントにおけるライブラリの使用方法を目視調査した．バージョン 8.0.0-beta.0 および 7.0.0-beta.0 の後方互換性の損失に関係する呼

†1 本論文ではバージョン更新前後のバージョン名を“更新前バージョン名... 更新後バージョン名”と記す．

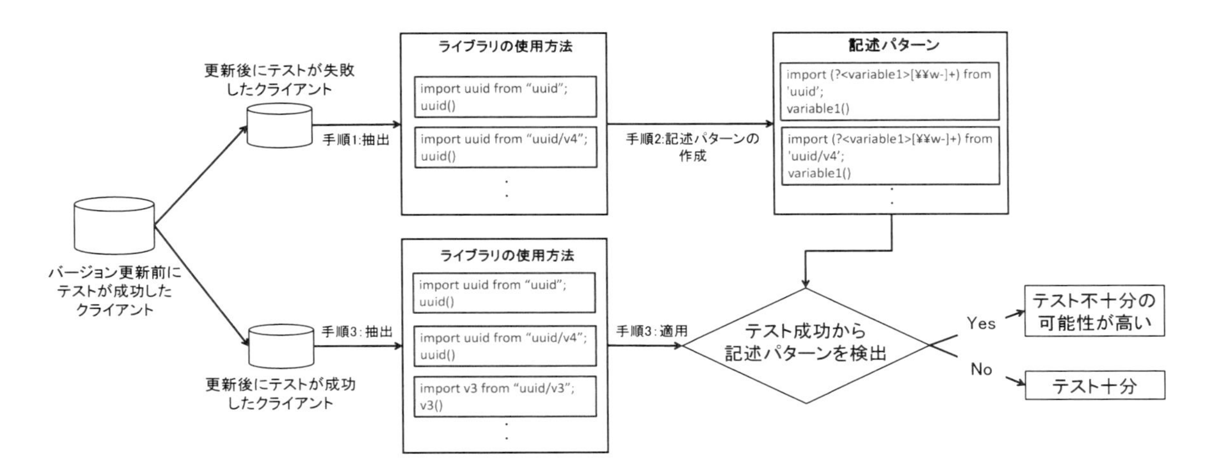

図 1　後方互換性の損失によるクライアントの特定手法の概略図

び出し方は Web サイトに公開されている[†2][†3]．ここで文書化されているのは，実際に失敗した原因の一部である．例えば，7.0.0-beta.0 において「import * as uuid from 'uuid', uuid();」の使い方は言及されていないが v7.0.0 では使用できない呼び出し文である．本研究では，このようなライブラリ更新後にクライアントテストが失敗したクライアントから依存ライブラリに関わるソースコード断片を抽出し，後方互換性の損失の原因となるソースコード断片からライブラリと関数の呼び出し文の記述パターンを作成することで，後方互換性の損失の影響を受けるクライアントを特定する．特に，構文的な互換性と振る舞い的な互換性の両方を含むクライアントテストの失敗を引き起こす後方互換性の損失を分析対象とする．

3　後方互換性の損失によるクライアントの特定手法

本章では，依存ライブラリの更新に伴いテストが失敗したクライアントから後方互換性の損失の影響を受ける呼び出し文，および関数呼び出し文の記述パターンを生成する手法を述べる．本研究でクライアントテストは，ライブラリを使用するクライアントの開発者が単体テストや結合テストのために準備したテストケースを指し，ライブラリバージョンの更新前後でクライアントテストの結果が成功から失敗に変わったものを「テストが失敗」，テスト失敗以外のクライアントを「テストが成功」と定義する．図 1 に後方互換性の損失によるクライアントの特定手法の概略図を示し，各手順の説明を述べる．

表 1　記述パターンの作成例

変換前	変換後
import uuid from "uuid" uuid();	import (?<variable1>[w-]+) from 'uuid'; variable1()
import v4 from "uuid/v4"; v4();	import (?<variable1>[w-]+) from 'uuid'; variable1()
import uuid from "uuid"; uuid.v4()	import (?<variable1>[w-]+) from 'uuid'; variable1.v4()

手順 1．テストが失敗したクライアントからライブラリの呼び出し文，関数呼び出し文を抽出

クライアントの JavaScript または TypeScript で記述されたソースコードファイルを抽象構文木に変換し，ライブラリの呼び出し文（`import` 文，`require` 文），およびライブラリの関数呼び出し文を抽出する．

手順 2．ライブラリ呼び出し文，関数呼び出し文の記述パターンの生成

ライブラリ呼び出し文，関数呼び出し文の変数名や関数名を抽象化したのち，正規表現として記述パターンを生成する．具体的には，図 1 における変換は，表 1 のようにして行われる．

ライブラリ呼び出し文，関数呼び出し文において，

---

†2　https://github.com/uuidjs/uuid/blob/v7.0.0/CHANGELOG.md

†3　https://github.com/uuidjs/uuid/blob/v8.0.0/CHANGELOG.md

各クライアントが命名した変数名，関数名は図 1 の variable のように抽象化して表現する．抽象化後にライブラリの呼び出し文とライブラリの関数呼び出し文を紐づけるため，抽象化した名前に図 1 の variable1 のような ID を付与し，1 つのクライアントで共通する変数名を紐づける．また，改行のような特殊文字や記述パターンの前後の空白は，必要ないため削除する．「mockImplementation」のようなモック関数を含むクライアントのライブラリ使用部分の抽象化において特殊な名付けを考慮することは困難なため今後の課題とする．生成した記述パターンにおいて包含関係のあるパターン対が存在する場合には，手動でパターン集約を行う．パターン集約では，広く検出できるパターンを残すためパターンを集約することによる検出誤りのリスクはない．また，パターン集約の作業は記述パターンを比較し，包含関係にあるかどうかを確認するだけのため時間はかかるものの，複雑な判断は必要としない．そのため，集約の際に誤りが起こる可能性は低い．

ライブラリ関数の引数がクライアントで定義されている場合には，引数の中身は保持せず引数の数のみを確認するように記述パターンを変換する．本研究において各クライアントが命名した変数名，関数名の影響を抽象化によって取り除いているが，引数が変数としてまとめられている場合には引数の数を判断できない問題がある．しかし，ライブラリ開発者は，誤った記述パターンを提示された際に誤りの有無を判別できると考えられるため，検出する再現率が向上するように抽象度の高い記述パターンを生成する．フィルタリング，抽出，抽象化を含む処理をテストに失敗したクライアントのリポジトリごとに行い，クライアントごとにまとめることで記述パターンを作成する．ただし，ライブラリ呼び出し単体しか記述パターンを抽出できなかったクライアントは，特殊な呼び出し文である可能性が高いためパターンを生成しない．

手順 3．クライアントテストが成功する中で後方互換性の損失による影響を受けるクライアントの検出

後方互換性の損失の影響を受けたクライアントのライブラリ呼び出し文から生成した記述パターンを用いて，テストが成功しているクライアントの中で後方互換性の損失の影響を受けたクライアントと同じ呼び出し文を使用しているクライアントを検出する．具体的には，クライアントの import や require から始まるライブラリの呼び出し文を検出する．続いて関数呼び出し文もライブラリ呼び出し文と同様に，テストが成功しているクライアントの中に後方互換性の損失の影響を受けたクライアントと同じ関数呼び出し文を使用しているクライアントを検出する．

表 2　分析対象としたライブラリ

ライブラリ名@ 旧バージョン... 新バージョン	更新前の テスト成功	更新後の テスト失敗	更新後の テスト成功
uuid @ 7.0.3···8.0.0-beta.0	433	118	315
uuid @ 3.4.0···7.0.0-beta.0	492	57	435
globby @ 8.0.0···8.0.1	128	42	86
globby @ 6.1.0···7.0.0	137	27	110
meow @ 3.6.0...4.0.0	153	26	127
pump @ 1.0.3...2.0.0	112	19	83
globby @ 7.1.1···8.0.0	143	17	126
vinyl @ 1.2.0···2.0.0	69	11	58

4　ケーススタディ

4.1　データセット

本研究では，従来研究において Mujahid らが公開するデータセットを分析対象とする．データセットには，GitHub リポジトリが記載されている，未成熟なクライアントを除外するために依存ライブラリを記述するファイル（package.json）の変更履歴が 2 回以上ある，290,417 件の JavaScript ライブラリ名と各ライブラリのいずれかのバージョンに依存するクライアントのリポジトリやコミット ID などの情報が含まれている．このデータセットの中から，従来研究 [6] において 3 つの条件で絞った 238 件の JavaScript ライブラリと該当ライブラリのバージョンごとにクライアントテストを実行した結果をもとに分析対象とした 2,111 組の分析対象ライブラリバージョン，各ライブラリバージョンのクライアントのテスト実行結果を用いる．各条件は次に示す．

- ライブラリの人気度合いを示す npm スコア †4 が上位 500 件以内であること
- バージョンがリリースされた変更のコミットス

†4　https://npms.io

表 3　パターンを取得できたクライアント数

ライブラリ名@ 旧バージョン… 新バージョン	更新後にテストを 失敗した クライアント数	記述パターンを 取得できた クライアント数	記述パターンを 取得できなかった クライアント数	集約パターン数	検出時に使用した 記述パターン数
uuid@7.0.3…8.0.0-beta.0	118	102	16	16	5
uuid@3.4.0…7.0.0-beta.0	57	53	4	16	7
globby @ 8.0.0…8.0.1	42	41	1	21	9
globby @ 6.1.0…7.0.0	27	24	3	13	7
meow @ 3.6.0...4.0.0	26	11	15	4	2
pump @ 1.0.3...2.0.0	19	17	2	3	2
globby @ 7.1.1…8.0.0	17	15	2	10	9
vinyl@1.2.　0…2.0.0	11	10	1	3	1

表 4　uuid @ 7.0.3…8.0.0-beta.0 の記述パターン

ID	記述パターン	統合数 (重複数)	クライアントへの該当数
1	"(?<variable1>[\\w-]+) = require('uuid/v4')" "variable1()"	54	25
2	"import (?<variable1>[\\w-]+) from 'uuid/v4'" "variable1()"	13	4
3	"const (?<variable1>[\\w-]+) = require('uuid/v1')" "variable1()"	8	7
4	"(?<variable1>[\\w-]+) = require(\"uuid/v4\")" "variable1()"	6	0
5	"import (?<variable1>[\\w-]+) from 'uuid/v1'" "variable1()"	5	0
…	…………	…………	…………
16	import * as (?<variable1>[\\w-]+) from \"uuid\ variable1()	1	0
合計	16 種類	102 件	37 件

テータス[†5]からテスト実行結果を確認し，テスト実行時の成功率が 100%であること

本研究が定義する後方互換性を損失するライブラリバージョンは，従来研究 [5] と同様に，ライブラリバージョンを依存ライブラリとして使用するクライアントテストが 1 件以上失敗することを条件とする．本研究が提案する手法は，テストが失敗するクライアントが多いほど後方互換性が損失する依存ライブラリの呼び出し文，関数呼び出し文の記述パターンを抽出できるため，従来研究 [6] が分析対象とする 2,111 組のライブラリバージョンから，さらに次の 2 つの条件を満たす 8 件のライブラリバージョンを分析対象とする．

- 10 件以上クライアントがテストを失敗したライブラリバージョン
- 50 件以上のクライアントがテストに成功したライブラリバージョン

表 2 は，本研究で分析対象とする 8 つのライブラリバージョン，およびライブラリ旧バージョンでテストが成功したクライアント数，ライブラリ新バージョン適用後のテスト結果を示す．

†5　https://www.npmjs.com/

4.2　検出結果

表 3 は，テストに失敗したクライアントのライブラリ呼び出し文，関数呼び出し文から生成した記述パターン数を示す．本手法では 1 件のクライアントから 1 つの記述パターンを生成することができ，uuid@7.0.3...8.0.0-beta.0 では 118 件のクライアントでライブラリ更新後にテストが失敗している．118 件中，本論文では 102 件のクライアントで記述パターンを生成することができた．残り 16 件は関数呼び出し文が確認できないためパターンを生成できなかった．また，102 件の記述パターンのうち包含関係を持つパターン対から手動でパターン集約を行い，最終的に記述パターン数は 16 件となった．本研究で分析対象とした 8 つのバージョン更新において，3 件から 21 件の集約した記述パターンを生成できた．これらの一部は各ライブラリが周知する後方互換性を損失する記述パターンに含まれない．表 4 に具体的な記

表 5　記述パターンにより検出できたクライアント数

ライブラリ名@ 旧バージョン{...}新バージョン	更新後の テスト失敗	更新後の テスト成功	記述パターンを 含むテスト成功
uuid @ 7.0.3…8.0.0-beta.0	118	315	37 (12%)
uuid @ 3.4.0…7.0.0-beta.0	57	435	41 (10%)
globby @ 8.0.0…8.0.1	42	86	45 (52%)
globby @ 6.1.0…7.0.0	27	110	60 (55%)
meow @ 3.6.0...4.0.0	26	127	37(29%)
pump @ 1.0.3...2.0.0	19	83	36(43%)
globby @ 7.1.1…8.0.0	17	126	64(51%)
vinyl @ 1.2.0…2.0.0	11	58	28(48%)

述パターンの一部を示す．表に示すID16がライブラリのWebサイトで周知されていない記述パターンである．表4よりライブラリ側で文書化されている記述パターンを正しく生成でき，周知されていない記述パターンの生成も可能であることを確認した．

表5は，各ライブラリバージョンにおいて，テストに成功していたクライアントの呼び出し文および関数呼び出し文の中で，生成した記述パターンに合致したクライアント数を示す．各ライブラリで更新後にテストが成功しているクライアントのうち，本研究で生成した記述パターンから検出した（テストに失敗しているクライアントと同じ呼び出し文を使用している）クライアントは，それぞれ10%から55%存在していることがわかった．これらはテストに成功しているため後方互換性の損失の影響を受けないと判断されるが，実際には影響を受けている可能性が高い．

テストに失敗しているクライアントと同じ呼び出し文を使用しているにもかかわらず，テストに成功している原因を目視調査した．その結果，クライアントにテストが存在しない，テストがライブラリ使用箇所を通っていない，テストがライブラリの実行結果の中身を確認していない，等のテスト不十分なクライアントを確認した．このように，テスト不十分なクライアントは，テストが成功しているため後方互換性の損失と関係がないと判断されるが，本手法が生成する記述パターンにより後方互換性の損失の影響を受ける可能性の高いクライアントをより正確に特定できる．

5　おわりに

本研究では，ライブラリバージョン更新に伴いテストが失敗したクライアントから生成した記述パターンをもとに，テストを成功したクライアントからテスト不十分により後方互換性の損失の影響を受けている可能性の高いクライアントを検出した．結果として記述パターンを含むクライアントは，それぞれのライブラリで10%から55%存在していた．また，検出したクライアントの中には，クライアントにテストが存在しない，テストがライブラリ使用箇所を通っていない，テストがライブラリの実行結果の中身を確認していない，等のテスト不十分なクライアントが含まれていることを確認した．今後は，記述パターン集約の自動化と後方互換性の損失の原因の違いにより検出数がどのように変化するかの分析に取り組む．

参考文献

[1] Dino Konstantopoulos, John Marien, Mike Pinkerton, and Eric Braude. Best principles in the design of shared software. In *2009 33rd Annual IEEE International Computer Software and Applications Conference*, Vol. 2, pp. 287–292. IEEE, 2009.

[2] Simon Moser and Oscar Nierstrasz. The effect of object-oriented frameworks on developer productivity. *Computer*, Vol. 29, No. 9, pp. 45–51, 1996.

[3] Steven Raemaekers, Arie Van Deursen, and Joost Visser. Measuring software library stability through historical version analysis. In *2012 28th IEEE international conference on software maintenance (ICSM)*, pp. 378–387. IEEE, 2012.

[4] Shaikh Mostafa, Rodney Rodriguez, and Xiaoyin Wang. Experience paper: a study on behavioral backward incompatibilities of java software libraries. In *Proceedings of the 26th ACM SIGSOFT international symposium on software testing and analysis*, pp. 215–225, 2017.

[5] Suhaib Mujahid, Rabe Abdalkareem, Emad Shihab, and Shane McIntosh. Using others' tests to identify breaking updates. In *Proceedings of the 17th International Conference on Mining Software Repositories (MSR'20)*, p. 466–476, 2020.

[6] 松田和輝, 伊原彰紀, 才木一也. ライブラリのテストケース変更に基づく後方互換性の実証的分析. ソフトウェア工学の基礎ワークショップ論文集, Vol. 28, pp. 139–144, 2021.

[7] Anders Møller, Benjamin Barslev Nielsen, and Martin Toldam Torp. Detecting locations in javascript programs affected by breaking library changes. *Proc. ACM Program. Lang.*, Vol. 4, No. OOPSLA, nov 2020.

解答プログラムのベクトル表現に基づいたプログラミング問題間の類似性評価に関する考察

三好 涼太　阿萬 裕久　川原 稔

近年，プログラミング学習者の増加に伴い，自由に問題を解き正誤判定を行うオンラインジャッジシステムといった Web 上のサービスが注目されている．そこでは多種多様な問題が出題されていて自主学習に利用できるが，多くの問題の中から初学者が自分に合った問題を選び出すことは決して容易でない．そこで，ユーザが次に解くとよい問題の推薦を自動で行う手法が研究されている．これまでに，問題文に注目して類似度の高い問題を推薦する手法が提案されているが，問題文が長い物語調になっていたりするために，類似した問題の推薦が難しい場合もあることが知られている．そこで本論文では，問題文の代わりに “プログラム” に注目して問題間の類似性を評価する手法を提案している．そして，著名なプログラミングコンテストの 1 つである Codeforces における問題文とそれらに対して提出されたプログラムを用いた評価実験を行い，提案手法の有用性について検討を行っている．

1 はじめに

近年，プログラミングが教育課程に組み込まれる等，プログラミングに対する注目度が高まっている [10]．それに伴い，初学者向けの講座や Web 上のサービスも増加しており，その 1 つとしてプログラミングコンテストが挙げられる．プログラミングコンテストとは，プログラミング能力を競う競技イベントであり，そこで使用されているオンラインジャッジシステムでプログラムの正誤を自動判定できる．問題文とオンラインジャッジシステムはコンテスト終了後であっても利用できることが多く，プログラミング学習で活用できるようになっている [2,3,7,11]．

プログラミングコンテストを利用して学習を行う際に，ユーザは問題文を見ながら自身が解く問題を選択する必要がある．しかしながら，数多くの問題から自身の能力や嗜好に合わせた問題を選び出すことは決して容易なことではない．そこで，ユーザが（次に）解くとよい問題の推薦を自動で行うための手法が研究されている [4]．代表的な手法として，ユーザの解答履歴に着目し，解答履歴が似た他のユーザが正解している問題を推薦するという手法が提案されている [9]．しかしながら，この既存手法は解答履歴情報のみに着目しており，問題の内容までは考慮していないという課題がある．また，問題文同士の類似度を評価するという研究 [8] もあるが，問題文が物語調であるが故に適切な推薦が容易でないという課題もある．

そこで本論文では，問題文の代わりにその問題を解いたプログラムに着目する新たな手法を提案する．これは，プログラムの内容を特徴ベクトル化し，特徴ベクトル空間上で近いプログラムを探し出し，プログラム間の類似度でもって問題間の類似性を評価するというものである．そして，評価実験を通して提案手法の有用性について検討していく．

以降，2 節で問題推薦における既存手法とその課題について述べ，3 節で課題解決に向けた新たな手法を提案する．そして，4 節で提案手法に対する評価実験を行い，その有用性について検討する．最後に 5 節で本論文のまとめと今後の課題について述べる．

A Study of Similarity Evaluation Among Programming Problems Using Vector Representations of Answer Programs

Ryota Miyoshi, 愛媛大学大学院, Graduate School of Sc. & Eng., Ehime University.
Hirohisa Aman, Minoru Kawahara, 愛媛大学総合情報メディアセンター, Center for Infomation Technology, Ehime University.

2 問題推薦とその課題

2.1 代表的な問題推薦手法

問題推薦とは，問題選択を支援する方法の1つであり，ユーザが次に解くとよい問題を自動的に推薦することをいう．ユーザが自身の解答履歴や提出したプログラムの内容等を推薦システムに入力として与えると，同システムは次に解くとよい問題を推薦するという流れが一般的な問題推薦である．推薦システムは，入力データに基づいて多数の候補となる問題それぞれの適切さを評価する．ここでは代表的な2つの推薦手法について説明する．

1つ目は，推薦対象ユーザと解答履歴が似ている他のユーザが解いた問題を推薦する手法 [9] である．これは協調フィルタリングを用いた手法であり，“解答履歴が類似しているユーザ同士は，プログラミングスキルやアルゴリズム能力も類似している” という考えの下で推薦を行うものである．具体的には，推薦対象ユーザと解答履歴が類似している他のユーザを見つけ出し，そのユーザが既に解いて正解しており，なおかつ推薦対象ユーザはまだ正解できていない問題を推薦する．2つ目は，問題文に注目して推薦対象ユーザが直近に解いた問題と内容が似ている問題を推薦する手法である [8]．この手法は，問題文に基づいて類似度を算出するため，問題の内容を考慮した推薦が可能となっている．

2.2 課題点

1つ目の解答履歴に着目した問題推薦は，あらかじめ問題の情報を把握しておく必要がなく，解答履歴さえ取得できれば推薦を行える．また，推薦対象ユーザと似た学習過程の先行学習者がいれば，その人たちが解いてきた問題が推薦されるため，当該ユーザのレベルや傾向に合わせた問題推薦が可能になるといえる．しかしながら，解答履歴の類似度のみを参考に推薦するため，問題の内容を直接的には考慮していないという課題があると考えられる．それゆえ，問題の内容は似ているが先行学習者には解かれていない場合，そのような問題も本来であれば有力な候補となるべきであるが1つ目の手法では推薦されることはない．

一方で2つ目の推薦手法は，問題文に注目することで問題の内容を考慮した推薦を行うことができる．しかしながら，問題文が長い場合や，プログラミングコンテストで見られるように問題文が物語調になっている場合，“問題文の理解” とそれに基づく “アルゴリズムへの落とし込み” の間には大きなギャップがあり，現状では問題文に着目した問題推薦は容易ではないことも報告されている．

3 提案手法

3.1 概要

前節で述べたように，問題推薦に関する先行研究にはいくつか課題があり，初学者に対して適切な問題を候補として提示できない場合も考えられる．そこで本論文では新たなアプローチとして，問題文そのものではなく，代わりにその問題に正解しているプログラムを活用する手法を提案する．問題文は，それが物語調であるが故にそこで問われている内容を正確に把握するにはさまざまな障壁がある．一方，その問題に正解しているプログラムであれば，解法をプログラミング言語でもって直接実装しているため，問題文の書き方に依存することなく，より直接的に問われている内容を把握できるのではないかというのが本提案の根底にあるアイデアである．提案手法は主として図1に示すように，(i) プログラムの特徴ベクトル化，(ii) プログラム間の類似度計算，(iii) 問題間の類似度計算の3段階で構成されている．

3.2 プログラムの特徴ベクトル化

各プログラムの特徴ベクトル化を行うため，本提案

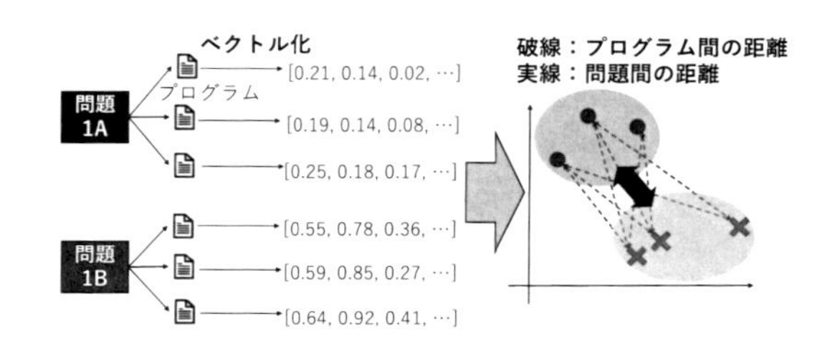

図1 提案手法の概要

表 1　手法 1 で注目するプログラム要素

No.	要素	No.	要素
1	トークン数	5	ネストの深さ（最大）
2	for 文の数	6	ネストの深さ（平均）
3	while 文の数	7	組込み関数
4	if 文の数	8	ライブラリ

手法 1. 基本的なプログラム要素に基づくベクトル化
表 1 に示す 8 種類のプログラム要素に基づいてプログラムの特徴ベクトルを生成する．これらのうち，項目 1 – 6 に関しては該当する件数が特徴量となり，項目 7 及び 8 に関してはそれぞれ関数の種類ごとの登場回数及びライブラリ使用の有無が特徴量となる．

手法 2. 大規模言語モデルの活用によるベクトル化
近年，プログラムコードの理解や生成において大規模言語モデル（LLM）が活用されている．LLM は大量のソースコードを基に事前学習され，コードの構造や文脈を捉えることが可能となっている．そこで，手法 2 では LLM を活用して各プログラムの特徴ベクトルを生成する．本提案では，代表的なモデルの 1 つである CodeT5+ [12] を使用することとする．

3.3　問題間の距離

プログラムの特徴ベクトルを取得した後，2 つのベクトル（便宜上，$\boldsymbol{a}$ 及び $\boldsymbol{b}$ とする）間の距離 $d(\boldsymbol{a},\boldsymbol{b})$ を求める．ベクトル間の類似性はコサイン類似度で表すことが多いことから，本論文ではその逆に相当する角距離 †1 を用いて距離を求める：

$$d(\boldsymbol{a},\boldsymbol{b}) = \arccos\left(\frac{\boldsymbol{a}\cdot\boldsymbol{b}}{\|\boldsymbol{a}\|\|\boldsymbol{b}\|}\right) \quad .$$

次に，プログラム間の距離を用いて問題間の距離を算出する．本論文では，Ward 法 [1] を使用し，問題間の距離 $D(\boldsymbol{A},\boldsymbol{B})$ を算出する：

$$D(\boldsymbol{A},\boldsymbol{B}) = E(\boldsymbol{A}\cup\boldsymbol{B}) - E(\boldsymbol{A}) - E(\boldsymbol{B}) \quad ,$$

ここで，E(·) は次式で表されるクラスタ内での平方和である：$E(\boldsymbol{X}) = \sum_{\boldsymbol{x}\in\boldsymbol{X}} d(\boldsymbol{x}, center(\boldsymbol{X}))^2$ ，ただし，$\boldsymbol{X}$ はクラスタを意味し，$center(\boldsymbol{X})$ はそのクラスタに属するデータの重心である．

†1　コサイン類似度を 1 から引いた値を距離として使用する例も見られるが，その場合は距離の公理を満たしていないため，厳密には距離とはいえない．それゆえ，本論文では角距離を採用している．

4　評価実験

4.1　目的と対象

本実験の目的は，提案手法によってプログラミング問題の類似性を適切に評価できるか検討することである．具体的には，次の 2 つの研究課題（Research Question：RQ）に取り組む．

[RQ1]　与えられたプログラムがどの問題を解いたものであるかをプログラム間の類似度でもって特定できるか？

[RQ2]　提案手法による類似性評価は人間の感覚に合致しているか？

RQ1 は，提案手法の基本アイデアに対する問いである．提案手法では，問題文の代わりに“解答として提出されたプログラム”に注目し，プログラム間の類似度でもって問題間の類似度を間接的に評価しようとしている．そのため，プログラムから“それがどの問題を解いているか”を特定できるか検討する．

RQ2 は，提案手法の有用性に対する問いである．提案手法ではプログラム間の類似度でもって問題間の類似度を評価するが，同様の評価を人手でも行い，提案手法による評価がそれに合致しているかどうかでもって提案手法の有用性及び妥当性を検討する．

本実験では，Codeforces に関するベンチマークデータセット Code4Bench [6] の中で次の条件を満たすプログラミング問題とその問題を解いたプログラムを対象として使用する：“ある問題に対し，正解と判定されたプログラム（ただし，Python バージョン 3 系で書かれたもの）が 16 個以上 †2 ある．”
これにより，全部で 401 問，17,278 個のプログラムを実験対象として使用する．

4.2　手順

評価実験の手順を以下に示す．便宜上，各問題を q_i（$i = 1,\ldots,401$）とし，問題 q_i に対する j 番目のプログラムを p_{ij} と表す．

†2　1 問あたりのプログラム提出数の平均が 15.98 個であったことから，これが 16 個未満の問題は“少数のプログラムしか提出されていない問題”とみなし，サンプルの少なさ故に対象外とした．

（1）プログラムの特徴ベクトル化

p_{ij} を手法 1 及び 2 でベクトル化する（ただし，生成されたベクトルを $\boldsymbol{v_{ij}}$ と表す）．さらに，各問題 q_i に正解しているプログラムの中からランダムに 10 個を抽出してその問題の“特徴プログラム群” $C_i = \{p_{ij}\}_{j=1}^{10}$ と見なす†3．そして，それら以外のプログラム群 $T = \{p_{ij} \mid 1 \leq i \leq 401;\ j > 10\}$ を類似性評価の対象として使用する．

（2）問題とプログラムの結び付き評価（RQ1）

評価対象プログラム $p_{ij} \in T$ と全問題の全特徴プログラム $p_{st} \in C_s$ （$1 \leq s \leq 401;\ 1 \leq t \leq 10$）の間での角距離 $d(\boldsymbol{v_{ij}}, \boldsymbol{v_{st}})$ を算出して昇順に並べる．そして，プログラム p_{ij} は i 番目の問題を解いていたわけであるが，それと距離の近いプログラム p_{st} が i 番目の問題の特徴プログラムになっているか，即ち，“$s = i$ であるか”でもって当該問題とプログラムの結び付けの妥当性を評価する．評価指標には Hits@K を用いる：

$$\text{Hits@}K = \frac{|\{\text{特定に成功した } p_{ij}(\in T)\}|}{|T|},$$

ただし，“特定に成功”とは，p_{ij} と i 番目の問題のいずれかの特徴プログラム p_{it} の距離 $d(\boldsymbol{v_{ij}}, \boldsymbol{v_{it}})$ が上位 K 位（昇順）以内であることを意味する（$1 \leq t \leq 10$）．Hits@K はそのような成功の割合を表している．

（3） 人手による評価（RQ2）

提案手法の有用性を評価するため，一部の問題文とプログラムの例†4 を使ったアンケート調査を行う．被験者は愛媛大学の学生 12 名（大学院生 3 名，学部生 9 名）とした．いずれも情報系の学生であり，Python プログラミングに関して 1 年以上の経験がある．

ここでは，データセットの中から 41A, 765A, 835A, 766A, 及び 1A という 5 問を対象として使用する．これらは比較的難易度が低い（難易度スコアが 1000 以下の）問題である．被験者が学生であることを考慮し，全員が十分に理解可能であろうと考えたことが，これらを実験対象とした理由である．そして，41A を“問 1”と呼び，これを比較のための基準問題とする．アンケートでは残りの 765A, 835A, 766A, 及び 1A をそれぞれ“問 2 – 問 5”と呼ぶ．表 2 に問題の難易度と 2 種類のベクトル化手法における問 1 に対する距離を示す．アンケートでは，問 1 に対して問 2 – 問 5 がそれぞれどの程度似ているかの回答を“問題文のみ”を見た場合と“プログラムの例も”見た場合の 2 段階に分けて収集する．ここでいう“似ている”とは，自分がその問題を解くと仮定した場合に， 似たようなプログラムの書き方や戦略をとることを意味する．各被験者は，“問 1 に対して問 2 – 問 5 がそれぞれどの程度似ているか”を次の 5 段階で回答する：“よく似ている（+2），どちらかといえば似ている（+1），何とも言えない（±0），どちらかといえば似ていない（−1），及び全く似ていない（−2）．”

表 2　アンケートで使用する問題セット

問題名	問題 ID	難易度	距離	
			手法 1	手法 2
問 1	41A	800	—	—
問 2	765A	900	0.00508	2.07243
問 3	835A	800	0.02217	3.35960
問 4	766A	1000	0.02776	1.56633
問 5	1A	1000	0.02289	3.17505

4.3　結果

すべてのプログラムについて，手法 1 及び 2 によって特徴ベクトル化を行った．そして，RQ1 に関する実験として，各プログラムを対応する（解答していた）問題とうまく紐付けできるか確認した．結果（Hits@K）を表 3 に示す．

手法間で結果を比較すると，すべての指標（$K = 1, \ldots, 5$）において手法 2 を使用した場合により高い評価値が得られた．そして，手法 2 における Hits@K の値は $K = 1$ の場合に 0.491，$K = 5$ まで注目範囲

表 3　ベクトル化手法 1 及び 2 における Hits@K

	$K=1$	$K=2$	$K=3$	$K=4$	$K=5$
手法 1	0.305	0.369	0.412	0.442	0.467
手法 2	0.491	0.567	0.615	0.644	0.668

†3　ここでは，ランダムに選ばれた 10 個を $p_{i,1}, \ldots, p_{i,10}$ と読み替えている．

†4　各問題について提示するプログラムの例として，特徴プログラム群 C_i に含まれるプログラムの中から 2 つずつをランダムに選んで提示した．ただし，全回答者への提示には同じものを使用している．

表 4　回答の評価スコア

	問 2	問 3	問 4	問 5
問題文のみ	−0.17	−0.83	+0.42	−1.33
問題文と プログラムの例	+0.25	−0.50	+0.67	−0.50

を広げると 0.668 であった．つまり，評価対象プログラムのうち，約 49% についてはプログラムの内容からどの問題を解いているのかを順位 1 位でもって推定できていた．さらに，これを 5 位以内までに広げると約 67% についてうまく推定できていた．

次に，RQ2 に関する結果（被験者 12 名の平均スコア）を表 4 に示す．表 4 から “問題文のみを閲覧” した場合と “問題文とプログラムの例の両方を閲覧” した場合のいずれにおいても問 4 が問 1 と最も類似しており，次いで問 2，問 3，問 5 という結果になった．ただし，プログラムの例を閲覧した場合には問 3 と問 5 の間で評価スコアに差はなかった．

4.4　考察

RQ1 に対する考察を行う．手法 1 と 2 を比較すると，すべての指標において手法 2 により生成された特徴ベクトルを使用した場合に高い評価値が得られた（表 3）．今回の実験では比較的単純なプログラミング問題のみを扱っていたことから，当初は手法 1 による簡易的な方法でもある程度は特徴を掴むことができるのではないかと期待していたが，やはり前後関係といったプログラムの文脈は考慮できていないことが影響していたものと推察される．一方で，大規模言語モデルの 1 つである CodeT5+ を用いた手法 2 では，膨大な量のソースコードを基に事前学習されていることから，プログラムの文脈や処理内容をある程度自動的に捉えることができたのではないかと考える．

以上より，RQ1 に対しては以下の通り回答する：CodeT5+でプログラムをベクトル化することで約 67 %についてその解答先の問題を推定できた（当該問題との類似度が上位 5 位に入っていた）．それゆえ，提案手法による問題とプログラムの結び付けには一定の有効性があると思われる．

次に，RQ2 について考察する．アンケート結果をもとに問題の類似度を順位付けすると，プログラムの例を閲覧するしないに関わらず問 4，問 2，問 3，及び問 5 という順となった．ただし，プログラムの例を閲覧した場合には問 3 と 5 の間で評価スコアに差はなかった（問 4 ＞ 問 2 ＞ 問 3 ≃ 問 5）．

手法 1 に基づいた評価では “問 2 ＞ 問 3 ＞ 問 5 ＞ 問 4” の順となったが，手法 2 の方では “問 4 ＞ 問 2 ＞ 問 5 ＞ 問 3” の順となった．つまり，手法 2 で特徴ベクトル化を行うことで，人手による評価と近い結果が得られた．この効果を別の視点からも確認するため，t-SNE アルゴリズム [5] を使用して特徴ベクトルを 2 次元に圧縮して可視化した（図 2）．t-SNE では，元の空間でのベクトル同士の近さが，圧縮後のベクトル同士の近さとできるだけ同じになるように次元を圧縮している．図 2（a）と（b）を比較すると，手法 1 によるベクトル化手法では，同じ問題のプログラムであってもベクトル空間上で離れているが，手法 2 の方ではうまくクラスタに分かれていることが見て取れる．さらに，問 1 に対して問 4 が最も近くに位置しており，次いで問 2 が近く，問 3 と問 5 が同程度だけ離れていることも分かる．

このような結果となった要因の 1 つとして，問題文で問われているプログラミングの分野（テーマ）が

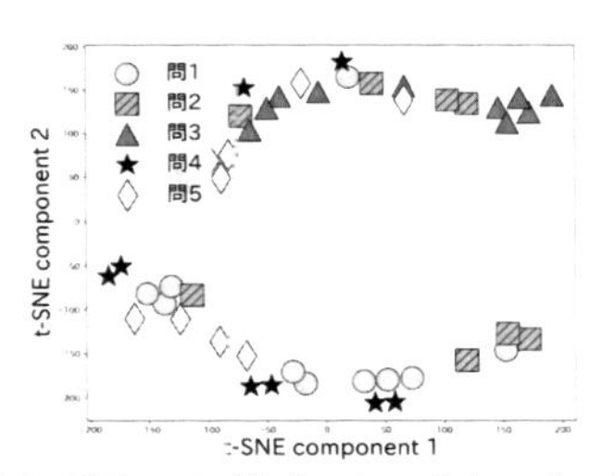

(a) 手法 1 に基づいたベクトル化の結果

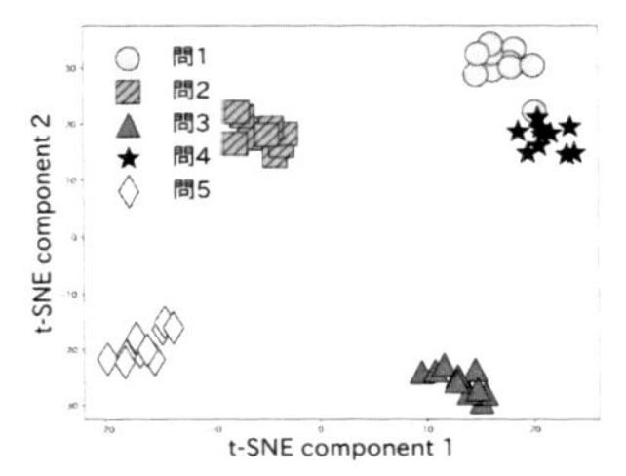

(b) 手法 2 に基づいたベクトル化の結果

図 2　t-SNE 可視化によるベクトル化結果の比較

表 5　問 1–問 5 の概要

問題	プログラミングに求められる内容
問 1	文字列を反転して出力
問 2	数値に対し偶数・奇数判定
問 3	四則演算
問 4	部分文字列判定
問 5	四則演算・小数点以下の切り上げ

影響していたことが考えられる．各問題の概要を表 5 に示す．同表から，問 1 と問 4 の間には "文字列処理" という観点で共通性が見られる．このことから，人の感覚では "文字列処理" という点で問題間の類似度が高く，この感覚はプログラムの例を閲覧しても変わらなかったものと推察される．手法 1 による特徴ベクトルは，プログラム中に登場する組込み関数やライブラリといったプログラム要素にのみ着目していたことから，処理テーマといった観点を十分に表現できていなかったことが，人手による評価との間での差異を生じさせた大きな要因ではないかと考える．一方で，手法 2 における CodeT5+を用いたベクトル生成では分野といった観点からもプログラムの特徴を捉えることができていたと考えられる．

以上より，RQ2 に対しては以下の通り回答する：CodeT5+を用いてプログラムの特徴ベクトル化を行う（手法 2 を用いる）ことで，問題間の類似度評価は人手による類似度評価と概ね合致する．それゆえ，プログラムから問題の特徴を捉えるという本提案手法には一定の有用性と妥当性があると考えられる．

5　まとめと今後の課題

本論文では，プログラミング問題間の類似性自動評価の実現に向け，問題文の内容を "解答として提出されたプログラムの特徴" から捉えるという手法を提案した．Codeforces のデータセットを用いた実験を通じて，CodeT5+による特徴ベクトル化を行うことで，人手による評価に矛盾することなく問題間の類似度を定量的に評価できる傾向を確認できた．しかしながら，本論文での人手による評価実験は 4 つの問題の組合せに関して 12 名の学生に対するアンケート調査を実施したに留まっており，結果の一般性については十分に検討できていないという課題もある．被験者数と問題数を増やし，難易度の高い問題にも対応できるか等を含めてさらなる検証を行っていく予定である．また，CodeT5+ 以外の言語モデルの活用について比較検討を行うことも今後の課題として挙げられる．

謝辞 本研究は JSPS 科研費 21K11831, 21K11833, 23K11382 の助成を受けたものです．

参 考 文 献

[1] Joe H. Ward, J.: Hierarchical Grouping to Optimize an Objective Function, *J. American Statistical Assoc.*, Vol. 58, No. 301(1963), pp. 236–244.
[2] Kurnia, A., Lim, A., and Cheang, B.: Online Judge, *Comp. & Edu.*, Vol. 36, No. 4(2001), pp. 299–315.
[3] Llana, L., Martin-Martin, E., Pareja-Flores, C., and Velazquez-Iturbide, J.: FLOP: A User-Friendly System for Automated Program Assessment, *J. Universal Comp. Sc.*, Vol. 20, No. 9(2014), pp. 1304–1326.
[4] Lu, J., Wu, D., Mao, M., Wang, W., and Zhang, G.: Recommender system application developments: A survey, *Decision Support Systems*, Vol. 74(2015), pp. 12–32.
[5] Maaten, L. and Hinton, G.: Visualizing Data using t-SNE, *J. Machine Learning Res.*, Vol. 9, No. 86(2008), pp. 2579–2605.
[6] Majd, A., Vahidi-Asl, M., Khalilian, A., Baraani-Dastjerdi, A., and Zamani, B.: Code4Bench: A multidimensional benchmark of Codeforces data for different program analysis techniques, *J. Comp. Lang.*, Vol. 53(2019), pp. 38–52.
[7] Petit, J., Gimenez, O., and Roura, S.: Jutge.org: an educational programming judge, *Proc. 43rd ACM Technical Symp. Comp. Sci. Edu.*, (2012), pp. 445–450.
[8] 新濱遼大, 槇原絵里奈, 小野景子, 幾島直哉, 山川蒼平: オンラインジャッジシステムにおける問題文の類似度調査, 情報処理学会研究報告, Vol. 2021-SE-209, No. 9(2021), pp. 1–7.
[9] Toledo, R. Y. and Mota, Y. C.: An e-Learning Collaborative Filtering Approach to Suggest Problems to Solve in Programming Online Judges, *Int'l J. Distance Edu. Tech.*, Vol. 12, No. 2(2014), pp. 51–65.
[10] 遠山紗矢香: プログラミング教育の動向—目的・教育体制・課題に注目して—, 教育システム情報学会誌, Vol. 40, No. 3(2023), pp. 192–202.
[11] Wang, G. P., Chen, S. Y., Yang, X., and Feng, R.: OJPOT: online judge & practice oriented teaching idea in programming courses, *Europ. J. Eng. Edu.*, Vol. 41, No. 3(2016), pp. 304–319.
[12] Wang, Y., Le, H., Gotmare, A. D., Bui, N. D., Li, J., and Hoi, S. C.: CodeT5+: Open Code Large Language Models for Code Understanding and Generation, *arXiv preprint*, (2023).

Pythonプログラミング演習におけるエラーに対応したプログラムの編集内容の分析

増井 太一　嶋利 一真　石尾 隆　松本 健一

プログラミング初学者向けの演習では，受講者がしばしばエラーに遭遇する．エラーに遭遇した受講者のプログラミング経験が浅い場合，適切な修正を行うことができない場合がある．これまでの研究では，初学者が遭遇しやすいエラーの分析や，エラー修正の支援手法が行われてきた．しかし，初学者がエラーの修正のためにどのような編集を行っているかに着目した分析は十分に行われていない．そこで，本研究では初学者がエラーの遭遇時にどのようにエラーを修正しようとしているのかを明らかにすることを目指す．具体的には，著者が所属する大学院で行われたプログラミング演習のデータをもとに，エラーに遭遇した際のソースコードと次回実行時のソースコードの編集差分の分析を行う．これらの分析結果をもとに，初学者がどのようなエラーのときに，エラー修正につながらない編集をしているかを示す．

1　はじめに

プログラミング初学者 (以下初学者) 向けの演習において，演習の受講者はプログラム作成とエラーの修正を繰り返しながら学習を進めていく．特にエラーの修正については，エラーメッセージを理解し，適切に修正を行うことが重要である．しかし，初学者にとって，エラーメッセージを解釈して適切に修正することは容易ではない [13]．原因として，初学者はエラーメッセージの意味を理解することが難しく，修正すべき箇所を特定することができないことが挙げられる [5]．プログラミングは，抽象的な概念を正しく理解する必要がある [8]．しかし，初学者はプログラムの概念理解が不足しているため，実装の過程で多くの困難や欠陥に直面する [1]．

エラーメッセージが初学者に与える困難は，初学者にコンピュータプログラミングを教える際のテーマとして浸透している．Beckerらによると，SIGCSEでのプログラミング教育に関する論文のうち，エラーに関するものは2000年以降で11件ある [3]．例えば，エラーメッセージを強化することで，初学者のエラー解決を促す研究が行われている [2,15]．また，初学者に対して大規模言語モデルを用いて手がかりを提示する研究も行われている [7,10]．これらの研究は初学者が直接答えを教わることなく，手がかりを得ることによってエラーを解決することを目指している．

しかし，初学者がどのような手順を経てエラーを修正しているかについての分析は少ない．初学者がエラーに遭遇した際の修正を分析する研究として，遭遇数や修正時間の観点から，初学者が苦労するエラーの特徴を分析する研究が行われている [4,16]．また，ソースコード (以下コード) の進捗の可視化や，初学者の行き詰まりの検出を行った研究もこれまでに行わている [12,14]．しかし，初学者が実際にエラーに遭遇した際にプログラムにどのような編集を行うかや，どのような編集がエラーの修正に効果的であるかについては明らかにされていない．初学者がエラー修正に至るまでの手順を明らかにすることで，演習の教育者は初学者がエラーに遭遇した際にどのような編集を行うべきかを把握し，効果的な指導を行うことがで

An Analysis of Program Edits in Response to Encountering Errors in Python Programming Exercises
Taichi Masui, Kazumasa Shimari, Kenichi Matsumoto, 奈良先端科学技術大学院大学, Nara Institute of Science and Technology.
Takashi Ishio, 公立はこだて未来大学, Future University Hakodate.

きる．

本研究の目的は，エラーメッセージの理解とエラーの修正につながる編集手順を明らかにすることである．そのために，初学者がエラーに遭遇した際にどのような編集を経て修正に至るかを明らかにする．

編集手順を明らかにするためには，まず，初学者がエラーに遭遇した際にどのような編集を行うかを明らかにする必要がある．例えば，初学者がエラーに遭遇した際に，エラーメッセージを理解しようとする編集があるか，エラーメッセージを無視してプログラムを修正しようとする編集があるかなどが挙げられる．

本研究では編集手順の分析に先立ち，初学者がエラーに遭遇した際にどのような編集を行うかを明らかにする．具体的には以下の調査課題を設定する．

RQ1: エラー遭遇にどのような編集が見られるか？

RQ2: エラーの種類で編集内容に違いはあるか？

なお，本研究では，ターミナル上に表示される内容及びコードから分析を行う．そのため，論理エラーを調査対象から外し，構文エラーと例外エラーに着目する．

2　調査内容

本研究は，初学者がエラーに遭遇したときに，どのような編集を行うかを明らかにすることを目指している．本章では編集内容に着目した分析手法について述べる．具体的には，編集内容を 5 種類に分類し，それぞれの割合を比較する．

本研究では，著者が所属している奈良先端科学技術大学院大学で開講されている「プログラミング演習」から取得したデータを分析する．本演習の受講者 (以下受講者) は，各授業回でコード作成の課題を与えられる．受講者は課題を満たすコードを作成し，実行したり提出したりする．本研究は，受講者が実行または提出したときの情報 (以下，実行データ) を取得し，分析を行う．実行データには学生 ID，課題 ID，コード，実行時刻，実行結果 (標準出力，エラーメッセージなど) が含まれている．取得した実行データより，エラーに遭遇した実行時とその次の実行時において，コードの内容と実行結果の差分を取得する．この差分から，編集内容を 5 つに分類し，それぞれの割合を比較する．

2.1　実行データ取得対象の授業

本研究で分析対象とする授業は，奈良先端科学技術大学院大学で開講されている「プログラミング演習」である．この授業は，情報科学以外の分野の出身で博士前期課程で情報科学を専攻したい学生向けに，Python によるデータ分析のためのプログラムの書き方を教えるとともに，プログラミングの考え方を理解してもらうことを目的としている．授業は全 8 回で構成されており，受講者は各授業回で課題を与えられる．授業全体を通して合計 77 題の課題が与えられた．

各授業は前後半に分かれており，前半は講義，後半は演習となっている．前半では，教育者が受講者に対してテーマについて講義を行う．また，受講者に対してコード作成を伴う課題が与えられる．受講者は課題を満たすコードを作成し，実行や提出を行う．後半の演習では，前半の課題をより発展させた課題が受講者に対して与えられる．受講者は前半同様，課題を満たすコードを作成し，実行や提出を行う．

本授業では教育者，受講者に加え，教育者の指導を助けるティーチングアシスタント (以下 TA) が参加している．課題を解く過程で疑問点があれば，受講者はチャットで TA に質問することができる．また，授業時間中に作成しきれなかった課題については期限日までに終わらせる必要がある．

本授業は dTosh C2Room(以下 C2Room) というオンライン授業システムを使用している．なお，このシステムにおいては大和らのエラーメッセージ自動解説が導入されており，受講者はそれらの機能を利用して課題に取り組むことができる [15].

2.2　実行データの取得

本研究では，前節で述べた 2022 年度における「プログラミング演習」での実行データを取得する．受講者は，C2Room を利用することで，ブラウザ上でプログラミング課題の確認，コードの作成，コードの実行・提出を行うことができる．C2Room は受講者のプログラミングの情報を取得しているため，我々は受講者の実行データを取得することができる．本演習で

表 1 編集内容の一覧

編集内容	説明
FIX	エラーを完全に修正した編集
PART	エラーメッセージが変化した編集
DEL	エラーの原因となるコードを削除する編集
UNR	エラーメッセージに関係しない編集
RERUN	コードを編集しないで再実行

は 102 名の受講者から，88,492 回の実行データを取得した．なお，受講者からは授業開始前に，プログラムの研究への利用の許諾について質問しており，明示的に許諾を得られた受講者のデータのみを取得している．

2.3 編集内容の取得

取得した実行データから，エラーに遭遇した実行時とその次の実行時において，それぞれのコードと実行結果の差分を取得する．まず，実行データを課題ごと，受講者ごと，時刻ごとに並び替える．次に，エラーに遭遇した実行時と，その次の実行時において，それぞれコードと実行結果を取得する．なお，EOF エラーに遭遇した実行については，標準入力によるエラーであり，コードの編集がないため，分析対象外とする．その後，コードと実行結果の差分を算出する．コードの差分の算出には，Python の標準ライブラリである difflib を用いて行単位で求める．

2.4 編集内容の分類

前節で取得したコードと実行結果の差分から，編集内容を 5 種類に分類する．また，本研究では，後述するフローチャートに基づいて，機械的に分類する．演習から 2,694 件の編集内容が取得された．

2.4.1 編集内容

編集内容は，Marceau らのルーブリックを参考に設定した [9]．これは，学生の理解度を読む/理解する/表現するの 3 段階から分類するものである．本研究ではルーブリックの項目である **FIX/PART/DEL/UNR** に加えて，**RERUN** を含めた 5 種類に分類する．表 1 に編集内容の一覧を示す．

例として，エラーを含むコードに対して，5 種類の編集を行った場合を示す．エラーを含む特定のコードをソースコード 1 に示す．ソースコード 1 は 2 つのエラーを含んでいる．1 つ目のエラーは，2 行目の括弧が閉じられていないことで遭遇する構文エラーである．2 つ目のエラーは，変数 **test** の値が文字列であるため，数値を加算することができないことで遭遇する実行時エラーである．

ソースコード 1 エラーを含むコード

```
1    test = '1'
2    print(1 + 1 # SyntaxError
3    print(test + 2) # TypeError
```

FIX 編集

FIX 編集は，エラーを完全に修正した編集である．例えば，ソースコード 1 の 2 行目の括弧を閉じ，3 行目で変数 `test` を int 型に変換する編集をすることで，FIX 編集と分類される．

PART 編集

PART 編集は，受講者がエラーメッセージを理解し，適切な行動を取ろうとしている編集である．本研究では，後述する DEL 編集を除いた，エラーメッセージが変化した編集を PART 編集とする．例えば，ソースコード 1 の 2 行目の括弧を閉じただけの編集が PART 編集と分類される．

DEL 編集

DEL 編集は，受講者がエラーを修正しようとするのではなく、単にエラーの原因となるコードを削除することで，動作しないようにする編集である．本研究では，削除だけでなく，コメントアウトをする編集も DEL 編集とする．なお，エラーの原因とならないコードを削除したりコメントアウトしたりする編集は後述する UNR 編集として分類される．例えば，ソースコード 1 の 2 行目と 3 行目を削除することで，DEL 編集と分類される．

UNR 編集

UNR 編集は，エラーメッセージに関係しない編集である．本研究では，コードの編集はあるが，エラーメッセージが変化しない編集を UNR 編集とする．例えば，ソースコード 1 の 2 行目に `test = test * 2` を追加する編集が UNR 編集と分類される．

RERUN

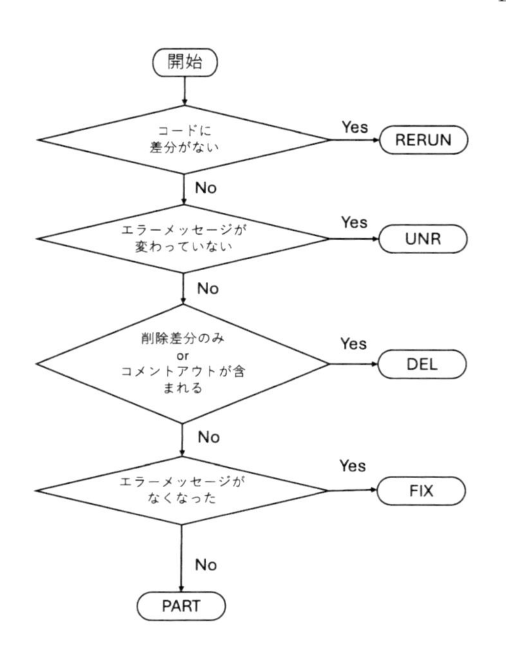

図 1　機械的分類のフローチャート

RERUN は，エラーの原因を特定しないまま，コードを編集せずに実行する．つまり，図 1 と同じコードを実行する場合に RERUN と分類される．

2.4.2　機械的分類方法

本研究では，5 つの編集を機械的に分類するために，図 1 に示すフローチャートに従う．フローチャートの各条件について，以下に説明する．

2 つのコードに差分がない

2 つのコードの編集差分が存在するかどうかを判断する．編集差分が存在しない場合，この条件を真とし，RERUN と分類する．

エラーメッセージが変わっていない

2 つの実行結果の差分において，エラーメッセージが変化していないかどうかを判断する．エラーメッセージが変化していない場合，この条件を真とし，UNR 編集と分類する．

削除差分のみ

2 つのコードの編集差分において，追加差分がなく削除差分のみかどうかを判断する．削除差分のみの場合，この条件を真とし，DEL 編集と分類する．

コメントアウトが含まれる

2 つのコードの編集差分において，追加差分の中から#から始まる行を取得する．その行が削除差分に含まれているかどうかを判断する．含まれている場合，この条件を真とし，DEL 編集と分類する．

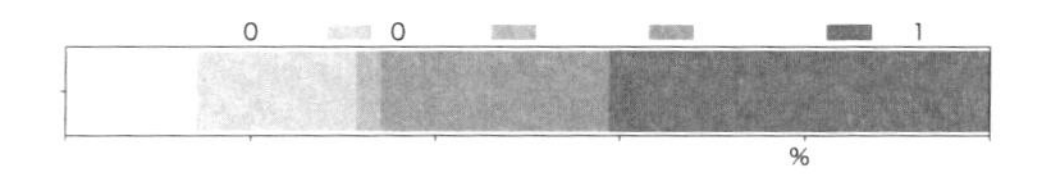

図 2　すべての受講者における編集の割合

エラーメッセージがなくなった

編集後の実行結果において，エラーに遭遇していないかどうかを判断する．エラーに遭遇していない場合，この条件を真とし，FIX 編集と分類する．また，エラーに遭遇している場合，この条件を偽とし，PART 編集と分類する．

3　結果

取得した実行データに対して，2 章で述べた手順に従って，編集内容を分類した．

すべての受講者における編集内容の割合を図 2 に示す．FIX 編集は 31%，PART 編集は 26%，DEL 編集は 4%，UNR 編集は 24%，RERUN は 15%であった．

次に，取得した実行データに対して，エラーの種類ごとの編集内容の割合を図 3 に示す．なお，図 3 で表示しているエラーは，遭遇頻度が高い上位 10 件のものである．また，All はすべてのエラーを合算した割合である．つまり All の割合は図 2 の割合と一致する．

エラーごとに受講者が取る編集には特徴が見られた．FIX 編集の割合が最大のエラーは NameError であり，40%となった．一方最小のエラーは TabError であり，14%であった．また，RERUN の割合が最大のエラーは ValueError で，36%となった．一方，RERUN の割合が最小のエラーは AttributeError であり，7%であった．他に RERUN の割合が小さいエラーとして，NameError，TypeError が挙げられ，それぞれ 8%，9%であった．

4　考察

RQ1: エラー遭遇にどのような編集が見られるか？

図 2 より，PART 編集，UNR 編集，RERUN の割合が一定数存在することがわかった．これにより，初

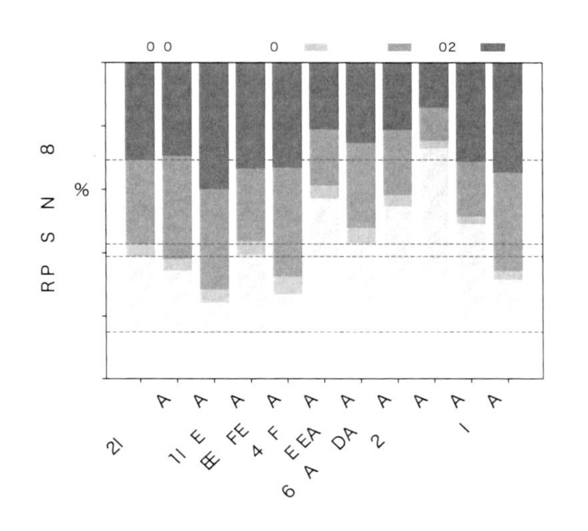

図3　すべての受講者におけるエラーの種類ごとの編集割合

学者はエラーを一度で修正するだけでなく，複数回の修正を経てエラーの修正に至ることが示唆された．

DEL 編集については 4%となっており，削除やコメントアウトのみを行ってエラー限局を行っていると考えられる初学者は少数であることがわかった．

関連研究 [6] では，分類対象としたエラーを NameError，TypeError，SyntaxError，意味的エラーの 4 種に限定してエラーを分類したところ，初学者がエラーを正確に修正する割合は約 84%であると報告されている．本研究では意味的エラーを取り扱っていないため，それ以外の 3 種類のエラーを対象として編集内容と比較を行う．本研究では，FIX 編集の割合が 34%，PART 編集をあわせても 63%であった．したがって，関連研究 [6] の結果よりも，エラーを正確に修正した対応が少ないことがわかった．これは，意味的エラーの有無による違いに加え，関連研究が目視分類を行っているのに対し，本研究では機械的に分類を行っている事によるものと考えられる．

RQ2: エラーの種類で編集内容に違いはあるか？

図 3 より，エラーの種類で編集内容の割合に違いが見られた．FIX 編集の割合が小さい TabError や，RERUN の割合が大きい ValueError において，初学者はエラーメッセージの理解に苦労している可能性が示唆された．一方，FIX 編集の割合が大きい NameError や，RERUN の割合が小さい AttributeError，TypeError において，初学者はエラーメッセージを理解している可能性が示唆された．

関連研究 [11] によると，実行時エラーにおいて最も遭遇したエラーは NameError や TypeError であると報告されている．一方で本研究では，これらのエラーはエラーメッセージを理解している可能性が示唆された．そのため，初学者はこれらのエラーに遭遇しやすいが，エラーメッセージは理解できていることが考えられる．

5　妥当性の脅威

本研究では外部リソースの利用状況を考慮していない．本研究では，コードと実行結果の差分により編集を分類している．より厳密な分析のためには，検索エンジン，生成 AI，TA への質問など，外部リソースの利用状況を考慮する必要がある．

本研究は既存研究 [9] の分類方法を完全に再現しているわけではない．既存研究では，編集内容を DEL，UNR，DIFF，PART，FIX の 5 種類に分類している．この内，DIFF 編集については本研究では採用していない．先行研究では，DIFF 編集は「エラーメッセージとは関係ないが，別のエラーに正しく対処しているか，他の方法で前進している」という定義がされている．しかし，Python のコンパイラメッセージは実行後最初に遭遇するエラーのみを出力するため，DIFF 編集を検出することができない．この理由により，DIFF 編集を編集内容から除外した．

本研究は特定の大学院のプログラミング演習のコンテキストで行われたため，本研究の結果をそのまま一般化することは難しい．奈良先端科学技術大学院大学以外の教育環境においては，受講者の特性，課される問題の種類，教育方法が異なる可能性がある．

6　おわりに

本研究では，初学者がエラーに遭遇した際にどのような編集を行うかを明らかにした．具体的には，初学者がエラーに遭遇したときの実行データと，その次の実行データを比較した．コードと実行結果の差分を取得し，機械的に 5 種類の編集内容に分類した．

結果として，DEL 編集を除いた編集の割合が一定数存在することがわかった．したがって，初学者は編集内容の取り方によって編集手順が異なることが考えられる．また，エラーの種類ごとで編集内容に違いが見られた．初学者がエラーメッセージの理解に苦労している編集をしているエラーは ValueError や TabError であった．一方，エラーメッセージの理解に比較的成功している編集をしているエラーは NameError や AttributeError，TypeError であった．

今後の研究では，プログラミング初学者がエラー修正のためにどのような編集手順を経るかを明らかにすることが考えられる．

謝辞 本研究は，JSPS 科研費 JP20H05706，JP23K16862 の助成を受けたものです．

参考文献

[1] Anthony Robins, J. R. and Rountree, N.: Learning and Teaching Programming: A Review and Discussion, *Computer Science Education*, Vol. 13, No. 2(2003), pp. 137–172.

[2] Becker, B. A., Goslin, K., and Glanville, G.: The Effects of Enhanced Compiler Error Messages on a Syntax Error Debugging Test, *Proceedings of the 49th ACM Technical Symposium on Computer Science Education*, SIGCSE '18, New York, NY, USA, Association for Computing Machinery, 2018, pp. 640–645.

[3] Becker, B. A. and Quille, K.: 50 Years of CS1 at SIGCSE: A Review of the Evolution of Introductory Programming Education Research, *Proceedings of the 50th ACM Technical Symposium on Computer Science Education*, SIGCSE '19, New York, NY, USA, Association for Computing Machinery, 2019, pp. 338–344.

[4] Bhatia, S. and Singh, R.: Automated Correction for Syntax Errors in Programming Assignments using Recurrent Neural Networks, https://arxiv.org/abs/1603.06129, 2016.

[5] Fujiwara, K., Fushida, K., Tamada, H., Igaki, H., and Yoshida, N.: Why Novice Programmers Fall into a Pitfall?: Coding Pattern Analysis in Programming Exercise, *2012 Fourth International Workshop on Empirical Software Engineering in Practice*, 2012, pp. 46–51.

[6] Kohn, T.: The Error Behind The Message: Finding the Cause of Error Messages in Python, *Proceedings of the 50th ACM Technical Symposium on Computer Science Education*, SIGCSE '19, New York, NY, USA, Association for Computing Machinery, 2019, pp. 524–530.

[7] Kuramitsu, K., Obara, Y., Sato, M., and Obara, M.: KOGI: A Seamless Integration of ChatGPT into Jupyter Environments for Programming Education, *Proceedings of the 2023 ACM SIGPLAN International Symposium on SPLASH-E*, 2023, pp. 50–59.

[8] Lahtinen, E., Ala-Mutka, K., and Järvinen, H.-M.: A study of the difficulties of novice programmers, *Proceedings of the 10th Annual SIGCSE Conference on Innovation and Technology in Computer Science Education*, ITiCSE '05, New York, NY, USA, Association for Computing Machinery, 2005, pp. 14–18.

[9] Marceau, G., Fisler, K., and Krishnamurthi, S.: Measuring the effectiveness of error messages designed for novice programmers, *Proceedings of the 42nd ACM Technical Symposium on Computer Science Education*, SIGCSE '11, New York, NY, USA, Association for Computing Machinery, 2011, pp. 499–504.

[10] Phung, T., Pădurean, V.-A., Singh, A., Brooks, C., Cambronero, J., Gulwani, S., Singla, A., and Soares, G.: Automating Human Tutor-Style Programming Feedback: Leveraging GPT-4 Tutor Model for Hint Generation and GPT-3.5 Student Model for Hint Validation, *Proceedings of the 14th Learning Analytics and Knowledge Conference*, 2024, pp. 12–23.

[11] Smith, R. and Rixner, S.: The Error Landscape: Characterizing the Mistakes of Novice Programmers, *Proceedings of the 50th ACM Technical Symposium on Computer Science Education*, SIGCSE '19, New York, NY, USA, Association for Computing Machinery, 2019, pp. 538–544.

[12] Taniguchi, Y., Minematsu, T., Okubo, F., and Shimada, A.: Visualizing Source-Code Evolution for Understanding Class-Wide Programming Processes, *Sustainability*, Vol. 14, No. 13(2022).

[13] Traver, V. J.: On Compiler Error Messages: What They Say and What They Mean, *Advances in Human-Computer Interaction*, Vol. 2010, No. 1(2010), pp. 602570.

[14] 藤原賢二, 上村恭平, 井垣宏, 吉田則裕, 伏田享平, 玉田春昭, 楠本真二, 飯田元: スナップショットを用いたプログラミング演習における行き詰まり箇所の特定, コンピュータ ソフトウェア, Vol. 35, No. 1(2018), pp. 1_3–1_13.

[15] 大和祐介, 石尾隆, 嶋利一真, 松本健一: プログラミング演習におけるエラー自動解説の有用性の評価, 情報処理学会研究報告, Vol. 2023-SE-213, No. 6(2023), pp. 1–8.

[16] 篠原遼太郎, 嶋利一真, 福島和希, 田中慎之佑, 石尾隆, 松本健一: Python プログラミング演習におけるプログラミング経験度とエラー修正時間の関係分析, Technical Report 15, feb 2024.

A Machine-learning-based Approach for Project Success/Failure Prediction in Software Development

Yuhao Wu　Makoto Ichii　Masumi Kawakami
Fumie Nakaya　Yoshinori Jodai

During the process of software development, it is very important to monitor the status of the project and identify the potential risks. Researchers have proposed several approaches to disclose the risks of software projects, but they are either based on black-box models which are hard to explain or require lots of manual efforts. In this research, we adopt a machine-learning-based approach to predict the success/failure of a software project based on the previous development data. In contrast to those black-box approaches, our approach can output the importance of the features which explains the reason of the prediction. Firstly, we build a machine learning model and train this model with previous development data of software projects. Secondly, we feed the data of the project under development to this trained model and predict the success/-failure of this project. Finally, the reasons of the prediction are displayed to the users. We implemented this approach and evaluated it with a dataset of 11,954 real world software projects. The evaluation reached a recall of 80.1% and precision of 53.7%, which shows the feasibility of this machine-learning-based approach.

1 Introduction

According to a widely respected report from the Standish group, in year 2004, only 29% of the software development projects in large companies succeeded (i.e., delivered on time, on budget) [8], while 53% were "challenged" (significantly over budget and schedule), and 18% failed to deliver acceptable results. In Japan, the failure rate of software projects was 47.2% out of the 1745 surveyed projects, according to a survey by Nikkei Computers in year 2018 [11].

The main causes of this low success rate are delay of delivery and low software quality. In industrial companies where hundreds of projects proceed simultaneously, the conventional approach to improving the success rate of software projects is to establish a project management office. Here, Project Management Officers (PMO) will support the project managers in those key projects that are under monitoring. However, it is not possible for PMOs to monitor every single projects in details, thus only the projects that are evaluated as high risk ones in the early stage are monitored manually by the PMOs.

To make it clear, we give the definition of "risk" in this paper: risk refers to the situation that a on-going project becoming budget overrun at its completion. And "risk prediction" refers to predicting whether a project becomes budget overrun in the end. "Success" means that a project successfully controls its total cost under the budget, while "failure" means that a project spent more than its budget in the end.

An example of the conventional approach is described as follows.

In the beginning of a software project, the risk of the project is evaluated and tagged with a management level (ML) from 1 to 4, as shown in Figure 1. Projects with higher risk are tagged with larger ML value; project with lower risk are tagged with lower ML value. Only projects with high ML value

Yuhao Wu, Makoto Ichii, Masumi Kawakami, Hitachi Ltd., 292 Yoshida-cho, Totsuka-ku, Yokohama, Kanagawa 244-0817, Japan.
Fumie Nakaya, Yoshinori Jodai, Hitachi Social Information Services, Ltd., Omori Bellport D 17F,6-26-3 Minamioi,Shinagawa-ku,Tokyo 140-0013, Japan.

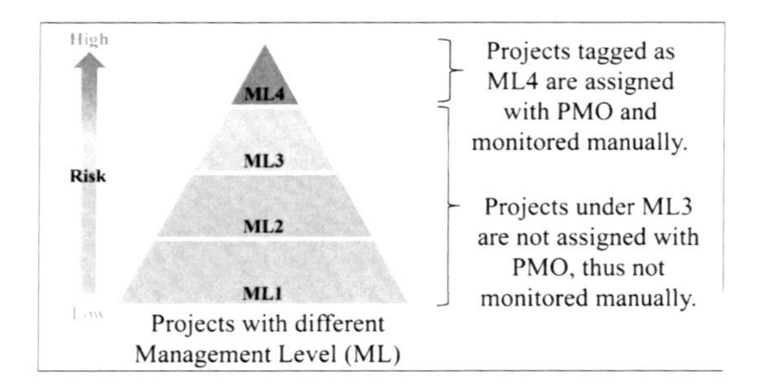

Fig. 1 Projects are monitored with different level of monitoring efforts based on their Management Level (ML)

(e.g., ML4) are monitored and supported by the PMOs. Projects with ML1 to ML3 will not get the support from PMOs. For those projects with ML4, PMOs will evaluate the project risk regularly to make sure the risks are controlled under an acceptable level. Meanwhile, for those projects where budget-overrun is occurring, the PMOs will give advice to the project managers to help them solve the issue.

Projects are monitored with different level of monitoring efforts based on their ML. However, the effect of this approach to reduce the loss-cost of projects is limited due to several reasons: a) low-risk projects may turn out to be high-risk projects due to the change of situations, b) the amount of projects under management is too large to be analyzed carefully, thus high-risk project may be overlooked at the first place.

In order to solve these two issues, a company-wide monitoring tool to automatically identify the high-risk projects is needed. In this way, all the projects will be covered and evaluated regularly with low human efforts. Projects that were evaluated and tagged with a low ML (such as ML1) in the beginning, will now be evaluated regularly. If the situation changed and the project turned into a high-risk project, it will be identified properly and get support from the PMO. Meanwhile, since this is an automated approach, all of the projects can now be included in the evaluation process, thus the issue of overlooking will get mitigated.

This automated monitoring tool should meet the following requirements: 1) the tool should be able to utilize the common metrics of all the projects in order to apply to all the projects in the company; 2) in order to capture risky projects as many as possible, high recall is preferred over high precision; 3) the tool should achieve at least a recall of 80% to produce a usable result; 4) the tool should give a exaplainable result so that the PMO knows the solution to mitigate the risk.

In this paper, we proposed an approach to solve the forementioned issues. The main contributions of the paper are:

1. We proposed a machine-learning-based approach to predict the success/failure of a software development project where the prediction results are explainable.
2. We performed an empirical study that proved the feasibility and the usefulness of this approach by applying this tool to over 10,000 real-world projects in the company.

2 Related work

Choetkiertikul et al. proposed a predictive model that utilizes historical data to identify the risks in software projects [2]. This model achieved on average 48%-81% precision, 23%-90% recall, 29%-71% F-measure, and 70%-92% area under the ROC (Receiver Operating Characteristic) Curve. This study differs with our study in that their study focuses on delayed issues while ours focuses on budget overrun, meanwhile, they do not explain the prediction results. Denas proposed a model to estimate the risk in enterprise software development projects with a validation on 19 enterprise software projects [5]. Costa et al. proposed a technique for evaluating risk levels in software projects through analogies with economic concepts, which allows a manager to estimate the probability distribution of earnings and losses incurred by an organization in relation to its software project portfolio [3]. The difference of our study with the work by Denas and Costa et al. is that we are able to explain the prediction result apart from the prediction itself. Hayashi et al. identified the root causes of project failure by analyzing real cases of software development projects that adopted risk management but failed and proposed a monitoring agency that predicts future risks generation using quantitative data captured by earned value management (EVM) technique [6]. In our study, we are able

Table 1 A sample list of the features used in this study with their definitions.

#	Feature Name	Description
1	Incurred Cost Over Ratio	The ratio of the overrun cost
2	Sales Sum Est.	The estimation of the total sales amount
4	Outsourcing Cost Over Ratio	The ratio of the overrun of outsourcing cost
5	Quality Rank	The quality rank setting of the project
6	Man-Hour Sum Act.	The sum of actual man-hour spent in this project

to utilize information other than quantitative data from EVM techniques. Demuth et al. proposed an approach for automatic, fine-grained identification of high-risk development artifacts and high-risk-areas within those artifacts that is easy to integrate with common development processes [4]. Hu et al. constructed a formal model for risk identification, and then collected actual cases from software development companies to build an artificial-network-based risk prediction model [7]. Again, these two studies do not give explanations to the prediction results. Mizuno et al. proposed a questionnaire-based approach that can discriminate risky projects from appropriate projects and give reasonable explanations for the risk [10]. This questionnaire-based approach addresses similar problems as our research, however, it is not suitable in our case because in study we need to predict success/failure for relatively large amount of projects for which we could not answer the questionnaires for all these projects one by one, thus we need an automatic way of achieving so.

3 Methodology

We predict the success/failure of software projects at their early stage. If it is too early, the required input data are not available or enough for prediction; while if it is too late, even if we get the prediction result, the time left for the project managers to react to the risks is not enough to turn the project into a success. Based on these reasons, we choose 50% as the progress rate for risk prediction in this study.

Regarding the prediction model, we chose a random forest model instead of a regression model. The reason is that, in a regression model, such as logistic regression, collinearity must be considered. On the other hand, a random forest model is able to handle large number of features without considering their collinearity [1]. This is critical, since in our study there are various kinds of project data stored in the project management database. By using the feature of a random forest model, we can easily utilize all these project data without putting too much effort into analyzing the collinearity of all these data.

The steps of our approach are denoted as follows.

1. Collect all the completed project data from the project management system and split them into training and testing set with the ratio of 7:3. We collected 30 metrics of the project as features, a sample list of the the features are shown in Table 1.
2. Feed the training set data collected from step 1 to the random forest model and train the model. Note that the success/fail ground truth label are created by checking whether these projects suffer from budget overrun at their completion. Meanwhile other metrics are collected at their 50% progression rate.
3. Predict the risk of the on-going projects using the testing set data.
4. Analyze the prediction result and generate a list of feature importance as the explanation to the prediction.

Regarding the explanation of the prediction result, we adopt SHAP (SHapley Additive exPlanations) algorithm [9] to calculate the importance of the features, which describes how each feature affect the prediction result. A positive value indicates that the feature has a positive impact on the prediction result, while a negative value indicate that the feature has a negative impact on the prediction result. The larger the value is the larger the impact of the feature possesses.

Table 2 shows an example of the input data that were used in this research. As we can see from this table, different information of the project is used as the input of the prediction model, such as the profile information (e.g., unexperienced technique),

Table 2 An example of input data.

#	Project ID	Project Progress	Project Name	Outsourcing Cost Over Ratio	Subcontract Cost Est.	Key Person Man Hour Avg.	Unexperienced Technique	⋯
1	100001	60%	○○ System Dev.	1.6	350000	740	No	⋯
2	100002	50%	×× System Maintenance	0.3	230000	564	No	⋯
3	100003	30%	△△ System Dev. For ABC Corp.	0.2	460000	857	Yes	⋯

Table 3 An example of prediction result.

	Prediction Result		Project Data			Feature Data		Feature Ranking		
#	Pred.	Confidence	Project ID	Project Progress	Project Name	Outsourcing Cost Over Ratio	⋯	Rank #1	Rank #2	⋯
1	Fail	80%	100001	60%	○○ System Dev.	1.6	⋯	Process Cost Over Ratio	PM COR Rate	⋯
2	Success	60%	100002	50%	×× System Maintenance	0.3	⋯	Key Person Man Hour Avg.	Subcontract Cost Over Ratio	⋯
3	Fail	40%	100003	30%	△△ System Dev. For ABC Corp.	0.2	⋯	Unexperienced Technique	Process Cost Sum Act.	⋯

the cost data (e.g., subcontract cost est.) and human resource data (e.g., key person man hour avg.). Table 1 shows a sample of the input features with their definitions.

Table 3 shows an example of the output of our approach. On the left-hand side of the table, we have the prediction results. The "Pred." column shows the success/failure prediction of the project. The "Confidence" shows how confident is the model about the prediction. In a random forest model, the confidence value is calculated based on the number of decision trees that gives the same result. For example, a prediction result of failure with 80% confidence indicates that 80% of the decision trees output a result of failure based on the input data of that project.

In the middle part of the table, we simply put the project data and feature data as-is from the input data for better reference to the project. On the right-hand side of the table, feature ranking is given as an explanation to the prediction result. Feature ranking is calculated with SHAP algorithm introduce earlier in this chapter. From these columns, we can see which features impact the prediction result the most. For example, the top 2 features of the project #1 are "outsourcing cost over ratio" and "key person man hour avg.", which indicates that this project is predicted to be a failure mostly because the outsourcing cost of this project is running over its original estimation and the key person of this project is working much longer than other people in the team. In this way, the PMO can have a better understanding of the risks of the project and make plans to reduce the risks accordingly.

4 Evaluation

In order to evaluate our approach, we collected the data of 11,954 IT projects from the project management system. The time span of the projects is from the year 2015 to 2019. All the projects are completed at the time of this study being conducted. Note that the input features (explanatory variables) are taken from the snapshot of half-completed projects (i.e., with 50% progress rate), while the ground truth label (budget overrun or not, i.e., response variable) is taken from the snapshot of the completed projects (i.e., with 100% progress rate).

The projects are split into 7:3 for training and testing, respectively (i.e., 70% are used into training for the model and 30% are used to evaluate the model).

The evaluation results are discussed in the following part of this chapter. To evaluate the overall performance of this model, we adopt the ROC curve to achieve so. An ROC curve is a plot that illustrates the diagnostic ability of a binary classifier system as its discrimination threshold is varied. As we can see from Figure 2, the ROC curve plots the true positive rate against the false positive rate at various threshold settings (i.e., varying the threshold of accepting the prediction result as success/-failure). The blue curve shows the performance of a baseline model (which constantly predicts "Yes" for all the records), while the red curve shows the performance of our random forest model. From this figure we can tell that our model performs much better than the baseline model.

We use a confusion matrix to examine how exactly our model predicts correctly and wrongly. The confusion matrix of the prediction result is

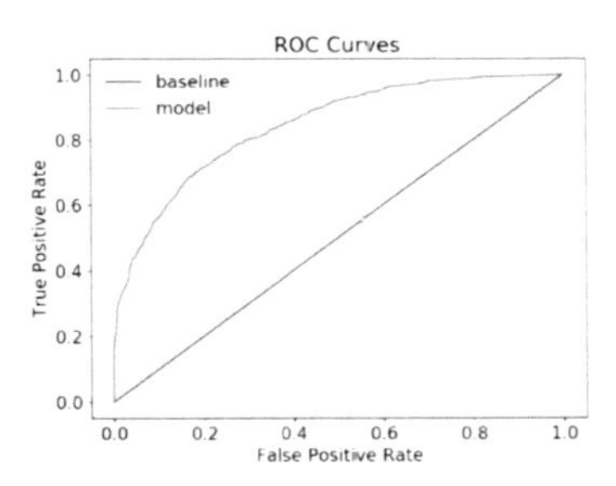

Fig. 2 ROC curve of the model.

Table 4 Confusion matrix of the prediction result.

	Predicted: Success	Predicted: Failure
Actual: Success	1758	749
Actual: Failure	216	868

Table 5 Evaluation result.

Item	Value
Precision	53.7%
Recall	80.1%

shown in Table 4. Two rows and two columns report the number of true negatives (1758), false positives (749), false negatives (216) and true positives (868), respectively. True negatives (TN) are projects that succeeded and were predicted as a success correctly; false positives (FP) are the ones that actually succeeded but were predicted as a failure incorrectly; false negatives (FN) are the ones that actually failed but were predicted as success incorrectly; while true positives (TP) are the ones that failed and predicted as a failure correctly. From this table we can see that there are more false positives than false negatives of this model. This is because of the strategy we chose in the beginning, which is discussed in Section 5.

Based on the previous confusion matrix, we can calculate the precision and recall of this model. Precision is defined as $TP/(TP + FP)$, which tells how many noisy items the model outputs (i.e., how precise the model is). Recall is defined as $TP/(TP + FN)$, which tells how many items are missed. The value of these two metrics is shown in Table 5.

In a later evaluation of this tool, the model was tuned with training data of 42,334 records and testing data of 21,537 records. The precision went up to 82.9%, while recall to 85.8% [12].

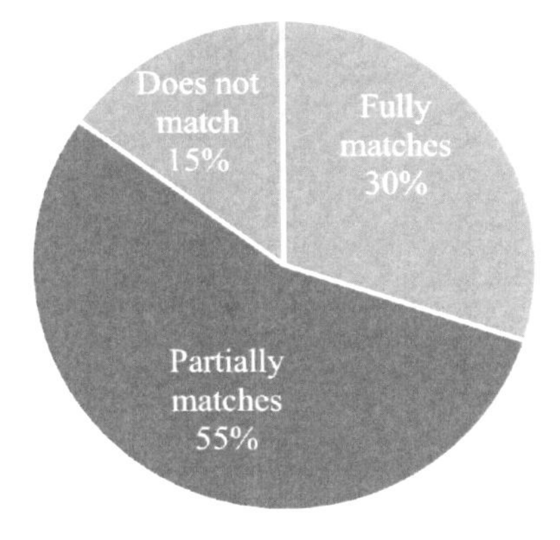

Fig. 3 How explanations to the prediction result match PMO ' s recognition.

To evaluate the acceptance of the result explanation, a survey to the PMOs is conducted. The details of this survey are as follows: the prediction result in the format of Table 3 is shown to the PMO. The PMO compare the feature ranking with their recognition of the project status to see whether the top features are actually the cause the of the project failure. The result of this survey is shown in Figure 3. As we can see from this figure, the total of 85% of the result explanations match the PMO ' s recognition.

5 Discussion

In this research, we pursue recall over precision. By setting the goal of recall to 80%, we try to reach the highest precision at this level. The reason behind this is that the Project Management Officer (PMO) department of our company, the end user of this research project, are more willing to accept the fact that some noisy predictions (i.e., False Positives: successful projects being identified as a failure) appear in the final result than the fact that risky projects are missing from the final result (i.e., False Negatives: failure projects being identified as a success).

With recall being set to 80%, we try to reach a high precision at the best. From the evaluation result in Table 5, our approach reached 53.7% of precision rate which is an acceptable result in our opinion.

6 Conclusion

In this paper we introduced an approach to predict the success/failure of a software development project and performed an empirical study that proved the feasibility and usefulness of this approach. The evaluation result shows that this approach achieved an acceptable result of 80.1% recall rate and 53.7% precision rate.

The implemented tool kit of this approach is already put in use in real-world projects inside our company.

As a future work, the current approach predicts projects that are with 50% progress rate and we plan to make the prediction at an earlier stage of the projects.

References

[1] Breiman, L.: Random forests, *Machine learning*, Vol. 45(2001), pp. 5–32.

[2] Choetkiertikul, M., Dam, H. K., Tran, T., and Ghose, A.: Characterization and prediction of issue-related risks in software projects, *2015 IEEE/ACM 12th Working Conference on Mining Software Repositories*, IEEE, 2015, pp. 280–291.

[3] Costa, H. R., Barros, M. d. O., and Travassos, G. H.: Evaluating software project portfolio risks, *Journal of Systems and Software*, Vol. 80, No. 1(2007), pp. 16–31.

[4] Demuth, A., Riedl-Ehrenleitner, M., Kretschmer, R., and Egyed, A.: Towards efficient risk-identification in risk-driven development processes, *Proceedings of the International Conference on Software and Systems Process*, 2016, pp. 36–40.

[5] Denas, S.: Estimating and Managing Enterprise Project Risk Using Certainty, *International Journal of Risk and Contingency Management (IJRCM)*, Vol. 6, No. 2(2017), pp. 47–59.

[6] Hayashi, A. and Kataoka, N.: Risk management method using data from EVM in software development projects, *2008 International Conference on Computational Intelligence for Modelling Control & Automation*, IEEE, 2008, pp. 1135–1140.

[7] Hu, Y., Zhang, X., Sun, X., Liu, M., and Du, J.: An intelligent model for software project risk prediction, *2009 International conference on information management, innovation management and industrial engineering*, Vol. 1, IEEE, 2009, pp. 629–632.

[8] Johnson, J. H.: My Life is Failure: 100 things you should know to be a successful project leader. USA: The Standish Group International, 2006.

[9] Lundberg, S. M. and Lee, S.-I.: A unified approach to interpreting model predictions, *Advances in neural information processing systems*, Vol. 30(2017).

[10] Mizuno, O., Adachi, T., Kikuno, T., and Takagi, Y.: On prediction of cost and duration for risky software projects based on risk questionnaire, *Proceedings Second Asia-Pacific Conference on Quality Software*, IEEE, 2001, pp. 120–128.

[11] 西村崇, 斉藤壮司, 田中淳: IT プロジェクト実態調査 2018 — 日経クロステック（xTECH）, 2018. `https://xtech.nikkei.com/atcl/nxt/column/18/00177/`, Accessed on July 11, 2024.

[12] 木下嘉洋, 中屋文江, 三浦信治, 田中公司: XAI を用いたソフトウェア開発プロジェクトの悪化予兆検知, *Proceedings of the International Conference on Project Management*, Vol. 14(2021), pp. No.1707.

ランダムフォレストと期間毎のリポジトリヒストリを用いた開発の継続性を予測するための分類手法の提案

小林 勇貴　尾花 将輝　花川 典子

近年のソフトウェア開発において，ライブラリやフレームワーク等を用いて開発を行うことは一般的である．また，これらのソフトウェアはオープンソースソフトウェア (OSS) としてホスティングサービスで管理されることがある．しかし，OSS であるためメンテナンスが継続的に行われるかは開発者や組織の意思に影響することが多い．そのため，OSS を利用する場合は常に開発の動向を意識しておく必要がある．そこで，本論文ではホスティングサービスで管理されるリポジトリヒストリを用いてプロジェクトの継続性を予測する手法を提案する．具体的には，GitHub から収集したプロジェクトデータに基づき，ランダムフォレストと回帰分析を用いて，プロジェクトの継続性を予測する．アーカイブされたプロジェクトと開発が継続している可能性のあるプロジェクトの２つの属性の特徴を学習し，アーカイブされたプロジェクトのクラスに所属する確率を求める．本提案を適用した結果，アーカイブされたプロジェクト 13 件中，12 件が予測手法でもアーカイブされたと判定することができた．

1　はじめに

近年のソフトウェア開発ではオープンソースソフトウェア (OSS) 等の成果物であるミドルウェアやライブラリ等を利用して開発したり，OSS を改変し，サービスとして展開することが増加している．OSS の成果物であるソフトウェア等を利用することで開発効率が向上する一方で，利用するライブラリが今後も継続的にメンテナンスされるかを熟知した上で利用する必要がある．しかし，OSS が継続的にメンテナンスされるかを把握するには，その開発者が発信する情報やリポジトリの動向を常に監視する必要がある．これらの情報を見落とすと，今後開発が停止する可能性を含んだソフトウェアをシステムとしてリリースする問題が挙げられる．

このような問題に対して，従来から OSS プロジェクトの継続性に関する研究が行われている [8]．しかし，プロジェクト毎の性質や開発年数，または時代による開発傾向の変化といった特徴があるため，開発の継続性を予測することは現在も難しい．

そこで，本論文ではランダムフォレストと回帰分析を用いて OSS の開発の継続性を予測する分類手法を提案する．本手法はホスティングサービスである GitHub でアーカイブされたプロジェクトを「開発が終了したプロジェクト」と定義し，開発が終了したプロジェクトと継続しているプロジェクトの 2 種類の特徴をランダムフォレストで学習させる．入力する特徴量としては，Issue，Pull Request，Fork 等の GitHub API で取得可能なデータを利用し，ランダムフォレストで学習させることにより，ある時点におけるクラス所属確率を求める．また，求めたクラス所属確率の推移を回帰分析した結果から，プロジェクトを分類し開発の継続性を予測する．

2 章に本研究に関連する研究の調査と比較を行い，3 章では具体的な提案内容を述べ，4 章では実際の OSS に対して本手法を適用し，5 章で得られた結果についてまとめる．最後に，6 章ではまとめと今後の課題を述べる．

A Classification Approach for Predicting Project Continuity
with Random Forest and Repository History

Yuuki Kobayashi, Masaki Obana, 大阪工業大学大学院, Osaka Institute of Technology.
Noriko Hanakawa, 阪南大学, Hannan Univercity.

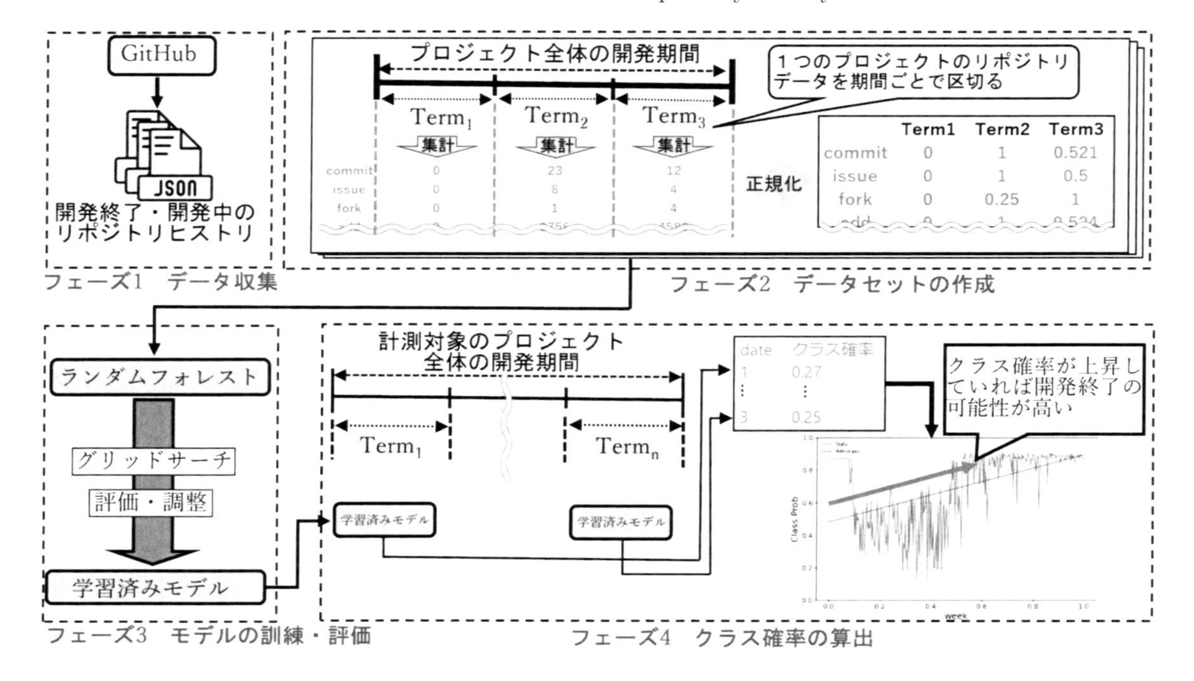

図1　提案手法の概念図

2　関連研究

従来からプロジェクトの継続性を予測するために，プロジェクトが終了する予兆を特定する研究が行われている．東本らの研究では OSS の生存性に関する論文の系統的レビューを実施し，6 件の論文を調査した [8]．その結果，論文中で用いられる特徴量のほとんどがユニークであり，どの特徴量が OSS の開発の継続性に影響力を与えているか判断できないことが分かった．このようにプロジェクト毎に開発の特徴が異なるため，本手法では取得できるデータを学習器に入力し特徴量の重みづけを自動化する．

また，統計的手法を用いて貢献者数や commit 回数の変化から OSS の継続性を予測する研究も行われている．Decan らは貢献者が離脱する可能性の低減を目的として，7528 件のプロジェクトと 5947 人の貢献者に対して次の commit の発生時期を Kaplan-Meier 推定量を用いて予測した [3]．しかし，これらの手法はプロジェクトの規模が考慮されておらず，少人数で行うプロジェクトに対して精度が低下する問題がある．本手法ではデータセット作成時に各特徴量を正規化することで，プロジェクトの規模の影響を低減できる点で異なる．

最後に機械学習を用いた OSS の開発の継続性を予測する研究について述べる．Park らはバグのタグがついた issue 数の変化からプロジェクトの継続性を分析できると考え，リポジトリヒストリから抽出した 5 つの特徴量を多項式回帰分析し，24 件の OSS のバグ修正活動の推移を予測した [5]．しかし，24 件の OSS のうち確実に予測できたとされる OSS は 5 件のみで，残りの 19 件は不明であった．本手法ではリポジトリの特徴量でなく，ランダムフォレストから得られたクラス所属確率の回帰分析を行う点で異なる．

3　提案手法

3.1　提案手法の概要

本手法はメンテナンスされない可能性のある OSS を意図せず利用してしまう問題を未然に防ぐことを目的に開発の継続性を予測する．本論文で述べるメンテナンスされない可能性のある OSS とは，長期間 commit が無い他にも issue が少ない，利用者が少なくなる等の状態のものを指す．このような状態が続い

表 1　取得した特徴量 (24 種)

add	期間 n で追加された行数	diff add	期間 $n-1$ からの add の変動量
del	期間 n で削除された行数	diff del	期間 $n-1$ からの del の変動量
total	期間 n で変更された全行数	diff total	期間 $n-1$ からの total の変動量
files	期間 n で編集されたファイルの数	diff files	期間 $n-1$ からの files の変動量
commit	期間 n で実行された commit の回数	diff commit	期間 $n-1$ からの commit の変動量
commiter	期間 n で貢献者数	diff commiter	期間 $n-1$ からの commiter の変動量
fork	期間 n で作成された fork の回数	diff fork	期間 $n-1$ からの fork の変動量
issue open	期間 n で作成された issue の数	diff issue open	期間 $n-1$ からの issue open の変動量
issue close	期間 n で閉じられた issue の数	diff issue close	期間 $n-1$ からの issue close の変動量
pull create	期間 n で作成された Pull Request の数	diff pull create	期間 $n-1$ からの PR create の変動量
pull close	期間 n で閉じられた Pull Request の数	diff pull close	期間 $n-1$ からの PR close の変動量
merge	期間 n で実行された merge の回数	diff merge	期間 $n-1$ からの merge の変動量

た結果，リポジトリが放置され，最終的にはアーカイブされると考える．しかし，プロジェクトの開発行動は開発規模（開発者数や LOC 数等），開発形態，ソフトウェアが安定している等の状況や，その時代の流行等に応じ変化すると考えられるため，これらのデータから継続性を予測することは難しい．

そこで本論文では，期間毎の開発行動をランダムフォレストに学習させ，OSS の開発継続性を予測する分類手法を提案する．期間毎（本論文では週単位）に開発が停止する可能性をクラス所属確率で求め，全期間を通じて開発が継続的に行われているかを予測する．ランダムフォレストを用いる理由は欠損値や不均衡なデータセットに強いことから採用した [2]．

本手法の概要を図 1 に示す．本手法は 4 つのフェーズから構成され，フェーズ 1 では GitHub から開発が停止したプロジェクトと開発が停止していないプロジェクトのリポジトリヒストリをそれぞれ収集する．フェーズ 2 では収集したリポジトリヒストリから期間毎に特徴量を集計し，プロジェクト単位で特徴量の正規化を行い学習用データセットを作成する．フェーズ 3 では作成したデータセットを用いてランダムフォレストの訓練と評価を行う．最後のフェーズ 4 では実際のプロジェクトのデータをモデルに入力し，データポイント (期間) 毎のクラス所属確率を求め，その回帰分析の結果から開発の継続性を評価する．

また，本手法では期間毎に開発が停止する可能性を求め，期間毎のクラス所属確率の推移によって開発の継続性を予測する．期間毎でクラス所属確率を求める理由として，開発初期に活動していたが，その後は品質維持のための定期的なアップデートを行うプロジェクトの場合には開発初期の活動を考慮する必要がある．そのため，図 1 のフェーズ 2 に示すように，1 つのプロジェクトの期間を一定の間隔で区切り，開発期間全体の時系列の影響を加味できるように特徴量を集計した．

3.2　データセットについて

本手法では 2 つのラベルからランダムフォレストの学習を行う．1 つ目が，開発が停止したプロジェクト，2 つ目が開発が停止していないプロジェクトである．開発が停止したプロジェクトはホスティングサービスで管理されているアーカイブ機能 †1 にて，プロジェクトがアーカイブされたものを対象とする．また，開発が継続している可能性のあるプロジェクトは Star 数や開発期間の長さを基準に選定しているが，実際に開発が継続しているかについての確証はない．そのため，開発が停止していないプロジェクトの正確なデータの取得方法については今後の課題とする．

3.3　プロジェクトの継続性の算出方法

3.3.1　フェーズ 1 データの収集

取得するデータを表 1 に示す．対象とするデータは類似の研究で利用されているデータを用いた [1] [4] [7]．また，対象とするリポジトリはソフトウェア開発を目的とし，書籍のサンプルコードや，リンク集といったドキュメントのみを管理するリポジトリ等は対象外

†1 https://docs.github.com/ja/repositories/archiving-a-github-repository/archiving-repositories

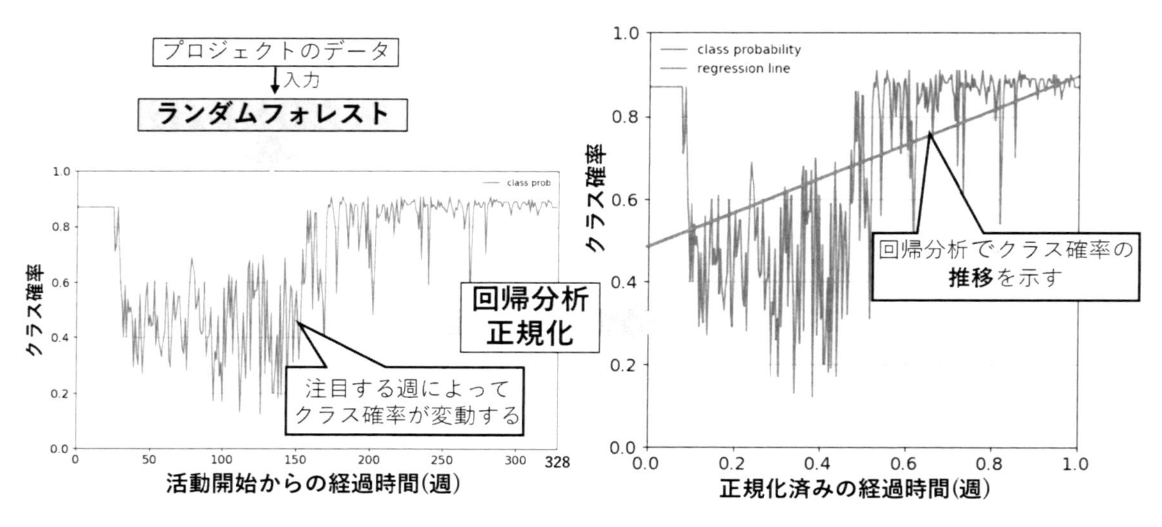

図 2　フェーズ 4 クラス所属確率の回帰分析

とする．プロジェクトの選択の基準は「開発が停止したプロジェクト」と「開発が停止していないプロジェクト」のそれぞれで Star 数 †2 が多い順に収集する．なお，ランダムフォレストの学習では開発期間が 1 年以上のものとし，アーカイブされたプロジェクトの場合はアーカイブされた日からデータ取得日までのリポジトリヒストリは取得しないものとする．

3.3.2　フェーズ 2 データセットの作成

フェーズ 2 では収集した表 1 のデータの整理を行う．本論文ではクラス所属確率をプロジェクト毎ではなく，特定の期間毎に求め，その推移によってプロジェクトの開発継続性を予測する．そこで，本論文では表 1 に示す特徴量を 1 週間毎で集計している．更に，前週との差分も併せて特徴量として追加した．

また，プロジェクトの規模で値に大きな差が生じる可能性がある．例えば，貢献者数が 100 人と 3 人のプロジェクトでは commit 回数に差が生じる可能性がある．このように特定の特徴量がプロジェクトの性質に影響しないように各特徴量を正規化する．最後に各データのラベル付けとしては開発が停止したプロジェクト，つまりアーカイブされたプロジェクトには archived のラベル，アーカイブされていないプロジェクトデータには not archived のラベルを付ける．

†2　https://docs.github.com/ja/get-started/exploring-projects-on-github/saving-repositories-with-stars

3.3.3　フェーズ 3 モデルの訓練・評価

フェーズ 3 では作成した学習用データセットをランダムフォレストに入力し，開発が停止したプロジェクトの特徴を学習させる．本論文ではランダムフォレスト内の決定木の数と木の深さをグリッドサーチでチューニングし，精度が高いモデルを使用する [6]．

モデルの精度評価は，正解率，適合率，再現率，F1 値，AUI を用いる．その中で再現率と F1 値を重視し，総合的に評価指標が最も高いモデルを使用する．

3.3.4　フェーズ 4 プロジェクトの継続性の判定

計測対象のプロジェクトもフェーズ 2 同様に各特徴量を正規化した上でフェーズ 3 で作成したモデルから期間毎の「開発が停止するプロジェクト」クラスに所属する確率を求める．本フェーズの計測結果の例を図 2 中の左のグラフに示す．本論文ではクラス所属確率が 1 に近づけば開発が停止する可能性のあるプロジェクトとなる．図 2 の例では全体的の推移が右肩上がりになっているため，このプロジェクトは今後開発が停止される可能性が高いと判断する．更に，クラス所属確率の推移を判断するために回帰分析を行う．

回帰分析を行う際には，リポジトリ作成日からリポジトリ取得日（調査日）までの日付を正規化することで開発期間の差による影響をなくす．正規化後にクラス所属確率の推移を定量化するために回帰直線 $f(x)$ を求め，開発の継続性を評価する (図 2 の右)．なお，

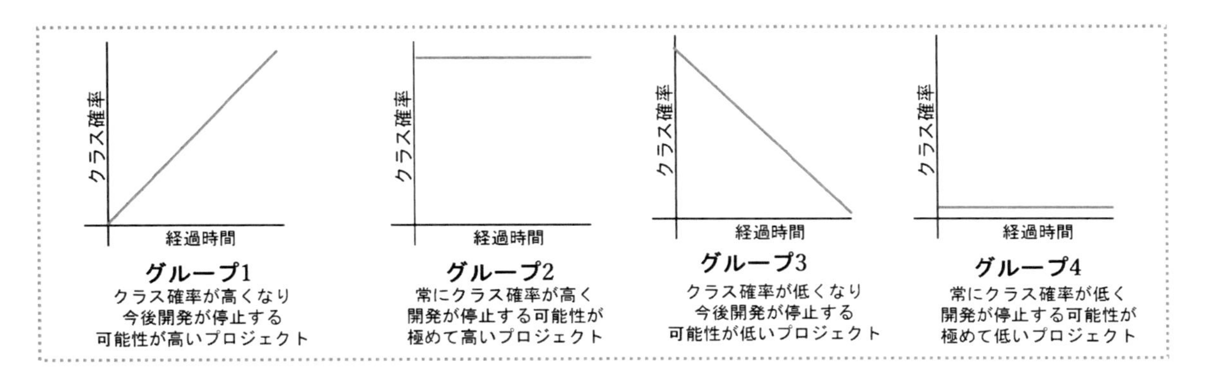

図 3　フェーズ 4 回帰直線の切片と傾きによるプロジェクトの分類

表 2　データセットの詳細

term	用途	プロジェクト数	全データ数	archived	not archived
1 週間	訓練	80	29676	15567	14109
	検証	20	6781	3141	3640

表 3　ランダムフォレストの精度と評価

決定木の数	決定木の深さ	正解率	適合率	再現率	F1 値	AUI
200	10	0.609	0.633	0.621	0.603	0.606

本論文では回帰直線の傾きが重要であり，傾きの値が正の数を示せば示すほど今後プロジェクトが停止される可能性が高くなり，逆に負の数を示すと今後プロジェクトが継続される可能性が高くなる．また切片は開発の実績を示す．例えば，開発初期に活発な開発が行われていた場合は切片が低く，逆に高い場合は開発初期からあまり開発されていなかったことを示す．これらの回帰直線を分類したものが図 3 である．

4　適用

本手法の適用事例について述べる．フェーズ 1 では GitHubAPI を用いてリポジトリヒストリを収集する．本論文では 2024 年 6 月までに「開発が停止した」と「開発が停止していない」のリポジトリヒストリをそれぞれ 50 件ずつ，合計 100 件取得した．なお，開発が停止したプロジェクトはアーカイブされた日までのリポジトリヒストリのみを取得した．

フェーズ 2 では表 2 に示すデータセットを作成した．訓練用データセットは「開発が停止した」と「開発が停止していない」プロジェクトを Star 数の多い順にそれぞれ 40 件選び，合計 80 件のデータに正規化とラベル付けを行って作成した．検証用データセットも同様に残りの 20 件のデータから作成した．

フェーズ 3 ではランダムフォレストの訓練とチューニングを行った．本論文では cart アルゴリズムに基づいた分類木から構成されるランダムフォレストを使用した．また，ランダムフォレスト内の決定木の数と決定木の深さの 2 種類のハイパーパラメータを使用し，チューニングにはグリッドサーチ法を用いた [6]．

表 3 に 3 種類の学習用データセットを用いて訓練したモデルを検証用データセットで精度を評価した結果を示す．今回は 1 週間毎に集計したデータセット用いたモデルの精度が最も高かったため使用した．

最後のフェーズ 4 では新たに取得した 13 件のアーカイブされたプロジェクトのリポジトリヒストリを用いて有用性を評価した．各プロジェクトに対し，週毎にクラス所属確率を求め，それを目的変数 y，正規化した期間を説明変数 x として回帰直線 $f(x)$ を求め，4 つのグループへの分類を行った．

5　結果

本手法を 13 件のアーカイブされたプロジェクトに適用した結果を図 4 に示す．図 4 右側の散布図はプロジェクト毎の回帰直線の切片 ($f(0)$) を x 軸，$f(1)$

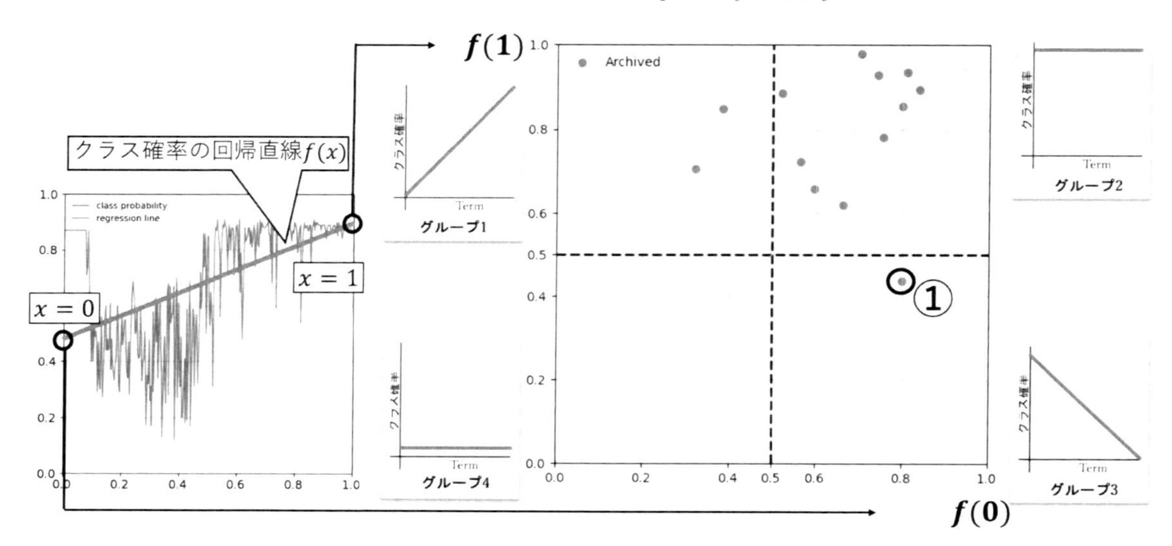

図 4　回帰分析の結果によるプロジェクトの分類とその分布

をy軸にプロットしたグラフである．このグラフは $x=0.5$ と $y=0.5$ で区切った4つのエリアが3.3.4で述べた4つのグループに対応する．また，直線 $y=x$ より上にプロットされた場合はプロジェクトの回帰直線の傾きが正，下にプロットされたプロジェクトの傾きが負となる． 結果，13件のプロジェクトのうち10件がグループ2に分類され，2件がグループ1に分類された．つまり，開発が停止されたリポジトリのほとんどを本手法で検出することができた．

また①はグループ3に分類されたにも関わらずアーカイブされたプロジェクトである．そこで，このプロジェクトを調査した結果，法的な問題により開発が急に停止したことがわかった．つまり，本手法では検出できない事例である．しかし，法的な問題による開発停止がなければ，開発が活発化していることを検出できた可能性を示唆できた事例である．

6　まとめ

本論文ではOSSを対象にランダムフォレストから算出されるクラス所属確率を用いた開発の継続性を予測する分析手法を提案した．その結果，アーカイブされたプロジェクト13件中，12件が開発されてないプロジェクトに分類されることを確認した．今後は開発が本当に継続しているかを判定する調査や手法を提案し，モデルの精度を向上させることが課題である．

参考文献

[1] Ali, R. H., Parlett-Pelleriti, C., and Linstead, E.: Cheating Death: A Statistical Survival Analysis of Publicly Available Python Projects, *Proceedings of the 17th International Conference on Mining Software Repositories (MSR '20)*, Association for Computing Machinery, 2020, pp. 6–10.

[2] Breiman, L.: Random Forests, *Machine Learning*, Vol. 45, No. 1(2001), pp. 5–32.

[3] Decan, A., Constantinou, E., Mens, T., and Rocha, H.: GAP: Forecasting Commit Activity in Git Projects, *The Journal of Systems and Software*, Vol. 165(2020).

[4] Li, X., Moreschini, S., Pecorelli, F., and Taibi, D.: OSSARA: Abandonment Risk Assessment for Embedded Open Source Components, *IEEE Software*, Vol. 39, No. 4(2022), pp. 48–53.

[5] Park, S., Kwon, R., and Kwon, G.: Survivability Prediction of Open Source Software with Polynomial Regression, *Applied Sciences*, Vol. 14, No. 7(2024).

[6] Probst, P. and Boulesteix, A.-L.: To Tune or Not to Tune the Number of Trees in Random Forest, *Journal of Machine Learning Research*, Vol. 18, No. 1(2017), pp. 6673–6690.

[7] Stănciulescu, S., Yin, L., and Filkov, V.: Code, Quality, and Process Metrics in Graduated and Retired ASFI Projects, *Proceedings of the 30th ACM Joint European Software Engineering Conference and Symposium on the Foundations of Software Engineering (ESEC/FSE 2022)*, Association for Computing Machinery, 2022, pp. 495–506.

[8] 東本知志, 蔵元宏樹, 斎藤忍, 飯村結香子, 近藤将成, 亀井靖高, 鵜林尚靖: 生存時間分析による OSS の活動継続に関する実証評価, ソフトウェア工学の基礎ワークショップ論文集, Vol. 30(2023), pp. 23–32.

ソフトウェア規模計測方法の差異が工数見積もりに与える影響

角田 雅照　松本 健一　大岩 佐和子　押野 智樹

ソフトウェアの規模を計測する方法としてIFPUG法がある．IFPUG法はソフトウェアの規模を正確に計測できる一方で，計測に必要な作業時間が長くなる傾向がある．そのため，IFPUG法を簡素化したSimple FP法などが提案されている．簡素化された計測方法を用いた場合，IFPUG法との計測結果が異なる．本稿では，ソフトウェア規模計測方法の差異が，開発工数見積もりの精度に与える影響を分析するとともに，差異の影響を抑える方法について明らかにした．

To measure software size, IFPUG method is the most major approach as function point (FP) analysis. IFPUG method needs longer time to measure software size. Therefore, simplified measurement methods such as Simple FP have been proposed. When such simplified methods are used, the measurement results are different from IFPUG method. This paper analyzed influence of the measurement methods to accuracy of effort estimation. Additionally, we clarified how to suppress the influence.

1　はじめに

ファンクションポイント（FP）法は，ソフトウェア規模を機能の種類に基づいて計測するために考案された方法であり，システム設計書から人手によりシステムの機能を特定し，特定の計測規則に従ってFPを算出する．FP法の代表的な方法であるIFPUG法は，規模を機能の複雑度に応じて点数の重みづけをして計測する．一方で，計測規則がやや複雑であり，計測に必要な時間が長くなる傾向がある．

そのため，IFPUG法を簡素化したSimple FP法などが提案されている．直感的にはIFPUG法は各機能の複雑度と件数の両方を考慮するのに対し，Simple FP法では件数のみを考慮する．従来研究では，Simple FP法の有効性を評価することを目的として，IFPUG法による規模計測結果および工数見積精度と比較されてきた[3]．

従来研究では工数見積精度の比較のために重回帰分析が用いられ，規模を説明変数，開発工数を目的変数としている[3]．ただし，規模以外にどのような説明変数を用いると，簡便な計測方法を用いても見積精度の低下を抑えられるかは分析されていない．

画面数などは一般に基本設計時に(FP計測の有無に関わらず)確定しており，最も簡便な規模計測方法といえる．簡便な計測方法に不足している情報を補完するために，規模以外の情報を説明変数として用いると，見積精度の低下を抑えられる可能性がある．本稿の主要な貢献は，画面数などを簡便な規模として用いても，上流工程工数を説明変数[5]として併用することにより，工数見積もりの精度低下を抑えられることを示したことである．

2　データセットおよび分析方法

2.1　データセット

分析に用いたデータセットは，2001から2022年度にかけて日本の企業から横断的に収集されたソフトウェア開発プロジェクト2,352件が含まれる．分析で

Influence of Software Size Measurement Methods on Effort Estimation

Masateru Tsunoda, 奈良先端科学技術大学院大学，近畿大学, Nara Institute of Science and Technology, Kindai University.

Kenichi Matsumoto, 奈良先端科学技術大学院大学, Nara Institute of Science and Technology.

Sawako Ohiwa, Tomoki Oshino, 経済調査会, Economic Research Association.

表 1　データ SA における SiFP と FP との差異

	相対誤差				
モデル	S0	S1	S2	S3	S4
平均値	16.20%	16.80%	16.70%	16.20%	23.20%
中央値	9.80%	10.30%	10.10%	9.70%	13.30%

表 2　データ SM における SiFP と FP との差異

	BRE				
モデル	S0	S1	S2	S3	S4
平均値	16.20%	16.70%	16.90%	16.10%	24.30%
中央値	9.80%	10.30%	10.40%	9.40%	13.10%

用いた項目を以下に示す [2]．うち開発種別，アーキテクチャ，開発言語，業種はダミー変数である．

- 実績 FP: 実績の FP
- 推定 FP: FP 要素等から実績 FP を推定するモデルにより得られた FP
- FP 要素: 実績 FP 算出のために用いられた ILF, ILF 件数，EI，EIF 件数，EI，EI 件数，EO，EO 件数，EQ，EQ 件数を指す
- UGEP: Unspecified Generic Elementary Process の略．EI 件数，EO 件数，EQ 件数の合計．後述する SiFP の算出に利用する
- UGDG: Unspecified Generic Data Group の略．ILF 件数と EIF 件数の合計．後述する SiFP の算出に利用する
- SiFP: Simple FP 法により計測された FP．4.6 UGEP + 7 UGDG により算出される
- ソフトウェア仕様: システムに含まれる画面数，帳票数，ファイル数，システムの要件定義文書量，基本設計文書量の 5 項目を指す
- 開発工数: 単位は人月（1 人月は 160 時間）．4 章で用いる要件定義工数は開発工数の一部
- 開発種別: 新規開発，既存システム改修
- アーキテクチャ: クライアントサーバ，Web 系，メインフレーム
- 開発言語: Java，Visual Basic，SQL，COBOL
- 業種: 製造業，流通業，金融業・保険業

分析では以下の 4 種類のデータを抽出して用いた．

- データ SA: SiFP を算出可能で FP 計測手法を限定しないデータ（409 件）
- データ SM: SiFP を算出可能で FP 計測手法を IFPUG 法に限定したデータ（269 件）
- データ DA: FP 計測手法を限定しないデータ（660 件）
- データ DM: FP 計測手法を IFPUG 法に限定したデータ（373 件）

データ SA と SM は主に 3.1 節で用い，データ DA と DM は主に 3.2 節で用いた．SiFP が算出可能とは，FP の各要素が記録されていることを指す．データセットには FP 計測手法が IFPUG 法以外のものも含まれているため，データ SM，DM を用いた．

4 章でのデータ SA と DA の利用時には，要件定義，基本設計，詳細設計，ソフトウェア構築，結合テスト，総合テストのすべての工程が実施されたプロジェクトのみを抽出した．

2.2　分析方法

分析では，従来研究 [1] と同様に，予測モデルとして重回帰分析を用いるとともに，変数選択を行った．変数選択時には多重共線性の発生を防ぐために，トレランスが 0.1 を下回る変数を除外した．

評価指標として BRE の平均値と中央値を用いた．BRE は絶対誤差（推定値と実測値との差の絶対値）を，推定値と実測値のうちの小さいほうで除算し百分率で表したものである．例えば実績 FP が 20，推定 FP が 40 の場合，実績 FP のほうが小さいため，絶対誤差 20 を 20 で除算した 100%となる．交差検証法として，リーブワンアウト法を用いた．

表 3　データ DA における FP と D1，D2 との差異

	BRE	
モデル	D1	D2
平均値	198.40%	196.70%
中央値	56.00%	54.50%

表 4　データ DM における FP と D1，D2 との差異

	BRE	
モデル	D1	D2
平均値	88.10%	83.50%
中央値	39.90%	38.10%

表 5　データ SA における SiFP と D1，D2 との差異

	BRE	
モデル	D1	D2
平均値	95.00%	79.10%
中央値	38.90%	36.20%

表 6　データ SA における FP と D1，D2 との差異

	BRE	
モデル	D1	D2
平均値	99.90%	77.80%
中央値	40.50%	35.50%

表 7　データ DA における E3，E4 の見積精度

モデル	E1	E3	E4
BRE 平均値	153.2%	188.4%	191.1%
BRE 中央値	77.7%	86.8%	93.3%
差分（平均値）	-	35.2%	37.9%
差分（中央値）	-	9.1%	15.6%

表 8　データ DA における E3a，E4a の見積精度

モデル	E1a	E3a	E4a
BRE 平均値	124.2%	157.8%	159.1%
BRE 中央値	69.0%	80.0%	79.1%
差分（平均値）	-	33.5%	34.9%
差分（中央値）	-	11.0%	10.1%

3　規模計測方法の比較

3.1　Simple FP 法による規模計測

簡便なソフトウェア規模計測方法として，近年着目されている Simple FP 法 [3] を取り上げ，IFPUG 法などに基づく実績 FP との差異を分析した．以降では，Simple FP 法により計測した規模を SiFP と表す．

SiFP を直接実績 FP の推定値とした場合と，文献 [1] と同様に重回帰分析に基づき SiFP より実績 FP を推定した場合において，それぞれの実績 FP との差異を確かめた．そのために以下のモデルを作成した．

- モデル S0: SiFP 直接利用
- モデル S1: SiFP
- モデル S2: UGEP，UGDG
- モデル S3: モデル S1 の説明変数を対数変換
- モデル S4: モデル S2 の説明変数を対数変換

上記リストは用いた説明変数を示し，モデル S0 は重回帰分析を適用しない場合を指す．モデル S1 と S2 については，分析で用いたデータセットにおいて，説明変数として UGEP と UGDG を用いたほうが差分が小さくなるのかを確かめるために，文献 [1] と同様の方法で作成した．モデル S3，S4 については対数変換の効果を確かめるために作成した．S3，S4 については説明変数（実績 FP）も対数変換している．

データ SA を用いて作成されたモデルの差異を表 1 に示す．表に示すように，S4 の差異が最も大きく，その他のモデルにおける差異は小さかった．モデル S3 の差異が最も小さかったが，重回帰分析を用いない S0 との差はわずかであった．モデル S4 を除き，BRE は中央値で約 10%，平均値でも約 16%であり，Simple FP 法は用いたデータセットにおいても，一般的な FP 計測方法との差が小さいといえる．

データ SM を用いて作成されたモデルの差異を表 2 に示す．表 1 と同様に，BRE の中央値はモデル S3 が最も低いが，S0 との差はほとんどなかった．また，表 1 と同様にモデル S4 の差異が最も大きかった．表 1 と表 2 の差異はほとんどなかったことから，それぞれの FP 計測手法と SiFP との差異は小さいといえる．

3.2　ソフトウェア仕様に基づく規模計測

FP を計測せず，より簡易的に画面数などのソフトウェア仕様を規模として利用した場合における，実績 FP との差異を分析した．なお，FP は基本設計完了後に計測可能であり，その時点では画面数などのソフトウェア仕様も一般に計測可能である．

重回帰分析による推定モデルでは，以下の 2 種類の説明変数を用いた．

表 9　データ SA における E1 から E5 の見積精度

モデル	E1	E2	E3	E4	E5
BRE 平均値	127.0%	124.4%	180.0%	185.4%	179.0%
BRE 中央値	67.1%	66.4%	75.1%	77.3%	78.5%
差分（平均値）	-	-2.6%	53.0%	58.4%	52.0%
差分（中央値）	-	-0.8%	8.0%	10.2%	11.4%

表 10　データ SA における E1a から E5a の見積精度

モデル	E1a	E2a	E3a	E4a	E5a
BRE 平均値	104.1%	108.4%	158.1%	158.0%	157.7%
BRE 中央値	62.0%	59.3%	73.7%	77.2%	78.1%
差分（平均値）	-	4.3%	54.0%	53.9%	53.7%
差分（中央値）	-	-2.7%	11.7%	15.2%	16.1%

表 11　データ DA における E3e と E4e の見積精度

モデル	E1e	E3e	E4e	E6e
BRE 平均値	64.3%	82.4%	84.1%	103.4%
BRE 中央値	40.3%	45.9%	43.5%	51.5%
差分（平均値）	-	18.0%	19.8%	-
差分（中央値）	-	5.7%	3.3%	-

表 12　データ DA における E3a と E4a の見積精度 (表 11 と同一プロジェクト)

モデル	E1e	E3a	E4a
BRE 平均値	111.4%	193.4%	188.0%
BRE 中央値	61.7%	86.4%	84.5%
差分（平均値）	-	82.0%	76.6%
差分（中央値）	-	24.7%	22.7%

- モデル D1: 画面数，帳票数，ファイル数，業種
- モデル D2: 画面数，帳票数，ファイル数，業種，画面数・業種，帳票数・業種，ファイル数・業種

各モデルにおいて「業種」は製造業，流通業，金融業・保険業の 3 つのダミー変数を指す．業種が異なる場合，画面数が同じでもシステムに求められる機能量が異なると想定し，業種を説明変数に含めた．さらにこの想定に基づき，モデル D2 においてソフトウェア仕様と業種との交互作用項を設定した．モデル D2 において「画面数・業種」などは画面数と業種の交互作用項を示す．前述のように業種は 3 個の変数を含むため，例えば「画面数・業種」は 3 個の交互作用項を含む．予備分析において，各モデルの説明変数と目的変数を対数変換した場合の差異が小さかったため，モデル D1，D2 の各変数を対数変換したもののみを評価対象とした．

データ DA，DM におけるモデルの差異を表 3 と表 4 に示す．データ DA においては，おおむね BRE の中央値で 55%程度の差異となったが，平均値では 200%に近い差異となった．データ DM では，差異が縮小していた．特に BRE の平均値が 100%以上改善していた．BRE の中央値については 15%以上改善し，各モデルにおいて 40%を下回った．交互作用項を説明変数に含めた D2 に関して，どちらのデータにおいても絶対誤差は D1 よりも小さくなったが，BRE についてはほとんど差がなかった．モデルが複雑になることから，交互作用項の導入の必要性は低い．

データ SA において各モデルにより SiFP を推定した場合の差異を表 5 に，実績 FP を推定した場合の差異を表 6 に示す．モデル D1 においては SiFP の差異のほうが実績 FP よりも大きかったが，モデル D2 については実績 FP の差異のほうが小さかった．ただしモデル間における BRE 中央値の差は 3%未満であり，差異は大きくない．このことから，ソフトウェア仕様を用いた場合，実績 FP と SiFP 推定時の差異はほとんどないといえる．なお表 5，表 6 において，モデル D2 の BRE 平均が D1 よりも 15%以上改善していた．ただし中央値については差が小さいため，交互作用項の必要性は高くないといえる．

4　工数見積もり

4.1　分析概要

ソフトウェア規模の計測方法の違いにより，開発工数の見積精度が，用いる説明変数によりどの程度変動するのかを分析した．

表 13　データ SA における E2e から E6e の見積精度

モデル	E1e	E2e	E3e	E4e	E5e	E6e
BRE 平均値	57.1%	58.9%	90.8%	82.7%	82.2%	104.3%
BRE 中央値	44.1%	43.5%	52.4%	46.7%	46.2%	51.1%
差分（平均値）	-	1.8%	33.7%	25.6%	25.1%	-
差分（中央値）	-	-0.7%	8.2%	2.6%	2.1%	-

表 14　データ SA における E2a から E5a の見積精度 (表 13 と同一プロジェクト)

モデル	E1a	E2a	E3a	E4a	E5a
BRE 平均値	96.8%	98.9%	189.3%	205.5%	195.3%
BRE 中央値	69.1%	70.4%	75.3%	78.1%	79.0%
差分（平均値）	-	2.1%	92.5%	108.6%	98.5%
差分（中央値）	-	1.2%	6.2%	8.9%	9.8%

表 15　データ DA における E3ae と E4ae の見積精度

モデル	E1ae	E3ae	E4ae	E6ae
BRE 平均値	59.2%	79.5%	81.0%	102.0%
BRE 中央値	36.5%	44.8%	45.6%	54.5%
差分（平均値）	-	20.3%	21.7%	-
差分（中央値）	-	8.3%	9.1%	-

開発工数の見積もりでは，規模以外の説明変数として，業種や開発言語なども含み，それらも工数見積もりの精度に影響する．このため，工数見積もりにおいて，3 章で示した規模計測の差異がそのまま見積精度に現れるとは限らない．

工数見積もりの精度確認のために，以下の説明変数を用いたモデルを作成した．なお，以下の各モデルには文献 [3] と同様に，開発種別を含めている．

- モデル E1: 実績 FP
- モデル E2: SiFP
- モデル E3: ソフトウェア仕様
- モデル E4: モデル D1 による推定 FP
- モデル E5: モデル D1 による推定 SiFP
- モデル E6: 要件定義工数
- モデル E1a〜E6a: E1 から E6 に業種（E3 以外），アーキテクチャ，開発言語を加えたモデル
- モデル E1e〜E5e: E1 から E5 に要件定義工数を加えたモデル
- モデル E1ae〜E5ae: E1a から E5a に要件定義工数を加えたモデル

上記におけるモデル D1 は，ソフトウェア仕様を説明変数として FP などを推定するモデルである（3.2 節参照）．推定 FP および推定 SiFP の算出時には，前章と同様にリーブワンアウト法を用いている．開発種別，業種，アーキテクチャ，開発言語は，工数見積もりの説明変数として広く用いられているものである（文献 [4] など）．上流工程工数（要件定義工数）を説明変数とする方法は文献 [5] に基づく．目的変数である工数と，ダミー変数以外の説明変数については対数変換をした．データ DA を用いる場合，SiFP が利用できないため，モデル E2，E5 とそれらから派生したモデルは構築していない．

説明変数の効果については，モデル E1 およびその派生モデル（E1a など）をベンチマークとして，これらからの BRE 平均値と中央値の差分を確かめた．なお，用いる説明変数によっては，2 章で述べたデータ件数よりも少なくなる場合がある．そのため例えば，モデル E1 と E2a の差分ではなく，モデル E1a と E2a との差分を算出した．

4.2　開発言語などの効果

データ DA における，モデル E3，E4 と E1（ベースライン）の差分を表 7 に，開発言語などを追加した E3a，E4a と E1a の差分を表 8 に示す．表 7 と比較して，表 8 の差分の平均値，中央値は 6%未満しか改善しなかった．

データ SA における，モデル E2 から E5 と E1 の差分を表 9 に，E2a から E5a と E1a の差分を表 10 に示す．データ DA と同様の傾向であり，表 9 と比較して，表 10 の平均値，中央値は 5%未満しか改善しなかった．

これらの結果より，開発言語などを説明変数に加え

表 16 データ SA における E2ae から E6ae の見積精度

モデル	E1ae	E2ae	E3ae	E4ae	E5ae	E6ae
BRE 平均値	54.7%	56.2%	91.3%	82.9%	82.4%	104.4%
BRE 中央値	44.1%	42.1%	51.9%	45.9%	46.6%	51.1%
差分（平均値）	-	1.5%	36.6%	28.2%	27.7%	-
差分（中央値）	-	-2.0%	7.8%	1.8%	2.5%	-

ても，画面数などを規模の代替尺度として用いた場合の精度低下を抑えられないといえる．

4.3 上流工程工数の効果

データ DA における，モデル E3e，E4e と E1(ベースライン) の差分と E6e の精度を表 11 に，表 11 と同じプロジェクトを用いた場合の E3a，E4a と E1a の差分を表 12 に示す．表 12 と比較して表 11 では，差分の平均値と中央値がそれぞれ 50%，15%以上改善していた．また表 11 において，E6e（規模を説明変数として用いない場合）よりも E3e，E4e の見積もり精度が高く，BRE 平均値が 15%以上改善していた．

データ SA における，モデル E2e から E5e と E1e の差分と E6e の精度を表 13 に，表 13 と同じプロジェクトを用いた場合のモデル E2a から E5a と E1a の差分を表 14 に示す．E2e については，上流工程工数を用いても差分はほとんど改善しなかったが，E3e から E5e については，データ DA と同様の傾向であった．すなわち差分の平均値が 50%以上改善し，E3e 以外は中央値が 5%以上改善していた．

データ DA における，モデル E3ae，E4ae とベースライン（E1ae）の差分と E6ae の精度を表 15 に，データ SA における，E2e から E5e と E1e の差分と E6e の精度を表 16 に示す．表 11 と表 15，すなわちデータ DA においては後者の差分の平均値と絶対値が 10%未満ではあるが悪化していた．表 13 と表 16，すなわち SA においては後者の一部指標が改善していた．そのため，開発言語などは説明変数として必須とはいえない．

前節の結果と本節の結果に基づくと，上流工程工数を説明変数として用いることにより，画面数などを規模の代替尺度として用いた場合の精度低下を抑えられるといえる．表 11, 13 において，データ SA における E3e を除き，BRE 平均値は 26%未満，中央値は 6%であり，平均値については外れ値の影響も考えられる．そのため，精度改善の余地はあるが，見積方法に一定の有用性があると考える．SiFP（モデル E2 とその派生モデル）については，説明変数の追加なしでベースラインと同程度の見積精度となるといえる．

5 おわりに

本稿では，ソフトウェア規模計測方法の差異が工数見積もりに与える影響について分析した．Simple FP 法は工数見積もりの精度にほとんど影響を与えていなかった．画面数などを規模とした場合，精度低下が見られたが，上流工程工数を説明変数として用いることにより，精度低下を抑えられることを明らかにした．

参 考 文 献

[1] Abualkishik A. et al.: A study on the statistical con-vertibility of IFPUG Function Point, COSMIC Function Point and Simple Function Point, *Information and Software Technology*, vol.86, 2017, pp.1-19.

[2] 経済調査会経済調査研究所 編: ソフトウェア開発データリポジトリの分析, 経済調査会, 2020.

[3] Lavazza L. and Meli, R.: An Evaluation of Simple Function Point as a Replacement of IFPUG Function Point, *In Proc. of Joint Conference of the International Workshop on Software Measurement and the International Conference on Software Process and Product Measurement (IWSM/Mensura)*, 2014, pp.196-206, (Rotterdam, Netherlands).

[4] Mendes, E. and Lokan, C.: Replicating studies on cross- vs single-company effort models using the ISBSG Database, *Empirical Software Engineering*, vol.13, 2008, pp.3-37.

[5] Tsunoda, M. et al.: Revisiting Software Development Effort Estimation Based on Early Phase Development Activities, *In Proc. of Working Conference on Mining Software Repositories (MSR)*, 2013, pp.429-438 (San Francisco, CA).

LIME を用いた画像認識モデルの評価手法の提案

土橋 青空　本田 澄

画像認識モデルの評価として，精度の比較が行われることが多い．しかし，精度以外での評価手法はいまだ一般的でない．そこで，精度以外での比較手法として，画像認識モデルの予測に対して LIME を用いて判断根拠を可視化し，その判断根拠の一致率でポイント数を求め，画像認識モデルを合計ポイント数で評価する手法を提案する．提案手法を評価するために，ImageNet の評価用データを使用して実験を行った．評価の対象となる学習済みモデルは ResNet50，VGG16，InceptionV3 の計 3 種類である．評価実験の結果，全体としては精度で順位づけした結果とポイント数で順位づけした結果では変わりはなかった．しかし，ラベルごとの評価結果はモデルによって異なることがわかった．

1 はじめに

さまざまな画像認識モデルが提案されており，モデルの良し悪しを比較してどのモデルを使用するべきか評価する必要がある．モデルの評価は，精度の比較や計算コストの比較などさまざまなものがある．そして，精度の比較の中で，最もメジャーなものは正解数を合計数で割って求める正解率に基づいた精度である．しかし，その正解の質で比較すると正解率の比較とは異なった結果になる可能性がある．例えば，モデル同士で比較すると，たとえ同じ正解を出していたとしても，正解とする判断根拠が異なる画像があり，片方は正解となる対象物とは離れた位置のものを判断根拠としている場合がある．そのため，正解率の比較だけでは正しい比較ができないと考えた．

そこで，Ribeiro らが提唱した，Local Interpretable Model-agnostic Explanations（以下，LIME と記す）[1] を用いて，モデルが予測した結果に対する判断根拠を可視化し，その判断根拠から画像認識モデルの予測の一致度を評価する手法を提案する．LIME とは，AI モデルが予測した結果に対して，その判断根拠を可視化して説明する手法であり，評価対象とする画像認識モデルがブラックボックスであっても評価可能である．そのため，正解率とは別の視点での比較が可能であると考える．

以下のような RQ を立てた．

RQ1: LIME を利用した評価手法は画像認識モデルの比較評価は可能か？

RQ2: LIME を利用した評価手法と画像認識モデルの精度を比較する手法では違いはあるか？

本論文による提案手法の有用性を調べるために RQ1 を，提案手法による評価と精度による評価にどのような差があるかを調べるために RQ2 を立てた．

RQ1 を調べるため，提案手法によって算出した判断根拠の一致数をモデルごとに比較する評価実験を行った．評価実験の結果，各モデルごとの特徴は表れており，比較評価が可能であることがわかった．

また，RQ2 を調べるため，モデルごとの判断根拠の一致数と正解率による精度を比較する評価実験を行った．評価実験の結果，全体の精度と提案手法ではモデル間の評価に変わりはなかった．ここでの全体の精度とは，正解数を合計数で割った正解率のことを指す．しかし，それぞれのラベルで比較すると，精度による評価とポイント数による評価では，モデル間の

A Proposal for an Evaluation Method of Image Recognition Models Using LIME
Sora Tsuchihashi, Kiyoshi Honda, 大阪工業大学, Osaka Institute of Technology.

順位に逆転が起きるなどモデルごとの特徴が表れた．そのため，モデルの精度で比較する手法と提案手法では違いがあることがわかった．

本論文の貢献を以下に示す．

- LIME を利用した画像認識モデルの比較手法の提案．
- 提案手法と精度比較の手法での違いについての検証．

2 背景

画像認識モデルとは画像とその画像につけられたラベルで学習されたものである．画像認識モデルの種類は多岐にわたり，どのモデルを使用するべきかの議論であっても精度の比較や計算速度の考慮などにとどまっている [2]．そこで，本論文では，精度やコスト以外での比較手法として，LIME を用いた画像認識モデルを評価する手法を提案する．

2.1 LIME

AI モデルが出した結果にいたるプロセスを，人間が理解しやすい形で説明を得る手法はさまざま提案されており，そのうちの一つに LIME がある．LIME とは，AI モデルが予測した結果に対して，どの部分が判断に寄与したかを特定する手法である [1]．テキストや画像認識の説明に利用可能であり，画像認識モデルの場合は，対象となる画像を色や形による画像分割手法で部分領域に分割し，その分割領域の組み合わせの結果から，どの分割領域が画像認識による結果に影響を与えているかを算出する．このような特徴から，LIME は評価対象とする画像認識モデルがブラックボックスであっても評価可能である．

2.2 動機付けの例

図 1 には，He らが提案した ResNet50 [3]，Simonyan らが提案した VGG16 [4]，Szegedy らが提案した InceptionV3 [5] によって画像認識を行った画像に対して，LIME を用いて注目箇所の特定を行った結果を示す．図 1 の（a）は画像認識の対象となるイモリの画像であり，この画像は ImageNet の評価用データに含まれている画像である．(b)，(c)，(d) は，

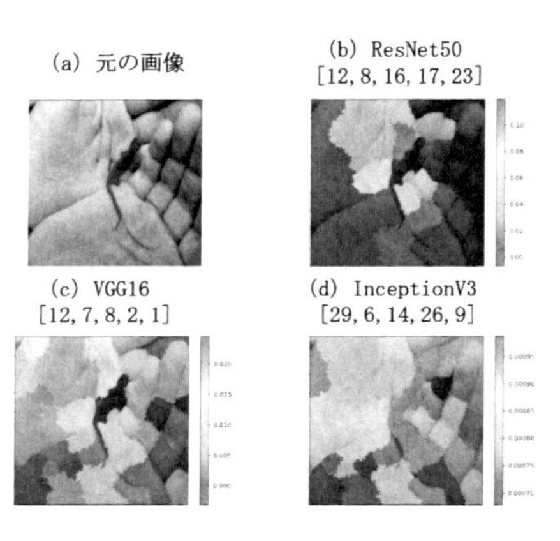

図 1　LIME における注目箇所の特定

すべてのモデルがこの画像をイモリと判断し，各モデルがイモリと判断した根拠を LIME を用いて算出したヒートマップを示す．ヒートマップについてはイモリと判断したことに大きな影響を及ぼした部分であるほど赤く表されている．図 1 は，モデルによって異なるセグメントを指している問題を示している．

すべてのモデルは正解となるイモリを予測している．しかし，ResNet50 と VGG16 が判断根拠としたセグメントが InceptionV3 のセグメントには一切含まれていないことからわかるように，InceptionV3 の予測の判断根拠としたセグメントは他 2 種のものと比べて大きく異なっている．実際に InceptionV3 のヒートマップを確認しても手のひらを判断根拠としていて，イモリ自体はほとんど判断根拠としていないことがわかる．このような違いは，正解の精度を比べるだけでは知ることができないため，判断根拠を比べることで別の軸でのモデルの比較をすることが可能になると考える．

3 提案手法

本論文では，モデル評価の際に，LIME を用いて分析し，複数の学習済みモデルを比較する手法を提案する．予測への寄与度を特定する手法はさまざまなものがあるが，モデル非依存な手法の代表の一つとして LIME を採用する．

図 2 には，提案手法の手順を示す．手順 1 では，比較したい学習済みモデルを選び，用意した画像に対

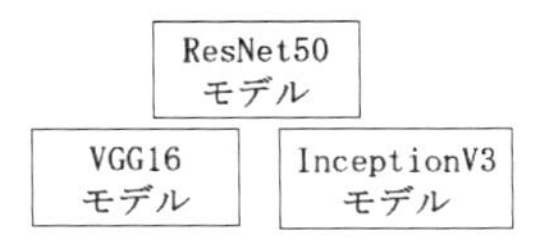

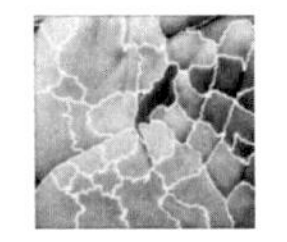

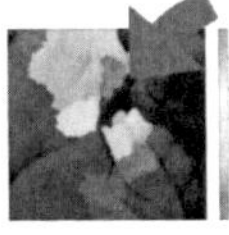

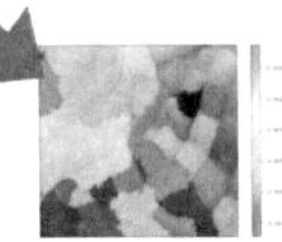

図 2　提案手法の手順

して学習済みモデルを用いて画像認識を行う．この例では，ResNet50，VGG16，InceptionV3 を使用した．手順 2 では，LIME を用いるため画像の部分領域分割を行う．以降，分割した部分領域のことをセグメントと記す．この例では，Vedaldi らが提案した Quickshift 法と呼ばれる画像分割手法を用いた [6]．手順 3 では，判断に対してどのセグメントの影響が大きいかを調べるために，LIME を用いてモデルの予測にどのセグメントが寄与したかを特定する．そして，寄与度が高いセグメントを比較し，モデルごとのセグメントの一致数を出す．この際，別のモデルと一致した数だけポイントとし，その合計ポイントを比較する．

図 1 を例にして，手順 3 でのモデルごとのセグメントの一致数の算出方法について詳しく説明する．正解を判断できたモデルに対して，予測に寄与した上位 5 位のセグメントのうち，セグメントの第 1 位同士の比較を行う．以降，予測に寄与したセグメントの第 1 位はセグメント 1 位，セグメントの第 5 位はセグメント 5 位とする．

図 1 では，各モデルの画像上部に，判断根拠とした上位 5 位のセグメントが示す．数値はセグメントの位置を示すセグメント ID であり，ResNet50 であれば予測に寄与したセグメント 1 位のセグメント ID が 12，セグメント 5 位の ID が 23 となる．この判断根拠としたセグメント ID の数値を比較する．

表 1　セグメント 1 位の比較手法の説明

	セグメント 1 位	Point
ResNet50	12	1
VGG16	12	1
InceptionV3	29	0

3.1　セグメント 1 位の比較

表 1 にセグメント 1 位の比較手法の説明を示す．セグメント 1 位を比較し，一致した回数だけポイントとする．図 1 を例にする．ResNet50，VGG16，InceptionV3 の各セグメント 1 位のセグメント ID は，12，12，29 である．ResNet50 と VGG16 が同じであるため各々1 ポイントとし，InceptionV3 は他 2 種と一致していないため 0 ポイントとなる．これらを評価用の画像の枚数分繰り返した合計ポイントを算出し，ラベルの評価とする．

4　評価

検証の対象となる学習済みモデルは ResNet50，VGG16，InceptionV3，計 3 種類である．

本実験で使用する 3 種類のモデルは ImageNet の訓練用データを用いて学習しているため，検証には ImageNet に含まれている評価用データを使用する．ImageNet は，1400 万枚ほどの物体画像で構成されている大規模な画像データベースであり，1000 個のラベルで分類されている画像データがある．そのうちの 100 種類を各 50 枚，計 5000 枚を使用する．これらの画像に対して各モデルを用いて画像認識を行い，その結果から LIME による判断根拠の説明をし，セグメント同士の比較を行う．

4.1　評価実験内容と結果

ImageNet に含まれている評価用データを使用し，ResNet50，VGG16，InceptionV3 を対象として提案手法の評価実験を行う．事前準備として，PyTorch

表 2 全ラベルの精度の比較

	ResNet50		VGG16		InceptionV3	
	Top-1	Top-5	Top-1	Top-5	Top-1	Top-5
精度の平均	0.80	0.94	0.76	0.92	0.73	0.90
分散の平均	0.022	0.003	0.025	0.004	0.027	0.006

表 3 全ラベルのセグメントの比較

	ResNet50	VGG16	InceptionV3
	1 位	1 位	1 位
平均ポイント数	56.42	54.13	52.13
分散の平均	100.64	111.35	116.57

の公式サイトで公開されているインストールコマンドを用いて 3 種類の学習済みモデルをインストールする．また，評価用データの画像サイズは不均一であり正確な比較ができないため 224 × 224 画素にリサイズを行う．LIME を用いてモデルの予測結果に対する説明を得るために画像の部分領域分割を行う．この際，クラスタ数を指定せずに柔軟に分割することができる画像分割手法である Quickshift 法を用いる．

評価実験は Ubuntu 22.04.4 LTS，Python 3.10.12，jupyter-lab 4.2.1 で行った．筆者の環境での実験の所要時間は 1 モデルで 100 ラベルを評価した際，30 時間ほどであった．

表 4，表 5 について説明する．ポイントは，各ラベルのセグメントの一致数を表し，ポイント数が小さいほど別のモデルと注目箇所が異なることを表している．Top-1 は，モデルが予測した 1 位のラベルが正解ラベルであれば正解数としてカウントし，正解数を総数で割った割合を示している．また，順位が同率であればアルファベット順に並べている．

表 2 には，すべてのラベルの精度の平均とその分散の平均をモデルごとにまとめた結果を示す．表 3 には，すべてのラベルのポイント数の平均とその分散の平均をモデルごとにまとめた結果を示す．この際，精度の分散の平均については小数点第 4 位を四捨五入，ラベルのポイント数の平均とその分散の平均については小数点第 3 位を四捨五入した値を示す．

表 4 には，ラベルごとのセグメント 1 位の比較を，ポイント数が小さい順に並べた順位表から，5 ラベル抽出して各モデルごとにまとめた結果を示す．表 5 には，ポイント数が大きい順に並べた順位表から，順位が 1，2，3，7 位のものを抜粋してモデルごとにまとめた結果を示す．

表 2，表 3 より，全体の精度，セグメントの一致数ともに ResNet50，VGG16，InceptionV3 の順に高かった．

表 4 より，セグメント 1 位のワースト 5 を比較すると，Indian-cobra や king-snake などは精度が高くポイントが少ないことから，注目箇所が異なることがわかる．表 5 より，セグメント 1 位のトップ部分を比較すると，全体的にポイントと精度が似た挙動をしていたが，eft（イモリ）は ResNet50 の精度は 0.72，VGG16 の精度は 0.74，InceptionV3 の精度は 0.70 と，ポイントに比べて低かった．また，ポイントにおいて，eft は VGG16 で 79 ポイントで 2 位，InceptionV3 で 78 ポイントで 2 位，ResNet50 は 73 ポイントで 7 位と差が生まれる結果となった．

4.2 考察

RQ1，RQ2 に対して行った実験の結果をまとめる．また，ラベルの分類による違いをまとめる．

4.2.1 RQ1: LIME を利用した評価手法は画像認識モデルの比較評価が可能か？

表 3 の結果より，セグメント 1 位の平均ポイント数については，ResNet50 は 56.42，VGG16 は 54.13，InceptionV3 は 52.13 であり，ResNet50，VGG16，InceptionV3 の順に高かった．以上より，セグメントの一致数はモデルごとに異なっていた．LIME を利用した評価手法は画像認識モデルの比較評価が可能であるといえる．

4.2.2 RQ2: LIME を利用した評価手法と画像認識モデルの精度を比較する手法では違い

表 4　モデルごとのラベル別のセグメント 1 位の比較 ワースト 5

	ResNet50			VGG16			InceptionV3		
順位	ラベル名	Point	Top-1	ラベル名	Point	Top-1	ラベル名	Point	Top-1
1	king-snake	34	0.82	Indian-cobra	32	0.84	Indian-cobra	29	0.78
2	Indian-cobra	35	0.78	water-snake	32	0.68	lorikeet	31	0.94
3	water-snake	37	0.64	boa-constrictor	35	0.8	water-snake	31	0.5
4	diamondback	38	0.78	peacock	36	0.86	great-white-shark	32	0.82
5	lorikeet	42	0.98	king-snake	36	0.76	tick	34	0.66

表 5　モデルごとのラベル別のセグメント 1 位の比較 トップ 10 の一部抜粋

	ResNet50			VGG16			InceptionV3		
順位	ラベル名	Point	Top-1	ラベル名	Point	Top-1	ラベル名	Point	Top-1
1	indigo-bunting	79	0.88	indigo-bunting	80	0.94	indigo-bunting	81	0.86
2	bulbul	75	0.82	eft	79	0.74	eft	77	0.7
3	goldfinch	75	0.94	goldfinch	74	0.96	robin	72	0.86
7	eft	72	0.72	toucan	70	0.86	coucal	69	0.78

はあるか？

表 2，3 の結果より，全体としては精度で順位づけした結果とポイント数で順位づけした結果では変わりはなかった．しかし，ラベルごとで比較すると，各モデルの特徴が表れた．イモリを例に出すと，精度については ResNet50 は 0.72，VGG16 は 0.74，InceptionV3 は 0.70 と VGG16，ResNet50，InceptionV3 の順に高くなっていた．しかし，ポイント数は 72 ポイント，79 ポイント，77 ポイントと VGG16，InceptionV3，ResNet50 の順に高くなっていた．画像認識モデルの精度での比較と提案手法では違いがあり，VGG16 がポイント数では最も高く良い．

表 6　目視の結果

モデル名	評価	indigo-bunting	thunder-snake	Indian-cobra
ResNet50	対象○位置○	40	28	22
	対象○位置×	6	16	20
	対象○位置△	1	0	1
	Point	79	54	35
VGG16	対象○位置○	43	26	21
	対象○位置×	2	15	21
	対象○位置△	1	0	3
	Point	80	51	32
InceptionV3	対象○位置○	42	28	15
	対象○位置×	2	11	27
	対象○位置△	0	1	1
	Point	81	53	29

4.3　制限

提案手法ではモデル間で注目箇所が一致していれば，そのモデルは正しいという仮定をもとにポイントを算出した．この仮定が正しいかを確かめるために，全 50 枚の画像を含む 3 つのラベルの各ヒートマップに対して目視による確認を行った．その結果を表 6 に示す．対象としたラベルは，モデルごとに算出したラベルごとのポイントの平均値が 80，53，32 と，最上位の Indigo-bunting，中央値に近い thunder-snake，最下位の Indian-cobra である．目視における基準は，予測結果が正解である画像の中から，セグメント 1 位内に少しでも対象物が含まれていれば対象を○とし，1 位のセグメントが他のモデルの 1 位のセグメントと一種類以上同じであれば位置を○，そうでなければ位置を×とした．また，セグメント 1 位内に対象物が含まれているモデルが 1 種類のみであれば対象を○，位置を△とした．カウントした値の合計値を表に示す．

結果から，対象○位置○，対象○位置×ではポイント数が低くなるほどカウント数が低いことがわかった．そのため，目視での確認の結果とポイント数での評価は同じといえる．詳細にみると Indian-cobra のように対象○位置×の値が高くセグメントが一致せずポイントになっていない場合があることがわかった．また，正解したモデルが 1 つのみという場合（対象○位置△）は，1 ラベルにつき 1〜5 個程度で全体の 10 %以下であった．これから対象を正しく見られているが，他のモデルが不正解であることでポイント数に影響を及ぼすことはほとんどないといえる．

Beyer らは，ImageNet のアノテーションの手順について三つの問題点を挙げている [7]．Northcutt らは，一般的に使用される画像処理，自然言語，および音声データセットのテストセットにラベルエラーが存在することを特定し，これらのラベルエラーがベンチマーク結果に与える影響を研究した [8]．テストセットのエラーは，平均して少なくとも 3.3 %のエラーが含まれており，特に ImageNet の検証セットでは少なくとも 6 %がラベルエラーがあった．

以上より，ImageNet のデータセットに関する問題点はさまざま指摘されている．また，今回の検証対象とした画像認識モデルの数は 3 つと精細な評価をするには少ない．しかし，あくまでも本論文は提案手法の提案であり，評価の一環として ImageNet を使用したため，これらの問題は本論文に影響が少ないと考える．

5 関連研究

Yun らは，ImageNet の訓練用データに対して，単一ラベルの画像にも関わらず，複数のクラスを含んでいることを問題として挙げた [9]．しかし，ImageNet の訓練用データのラベルは，単一ラベルからマルチラベルへと変更されておらず，Yun らはその原因を再ラベルのコストが高いためと考えた．そして，その解決策として，追加のデータソースでトレーニングされた強力な画像分類器にマルチラベルを生成することで，ImageNet の訓練用データにマルチラベルを再付与する手法を提案した．

6 おわりに

本論文では，画像認識モデルを評価する手法として LIME を用いて予測に対するセグメントの寄与度を調べ，モデルごとの上位 1 位のセグメントの一致数を求め，その合計数で評価する手法を提案した．評価実験の結果，ResNet50 がセグメントの一致数が最も大きいモデルであるため，提案手法の結果では 3 種類のモデルの中で最も信頼できるモデルといえる．また，全体の精度とセグメントの一致数ではモデル間の評価に変わりはなかった．イモリの例では，精度については ResNet50 は 0.72，VGG16 は 0.74，InceptionV3 は 0.70 とほぼ同じであったが，セグメントの一致数から算出したポイント数は 72 ポイント，79 ポイント，77 ポイントと違いがあり，精度とポイント数が ResNet50 と InceptionV3 とで逆転していた．このように，モデルの精度評価とは別にセグメントの一致数による評価ができることがある．今後の展望として，より多数のモデルを対象として提案手法を評価したい．

謝辞 本研究は JSPS 科研 JP21KK0179 の助成を受けたものです．

参 考 文 献

[1] Ribeiro, M. T. et al.: "Why should I trust you?" Explaining the predictions of any classifier. 22nd ACM SIGKDD international conference on knowledge discovery and data mining, pp. 1135–1144, (2016).

[2] Canziani, A. et al.: An analysis of deep neural network models for practical applications. arXiv preprint arXiv:1605.07678, (2016).

[3] He, K. et al.: Deep residual learning for image recognition. IEEE conference on computer vision and pattern recognition, pp. 770–778, (2016).

[4] Simonyan, K., and Zisserman, A.: Very deep convolutional networks for large-scale image recognition. arXiv preprint arXiv:1409.1556, (2014).

[5] HSzegedy, C. et al.: Rethinking the inception architecture for computer vision. IEEE conference on computer vision and pattern recognition, pp. 2818–2826, (2016).

[6] Vedaldi, A., and Soatto, S.: Quick shift and kernel methods for mode seeking. In Computer Vision–ECCV 2008: 10th European Conference on Computer Vision, Marseille, France, October 12-18, 2008, Proceedings, Part IV 10 (pp. 705–718), (2008).

[7] Beyer, L. et al.: Are we done with imagenet?. arXiv preprint arXiv:2006.07159, (2020).

[8] Northcutt, C. G. et al.: Pervasive label errors in test sets destabilize machine learning benchmarks. arXiv preprint arXiv:2103.14749, (2021).

[9] Yun, S. et al.: Re-labeling imagenet: from single to multi-labels, from global to localized labels. IEEE/CVF conference on computer vision and pattern recognition (pp. 2340-2350), (2021).

Open AIにより生成された解答に基づくプログラムの構造的誤り箇所に対するヒントの提示手法

神野 翔太　紙名 哲生

現代の教育では，プログラミングの重要性が高まっている．一方で，プログラミング学習には学生が個別の課題に直面する難しさがある．本論文では，プログラミング課題の問題文などをもとにOpen AIにより生成されたプログラムと初学者のプログラムを比較し，その差異によってユーザのプログラムから誤りと考えられる個所にヒントを表示するツールを提案する．差異の計算には，アルゴリズムの構造に着目してプログラムをXML文書により抽象化する方法を用いる．本手法を評価するため，本ツールによって学習者が自力で正解にたどり着けるような「ヒント」を生成できるかを調べる実験を行った．具体的には，C言語の経験があまりないユーザに実際に提案システムを用いてプログラミング課題を解いてもらい，ユーザが正解を書けなかった際にシステムが提示するヒントによって正解に辿り着けるかどうかについての調査や，その使用感についてのアンケート調査を行った．その結果，本手法は学習者が自力で正解に辿り着き，理解の促進に役立つことが明らかになったと同時に，多くの改善すべき点も明らかになった．

1 はじめに

現代の教育では，プログラミングの重要性が高まっている．一方で，プログラミング学習には学生が個別の課題に直面する難しさがある．例えば，プログラムを誤って記述すると，コンパイラはエラーメッセージを表示する．しかし，そのエラーメッセージは初学者にとっては理解が難しいことが多い．また，コンパイルに成功したプログラムが意図したとおりに動作しないこともある．初学者はプログラムのどの箇所が間違っているのかが分からず，学習意欲がそがれる可能性がある．今日ではChatGPTなどの生成AIが発達し，問題に直面した際にはChatGPTが答えを教えてくれる場合がある．しかし答えを直接教えることで，初学者の学習機会が奪われる可能性がある．

本研究の目的は，ユーザの記述したプログラム中に含まれる誤り個所に，答えではなく修正のヒントを表示することで，経験の浅い初学者のプログラミング学習を支援することである．例えば，学校のプログラミングの授業を初めて受ける生徒・学生などの，これからプログラミングを始める人が授業の演習や自宅学習を行う場面を想定している

本論文では，プログラミング課題の問題文などのテキストをもとにOpen AIにより生成されたプログラムと初学者のプログラムを比較し，その差異によってユーザのプログラムから誤りと考えられる個所にヒントを表示するツールを提案する．差異の計算には，アルゴリズムの構造に着目してプログラムをXML文書により抽象化する方法[6]を用いる．

本ツールにより，学習者が自力で正解に辿り着けるようなヒントを生成できるかを調べる実験を行った．具体的には，C言語の経験があまりないユーザに実際に提案システムを用いてプログラミング課題を解いてもらい，ユーザが正解を書けなかった際にシステムが提示するヒントによって正解に辿り着けるかどうかについての調査や，その使用感についてのアンケート調査を行った．現状，ユーザのプログラムと模範解答の差異の計算は単純であるが，本手法が学習者が自力で正解に辿り着き，理解を促すための役に立つこととともに，様々な改善点も明らかになった．

Presenting Hints for Fixing Structure Errors of Program using Model Program Generated by Open AI
Shota Jinno, Tetsuo Kamina, 大分大学, Oita University.

2 問題提起

近年，我が国では初等教育や中等教育においてプログラミング教育が必修化され，特に高等学校においては実際のテキストベースのプログラミング言語を用いた教育機会が増えている．一方でプログラミングを独習するのは多くの人にとって難しい．例えば一般的な（大学などでの）プログラミング演習では，通常受講生をサポートする TA が複数人必要である．しかしそのような環境を，高校などの教育現場において想定することはあまり現実的ではない．そもそも自宅学習においては，教師や TA を頼れない．

本研究は，このような問題を，生成 AI が TA の代わりをすることによって解決できないかを問うものである．今日では，基礎的なプログラミング演習課題程度であれば ChatGPT のような生成 AI は解くことが可能である．しかしながら，生成 AI が課題を代わりに解くだけでは，初学者の学習機会が奪われるだけである．よって初学者に提示すべきものは生成 AI が出した答えではなく，初学者が躓きの原因に気付くきっかけとなるようなヒントである．AI が TA を行う事例はこれまでにも存在するが[3]，ただ質問に答えるだけでなく，プログラムの構造的理解を促すような仕掛けが必要である．

3 提案手法

本研究では，入力された課題文から Open AI が生成した C のプログラムと，ユーザが記述したプログラムを比較し，両者の差異を求めることによりユーザの誤りを解決するためのヒントを提示するツールを提案する．Open AI への入力として与える課題文には，プログラミング課題の問題文などを想定する．両者のプログラムの差異については，今回はプログラムの構造的な誤りを検出することを目指し，アルゴリズムの構造に着目したプログラムの抽象化を行う．具体的には，両者のプログラムを，中井の手法[6] を用いて XML に変換したうえで差異を求める．その他の誤り（例えば未宣言の変数の使用）については，従来のコンパイルエラーメッセージがそのままヒントになることを想定する．

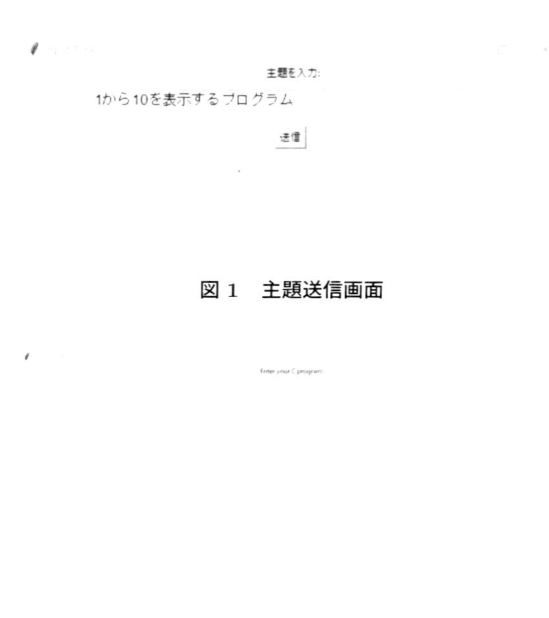

図 1　主題送信画面

図 2　プログラム入力画面

ツールを実行すると，まず主題を送信する画面が起動する（図 1）．主題を入力後送信ボタンを押すと，ユーザのプログラム入力画面に移行する（図 2）．この画面左側のエディタにユーザがプログラムを入力後，保存，実行ボタンを押すとプログラムが実行され，実行結果が図 2 画面右側のコンソールに表示される．ユーザが躓いた場合は，ヒントボタンを押してヒントを表示させることができる（後述）．

XML 文書に変換．本研究では，中井による手法を用いて，アルゴリズムの構造に着目したプログラムの抽象化を行い，それを XML 文書で表現する[6]．この手法では，C プログラム内の `for` 文や `while` 文などの繰り返し構造を，`Loop` という同一の XML 要素で表現する．`if` 文などの条件による選択は `If` 要素として表し，それ以外の「文」はすべて `Statement` 要素として抽象化する．ただし，“`i++`” などの添字の更新のような，繰り返し回数を制御する文は `Control` 要素として区別する．XML への変換の際，ソースコードの情報は XML 要素の属性として残しておく．

模範解答とユーザのプログラムの比較．模範解答とユーザのプログラムを比較する方法を，図 3 を用い

```
#include <stdio.h>
int main() {
  int data[] = {1, 4, 3, 5};
  int n = sizeof(data) / sizeof(data[0]);
  for (int i = 0; i < n-1; i++) {
    for (int j = 0; j < n-i-1; j++) {
      if (data[j] > data[j+1]) {
        // Swap elements
        int temp = data[j];
        data[j] = data[j+1];
        data[j+1] = temp;
      }
    }
  printf("\nAfter sorting:\n");
  for (int i = 0; i < n; i++) {
    printf("%d ", data[i]);
  }
  return 0;
}
```

図 3　ユーザの C 言語プログラム（閉じ括弧忘れの例）

て説明する．これは for 文の閉じ括弧'}' をつけ忘れたプログラムであるが [†1]，このプログラムを構文解析すると，printf から続く数行は一番外側の for 文の中身として解釈され，コンパイラは main 関数の閉じ括弧が無い，という誤ったエラー報告を行う．

比較方法として，本研究では XML 文書のタグの出現をシーケンシャルに比較する方法[7] を用いる．後に示すように，このように比較的単純な方法であっても役に立つケースは結構ある．この方法では，XML 文書を先頭から読み込んだときの，開始タグや終了タグの出現順を配列などのシーケンスとしてまとめる．例えば，Loop や If などの構造に関する XML 要素に注目すると，模範解答のシーケンスは次のようになる（終了タグを “/要素名” で表している）．

```
Model list: ['Loop1', 'Loop2', 'If1', '/If1',
'/Loop2', '/Loop1', 'Loop3', '/Loop3', 'return']
```

一方，ユーザプログラムのシーケンスは以下となる [†2]．

```
User list: ['Loop1', 'Loop2', 'If1', '/If1',
'/Loop2', 'Loop3', '/Loop3', 'return', '/Loop1']
```

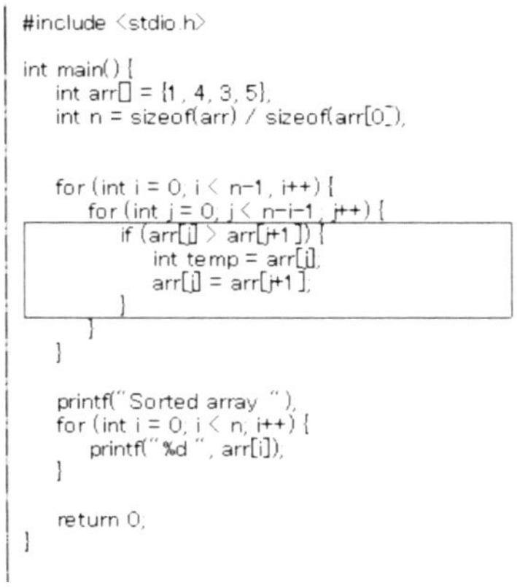

†1　エディタの機能を用いて閉じ括弧が自動で補完されたとしても，初学者が試行錯誤の過程で閉じ括弧を誤って削除したことに気が付かないことはよくある．

†2　図 3 のプログラムの構文解析は失敗するが，XML 文書は解析中に作られた不完全な構文木から得られる．

```
#include <stdio.h>

int main() {
    int arr[] = {1, 4, 3, 5};
    int n = sizeof(arr) / sizeof(arr[0]);


    for (int i = 0; i < n-1; i++) {
        for (int j = 0; j < n-i-1; j++) {
            if (arr[j] > arr[j+1]) {
                int temp = arr[j];
                arr[j] = arr[j+1];
            }
        }
    }

    printf("Sorted array: ");
    for (int i = 0; i < n; i++) {
        printf("%d ", arr[i]);
    }

    return 0;
}
```

図 4　入れ替え処理の誤りに対するヒントの提示

両者を比較すると，ユーザプログラムの Loop1 の位置が模範解答と異なることがわかり，XML 文書の line 属性を参照することで閉じ括弧'}' を挿入すべき場所を正確に指摘することができる．

実際には，この比較は Statement 要素の数も考慮に入れて行う．例えば，閉じ括弧'}' の付け忘れのほかに、初学者が間違えやすい問題を考えたときに、ソート問題におけるデータの入れ替え処理を，以下のように間違えた場合を考える．

```
if (arr[j] > arr[j+1]) {
  temp = arr[j];
  arr[j] = arr[j+1];
}
```

この場合，Loop や If などの構造はユーザプログラムと模範解答との間で違いはない．しかし，Loop1 と Loop1 の間の Statement 要素の数や，If1 と If1 の間の Statement 要素の数をユーザプログラムと模範解答で比較することにより，違いが検出される．

ヒントの出力．前節で説明した模範解答とユーザプログラムの比較より，シーケンス上で模範解答と異なる位置や数で検出されたユーザプログラムの XML 要素の line 属性から取得した行数の情報を用いてヒントの提示を行う．なお、本研究では修正する必要のある箇所を示すことをもってヒントの提示とする．

ヒントの提示は，次のように行う．まず，ユーザプログラムの Loop や If 要素の中にある Statement 要素の数が模範解答と異なる場合，それらの Loop や

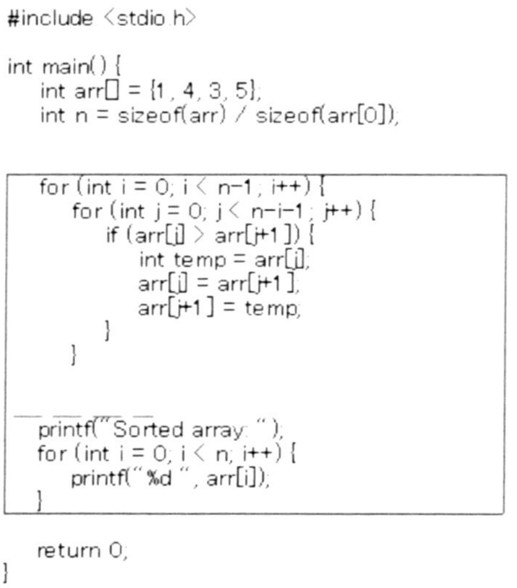

```
#include <stdio.h>

int main() {
    int arr[] = {1, 4, 3, 5};
    int n = sizeof(arr) / sizeof(arr[0]);

    for (int i = 0; i < n-1; i++) {
        for (int j = 0; j < n-i-1; j++) {
            if (arr[j] > arr[j+1]) {
                int temp = arr[j];
                arr[j] = arr[j+1];
                arr[j+1] = temp;
            }
        }

    printf("Sorted array: ");
    for (int i = 0; i < n; i++) {
        printf("%d ", arr[i]);
    }

    return 0;
}
```

図 5　閉じ括弧の不足を指摘した例

If 要素すべてを青い線で囲む（図 4）．また，閉じ括弧'}' が不足している場合などのように，シーケンス中に現れる Loop や If などの要素の出現順序が模範解答と異なる場合，対応する行に赤い点線を表示する．なお，閉じ括弧'}' の不足があると Loop や If で囲まれる Statement 要素の数も変わるため，このような場合は青い四角も同時に表示される（図 5）．

4　評価と考察

例題を用いた評価． 本研究では，第三者が作成した模範解答より成るコードベースを用いて，誤りを含むユーザプログラムの誤り箇所をどれくらい正確に検出できるかについて評価した．具体的には，Web 上の C 言語練習問題集 †3 内の分岐処理，繰り返し処理，配列の例題より，筆者が 10 個選び収集した．その際に，main 以外の関数を使っておらず，且つ for, while, if 文が使われているものを中心に選択した．

誤りを含むプログラムは、ソースコード内の閉じ括弧またはブロック構造内の文を適当に一つ削除することで作成した．評価の際には，それらを本ツールで解析してヒントを提示し，その指摘が正しい位置に表示されているかを確認した．

表 1　誤り検出の結果

閉じ括弧不足の検出	5/5
ブロック構造内の誤り検出	4/5

```
#include <stdio.h>
int main() {
  int num[10];
  printf("Enter 10 integers:"\n");
  for (i = 0; i < 10; i++) {
    printf("Enter integer %d: ",i+1);
    scanf("%d", &num[i]);
  }
  for (i = 0; i < 9; i++) {
    for (j = 0; j < 9-i; j++) {
      if (num[j] > num[j+1]) {
        temp = num[j];
        num[j] = num[j+1];
        num[j+1] = temp;
      }
    }
  }
  printf("Sorted integers in ascending order: ");
  for (i = 0; i < 10; i++) {
    printf("%d", num[i]);
  }
  printf("\n");
  return 0;
}
```

図 6　失敗した問題の模範解答

表 1 に評価結果を示す．閉じ括弧不足の検出は試行中の全ての場合で成功した．一方，ブロック構造内の誤りについては，一問エラー箇所を正しく検出できない場合があった．このときの課題文は「整数を 10 回入力し，小さい順に並べ替えて表示するプログラムを作成しなさい．」というもので，生成された模範解答は図 6 に，誤りを含むプログラムとヒントの出力は図 7 に示されたものである．この誤りは，プログラム中ほどの if 文内における値の入れ替え処理から一文を削除して混入させたものである．そのため本来なら if 文全体が青い線で囲まれるはずである．しかしながら，Open AI が生成した模範解答では，入力を受け付ける for 文内で図 7 にはない printf 文が使用されているため，ここで Statement 要素の数が異なることにより青枠が表示されている．

†3 北ソフト工房，https://kitako.tokyo/lib/CExercise.aspx

```
#include <stdio.h>

int main() {
    int num[10];
    printf(" 整数を10個入力");
    for(i = 0;i<10;i++){
            scanf(" %d",&date[i]);
    }

    for(i = 0;i<9;i++){
            for(j=0;j<9-i;j++){
                        if(date[j]>date[j+1]){
                                    temp = num[j];
                                    date[j] = date[j+1];
                        }
            }
    }

    for(i = 0;i<10;i++){
            printf(" %d",date[i]);
    }
    return 0;
}
```

図 7　ヒント出力結果

```
#include <stdio.h>

int main() {
    int date[4];
    int i,j,temp;

    for(i = 0;i<4;i++)
      scanf("%d",&date[i]);


    for(i = 0;i < 4; i++)
   {
      for(j = i+1 ;j<4;j++)
      {
        if(date[i] > date[j])
        {
           temp = date[i];
           date[i] = date[j];
        }
      }
   }
    for(i = 0;i < 4; i++)
      printf("%d",&date[i]);

    return 0;

}
```

図 8　課題文 1 に対して提示されたヒント

こうした問題を解決する方法の一つに，プログラムからプログラミングプランを抽出することが考えられる [2]．例えば図 7 で表示された本来表示する必要のないヒントは,「前処理のための入力」というプランとして抽出できれば，その差異についてのヒント提示を抑制することが可能になる．プログラミングプランを用いたヒント提示については今後の課題である．

被験者実験．本研究では，C 言語の経験の少ない理工系学部（情報系を除く）学部 4 年生 5 名の被験者を対象に以下の実験を行った．まず，被験者にはそれぞれ異なる設問が与えられる．被験者はその設問に対し，本ツールを用いて課題文を入力するとともに，その課題に対するプログラムを記述する．この際，`main` 関数以外の関数は用いないという条件を与えておく．また設問は，`for` 文，`while` 文，`if` 文の少なくともいずれか一つを使用するものにした．次に，ユーザがプログラムを解けなかった場合はそのまま，解けた場合は適当に選んだプログラムの一文を削除して本ツールを用いてヒントを提示してもらう．

評価は，実験後に本ツールの使用感についてのアンケートを取ることで実施した．アンケートの項目は,「1．このツールはユーザに考えるきっかけを与えることが出来るかどうか」,「2．AI の模範解答との差分で生成したヒントは間違っている箇所を正確に指摘出来ているかどうか」,「3．ヒントは比較的容易に理解できる形で提供できているかどうか」,「4．ツールが誤ったヒントを提供した場合，学習効果はあるか」，の四つとした．これらの項目について 1 から 5 の 5 段階評価（5 が最も高く，1 が最も低い）で点数をつけてもらい，最後に「自由記述」として自由に意見を述べてもらった．最後の質問項目については，初学者向けの設問においては本ツールが誤ったヒントを提供する可能性は低いと考えられるため，ユーザのプログラム主題と無関係なプログラムを模範解答とすることでどのような出力になるのかを確認してもらった．

例として，次に被験者 1 名が入力した課題文を示す：4 つのデータを入力し，バブルソートで並び替えるプログラムを作成しなさい．

図 8 は被験者が記述したプログラムと本ツールが提示したヒントである．このケースでは，被験者は正しいプログラムを記述できずに，本ツールを用いてヒントを提示した．その後，被験者はプログラムを正しく記述することができた．

アンケート結果を表 2 に示す．まず,「このツールはユーザに考えるきっかけを与えることが出来るかどうか」の項目で 4 点以上をつけた被験者が 5 名中 4 名,「AI の模範解答との差分で生成したヒントは間違っている箇所を正確に指摘出来ているかどうか」に関しては 5 名全員が 5 点をつけていることから，本ツールはプログラミング教育支援に活用することができると考えられる．「ツールが誤ったヒントを提供した場合，学習効果はあるか」の項目に関しては，模

表 2　アンケート結果

項目	1	2	3	4
5（そう思う）	3	5	4	0
4（ややそう思う）	1	0	1	3
3（どちらでもない）	1	0	0	1
2（ややそう思わない）	0	0	0	1
1（そう思わない）	0	0	0	0

範解答が全く違う場合本ツールは構造に関わる箇所を広く青枠で囲うようにできている．それでも 4 点をつけた被験者が 3 名おり，絞り込まれていないヒントでも無いよりは役に立つと考える人が一定数はいるということが考えられる．自由記述についても，概ね好意的な内容が多かった．以上より，本提案は教育支援として有用であると考えられる．

一方でいくつかの改善すべき点も明らかになった．例えば自由記述において，閉じ括弧'}' 不足の指摘方法について，ユーザに考えるきっかけを作ることが目的であれば「閉じ括弧が不足しているかもしれません」等メッセージなどで表示するだけでよいとする意見もあった．具体的にどのようなヒントの提示方法が学習によい影響を与えるかについては，今後更なる研究を積み重ねる必要があると考えられる．

5　結論と関連研究

本研究では，Open AI により生成された模範解答を用いた教育支援が可能であるかを調べるため，模範解答とユーザのプログラムを比較して，ユーザの誤り箇所をヒントとして表示するツールを実装した．また，コードベースを用いた評価と被験者実験を行い，その有用性を確認した．一方で，個人差を適切に吸収できず，不適切なヒントが提示される場合もあるという改善点も見つかった．

今後の課題としては，比較をより正確に行うために，ブロック構造の種類やブロック内部の文の数などの単純な比較だけでなく，プログラミングプランを考慮にいれたより詳細な比較を行うこと，別解があった場合の複数の模範解答の生成や比較を行えるようにすること，より効果的なヒント出力方法を考えること、現在では主観評価しか行えていないため、他の評価方法も検討するなどが挙げられる．また，より多くの被験者を用いた実験も実施する必要がある．

関連研究． Open AI を利用してプログラムのバグを自動修正するツールである Wolverine [1] は，Python で書かれたコードの実行中にエラーが発生すると，その部分に自動的に修正を加える．コードの中に複数のバグが含まれていても，それらがすべてなくなるまで実行と修正を繰り返す．しかし，このツールはコードの自動修正が目的であり，教育支援のためにヒントを生成して提示する本研究とは異なる．C-Helper [5] は，初学者が陥りがちな誤り（例えば `char` 型変数への文字配列の代入や，余分な（あるいは不足しているセミコロンなど）を経験則に基づいて検出し，分かりやすいエラーメッセージを提示するツールである．本研究とは，誤り検出のためのアプローチや対応できるエラーの種類が異なる．与えられたプログラムを XML 形式の構文木へ変換し，C 言語プログラムの類似性を比較する手法 [4] がある．具体的には，二つの C 言語プログラムの構造に着目し，それぞれの構文木を比較することで類似性を評価する．しかし，こうした比較を，プログラムの誤り箇所の指摘に役立てる方法については明らかにしていない．

参 考 文 献

[1] Biobootloader: Wolverine, https://github.com/biobootloader/wolverine.
[2] Quilici, A.: A memory-based approach to recognizing programming plans, *Commun. ACM*, Vol. 37, No. 5(1994), pp. 84—-93.
[3] 大谷雅之, 川端卓, 阿部孝司, 山本博文, 高田司郎, 赤松芳彦, 山村富士子: 対話型実習補助システム「V-TA」, 人工知能学会全国大会論文集, Vol. JSAI2019(2019), pp. 2L3J904–2L3J904.
[4] 包胡日査, 中田充, 葛崎偉: C 言語プログラムの構文木表現, コンピュータ&エデュケーション, Vol. 36(2014), pp. 56–61.
[5] 内田公太, 権藤克彦: C 言語初学者向けツール C-Helper の現状と展望, 第 *54* 回プログラミング・シンポジウム, 2013, pp. 153—160.
[6] 中井亮佑: 模範解答を用いた構造エラー箇所の指摘手法, 2024.
[7] 中井亮佑, 紙名哲生: 模範解答を用いたコンパイルエラー箇所指摘の高精度化, ソフトウェアシンポジウム *2022*, 2022.

PBLを通じたソフトウェア要件とソースコード内部構造の対応づけを狙ったレガシーコード改良の試み

須藤 真由　山川 広人

本研究では，ドキュメント等の整備や更新が行われづらく，開発経験の浅い学生が開発者役となる Project Based Learning でのソフトウェア開発を題材に，顧客役が求める要件と開発者役が開発したソースコードの内部構造との対応が客観的に理解しやすいものへと改良する方法と，その対応を読み取る方法を提案する．この方法は「顧客役が作成や監修に関わった，要件を示す書類」をもとにドメイン駆動設計の要素を取り入れたモデリングとソースコードへの改良を行い，さらに要件と内部構造の対応づけの確認用文章をシーケンス図から作成するものである．提案方法が，要件をある程度ソースコードの内部構造へ対応づけられるように反映でき，また確認用文章から要件の内部構造への対応を大きな処理の流れの観点から確認できる妥当性と有用性を，顧客役と開発者役に対する検証から示す．

1　はじめに

IT エンジニアの育成を目指す高等教育の情報系カリキュラムでは，顧客役となる協力者の実課題にフォーカスしたソフトウェアを開発者役となる学生が開発する Project Based Learning（PBL）が実施される．また PBL では，顧客役の要求の実現やそのための網羅的な機能開発を最終目標として，ソフトウェア開発の一部分をマイルストーンとして数ヶ月ごとや年度ごとに分け，新たなプロジェクトに引き継ぎつつ継続して開発を続けていく場合もある．

継続的なソフトウェアの開発の中で開発者の引き継ぎが行われる場合，顧客との対話のためにも，それまでの開発の中で生み出されたソースコードを読み取り理解することは，新たに引き継いだ開発者にとって避け難い．しかしながら，ソフトウェア開発では，求められる要件を開発者側が解釈しながら設計や実装を行い，ソースコードの内部構造を構築していく．特に，PBL 等のドキュメント等の整備や更新が行われづらい場で，ソフトウェア開発の経験が浅い学生が，ソースコードのみから要件に対する前任までの学生らによる主観的な解釈やその内部構造への対応づけを読み取り理解することは容易ではない．

このようなケースにおいて筆者らは，顧客の要求の実現のために求められる要件とソースコードの内部構造との対応が客観的に読み取り理解しやすい形で設計・実装されていることが肝要であると考え，これを実現できる方法の追及を目標とする．これに向けて本研究は二つのリサーチクエスチョンを定める．

RQ1　PBL を通じたレガシーコード（学生が開発したソースコード）をソフトウェア要件と内部構造が対応づけられたソースコードにどのような方法で改良できるか

RQ2　そのソフトウェア要件とソースコード内部構造の対応づけを開発者役と顧客役がどのような方法で読み取り理解することができるか

本稿では，開発者役の学生が顧客役向けに開発したソフトウェアを題材として，RQ1 に関してはドメイン駆動設計の要素を盛り込んだモデリングによるソースコード改良（リファクタリング）を行い検討する．RQ2 に関してはシーケンス図から確認用文章を作成し，これをソースコードの内部構造を知らない顧客役や新たな開発者役と共有することで検討する．

A Practice of Improving Legacy Code Aimed at Mapping Software Requirements to Source Code Internal Structure through Project-Based Learning

Mayu Sudo, Hiroto Yamakawa, 公立千歳科学技術大学大学院, Graduate School of Science and Technology, Chitose Institute of Science and Technology.

2 提案手法

本研究で提案する手法はレガシーコードを以下の手順で改良するものである．

1. 顧客役が作成や監修に関わった，要件を示す書類（要件提示書類）を用意する
2. 要件提示書類の語彙をもとにキーワードとその関係性のモデリングを行う
3. モデリング結果と要件提示書類に書かれた実行手順を改良後のソースコードやその処理の流れと対応づけるようにリファクタリングする
4. ソフトウェア要件とソースコード内部構造を読み取る確認用文章をシーケンス図から作成し，対応づけを確認する

手順 1〜3 は，ソフトウェア開発の対象となる業務や問題の領域（ドメイン）の複雑さに対し，ドメインの専門家と開発者の間での共通の語彙を持つことを意識し細やかなモデリングを行うドメイン駆動設計の要素を取り入れている．Evans の解説 [2] が著名であるが，手法の中心となるドメインモデルのクラス設計について増田らは「業務知識の整理であり，関係者の間で意図を正しく伝えるための基本語彙の選択をしていること」と述べている [4]．ドメイン駆動設計の要素を手順 1〜3 に取り入れるために，筆者らは清田の事例 [3] に着目した．清田は，大規模システムへのドメイン駆動設計の適合の検証として，通販型損害保険の契約管理システムに対し，実際の業務マニュアルの語句（クラス名，メソッド名，変数名に対応する）や構成（ビジネスロジックや実行手順に対応する）をソースコードに反映し，ユーザーでも理解しやすいものとなるか検討した．本研究ではこれを参考に「顧客役が作成や監修に関わった，要件を示す書類」（要件提示書類）をもとにしたモデリングとソースコードの改良が，RQ1 に対する方法になりうると仮定した．

手順 4 はソースコードの内部構造を読み取る確認用文章を新たに作成することを狙っている．ドメイン駆動設計の要素が盛り込まれたソースコードであれば，要件提示書類に沿った語彙がクラス名・メソッド名・変数名に用いられ，ビジネスロジックや実行手順も構造化される効果が期待される．このことから，クラス・メソッド・変数と，その相互の呼び出し順が明確に示されるシーケンス図をもとに確認用の文章を作成すれば，情報系の熟練者ではない顧客役や開発経験の乏しい学生であっても要件とソースコードの対応を読み取ることが可能な，RQ2 に対する方法になりうると仮定した．

3 手法の実践

3.1 ソースコード改良の対象となるレガシーコード

手法の実践環境には，山下らによる話しことばチェッカー [6] を用いた．これは，学習者がレポート文章を投稿すると，学術文章の表現にそぐわない「話しことば」の語をルールベースで検出しマーキングした上で，その話しことばの修正例等を表示する Java ベースの Web システムである．

このシステムは，論文 [6] の筆頭著者である山下 †1 が顧客役，情報系学科の 4 年生が開発者役として，1 年ごとに 8ヶ月程度の開発期間を持つマイルストーンを 3 巡し段階的に開発された．各マイルストーンは異なる学生 2〜3 名ずつが担当し，概ね以下の手順 (a)〜(e) に沿って行われた．

(a) 開発に必要な Web フレームワーク，データベース管理システムを習得する．

(b) **（2 巡目以降のみ）** 既存開発部分を読み取り理解する．

(c) 顧客役から，実現したい要求をヒアリングする．

(d) 要求の実現に求められる要件を自身の解釈に基づいて考え，設計と実装を行う．

(e) 顧客と共に実行結果の目視の動作確認を行い，要求の達成を判断する．

これらの手順はシステム開発の熟練者役の教員が助言を行うこともあったが，原則は学生ら自身の解釈や裁量に任せる形で進めた．システムのソースコードは Git で管理されているが，ソースコード上のコメントの整備やコミットログ・外部ドキュメントの作成や内容の検討は十分に徹底されていなかった．このため，

†1 初年次レポート指導のエキスパートで，話しことばチェッカーの開発初期から，検出する話しことばを監修する・学生らに要求をする・動作確認で要件の達成を判断する役割を務めている．プログラミングやシステム開発の知識・スキルは有していない．

2巡目以降にGitリポジトリを引き継いだ学生は，手順(b)において，達成済みの要件に対する設計・実装内容を，前任者までに作られたソースコードを主たる情報源として読み取りつつ進めた．また，各マイルストーンでは，1巡目：単語のみからなる話しことばの検出，2巡目：直前・直後に特定の単語が付く話しことばの検出，3巡目：検出から除外するケースの指定と，顧客役の検出機能の拡張・改良の要求に対応した．

このように，話しことばチェッカーの開発では，要件に対する設計・実装は学生らの解釈や裁量に任せられていた．そのため，要件をどのような内部構造で実現しているかは照らし合わされておらず，新たなマイルストーンで開発を引き継ぐ学生にも，顧客役にも内部構造のブラックボックス化が進んでいた．本稿ではこのシステムのうち，話しことばの検出処理部分のソースコードを改良対象のレガシーコードとして，2章の提案手法を後述の3.2〜3.5のように実践した．なお，本稿は手法の提案段階であるため，実作業が円滑に進むことを優先し，開発役の学生ではなく，システム開発の熟練者として筆者らとドメイン駆動設計の試行経験を持つエンジニア2名が協力し行った．

3.2 要件提示書類の準備

要件提示書類には，話しことばチェッカーの論文[6]を採用した．この論文には，先述の顧客役が筆頭著者として，話しことばチェッカーがどのように話しことばを検出する想定であるかの概要を記述していることから，要件が示されているものとみなした．

3.3 要件提示書類の語彙を用いたモデリング

モデリングでは，要件提示書類とした論文[6]の中の語彙から「対象の単語」「話しことば事例」「話しことばカテゴリ」等の話しことば検出に関するキーワードを抽出し，その関係性を示した．例を図1に示す．ただし「チェック済みの文Builder」のように，ソースコードに用いる際の特定の役割（この場合は，Builderパターンにあたる）の区別のためや，論文中で「単語の直前」と表現されているものを「単語の1つ前」「単語の2つ前」のように詳細な表現とするためといった表現の調整は容認した．

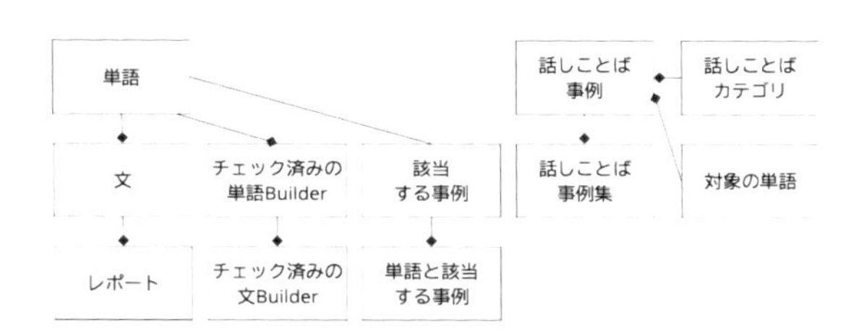

図1 論文中の語彙をもとにしたモデリングの例（掲載用に一部を抜粋・整形したもの）

3.4 リファクタリング

リファクタリングでは，外部からの入力（学生のレポート文章）に対する出力（話しことばの検出結果）が変更前と同一になることを保ったまま，レガシーコードを変更した．変更後のソースコード例を図2に示す．モデリングしたキーワードをクラス名，変数名，メソッド名等に反映し，またキーワード間の関係性を保ったまま，論文[6]内の検出処理の概要に沿う処理をどのようにメソッドの処理に実装すべきか検討しながら進めた．なお，モデリングしたキーワードには「話しことば」「対象の単語の1つ前に特定の単語が付随」等のように，英訳すると顧客役や開発者役に馴染みがない表現になるものも見受けられた．本稿ではキーワードとの対応づけを優先し，あえて日本語（マルチバイト文字）のままソースコードにも用いた．

3.5 確認用文章の作成

確認用文章の作成は，開発環境のプラグイン[5]で対象範囲のシーケンス図を生成した上で，図3のようにライフラインのクラス名とメッセージを助詞で繋げた1文を処理順に並べることで文章化した．

なお，本稿では次章で続く検証のために，**文章1**: レガシーコードから作成した文章，**文章2**: 文章1のクラス名やメソッド名をソースコード中のコメントの注記（日本語）で置き換えた文章，**文章3**：変更後のソースコードから作成した文章を作成した．それぞれを図4〜5に例示する．文章3については，リファクタリングでクラスの階層に変化があったため，文章1と同じ範囲の文章化となるよう「話しことば検出Service」の詳細な処理を加えた．

```
public class 話しことば事例集 {

    private final List<話しことば事例> 事例集;

    public チェック済みの文 文をチェックする(文 文) {
        var builder = new チェック済みの文Builder(文);
        for (var 単語 : 文) {
            for (var 話しことば事例 : 事例集) {
                if (話しことば事例.当てはまる(文, 単語))
                  builder.該当する事例を追加する(単語, 話しことば事例);
            }
        }
        return builder.build();
    }

}
```

```
public class 話しことば事例 {

    private final 対象の単語 対象の単語;
    private final アンチパターン アンチパターン;
    private final 話しことばカテゴリ 話しことばカテゴリ;

    boolean 当てはまる(文 文, 単語 単語) {
        return this.対象の単語と一致する(単語)
                && !this.アンチパターンに当てはまる(文, 単語)
                && this.話しことばカテゴリ.当てはまる(文, 単語);
    }

    void 適用する(チェック済みの文Builder 文, チェック済みの単語Builder 単語) {
        this.話しことばカテゴリ.適用する(文, 単語, this);
    }

    private boolean 対象の単語と一致する(単語 単語) {
        return this.対象の単語.文中の単語と一致する(単語);
    }

}
```

図 2　リファクタリングによる変更後のソースコードの例（掲載用に一部を抜粋・整形したもの）

Actor
レポートをチェックする
文章整形Service
1 実行する
1.1 文章を整形する
1.1.1 レポートのタブとスペースを取り除く
レポートをチェックする
1 実行する
1.1 文章整形Serviseで文章を整形する
1.1.1 レポートのタブとスペースを取り除く

図 3　文章 3（後述）を例とした確認用文章の作成方法

4　実践結果の検証

4.1　ソースコードの変化

提案手法の実践によるソースコードの変化を表 1 に示す．クラス凝集度には jPeek [1] による 5 つの指標のスコア †2 を用いた．この結果から，変更後のソースコードではクラス数・ソースコード数の増加ともに凝集度の高いクラスが生じていることがうかがえる．

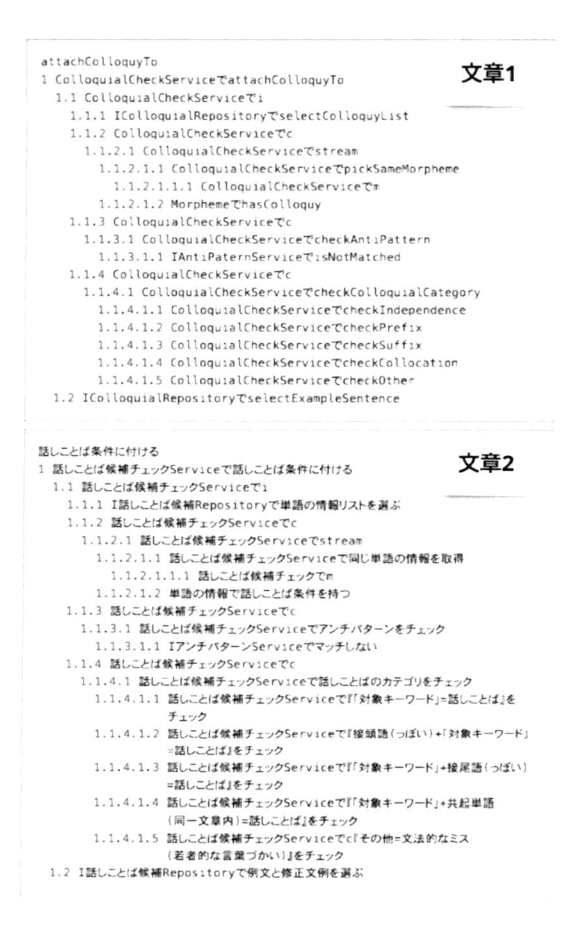
文章1
attachColloquyTo
1 ColloquialCheckServiceでattachColloquyTo
1.1 ColloquialCheckServiceでi
1.1.1 IColloquialRepositoryでselectColloquyList
1.1.2 ColloquialCheckServiceでc
1.1.2.1 ColloquialCheckServiceでstream
1.1.2.1.1 ColloquialCheckServiceでpickSameMorpheme
1.1.2.1.1.1 ColloquialCheckServiceでm
1.1.2.1.2 MorphemeでhasColloquy
1.1.3 ColloquialCheckServiceでc
1.1.3.1 ColloquialCheckServiceでcheckAntiPattern
1.1.3.1.1 IAntiPaternServiceでisNotMatched
1.1.4 ColloquialCheckServiceでc
1.1.4.1 ColloquialCheckServiceでcheckColloquialCategory
1.1.4.1.1 ColloquialCheckServiceでcheckIndependence
1.1.4.1.2 ColloquialCheckServiceでcheckPrefix
1.1.4.1.3 ColloquialCheckServiceでcheckSuffix
1.1.4.1.4 ColloquialCheckServiceでcheckCollocation
1.1.4.1.5 ColloquialCheckServiceでcheckOther
1.2 IColloquialRepositoryでselectExampleSentence

文章2
話しことば条件に付ける
1 話しことば候補チェックServiceで話しことば条件に付ける
1.1 話しことば候補チェックServiceでi
1.1.1 I話しことば候補Repositoryで単語の情報リストを選ぶ
1.1.2 話しことば候補チェックServiceでc
1.1.2.1 話しことば候補チェックServiceでstream
1.1.2.1.1 話しことば候補チェックServiceで同じ単語の情報を取得
1.1.2.1.1.1 話しことば候補チェックでm
1.1.2.1.2 単語の情報で話しことば条件を持つ
1.1.3 話しことば候補チェックServiceでc
1.1.3.1 話しことば候補チェックServiceでアンチパターンをチェック
1.1.3.1.1 Iアンチパターンサービスでマッチしない
1.1.4 話しことば候補チェックServiceでc
1.1.4.1 話しことば候補チェックServiceで話しことばのカテゴリをチェック
1.1.4.1.1 話しことば候補チェックServiceで『「対象キーワード」=話しことば』をチェック
1.1.4.1.2 話しことば候補チェックServiceで『接頭語（っぽい）+「対象キーワード」=話しことば』をチェック
1.1.4.1.3 話しことば候補チェックServiceで『「対象キーワード」+接尾語（っぽい）=話しことば』をチェック
1.1.4.1.4 話しことば候補チェックServiceで『「対象キーワード」+共起単語（同一文章内）=話しことば』をチェック
1.1.4.1.5 話しことば候補チェックServiceでc『その他=文法的なミス（若者的な言葉づかい）』をチェック
1.2 I話しことば候補Repositoryで例文と修正文例を選ぶ

図 4　レガシーコードから作成した文章 1・2

4.2　確認用文章を用いた読み取りと理解

顧客役や開発者役が，確認用文章から要件とソースコードの内部構造の対応づけを読み取り理解できるか，インタビューやアンケートによる検証を行った．

まず，3.5 に述べた文章 1〜3 を，先述の顧客役の教員に提示し，筆者らがオンラインインタビューの形で質問を行った．質問と返答を筆者らがまとめたものを表 2 に示す．Q1 や Q3 の回答を見ると，話しことばの検出方法が顧客役に最もわかりやすいのは文章 3 であった．その理由として Q2 では，レガシーコードから作成した文章 1・2 よりも「文を単語に区切って話しことばがあるか」という文章 3 で表される流れ

†2　クラス内において，CAMC: 利用される引数の一貫性，LCOM5: メソッド間のフィールド変数の共有度合いの低さ，MMAC: メソッド間の引数と戻り値の型の類似度，NHD: メソッド間の引数の型の類似度，SCOM: メソッド間のフィールド変数の使用方法を踏まえた共有度合い，をそれぞれ測る指標である．

表 1　クラス数・ソースコード行数と，jPeek によるクラス凝集度スコア

	クラス数	ソースコード行数	CAMC	LCOM5	MMAC	NHD	SCOM
レガシーコード	30	2954	0.97	0.50	0.50	9.32	0.50
変更後のソースコード	89	4212	2.81	1.06	1.24	6.62	2.42

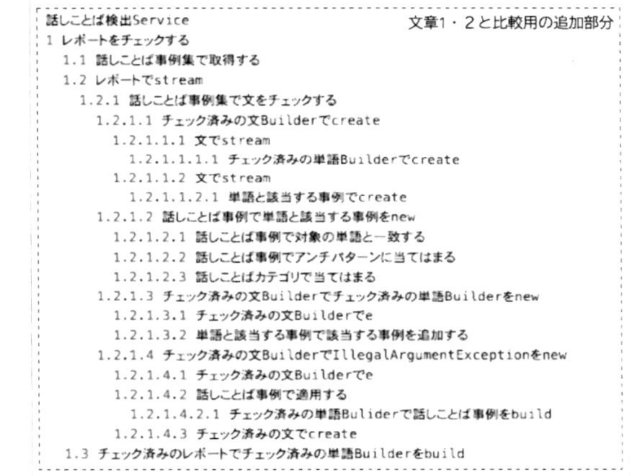

図 5　変更後のソースコードから作成した文章 3

が，顧客役の普段の話しことばの確認の流れとマッチしていることがうかがえる．

次に，文章 1〜3 と論文 [6] を開発者役の学生に提示した上でアンケートを行った．開発者役は「マイルストーンで新たに引き継ぐ学生」を想定し，PBL で別のシステムの開発に取り組んでいるが，話しことばチェッカーの開発に携わったことがない学生 5 名を対象とした．アンケートの質問項目を表 3 に，回答を表 4 に示す．この結果を見ると，文章 3 を最も読み取りやすいものとして挙げている学生が多く，レポート文をリストにわけ，形態素解析を行い，話しことば事例集と該当するか確認する部分等が要件の理解と合致していると回答している．

さらに，顧客役と開発者役が文章 3 に基づいた議論を行うことで，継続的な開発にむけた顧客との対話

表 2　筆者らの質問と顧客役の返答

Q1. 話しことばの検出方法が読み取りやすい文書は 1 から 3 のうちどれか **A1.** 3 番が理解しやすい．
Q2. 文章 3 番が理解しやすい理由は何か **A2.** 日本語で分かりやすく書かれているから．文章 2 のリポジトリで判断する形式よりも，文を単語に区切って話しことばがあるかという書き方が理解しやすいため．私が話しことばの有無を見るときも「この一文に話しことばの単語があるか」という方法で見ており，文章 3 の流れと一致するため．
Q3. 文章 2 と 3 を比較してどういった感触を持つか **A3.** 文章 2 も何をしているかは理解できるが，処理の流れを見ると文章 3 が理解しやすい．

表 3　アンケート項目

問 1. 文書の 1 から 3 の中で，論文に書かれた「話しことば検出の処理」をあなたにとって最も読み解きやすく表しているのは何番ですか．
問 2. 上の設問で答えたものだけを使って読み解き理解した「話しことばの専門家はどのように話しことばを検出して欲しいか」について，チーム内で自分の考えを共有することを想定して文章で書いてください．

や内部構造の読み取りに資する提案手法の有用性が検討できると考えた．そこで，顧客役と開発者役（上記のアンケート回答者のうち都合がついた 3 名）がオンライン上で一堂に会し，文章 3 をもとに要件と内部構造の対応を確認する場を作り，筆者らはそのやりとりを観察する形で検証した．この検証では，各自が文章 3 から得た内部構造や処理のイメージについて認識が統一されていないことに気づくシーンが見受けられた．例として，図 5 の 1.1.2 に関して「送信されたレポート文章から単語・一文・段落等のどの単位でのリストを作るのか」の認識のずれが生じていた．また文章 3 に存在する「アンチパターン」というキーワードが論文では定義されていない点も指摘された．「アンチパターン」は顧客役からの「検出から除外するケースの指定」の要求に応じレガシーコード内に実装済みの事柄であったため，3.4 のリファクタリングで出力結果が一致するように組み込まれたものであった．これらの気づきについて「より理解しやすいよう

表 4　問 1 と問 2 の回答結果（原文ママ）

問 1	問 2
3	読み込んだレポートを改行ごとにリストにして，形態素解析を行う．話し言葉事例集を取得して，その中にある単語が使われていたら，事例を追加する．
2	データベースに修正すべき単語と修正後の単語を保存し，品詞分解した分を入力されると誤りを指摘する．
3	形態素解析を行い，話し言葉の条件に合う 5 パターンに該当するかを判定し，検出する．
3	レポートを整形し，改行ごとにリストにする．リストを形態素解析にかける． 話し言葉事例集を取得する． 全ての文でループを回し，その文中の形態素が話し言葉事例集とマッチしたら，その単語と事例を記録する． レポート内で使用された話し言葉とその言葉の仕様事例が付いた新しいレポートを作る．
3	まずは文を単語ごとに分ける．そこからその単語が話し言葉事例集に該当するかを検討し，もし改善点があればデータベースに登録されている通りに改善する．

確認用文章や論文を修正する必要があるのではないか」といった問題提起もなされた．

5　提案手法の妥当性と有用性の評価

提案手法の妥当性について評価する．4.1 では変更後のソースコードのクラス数・ソースコード行数の増加とともに，凝集度の高いクラスが生じていることが示唆された．ドメイン駆動設計では，ドメインモデルのクラスが適切に整理・分割され凝集度の高いクラスが多く生じることが知られており，これに符合するようにソースコードが改良された可能性がある．さらに 4.2 では，顧客役と開発者役の学生らは，変更後のソースコードのシーケンス図から作成した文章 3 を，話しことば検出方法の読み取りやすさや，本来の検出方法の理解との合致の面で支持している．この結果からは，提案手法の実践により，改良されたソースコードの内部構造に要件提示書類となった論文 [6] の語彙や処理の流れが反映され，かつ文章 3 にもそれが表出したことで，客観的に読み取り理解しやすいものに近づいた結果と捉えることができ，RQ1・RQ2 に対する妥当性を示せたと考えている．

次に，提案手法の有用性について評価する．4.2 では，顧客役と開発役の学生らが一堂に会し文章 3 を元に確認作業を行うことで，一部の処理の認識に差があることや，検出から除外するケースの処理が要件提示書類に明記されていないことに気づきを得ていた．これは，ソースコードの内部構造を熟知していない顧客役と開発者役が，確認用文章を元にソフトウェア要件とソースコードの内部構造の大枠を対応づけて捉え，それに基づいた対話を行い．さらに要件提示書類やソースコードに関する改善の必要性等にも言及した事例と言える．こうした事例は，PBL での開発の引き継ぎにむけて提案手法が生み出せる有用性を表しているものと考えている．

なお，これらの結果からは，顧客役と開発者役が繰り返し要件提示書類やソースコードを修正する等のフェーズを提案手法に加えるといった，より妥当性・有用性の向上につながる改善の必要性も見えた．

6　おわりに

本研究は将来的に，提案手法の改善だけではなく，提案手法を別の PBL のレガシーコードや新規開発でも適用できるか，開発の熟練者でなくとも採用することができるか等の今後の課題に繋げたい．

謝辞　桶田 昂史氏，大友 一樹氏，山下 由美子准教授（帝京大学）の実践・検証への多大な貢献に感謝します．

参 考 文 献

[1] Code Quality Foundation: jPeek Version 0.28. https://github.com/cqfn/jpeek, Accessed on July 21, 2024.
[2] Evans, E.: *Domain-Driven Design: Tackling Complexity in the Heart of Software*, Addison-Wesley Professional, 2003.
[3] 清田康介: ドメイン駆動設計によるシステム開発 生産ラインのイノベーション, 知的資産創造, Vol. 28, No. 9, 野村総合研究所コーポレートコミュニケーション部, 2020, pp. 116 – 123.
[4] 増田亨, 田中ひさてる, 奥澤俊樹, 中村充志, 成瀬允宣, 大西政徳: ［入門］ドメイン駆動設計——基礎と実践・クリーンアーキテクチャ, 技術評論社, 2024.
[5] VanStudio: SequenceDiagram Plugin for JetBrains IDEs Version 3.0.5. https://plugins.jetbrains.com/plugin/8286-sequencediagram, Accessed on July 21, 2024.
[6] 山下由美子, 長谷川哲生, 山川広人, 小松川浩: 話しことばチェッカーの開発と評価, 教育システム情報学会誌, Vol. 38, No. 4(2021), pp. 369 – 374.

スケーラブルなモデル検査手法のメタ手法的考察

岸 知二

形式手法は厳密解を指向する技術であるが，スケーラビリティが課題となる．我々は複数製品を対象としたファミリーベースモデル検査において，可変性モデルを分割することでスケーラビリティを改善する手法を提案した．本稿では本手法をメタ手法として再整理し，それに基づき手法の改善や拡張の方向性について検討する．

1 はじめに

形式手法は厳密解を指向する技術であり，高度な信頼性や安全性が求められる分野などで活用されている．一方，形式手法が基づく論理の処理は一般に高計算量であり，スケーラビリティが課題となる．形式手法の中で広く使われている技術のひとつにモデル検査技術があるが，容易に状態爆発が起こるため，そうした場合には抽象化や有界検査などスケーラビリティ改善の取り組みが必要となる．

我々は，複数製品を対象としたファミリーベースモデル検査手法において，検証モデル上の可変性を表現する部分と，対象のふるまいを表現する部分を疎に結合させ，可変性部分を分割することでスケーラビリティを改善する手法を提案した [7]．この提案をベースに，さらに機械学習の適用を含めた手法の改善・拡張を検討しているが [8]，こうした検討はともすればアドホックな技術の適用となる危険性がある．

本稿ではこの手法におけるスケーラビリティ改善のポイントを明確にし，それを踏まえて手法をメタ手法 [13] [9] [3] [10] として再整理する．定義されたメタ手法は手法のポイントを一定の抽象度で表現するものであり，手法の改善・拡張検討のフレームワークとなる．このメタ手法に基づいて改善の影響範囲を特定し，改善・拡張の方向性について議論する．

以下，2 章では，背景知識を確認する．3 章では，過去に我々が提案したファミリーベースモデル検査手法を説明し，そのスケーラビリティ改善のポイントを整理する．4 章ではメタ手法を定義する．5 章でメタ手法に基づき手法の改善・拡張の方向性について議論し，6 章で本稿を締めくくる．

2 背景知識

2.1 メタ手法

メタ手法の定義は様々だが [13] [9]，本稿では特定のタスクを実行するための方法を手法と呼び，抽象化された手法をメタ手法と呼ぶ．メタ手法は手法の集合あるいはファミリーと捉えることができる．メタ手法はそれら手法に関わるプロセスやプロダクトなどの高次の記述として定義 (モデル化) され，手法の定義や拡張における検討のフレームワークとして活用できる．メタ手法の研究は様々な分野で行われてきたが，ソフトウェア工学分野やシステム工学分野などでもなされている [3] [10]．ソフトウェア工学分野でメタ手法の定義に利用できる記法として，SPEM [12] や BPMN [2] などが提案されているが，本稿では UML に基いた記法を用いる．

2.2 フィーチャモデル

フィーチャモデル (Feature Model, 以下 FM) は可変性モデルのひとつで，製品群の持つ特徴をフィー

A Meta-methodological Study for Scalable Model Checking Methods

Tomoji Kishi, 早稲田大学, Waseda University.

チャとし，その間の制約を木構造で表現する [6]．この制約を満たすフィーチャの選択・非選択の組合せを有効なフィーチャ構成と呼び，それが個々の製品に対応する．ひとつの FM が持つ有効なフィーチャ構成の総数を構成サイズと呼ぶ．FM の制約は命題論理で表現でき [1]，その形式性を使って解析がなされる．

2.3 ファミリーベースモデル検査

複数製品の性質を一度に検証するモデル検査をファミリーベースモデル検査（Family-based Model Checking, 以下 FB モデル検査）と呼ぶ [14]．多くの FB モデル検査では，複数製品のふるまい表現に FTS(Featured Transition Systems) を用いる．FTS はそれに対応した FM を持ち，フィーチャの選択・非選択の条件に基づいて，特定のフィーチャ構成（製品）が持つふるまいを識別することができる．

3 FB モデル検査手法

本章では我々が過去に提案した FB モデル検査手法 [7] の概要を説明する（以下，現手法と呼ぶ）．ほとんどの FB モデル検査手法は専用のモデル検査器を必要とするが，現手法は汎用の確率モデル検査器である PRISM [5] を用いる点に特徴がある．

3.1 検証手法

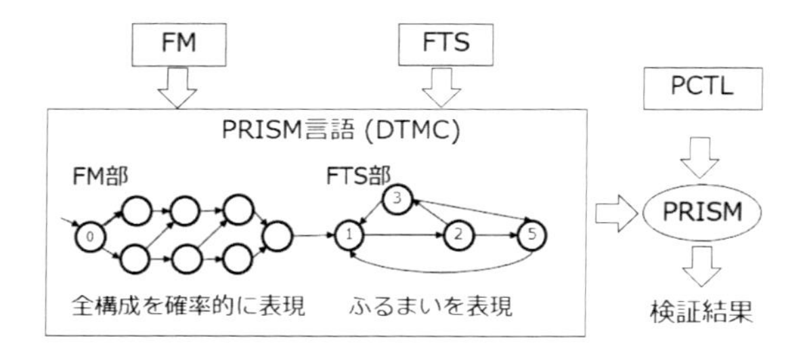

図 1 現手法の全体像

現手法の全体像を図 1 に示す．検証対象の製品群の FM と FTS から DTMC(Discrete-Time Markov Chains) での PRISM モデルを生成する．FM から生成されるモデルを FM 部，FTS から生成されるモデルを FTS 部と呼ぶ．FM から生成されるモデルは，FM に対応した命題論理式から得られる BDD の構造に基いて構築される．一方 FTS 部は FTS の構造に基いて構築され，フィーチャの選択・非選択の条件はフィーチャに対応した命題変数に基づくガードとして表現する．検証性質を PCTL で表現し PRISM の P 演算子を用いて性質が成り立つ確率を求めることで，性質が成り立つ製品の有無を検証する．

FB モデル検査は，単一システムを対象としたモデル検査よりも計算量が高くなる．PCTL のモデル検査は一般にモデルサイズの多項式時間かかるが，現手法では BDD の部分構造を含んでいるためモデルサイズはフィーチャ数 n に対して 2^n のオーダーとなる．これに対してスケーラビリティの改善が望まれる．

3.2 スケーラビリティ改善のポイント

現手法ではスケーラビリティ改善のためいくつかの施策をした．そのポイントは以下のとおりである．

前提 検証対象のモデルが，FM 部と FTS 部に分割されている．FM 部では FTS 部中で参照されているフィーチャに対応する命題変数に真偽を設定しているため，FTS 部は FM 部に依存する．一方 FM 部は FTS 部に依存しない．

ポイント 1 対応する FM を論理分割する：FM を構成サイズの小さな複数の独立した FM に分割する．分割にはシャノン展開 [11] を用いる，分割効果の正確な計算は計算量の観点から現実的でないため，フィーチャの生起確率である FIP [4] に基づく確率的なメトリクスを用いた手法を用いて分割する．分割された FM 毎に FM 部を生成し検証することで，検証回数は増えるが個々の検証における状態数は減少する．

ポイント 2 検証を並列化する：分割で得られる個々の FM 間には依存関係がないため，検証を並列化することで効率化を図る．

ポイント 3 性質をモデルに反映する：性質のサイズはスケーラビリティに影響するため，検証性質中でフィーチャに関わる制約は性質に加えず FM に加える．これにより性質のサイズを抑え，一方で制約が加わることで FM の構成サイズを削減できるため，スケーラビリティが改善する．

4 メタ手法の定義

我々は3.2でのスケーラビリティ改善のポイントを維持しつつ，さらにスケーラビリティを改善したり，手法の適用対象を拡大することを検討している．しかしながら様々な観点からの改善・拡張が考えられ，また一部の改善・拡張が他の部分へ影響しうるため，アドホックな検討は適切でないと考える．そこで検討のフレームワークとして現手法をメタ手法として再整理し，それに基いた改善・拡張の方向性の体系だった検討を試みる．

4.1 3階層のメタモデルに基づくモデル化

現手法や，それを改善・拡張した手法群をインスタンスと捉えるなら，メタ手法はそれら手法群を包括的・抽象的に定義した手法と捉えられる．また改善・拡張の検討という目的から，メタ手法はスケーラビリティ改善のポイントを一定の抽象度で表現することが求められる．さらに本稿で扱う手法は形式検証の手法であるため，用いる形式性やその処理の自動化に関わる側面を表現できることが重要と考える．

以上を踏まえ，本稿では，手法とメタ手法を以下の3階層で捉え，モデル化する．

方式層: 手法のポイントをモデル化する層．

形式性層: 方式実現に用いられる形式性（用いる論理など）をモデル化する層．

自動化層: 形式性を踏まえた上でその自動化 (処理の実装) に用いられる技術をモデル化する層．

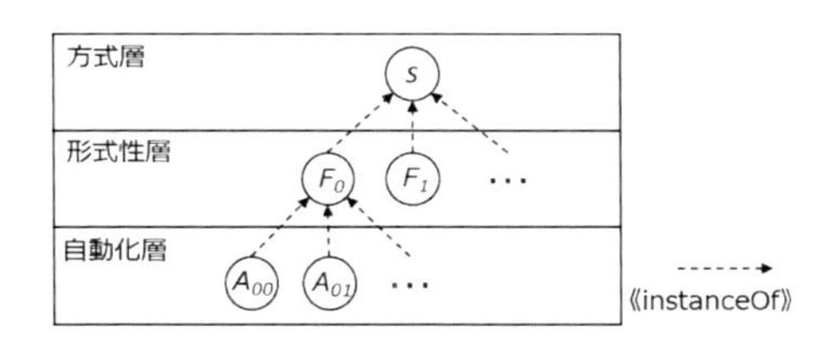

図2 メタ手法のためのモデルの3階層

図2はメタ手法の階層を模式的に示したものである．ここで S が現手法のスケーラビリティ改善のポイントのモデルであり，ひとつだけ存在する．F_0, F_1, ... は S のインスタンスであり，S の方式の異なる形式性での実現に対応する．さらに A_{00}, A_{01}, ... は F_0 のインスタンスであり，F_0 を異なる技術で自動化したものに対応する．例えば A_{00} が現手法の自動化を表しているとすると，改善・拡張は A_{00} 以外のインスタンスを生成することと捉えられる．

メタ手法は，成果物面と処理面の二つの側面からモデル化する．さらに改善・拡張の影響範囲を検討するために，モデルから構成要素間の依存関係を導出する．以下にそれぞれについて説明する．

4.2 成果物面のモデル

成果物面のモデルは，手法で用いられる検証モデルなどの構造側面を表すモデルである．記述にはUMLのクラス図を用いる（図3）．

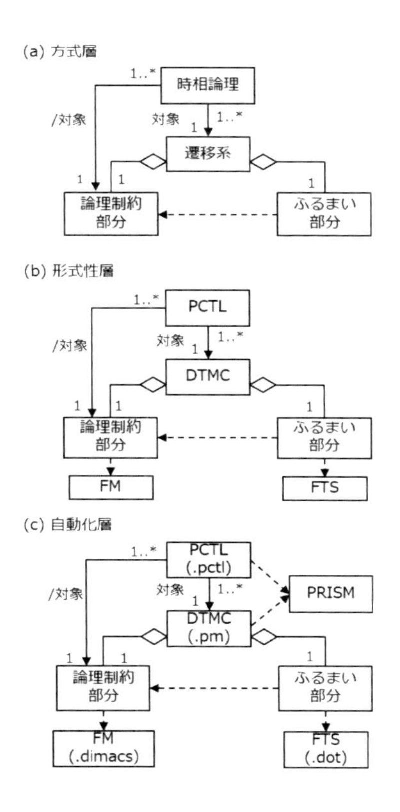

図3 成果物面のモデル

方式層: “遷移系” は検証モデルであり，“論理制約部分” と “ふるまい部分” から構成される．“ふるまい部分"は"論理制約部分"に依存する."時相論理"は検証性質である.性質は"遷移系"を"対象"とした記述であるため,その帰結として"論理制約部分"も"時相論理"の記述対象となるため派生関連としている(図3(a)).

形式性層: 基本構造は方式層を引き継いでおり,方式層の"遷移系"と"時相論理"が,対応する形式性である"DTMC"と"PCTL"として記述されている."論理制約部分"と"ふるまい部分"は"DTMC"の部分構造である.さらに"論理制約部分"と"ふるまい部分''はそれぞれ"FM"と"FTS"の構造を反映するため,依存関係が示されている(図3(b)).

自動化層: 基本構造は形式性層を引き継いでおり,自動化に用いられる技術を()内に付記している."DTMC(.pm)"と"PCTL(.pctl)"はそれぞれDTCMやPCTLでの記述が.pmと.pctlというファイル形式で格納されることを示し,これらがPRISMモデル検査器によって規定されることを明示するために"PRISM"への依存関係を示している.同様に"FM(.dimacs)"と"FTS(.dot)"にファイル形式を示している(図3(c)).

4.3 処理面のモデル

処理面のモデルは,手法における成果物の変換などふるまい側面を表すモデルである.記述にはUMLのアクティビティ図を用いる(図4).

3.2で示したスケーラビリティ改善のポイントとの対応を示すため,どの層も同名の処理(実行ノード)を用いてモデル化している.すなわち"遷移系構造化"が前提に,"論理制約分割"がポイント1に,"検証実行"がポイント2に,"性質記述再構成"'がポイント3にそれぞれ対応する.なお処理の内容は入出力によって規定され,入出力は層毎に異なるため,同名でも処理内容は異なる.なお記述の便宜上,同一成果物に対する入出力がある場合には両方向矢印でフローを示している.

方式層で説明すると,"遷移系構造化"は,"遷移系"を"論理制約部分"と"ふるまい部分"の二つの構成要素から構成されるように構造化する処理であ

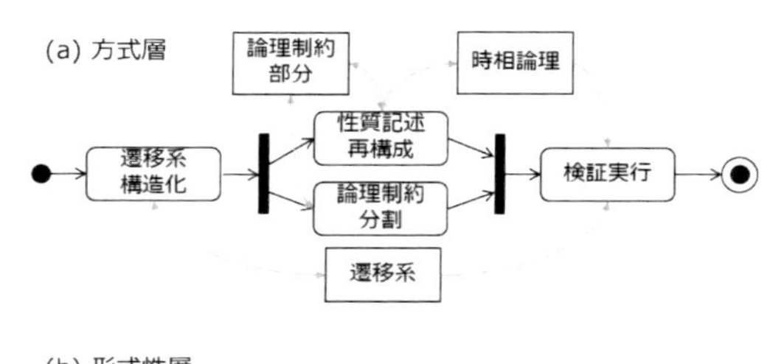

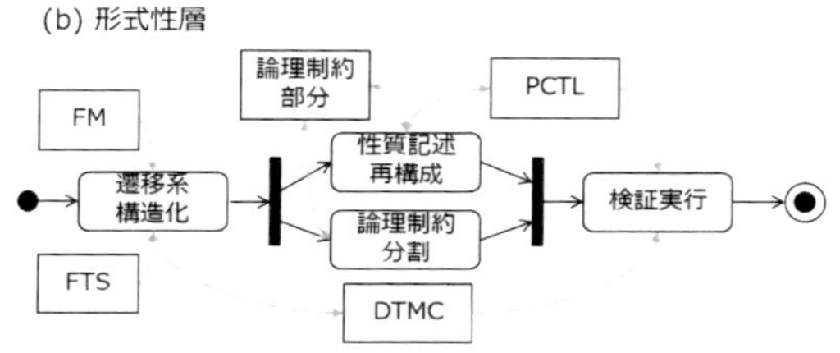

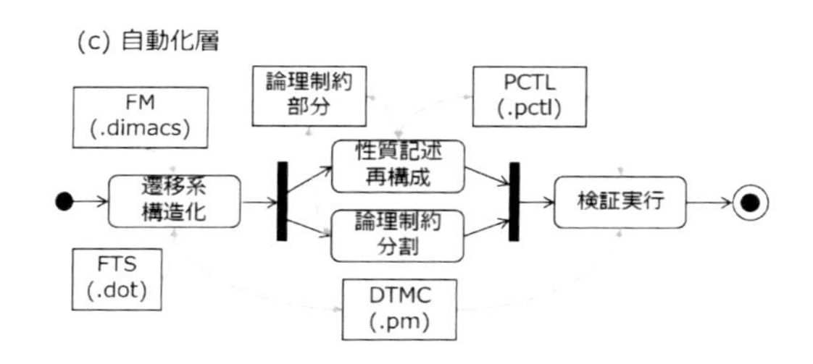

図4 処理面のモデル

る."性質記述再構成"は"時相論理"中で"論理制約部分"を対象としている部分を,"論理制約部分"に制約として付加する処理に相当する."論理制約分割"は"論理制約部分"を分割する処理である."検証実行"は"遷移系"と"時相論理"に基き(並列に)モデル検査を行う処理である.他の層も基本的な構造は類似だが,"遷移系構造化"は"FTS"と"FM"に基いて行うため,そのフローが追加されている.

4.4 依存関係の導出

メタ手法中の成果物や処理の間には様々な依存関係がある.自動化層におけるモデル要素間の依存関係を示したのが図5である.ここでは成果物面のモデル中のクラスと,処理面のモデル中の処理(実行ノード)との間の依存関係を示している.なお紙面の制約で方式層と形式性層については割愛する.

成果物面のモデル要素間の依存関係としては図3における集約は全体から部分への依存関係,関連はその方向性に応じた依存関係として表現されている.

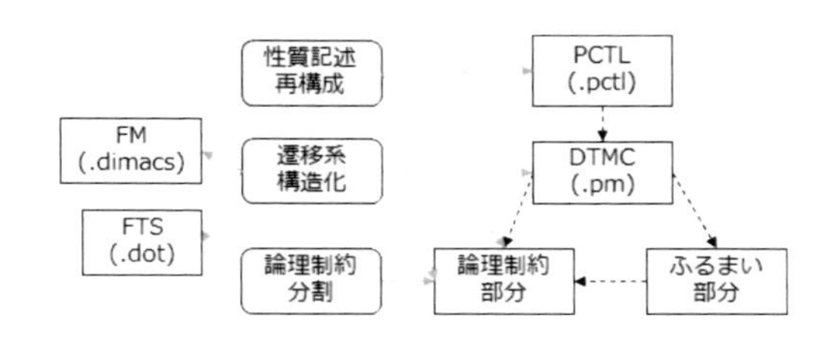

図5　モデル要素間の依存関係 (自動化層)

図4における処理と成果物間のオブジェクトフローに対応については，処理は入出力するデータによって規定されるため，処理からそれが対象とする成果物への依存関係として表現している．

なお"遷移系構造化"，"論理制約分割"，"性質記述再構成"は検証モデルなどを定義する開発時ビューのモデル要素であり，"検証実行"は検証モデルを検証する実行時ビューでのモデル要素である．ここでは二つのビューの間の依存性は疎であるため，開発時ビューでの依存関係に限定して議論する．

5　メタ手法による改善・拡張の検討

本稿ではメタ手法に基づいた手法の改善・拡張に関する検討を行う．

5.1　改善・拡張の分類

4.1で述べたように，改善・拡張は自動化層での新たなインスタンス生成と捉える．一義的な変更箇所がモデル上のどの層のどの箇所であるかによって，改善・拡張を表1のように分類する．

表1　改善・拡張の分類

名称	層	箇所	種類
処理変更	自動化	処理	改善
対象変更	自動化	成果物	拡張
形式性変更	形式性	成果物	拡張

"処理変更"は，自動化層中の処理を変更するものである．"対象変更"は，自動化層中で対象とする成果物を変更するものである．"形式性変更"は，形式性層中で対象とする成果物を変更するものであり，その結果自動化層での変更が必要となる．改善は適用対象の変更を伴わない変更，拡張は適用対象の変更を意味すると捉えるなら，"処理変更"は改善，"対象変更"は同一形式性の中での対象の拡張，"形式性変更"は異なった形式性への拡張に相当する．

5.2　改善・拡張のインパクト

メタ手法から導出される依存関係から，ある層において特定の処理や成果物の変更を行ったときに，影響を受けうる処理や成果物を特定できる．処理は成果物を介して間接的に他の処理に依存しているため，成果物が変更されなければ影響は波及しない．従って"処理変更"では処理の変更が成果物の変更を伴う場合には影響が波及しうる．一方"対象変更"や"形式性変更"は成果物の変更であり，他の処理や成果物への影響が生じうる．特に"形式性変更"は形式性層だけでなく必然的にそのインスタンスである自動化層への影響を伴うためインパクトが大きくなる．

5.3　現手法の改善・拡張の検討例

メタ手法に基づき，現手法の改善・拡張について検討することができる．以下はその検討例である．

処理変更

"処理変更"としては個々の処理の改善が考えられる．例えば現在確率的メトリクスに基づいて行っている"論理制約分割"部分を，機械学習に置き換えて精度の改善を目指す，現在シェルスクリプトで行っている"遷移系構造化"をJavaでの実装に変更し処理速度を改善することなどが考えられる．

対象変更

"対象変更"としては，扱う成果物を変更することで適用対象や利用状況を拡大することが考えられる．例えば現在"FM(.dimacs)"と"FTS(.dot)"から"DTMC(.pm)"を構築しているが，この部分をKconfigからFMを構築して既存システムからリバースをしたり，現在FMやFTSの処理に利用しているツールを変更し，異なるツールから関わる情報を変換・インポートするなどすることなどが考えられる．

形式性変更

"形式性変更"としては，同様の方式を他の形式性に適用して適用対象を拡大することが考えられる．例えばDTMCモデル検査をCTLモデル検査など，他のモデル検査技術に変更する，命題論理(FM)に基づく論理制約部分を変更しDTMCそのものの分割を行うように変更することなどが考えられる．

変更の影響波及

変更の影響波及の観点からは，形式性層での変更が広範囲の影響を持つことは明らかである．また同一層のなかでも"論理制約部分"の影響波及が一番広範囲であり，影響範囲の観点からはこの部分がいわば方式のコアとなっていることがわかる．その意味からこの部分の完成度を高めることは様々な拡張に対して重要である一方，影響波及について配慮が必要となる．

5.4 考察

以上のように，メタ手法は改善・拡張の方向性を検討するためのフレームワークの役割を果たすと考える．一方メタ手法はあくまで一定の抽象度でのフレームワークであり厳密な影響波及の特定等を可能とするものではない．また本稿でのメタ手法の定義方法とは異なる形でのモデル化も可能である．しかしながら，一般にモデリングは構築されたモデルそのものの活用意義だけでなく，定義方法の検討を含めモデリングの過程そのものが概念整理などの意義を持つ．そういう意味から，メタ手法は手法定義の方法の検討過程も含め，手法検討の有用な思考ツールになると考える．

6 おわりに

本稿では手法の改善・拡張をメタ手法という観点から検討した．今後メタ手法そのものの形式的な解析や，メタ手法に基づく計算量などに関する定量分析の手法についても検討を進めたい．

参考文献

[1] Don. Batory, "Feature models, grammars, and propositional formulas", In Proceedings of the 9th international conference on Software Product Lines (SPLC 2005), September 2005, pp.7–20, 2005. https://doi.org/10.1007/11554844_31

[2] https://www.omg.org/bpmn/ (latest access 2024.7.24).

[3] Gregor Engels and Stefan Sauer, "A Meta-Method for Defining Software Engineering Methods". In: Engels, G., Lewerentz, C., Schäfer, W., Schürr, A., Westfechtel, B. (eds) Graph Transformations and Model-Driven Engineering. Lecture Notes in Computer Science, vol 5765. Springer, Berlin, Heidelberg, 2010. https://doi.org/10.1007/978-3-642-17322-6_18

[4] Ruben Heradio, David Fernández-Amorós, Christoph Mayr-Dorn, and Alexander Egyed. " Supporting the statistical analysis of variability models", In Proceedings of the 41st International Conference on Software Engineering (ICSE 2019). IEEE / ACM, pp.843–853, 2019. https://doi.org/10.1109/ICSE.2019.00091

[5] Andrew Hinton, Marta Kwiatkowska, Gethin. Norman and David. Parker, "PRISM: a tool for automatic verification of probabilistic systems," in TACAS'06: Proceedings of the 12th international conference on Tools and Algorithms for the Construction and Analysis of SystemsMarch 2006, pp.441–444, 2006.https://doi.org/10.1007/1169

[6] Kyo C. Kang, Sholom G. Cohen, James A. Hess, William E. Novak, and A. SpencerPeterson, "Feature-Oriented Domain Analysis (FODA) Feasibility Study", CMU/SEI-90-TR-021. Software Engineering Institute, Carnegie Mellon University, 1990.https://insights.sei.cmu.edu/library/feature-oriented-domain-analysis-foda-feasibility-study/

[7] Tomoji Kishi, "Family-based Model Checking using Probabilistic Model Checker PRISM", In Proceedings of the 30th Asia-Pacific Software Engineering Conference (APSEC 2023), pp.376-385, 2023. https://doi.org/10.1109/APSEC60848.2023.00048

[8] 岸知二，"機械学習支援による形式検証についての考察"，ソフトウェア工学研究会研究会報告，IPSJ, 2024-SE-217, no.4, pp.1-7, (2024).

[9] Alex C. Michalos ed., "Encyclopedia of Quality of Life and Well-Being Research", Springer, 2015.

[10] Yaniv Mordecai, "Toward Systems Engineering Meta‐Methodology", INCOSE International Symposium, № 1, pp.752-767, 2023.. https://doi.org/10.1002/iis2.13050

[11] Claude E. Shannon, "The Synthesis of Two-Terminal Switching Circuits", in Bell System Technical Journal, 28, pp.59-98, 1949.

[12] https://www.omg.org/spec/SPEM/2.0/About-SPEM(latest access 2024.7.24).

[13] James Thomann, "Meta-Methodology: An Overview of What It Is and How It Was Developed.", In 58th American Educational Research Association Annual Meeting, 21:1154–57, 1973.

[14] Thomas Thüm, Sven Apel, Christian Kästner, Ina Schaefer, and Gunter Saake, "A Classification and Survey of Analysis Strategies for Software Product Lines", in ACM Computing Surveys, Volume 47, Issue 1, Article No.: 6, pp.1–45, 2014. https://doi.org/10.1145/2580950

IoTを指向したアスペクト指向モデリングメカニズムの拡張

西條 弘起　岸 知二　野田 夏子

モジュール化はソフトウェア設計における重要課題であり，特にオブジェクト指向で発生し得る横断的関心事をモジュール化する技術としてアスペクト指向技術がある．我々は過去に，関心事をアスペクトとしてモジュール化し，アスペクト間の関係をアスペクト関連ルールとして定義することでソフトウェアを柔軟に設計するメカニズムとして，アスペクト指向モデリングメカニズムの提案を行った．また，イベントをやり取りする制御システムを対象にその有効性を確認した．本稿では，さらにIoTのように同じ機器を大量に接続し，かつそれらが様々な機器とデータをやり取りするシステムの設計にも本モデリングメカニズムを適用することを検討する．提案済みのメカニズムでは，各オブジェクトはシングルトンであることを前提にしており，多数の同じ機器を扱うことに困難がある．また，データのやり取りをルールによって表現することは難しい．そこで，アスペクト関連ルールを拡張し，マルチオブジェクトでのデータのやり取りを表現できるようにモデリングメカニズムを拡張する．拡張したメカニズムを複数のセンサによってビニールハウス内の管理を行う農業用IoTシステムの例題に適用し，その有効性を確認した．

1 はじめに

ソフトウェアは現代社会においてあらゆる場面で使用されており，社会の重要なインフラの1つになっているため，ソフトウェアの巨大化，複雑化に拍車がかかっている．さらに，近年ではIoTシステムなどのように様々な機器と接続できる開いたシステムも増加している．このような中で，ソフトウェアの適切なモジュール化，また，それぞれのモジュールとの柔軟な接続が可能な再利用性の高い設計の必要性も高まっている．しかし，現在のソフトウェア開発で多く用いらるオブジェクト指向によるモジュール化では，関心事が様々なモジュールに散在することがある．このような関心事を分離することで，関心事ごとにモジュール化を行う技術としてアスペクト指向技術がある．

アスペクト指向をモデリングに適用し，ソフトウェアの柔軟性を高めるメカニズムとして，我々は過去にアスペクト指向モデリングメカニズム（以下AOM）の提案を行った [1] [2] [3]．AOMでは，ソフトウェアにおける関心事をアスペクトとしてモジュール化することで，ソフトウェアを関心事ごとに分割することができる．AOMでは，アスペクト間の関係をアスペクト関連ルールとしてアスペクトからは分離して定義し，このルールを用いて関係付けることで，各アスペクトの独立性が高められ，ソフトウェアの柔軟な設計を行うことができる．また，[2] [5] [6] において，このメカニズムをIoTやスマートホームの設計に用いることも試みており，IoTシステムのそれぞれの機器の追加・削除・交換，同じセンサ・アクチュエータを複数の異なる目的で使用するという課題に対して，AOMが有効であることを確認した．

一方，現状のAOMでは組込みシステムを指向しており，組込みシステム開発の多くがオブジェクトが1つであるため，1つのクラスから生成されるオブジェクトは1つであるという制約が置かれている．この制約のために，IoTシステムのように同じ種類のデバイスを大量に接続する場合，設計上は1つ1つ別のクラスとして扱う必要がある．また，IoTシステムでは，センサやアクチュエータなど様々な機器と接続してデータのやり取りを行うことが多くあるが，現状の

Aspect-Oriented Modeling for IoT System Design
Kouki Saijo, Natsuko Noda, 芝浦工業大学, Shibaura Institute of Technology.
Tomoji Kishi, 早稲田大学, Waseda University.

AOM では観測値の詳細やアクチュエータのパラメータを伴う制御のやり取りは工夫が必要であった.

そこで本稿では，アスペクトとアスペクト関連ルールに対して拡張を行うことで，1 クラスのオブジェクトが複数である場合での設計を可能にし，ルールによるデータのやり取りを可能にするメカニズムを提案する．なお，以降，1 クラスのオブジェクトが複数であることをマルチオブジェクトと表現する．

2 アスペクト指向モデリングメカニズム

AOM は，[1] [2] で提案済みであり，またその動的意味は [3] で提案済みであるが，提案する拡張の説明のために本章で概要を紹介する．AOM は，アスペクトとアスペクト関連ルールによって構成されており，ソフトウェア全体を関心事ごとの視点からモデリングを行う．アスペクトは関心事をモジュール化する単位であり，その静的構造をクラス図，各クラスの振る舞いをステートマシン図で記述する．アスペクトは完全に独立したものであり，他のアスペクトに関する情報を一切持たない．アスペクト間で協調した動作が必要な場合には，その関係をアスペクト関連ルールによって表す．アスペクト関連ルールには 2 種類があり，ステートマシン図の遷移，イベント，ガード条件を用いた独自の構文で記述される．

図 1 は AOM によるモデリングの簡単な例である．これを用いてアスペクト関連ルールについて説明する．

- イベント導入ルール

あるアスペクト内のあるクラスで状態遷移が発生した時，他のアスペクトのクラスの特定の動作を引き起こすために他のアスペクトにイベントを導入する．A1.C1:t1->e1^A2.C2 は，アスペクト A1 のクラス C1 で遷移 t1 が起こった時，アスペクト A2 のクラス C2 にイベント e1 が導入されることを意味する．

- 条件参照ルール

あるアスペクトのクラスの状態遷移が発生する時，他のアスペクトのクラスの状態を参照しガード条件とする．A1.C1:t2[A2.C2@on] は，アスペクト A1 のクラス C1 の遷移 t2 は，アスペクト A2 のクラス C2 の状態が on の時のみ起こることを意味する．

[3] で定義した動的意味は，矛盾なく利用できるものは UML の規定を利用し，アスペクトにより拡張が必要なものに対しては拡張している．アスペクトが複数あるとき，個々のアスペクト内の各オブジェクトがそれぞれ並行動作を行い，オブジェクトがそれぞれキューを持ち，発生したイベントがキューに入る．UML に定義される run-to-completion に従い，イベントは順次キューから取り出され，そのイベントによって遷移が実行される．

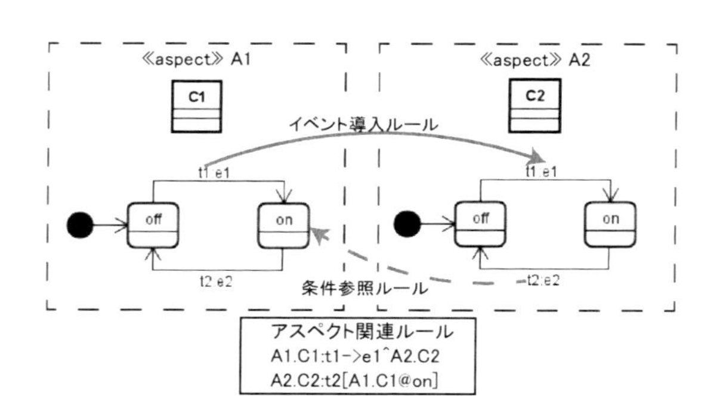

図 1　AOM によるモデリングの例

3 AOM の課題

IoT システムの設計に AOM を適用する上で，現状 2 つの課題がある．

1 つ目の課題として，マルチオブジェクトに対応していないことが挙げられる．現状の AOM ではオブジェクト構造の定義とルール記述の簡約化のため，1 クラスから生成されるオブジェクトは 1 つのみという制約が置かれている．そのため，IoT システムなど同じ種類のデバイスを大量に接続するシステムの設計では，これらを 1 つ 1 つ別のクラスとして設計しなければならない．

2 つ目の課題として，センサやアクチュエータが様々な機器と接続してデータのやり取りを行うシステムの設計を行う場合，工夫が必要になる．現状の AOM では，イベント導入ルールにおいてパラメータを持ったイベントを扱うことができないので，データのやり取りを行う機器は同じアスペクトに入れる，もしくは，データごとにイベントと遷移を用意するといった設計にしなければならない．例えば温度通知のイベントを，10°C のイベント，11°C のイベント，

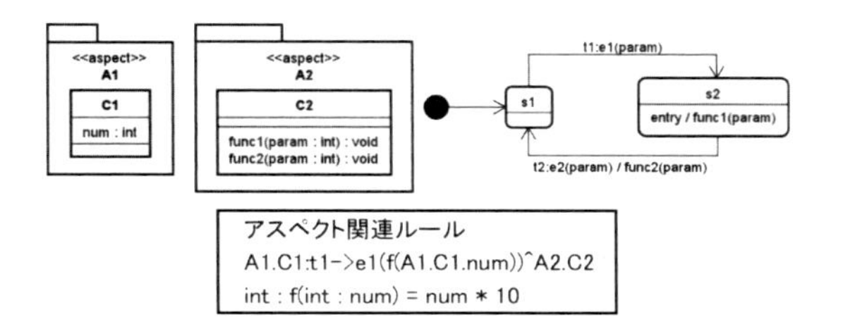

図 2　クラス図と A2 のステートマシン図

12°C のイベント，のように値ごとに異なるイベントにするなどが必要になる．また，IoT などのモデリングでは様々な機器と接続する可能性があり，機器ごとのデータの形やそれらの対応を定義する必要もある．

4　AOM の拡張

3 で述べた課題に対応するために，マルチオブジェクト化とデータのやり取りを可能とする，AOM の拡張を提案する．それぞれの課題に対応するための拡張の基本について 4.1，4.2 で説明し，それらを踏まえた拡張の全体について 4.3 で述べる．

4.1　データ交換のためのルール記述

アスペクト間のデータのやり取りを直接的に表現するために，アスペクトとアスペクト関連ルールに対して次の 3 つの拡張を行う．1) アスペクトのステートマシン図において，状態遷移をトリガするイベントとしてパラメータ付きイベントを記述可能とする．2) ステートマシン図のパラメータ付きイベントに対応するように，イベント導入ルールの記述方法を拡張する．3) イベント導入ルールによってデータの導入を行う際に，異なるアスペクト間でのデータの解釈の違いに対応するために，導入するデータを変換するための関数を定義する．

1) について，パラメータ付きイベントは，UML のステートマシン図におけるパラメータ付きイベントの記法及び意味論をそのまま用いる．ただし，イベントに記述できるパラメータは 1 つとする．これは，複数パラメータの記述可能な範囲や，その時の動的意味について考慮できていないためである．また，パラメータに用いるデータは，UML の定義に従う．この際の使用可能なデータ型も，UML の定義に従い，プリミティブ型，列挙型とする．また，イベントのパラメータとして用いた値を使用可能なタイミングは，遷移前の exit アクション，ガード条件，遷移上のアクション，遷移後の entry アクションとする．このときのパラメータはアスペクト内で解釈可能なデータになっている必要がある．

2) について，ステートマシン図で上記に従って記述されるイベントに対応するようにイベント導入ルールを拡張する．拡張後のイベント導入ルールには，イベントのパラメータに変数，または定数を記述する．パラメータに変数を記述する場合，その変数はトリガとなる遷移が発生する側のアスペクトで認識可能な記述方法で，遷移が発生したアスペクトの変数を記述し，値渡しによってデータは導入される．例えば，A1.C1:t1->e1(A1.C1.num)^A2.C2 は，A1 の C1 で遷移 t1 が起こった時 A2 の C2 に，イベント e1 のパラメータに A1 の C1 の変数 num を持つイベント e1 が導入されることを意味する．

3) について，既述したように，AOM ではアスペクト同士は互いに独立しており，各アスペクトが想定するデータ型やデータの表現形式はそれぞれ異なる可能性があるため，データを導入する際は導入先のアスペクトで使用が想定されるデータの形で導入される必要がある．この課題に対応するために，データを持たせたイベント導入を行う際のデータ変換の関数を定義する．

変換の関数は，データの数値変換として定義されるため，データ変換の内容が同じであれば，複数のアスペクト間で使用できる．また，この関数はパラメータを持つイベント導入ルールでのみ使用されるため，アスペクト関連ルールと同様に，アスペクトとは独立して定義する．これにより，センサやアクチュエータの交換による他の部品への影響がなく，柔軟な接続が可能になると考える．変換の関数の記述内容は，関数のデータ型: 関数名 (引数のデータ型: 引数名)=計算式，の形で表される．図 2 にモデルの例を示す．例えば，int:f(int:num)=num*10 は，引数の値を 10 倍にする関数であり，

A1.C1:t1->e1(f(A1.C1.num)^A2.C2

のように用いる．

また，変換の関数を定義する場合，イベント引数に定数を記述するイベント導入ルールではトリガとなる遷移が起こる側のアスペクトで扱う値を記述する．

4.2　マルチオブジェクト化を実現するルール記述

次に，マルチオブジェクトに対応するために，アスペクト関連ルールに対して 2 つの拡張を行う．1) 各アスペクトのクラスから生成されるオブジェクト数を指定するために，ルール記述の一部としてオブジェクト数を記述．2) イベント導入ルールと条件参照ルールでオブジェクト数を指定できるように，それぞれのルール記述の拡張を行う．

1) について，オブジェクト数の指定は，任意の自然数を記述可能であり，例えば，A1.C1,5　は，アスペクト A1 のクラス C1 のオブジェクトを 5 つ生成することを意味する．この時，実際のセンサ・アクチュエータとオブジェクト番号は静的に対応付けられているものとする．この記述がない場合は，オブジェクト数は 1 である．ルールの一部として記述するのは，アスペクト内にオブジェクト数を記述しないことで，システムによって異なるオブジェクト数を扱う場合の再利用性を高めるためである．

次に 2) について，まず拡張したそれぞれのルール記述の基本について述べる．イベント導入ルールの記述の基本は，

A1.C1. オブジェクト指定: 遷移名->イベント名 ^A2.C2. オブジェクト指定

となる．オブジェクト指定 には，任意の自然数のオブジェクト番号，全てのオブジェクトを意味する∗，n の何れかが記述可能である．n の意味は後述する．例えば，A1.C1.3:t1->e1^A2.C2.∗は，A1 の C1 の 3 番目のオブジェクトで遷移 t1 が起こった時，A2 の C2 の全てのオブジェクトにイベント e1 を導入することを意味する．

次に，条件参照ルールの記述は，

A1.C1. オブジェクト指定 :t1[A2.C2. オブジェクト指定@状態名]

となる．イベント導入ルール同様，オブジェクト指定には，任意の自然数，∗，n の何れかが記述可能である．例えば，A1.C1.3:t1[A2.C2.∗@s1] は，A1 の C1 の 3 番目のオブジェクトの遷移 t1 は A2 の C2 の全てのオブジェクトの状態が s1 の時のみ起こることを意味する．

n は，イベント導入ルールにおけるイベント導入元と導入先，条件参照ルールにおける条件適用先と参照元のアスペクトにおいてオブジェクトの番号付けが対応している場合に，同じ番号の組に全てに適用することを，オブジェクト指定を n と記述することで表現する．これは，オブジェクト数が膨大になシステムを設計する際にオブジェクト数に対応してルール記述の数も膨大になってしまう可能性があるため，記述を簡略化することを目的としている．例えば，A1.C1.n:t1->e1^A2.C2.n は，A1 の C1 の n 番目のオブジェクトの遷移が起こった時，常に A1 の C1 と同じオブジェクト番号の A2 の C2 のオブジェクトに導入される事を意味する．条件参照ルールも同様に，A2.C2.n:t1[A1.C1.n@s1] と記述することで常に同じオブジェクト番号の状態をガード条件とすることを意味する．

4.3　拡張したルール

4.1 と 4.2 の基本を踏まえた全体のアスペクト関連ルールについて説明する．イベント導入ルールに，4.1 と 4.2 の拡張を行った結果，ルール記述は，

A1.C1. オブジェクト指定: 遷移名->イベント名 (変換関数 (A1.C1. オブジェクト指定. 変数名))^A2.C2. オブジェクト指定，となる．オブジェクト指定には，4.2 と同様に，任意の自然数のオブジェクト番号，番号の対応を表す n，全てのオブジェクトを意味する∗が記述可能である．ただし，オブジェクトが 1 つしかないクラスの遷移やイベントの導入では，オブジェクト指定を省略可能である．また，変換の必要ない場合のデータ交換では，変換の関数を省略可能である．

5　ケーススタディ

提案する AOM の拡張を，具体的な例題の設計に適用することで，その妥当性を検証する．様々な種類のセンサ・アクチュエータを使用し，センサ・アクチュエータの交換や追加が起こりやすい例題システムとして，農業 IoT システムを用いる．

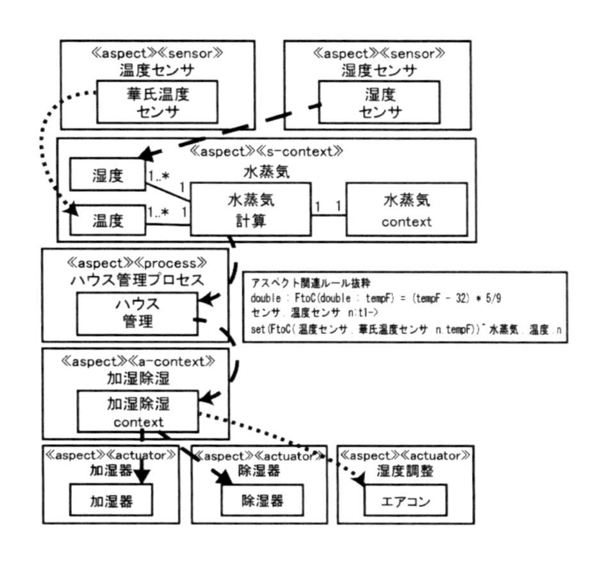

図 3　ケーススタディのモデル

以下を本ケーススタディの目的とする．

- マルチオブジェクトが本拡張により実現できるか
- データのやり取りを本拡張により実現できるか

5.1　例題システム

例題に用いる農業 IoT システムについて説明する．

本システムは，センサとして温度センサと湿度センサ，アクチュエータとして加湿器・除湿器を，それぞれ 4 台ずつ使用し，1 台ずつ部屋の四隅に設置する．そのため，モデル化するにあたって，温度・湿度センサ，加湿器・除湿器はそれぞれ 1 つのクラスに対して，複数のオブジェクトが必要になる．また，この 2 種類のセンサから水蒸気量を求め，その値を元に判断したハウス内の状況から，アクチュエータを動作させる個数を決定し，水蒸気量をパラメータとして加湿器，除湿器の動作を制御する．そのため，データのやり取りが必要になる．

また，アスペクトの再利用ができることを確認するために，以下の変更シナリオを想定する．

- 摂氏で温度を測定していたセンサから，華氏で計測するセンサを利用するように変更する．
- 加湿・除湿器をそれぞれ別に接続していたが，湿度管理器を 1 つのエアコンで行うことにする．

5.2　例題システムのモデル化

例題システムと変更シナリオのモデルを，図 3 を用いて説明する．破線は，イベント導入ルールの動きを示しており，点線はシナリオによる変更後の動きを示す．また，変換の関数とルールの一部を示す．今回のモデリングは，我々が過去に提案した，プロダクトライン開発のためのアスペクト指向コンテキストモデリング [2] を用いて設計した．アスペクトはセンサ，コンテキスト，プロセス，アクチュエータの何れかに分類される．コンテキストには，センサコンテキストとアクチュエータコンテキストがあり，センサコンテキストはセンサが操作される環境，アクチュエータコンテキストは操作する対象の抽象的な振る舞いを示すアスペクトである．

このシステムでは，温度・湿度センサは等間隔で常に計測を行う．この時，コンテキストでは摂氏を扱うが，センサは華氏で計測するため，イベント導入の際に変換の関数を用いる．その際，センサコンテキストである水蒸気コンテキストは，水蒸気量を元にセンサで計測した環境の判断を行うため，温度と湿度から水蒸気量を計算するクラスを持つ．計算した水蒸気量を元に，水蒸気コンテキストが水蒸気量の状態（非常に少ない，少ない，丁度いい，多い，非常に多い）を判断する．プロセスでは，5 つの状態（大幅に増やす，増やす，何もしない，減らす，大幅に減らす）を判断する．除湿加湿コンテキストのオブジェクトは 4 つあり，増やす・減らすの状態では 4 つから指定した 2 つのコンテキスト，大幅に増やす・減らす状態では全てのコンテキストにイベントを導入する．この部分で，マルチオブジェクトによる制御を表現している．

2 つ目の変更シナリオは，加湿除湿アスペクトと湿度調整アスペクト間のルールを新たに定義することで，アスペクトの内部を変更せずに対応している．

5.3　結果

例題のモデリングを行った結果，センサとのデータのやり取りで，「データ交換を本拡張により実現できるか」をデータ変換と共に確認できた．また，加湿・除湿器の制御部分ルールと，ルール記述にオブジェクト数を定義することで，「マルチオブジェクトが本拡張によって表現できているか」を確認できた．さらに，接続するアスペクトの変更が他のアスペクトへ影響を与えず，ルール変更のみで対応できたことで確認できた．

6 議論

本稿では，我々が過去に提案したメカニズムに対しIoT システムへの適用を指向し，主にアスペクト関連ルールの拡張を行い，1 クラス 1 オブジェクトの制約の撤廃とルールによるデータのやり取りを実現した．

IoT システムの設計に関しては，IoT 特有の提案が様々なされている [7] [8]．[7] は，ISO の IoT アーキテクチャの標準である．本研究は，IoT アーキテクチャの設計に限定したものではなく，またすべての IoT システムの設計への適用を検討できているわけではない．しかし，5.2 で示したような，一定の範囲の IoT システムの設計に関しては適用可能なことが期待される．今後，ISO 標準との対応関係の精査や，複数の他システムへの適用検討を実施する予定である．

また，IoT システムの設計における課題にアスペクト指向を適用しようとする研究も複数ある [4] [8]．様々な機器が接続され得る IoT システムにおいて，柔軟な構成を実現し，ソフトウェア部品のモジュラリティを高めるためにアスペクト指向を利用しようとする点で，本研究も類似の目的を持つものだが，本研究は，特定の実装方式を規定するものではない．

本研究では，農業用 IoT システムを例題とした事例検討を行い，拡張した AOM を用いてシステムの設計が可能なことが確認できた．一方，モデリングメカニズムの動的意味に関して更なる検討が必要である．本拡張では，動的意味に関しては既存のメカニズムから拡張せず，すべてのオブジェクトが並行動作を行い，メッセージキューを介したイベントのやり取りで協調動作を行うものとしている．しかし，ある関心事の表現として同じアスペクト内に置かれたクラスのオブジェクトと，異なるアスペクトに置かれたクラスのオブジェクトを，区別せず同じ並行動作単位として良いかは検討が必要である．

7 おわりに

本稿では，我々が過去に提案したアスペクト指向モデリングメカニズムに対して，IoT システムなどの，大量の機器が様々な機器と接続し，データのやり取りを行うシステムのための拡張を提案した．拡張したメカニズムを，センサ・アクチュエータの変更や交換，同じセンサを異なる目的で使用する，といった状況が起こりやすい例題として，農業用 IoT システムに対して適用した．その結果，アスペクトの交換にはルール変更のみで対応できることを確認し，マルチオブジェクト化とデータのやり取りは，拡張したルール記述と変換の関数によって表現できていることを確認した．これらによって，アスペクトの再利用性が高まり，アスペクト間の柔軟な接続が可能になったことを確認した．今後は，複数データを導入する際の記述や，動的意味について更なる検討を行う．

参考文献

[1] N. Noda and T. Kishi, "Aspect-oriented Modeling for Embedded Software Design," 14th Asia-Pacific Software Engineering Conference, 2007.
[2] N. Noda and T. Kishi, "Aspect-oriented Modeling for Variability Management," 12th International Software Product Line Conference, 2008.
[3] 野田 夏子，他. "アスペクト指向モデリングメカニズムの動的意味について，" ソフトウェアエンジニアリングシンポジウム 2018, 情報処理学会, 2018.
[4] Tomas Cerny, "Aspect-oriented challenges in system integration with microservices, SOA and IoT," Enterprise Information Systems, 2019.
[5] H. Sekimoto, et al, "An Aspect-Oriented Development Method for Highly Configurable IoT Systems," Asia Pacific Conference on Robot IoT System Development and Platform, 2020.
[6] 冨田 巧，野田 夏子，"アスペクト指向によるスマートホームの柔軟な設計，" 電子情報通信学会研究報告, 電子情報通信学会, 2024.
[7] Razzaq, Abdul, "A systematic review on software architectures for IoT systems and future direction to the adoption of microservices architecture," SN Computer Science, 2020.
[8] Velan S, Senthil, "Introducing Aspect-Oriented Programming in Improving the Modularity of Middleware for Internet of Things," 2020 Advances in Science and Engineering Technology International Conferences, 2020.

コード生成AIの活用は主体的な学びにつながるか？アルゴリズム教育におけるGitHub Copilotの導入と評価

中才 恵太朗　和田 健　角田 雅照

ソフトウェア開発の生産性向上が期待できるため，プログラミングに特化した生成AIであるコード生成AIを導入する企業が増えている．教育においては，生成AIの回答に頼りきりになることで，主体的に学ぶ力が低下する可能性が指摘されている．一方，生成AIを活用することで学生の主体性を高める可能性も示唆されている．本稿では，コード生成AI（GitHub Copilot）を授業に導入し，高等専門学校の事例を基に学生の主体的な学びに与えた影響を議論する．授業では，コード生成AIを活用した発表学習を取り入れた．コード生成AIが学生の学習意欲や主体的な学びに与えた影響を授業アンケートから評価し，議論する．その結果，半数以上の学生が授業以外でもGitHub Copilotを利用し，ChatGPTを含む生成AIの利用が促進されたことがわかった．具体的には，76%以上が授業の課題用途で利用し，53%は課題の質の向上や理解力を深めるために利用していた一方，23%は課題を安易に終えるために利用していた．

1 はじめに

ソフトウェア開発の生産性向上が期待できるため [6]，プログラミングに特化した生成AIであるコード生成AIを導入する企業が増えている．教育においては，生成AIの回答に頼り切ることや不適切な利用から主体的に学ぶ力が低下する可能性が指摘されている [3,5] 一方，生成AIを活用することで学生の主体性を高める可能性も示唆されている [1]．本稿では，コード生成AI（GitHub Copilot）を授業に導入し，高等専門学校の事例を基に学生の主体的な学びに与えた影響を議論する．

情報分野の学習において，アルゴリズムは重要な位置づけを占めている．そのため，情報系を学ぶカリキュラムには，アルゴリズムに関する講義が設置されていることが多く，座学の講義に加え，実験・実習科目でアルゴリズムを実践的に扱うこともある．アルゴリズムを効果的に学ぶ方法として，アルゴリズム可視化が研究されており，これはアルゴリズムの様々な状態をグラフィカルに表現し，わかりやすく直感的に捉えることができる [4]．一方で，学生がアルゴリズム可視化をどのように使用するかがその有効性に大きな影響を与え，学生が主体的に学ぶことが理解に影響を及ぼすと指摘されている [2]．これらの指摘に基づき，主体的に学習できる環境づくりがアルゴリズム教育の鍵となることが示唆される．

生成AIを活用することで，教育全般においても学生の主体性を高める可能性が示唆されている [1] が，プログラミング教育においても学生の主体性を高める可能性がある．例えば，使用したいライブラリの使用方法や，インストール方法を単なるWeb検索で調べるよりも効率よく見つけることができる．さらに，プログラミングに特化したコード生成AIを使用することで，よりプログラミングに集中することができ，

Does the Use of Code Generation AI Lead to Active Learning? Introduction and Evaluation of GitHub Copilot in Algorithm Education

Keitaro Nakasai, Takeshi Wada, 大阪公立大学工業高等専門学校, Osaka Metropolitan University College of Technology.

Masateru Tsunoda, 近畿大学, Kindai University.

少ない時間で多くのことを実装することが期待できる．プログラミングで困ったことはこれらを利用することである程度は解決できるため，プログラミングへの障壁が少なくなり，授業時間や課題以外でもプログラミングに触れる機会が増えることが期待される．

大阪公立大学工業高等専門学校（以下，公大高専）知能情報コース3年前期に開講される「アルゴリズムとデータ構造1」講義において，主体的な学習を促進する環境を作ることを目的に生成AIやコード生成AIを活用した発表学習を取り入れた．

アクティブラーニング（発表学習）を講義で取り入れることによって，学生の主体的な学習を促す．ただし，発表学習を取り入れる場合，課題に自由があるためそれゆえに主体的な学習を促すのではあるが，自分で問題を解決する力が求められる．そこで，生成AIを活用することで（単にWeb検索するよりも，欲しい回答を得ることが容易になったことで），主体的に学ぶことが以前より容易になったと思われる．

さらに，コード生成AIを活用することで，プログラム作成の生産性が上がると期待できるが，GitHub Copilotを学校で導入するために必要なGitHub Educationの登録までに2週間以上要し，プログラミングの実行環境を学生のPCに導入するまでに2回分の授業時間を費やした．そのため，コード生成AI導入の費用対効果を議論する．

2 研究方法

具体的な研究方法について述べる．コード生成AI（GitHub Copilot）を授業に導入し，高等専門学校の事例を基に学生の主体的な学びに与えた影響を調べるため，受講者の詳細，実施した講義の詳細，リサーチクエスチョンの説明，リサーチクエスチョンに応えるため実施したアンケート項目について説明する．

2.1 受講者詳細

学習を行い，2年次から本人の希望と学業成績によって，各専門コースに分かれる．受講者は，知能情報コースに配属されて2年目の3年前期の学生（32名）である．アルゴリズムとデータ構造1に関連する講義は，表1にまとめた．特に関連が深い，プログラミング1・プログラミング2について補足説明を行う．プログラミング1では，Pythonの基本文法・よく使用されるライブラリの使用方法を学習したのち，2回の自由制作課題を出している．プログラミング2では，C言語の基本文法に関する課題，アルゴリズムとデータ構造に関連する課題を実施している．これらの講義とは別に，マイコン制御に関連する科目があり，実験実習の半分はそれらに関連することを実施している．具体的な科目名としては，マイクロコンピュータ，論理回路1，論理回路2がある．詳細は，公大高専シラバスから確認できる[†1]．またこれらの科目は必履修科目（なお，実験実習科目・1年次に開講される数学に関する科目は必修得で，単位を取得できない場合は，進級できない）であり，コース配属されたすべての学生が受講している．

表1 アルゴリズムに関連する講義（抜粋）

学年	科目	内容
1年（半期）	情報1	情報リテラシーについて
1年（通年）	総合工学システム実験演習	Scratchプログラムを使ったプログラミング体験
2年（半期）	情報2	ITパスポート（テクノロジー）
2年（通年）	プログラミング1	Pythonプログラム，ゲーム作成
2年（通年）	工学基礎実習	情報ネットワーク実習
3年（通年）	知能情報実験実習1	Webスクレイピング
3年（半期）	情報3	AIを活用した課題解決
3年（半期）	プログラミング2	Cプログラミング演習，ソートアルゴリズムなど

数学の素養について：アルゴリズム学習を行う際には，オーダー計算を扱うため，指数・対数関数・数列・極限などの知識が必要であるが，基礎的な事項は，2年生までの授業で履修済みである．また，集合を求めるため，論理演算が必要な場合があるが，マイコン制御に関連する科目である論理回路1で学習済みである．

課外活動・その他要素：関連する講義の他に，公大高専では，2年次，3年次にそれぞれ，総合課題実習1，総合課題実習2を開講している．総合課題実習は希望者のみ受講する科目である．放課後に設定されたテーマに関連する活動を行う科目であり，学生の主体的な学習を育む科目である．3年知能情報コースの学

†1 https://www.ct.omu.ac.jp/studies/classes/syllabus-reg/

表 2　アルゴリズムとデータ構造 1 の講義概要

実施回	特筆すべき項目	講義内容
1-2 回	GitHub Copilot 環境構築	ガイダンス，計算量とオーダー記法
3-4 回	第一回発表会	全探索，再帰，2 分探索，発表準備
5-6 回		データ構造について
7-8 回		グラフと木，中間試験の実施
9-11 回	第二回発表会	テスト返却，発表準備（ソートアルゴリズム）
12 回		問題演習
13-14 回	第三回発表会	多項式時間帰着，P NP 等

生は，2 年次に 13 名受講し，3 年次に 10 名受講している．公大高専では,「プログラミング研究会」というクラブ団体があり，プログラミングに関する活動を行っている．3 年知能情報コースの学生は 9 名所属している．主体的な学習を育むための内容でかつ，希望者のみ受講している講義である総合課題実習の参加者は，主体的な学習を好む可能性が高いと考えられ．プログラミング研究会所属の学生は他の学生に比べ，GitHub Copilot などプログラミングツールについて特に興味を持っていると考えられることから，アンケートの分析を行う際には，この事項を考慮する必要がある．

2.2　アルゴリズムとデータ構造 1 詳細

知能情報コース 3 年前期科目である「アルゴリズムとデータ構造 1」について説明する．コース再編により，2024 年 4 月から始まった科目である．表 2 は本科目で実施したまとめである．7-8 回と 9-11 回の間の線は，7-8 回までは，教員が講義資料を作成し，アルゴリズムの解説を行っているのに対し（第一回発表会は解説内容に対する実装に関する発表），9-11 回目以降は，学生発表のみで学習を行っているため区別している．

GitHub Education 登録，環境構築について：本科目で扱うアルゴリズムを実行するため，1-2 回目の講義において C++を実行できる環境構築を指導した．公大高専では，BYOD を進めているため，学生全員私物ノート PC を持参して講義を受けている．具体的には，コンパイラである MinGW-w64，エディタの Visual Studio Code（VSCode），VSCode の拡張機能である，C/C++ Extension Pack, Code Runner, GitHub Copilot のインストールを指示し，GitHub Copilot を無料（通常月 10 ドル）で使用するため，GitHub Education の登録を指示した．学生証に英語表記がなかったため，英語表記の説明書類が証拠資料として必要であった．申請してから承認までも 2 週間以上かかった学生がいたため，早めの準備が必要であった．プログラミング 2 の授業でも C 言語を利用することから，プログラミング 2 の科目教員にインストールの指示をするように協力いただいた．著者が担任であったため，ホームルームの時間や，休み時間に環境構築の対応を受けつけた．高等専門学校は，クラス制であるため，受講生は常に一緒にいることから，インストールや，申請が無事できた学生にも協力をうけた．ガイダンスでは，GitHub Copilot の簡単な操作方法についてハンズオンで実施した．具体的には，操作を依頼してソースコードを書く方法，GitHub Copilot Chat を利用してソースコード 1 行ごとにコメントを生成する方法，コメントからコードを生成する方法を提示した．

発表について：全 3 回の発表を実施しており，準備期間はいずれも 1 週間となっている．第二回発表会のみ，発表授業回数が 2 回であった．いずれの発表も 5-6 人のグループ発表で行い，発表時間はそれぞれ，10 分，設定なし，8 分であった．第一回発表会の話題については，GitHub Copilot の支援をどう活かしたか明記するように指示している．第二回・第三回発表会については明記するように指示はしていないが，基本的には，GitHub Copilot や生成 AI の利用は推奨している．また，大阪公立大学では，Open AI の有料の生成モデル（GPT4 や GPT4o）が ChatGPT のように利用できる Web サイト †2 を運営しており，公大高専の教職員・学生は無料で利用が可能である．

第一回発表会は，全探索や再帰アルゴリズムを利用する問題を自分で設定し，その問題に対して，プログラム実装し計測を行った後，どれくらいの探索範囲であれば実行可能か求め，もっと効率の良いアルゴリズムを調べ，実装・計測を行うという課題である．アル

†2 https://omu.portalai.jp/

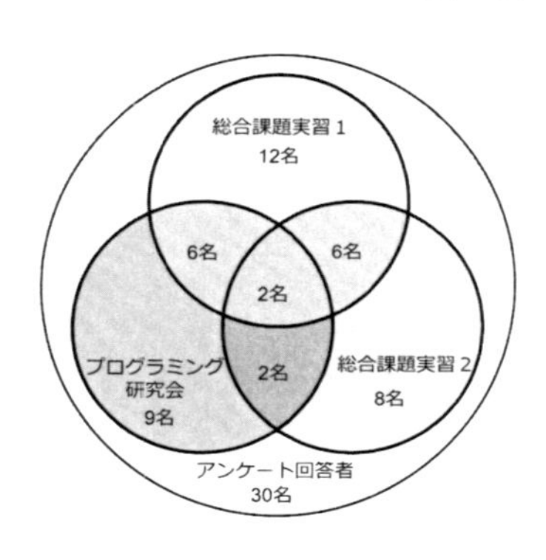

図 1　アンケート回答者の属性

ゴリズムや計測の実装には，GitHub Copilot を利用するように指示している．第二回発表会は，教科書に掲載されている代表的なアルゴリズムすべてと掲載されていないアルゴリズムを 1 つ実装し，実行時間・オーダーを発表するという課題である．口頭で，たくさんのアルゴリズムがあるので，GitHub Copilot を活用して実装するとよいとコメントした．第三回発表会は，計算可能性理論に関連するようなトピックを選択し，発表するよう指示した．この発表は，コード生成 AI を利用する機会はないが必要に応じて生成 AI の利用は促している．

2.3　リサーチクエスチョン

本稿では，以下のリサーチクエスチョンを設定し，学生の主体的な学びに与えた影響について議論する．

RQ1: 発表学習は，主体的な学習を促進するのにつながったか？

アクティブラーニング（発表学習）を講義で取り入れることによって，学生の主体的な学習を促している．わからないことも生成 AI を活用して，自己解決スキルの向上を図っているが，実際に発表学習を取り入れて課題内容の理解が深まったかアンケートから確認する．また，総合課題実習参加者は発表学習を好むのではないか合わせて確認する．

RQ2: 授業を通じて生成 AI の活用頻度は増えたか？

コード生成 AI の紹介や，生成 AI を活用させた発表によって，授業以外で学生が生成 AI を活用するかどうかを確認する．特に，コード生成 AI の導入に時間を費やしたため，授業でコード生成 AI を活用した価値があったか評価する．

2.4　アンケート

前節で説明した．リサーチクエスチョンに解答するため，14 回目の講義終了後の前期末試験直前のホームルームでアンケートを実施した．学生には，成績には一切影響しないので，正直に答えるよう指示した．回答数は 30（93%）であった．アンケート項目には，選択肢，数値（リッカート尺度），自由記述のものを準備した．結果では，選択肢とリッカート尺度で回答を受けた結果を報告し，自由記述は抜粋して報告する．また，2.1 節の課外活動・その他要素で述べた属性を考慮して分析する．

3　アンケート結果

アンケート回答者の属性を表したものを図 1 に示す．ベン図の重なり部分にはその人数が示されている．アンケート回答者は 32 名中 30 名であり，うち，プログラミング研究会所属の学生が 9 名，総合課題実習 1 参加者が 12 名，総合課題実習 2 参加者が 8 名であった．総合課題実習 1 と総合課題実習 2 のどちらかに参加した学生は 14 名であった．プログラミング研究会所属の学生・総合課題実習 1・2 のどちらかに参加した学生を分けて分析に利用する．リッカート尺度で回答を求めた結果について，図 2 に示す．質問内容は表 3 に示す．末尾 P がプログラミング研究会所属の学生，末尾 S が総合課題実習 1・2 のどちらかに参加した学生，Q1N,Q2N がプログラミング研究会未所属の学生，Q3N が総合課題実習 1・2 のいずれにも参加していない学生である．選択式のアンケートの結果を表 4 に示す．

4　考察

3 章の結果から，2.3 章のリサーチクエスチョンに回答する．

RQ1: 発表学習は，主体的な学習を促進するのにつながったか？

表 3 の Q3 や図 2 の Q3 から，講義（30%）を聞くほうがいいと答えた学生より，発表課題（44%）のほ

表 3　リッカート尺度で質問した内容

質問	1 の意味	5 の意味
Q1：授業以外で Github copilot を活用することはありましたか？	全く利用していない	かなり利用している
Q2：授業で生成 AI（Github copilot 含む）を利用する課題（発表会 1）をやる前とやったあとで利用の頻度は変わりましたか？	変わっていない	とてもよく利用する
Q3: 発表課題を通して学ぶことと、講義を聞くのとどちらが理解が深まると思いますか？(中間がどちらでもない)	発表課題のほうがいい	講義を聞くほうがいい

表 4　選択式のアンケート結果カッコ内はその中での割合

質問	回答
Q4: 授業で取り上げる前から GitHub Copilot を利用していたか？	利用していない 96.7%（37.9%が名前は知っていた） 利用していた 3.3%
Q5: 生成 AI をどの目的で使用していますか？	授業課題のため 73%（楽にこなすため 23.3% 意図やより理解を深めるため 30% 品質を上げるため 23.3%) / 検索代わりとして 10% 使ったら便利だと言われているから 6.7% コードなどの入力の時短 3.3%
Q6: 普段利用している生成 AI ツールについて (複数回答)	Chat 型 96.7% / コード生成型 56.7% / 画像生成型 6.7% 音声生成型, 動画生成型, 使っていない 3.3%
Q7: 発表課題を通して，課題の理解は深まりましたか？	担当分については 30% / 班については 50% 他の班も含めて 10% / 全く 10%

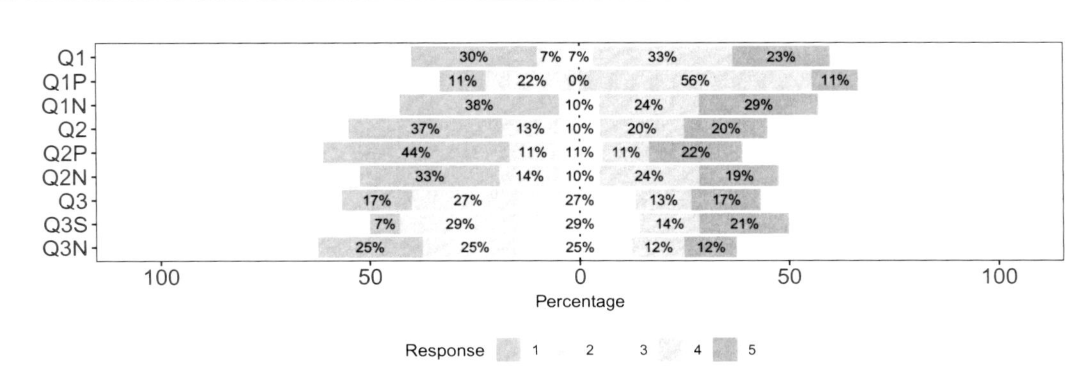

図 2　リッカート尺度で質問した内容の結果

うがいいと答えた学生が多いことがわかった．ただし，属性別にみると，図 2 の Q3S と Q3N から，総合課題実習に参加した学生の方が講義を好むという結果となり予想に反した結果となった．総合課題実習は少人数で行われ，目的意識の高い学生が集まり，今回の講義では，クラス全員が参加するためこのような結果になったのだと考えられる．表 4 の Q7 からは，同じ班の内容の理解は深まったと答える学生は 50%であったが，他の班も含めて理解は深まったと回答する学生は 10%しかいなかった．自由記述で，発表課題の良かった点，悪かった点を回答してもらっているが，良かった点としては，自分で調べることで理解が促されるという回答が多かった．悪かった点としては，毎回の発表までの準備期間が 1 週間ととても少なかったという回答があった．

RQ1 の回答としては，一部主体的な学習促進につながった学生もいるが，発表準備に忙しく，他の学生の発表を聞いている余裕がない学生には，学習を促進することにはつながらなかった．

RQ2: 授業を通じて生成 AI の活用頻度は増え

たか？

表3のQ1-2や，図2のQ1-2から，授業以外で56%の学生がコード生成AIであるGitHub Copilotの活用しており，授業課題を通して生成AIの利用頻度は，40%上がっていると回答がある．図2のQ1-2PとQ1-2Nから，プログラミング研究会所属学生は，授業以外でGitHub Copilotを活用する学生が多い一方，授業課題を通して，生成AIを利用する頻度が増えた割合はプログラミング研究会に所属していない学生の方が高いことがわかった．表4のQ4-Q7から，授業でGitHub Copilotを使用していた学生は1名だけであり，他の学生は利用したことがないことがわかった．そのため，授業でGitHub Copilotを紹介し，半数以上の学生が授業以外でもコード生成AIを活用するようになったのは大きな成果であるといえる．また，プログラミングツールに興味があると思われる学生は紹介後すぐにプログラミングツールの利用を始め，そうでない場合は，課題を通してプログラミングツールの利用を始めることが推測される．生成AIをどの目的で利用しているか？については，授業課題のためが73%であることから，日常生活上で利用することはまだまだ少ないことがわかった．授業課題のための使用目的は，楽にこなすため23.3%という答えだけではなく，意図やより理解を深めるためや品質を上げるためといった回答が多く，適切な使用ができてる学生が多いことがわかった．ただし，言われるがままに使用している学生も6.7%おり，今後は，生成AIの利用をただ促すだけではなく，どのような場面で，どのようなことができるのか実感できるような教員の努力が求められる．Q6では，利用しているツールのカテゴリーについて聞いているが，Chat型がほとんどで，画像生成型，音声生成型，動画生成型を利用している学生は少ないことがわかった．この結果から，講義で取り上げたことで，コード生成型が56%も利用することになったので，講義で効果的に利用できる生成AIツールを紹介すれば他のカテゴリーの生成AIツールの利用も増える可能性が示唆される．学習に役立てるような方法がある場合は，他のカテゴリーの生成AIツールを紹介することは役に立つ可能性が高い．

RQ2の回答としては，授業を通じて生成AIの活用頻度は増え，概ね適切な利用ができていることがわかった．

5 おわりに

本稿では，公大高専における「アルゴリズムとデータ構造1」の授業の実践を通して，コード生成AI（GitHub Copilot）が学生の主体的な学びに与えた影響を議論した．その結果，半数以上の学生が講義以外でもGitHub Copilotを利用し，ChatGPTを含む生成AIの利用が促進されたことがわかった．具体的には，76%以上が授業の課題用途で利用し，53%は課題の質の向上や理解力を深めるために利用していた一方，23%は課題を安易に終えるために利用していたことがわかった．

謝辞 本研究はJSPS科研費JP24K06402の助成を受けたものです。

参考文献

[1] Baidoo-Anu, D. and Ansah, L. O.: Education in the era of generative artificial intelligence (AI): Understanding the potential benefits of ChatGPT in promoting teaching and learning, *Journal of AI*, Vol. 7, No. 1(2023), pp. 52–62.
[2] Hundhausen, C. D., Douglas, S. A., and Stasko, J. T.: A meta-study of algorithm visualization effectiveness, *Journal of Visual Languages & Computing*, Vol. 13, No. 3(2002), pp. 259–290.
[3] Kasneci, E., Seßler, K., Küchemann, S., Bannert, M., Dementieva, D., Fischer, F., Gasser, U., Groh, G., Günnemann, S., Hüllermeier, E., et al.: ChatGPT for good? On opportunities and challenges of large language models for education, *Learning and individual differences*, Vol. 103(2023), pp. 102274.
[4] Shaffer, C. A., Cooper, M. L., Alon, A. J. D., Akbar, M., Stewart, M., Ponce, S., and Edwards, S. H.: Algorithm visualization: The state of the field, *ACM Transactions on Computing Education (TOCE)*, Vol. 10, No. 3(2010), pp. 1–22.
[5] Tlili, A., Shehata, B., Adarkwah, M. A., Bozkurt, A., Hickey, D. T., Huang, R., and Agyemang, B.: What if the devil is my guardian angel: ChatGPT as a case study of using chatbots in education, *Smart learning environments*, Vol. 10, No. 1(2023), pp. 15.
[6] Yetistiren, B., Ozsoy, I., and Tuzun, E.: Assessing the quality of GitHub copilot's code generation, *Proceedings of the 18th international conference on predictive models and data analytics in software engineering*, 2022, pp. 62–71.

大規模言語モデルによるヒント生成手法のプログラミング演習への導入

工藤 拓斗　嶋利 一真　石尾 隆　松本 健一

近年，プログラミング初学者に対する学習の支援を目的として大規模言語モデル (LLM) を用いた研究が盛んに行われている．LLM のプログラミング学習への適用において，モデルの出力をそのまま用いると課題の答えが提示されてしまうことがあり，学生が自力で学べないという問題がある．そのため，これまでに直接答えを提示せずに品質の高いヒントを生成して提示する手法の提案が行われている．この手法では，GPT-4 モデルを用いて生成したヒントを GPT-3.5 モデルを用いて検証を行った上で提示が行われている．本研究ではこの手法の拡張を行い，著者らが所属する大学院大学で行われているプログラミング演習の授業に導入し，その効果を測る．学生視点での評価を行った結果，特にプログラミング経験が浅い初級者にとって提案手法は有用であることが示唆された．

1　はじめに

プログラミング初学者にとって，プログラミング時に発生するエラーの修正は大きな障壁であり [5]，熟練者に比べて大量の時間を要していると報告されている [2]．そのため，適切なフィードバックを提供することが重要である．

これに対処するため，大規模言語モデル（LLM）を活用したプログラミング教育支援が注目されている．Kuramitsu らは，GPT を用いた学生のヘルプ要求に応答する ChatGPT を Jupyter 環境に統合したシステム,「KOGI」を提案し，未解決エラーを減らす効果を確認している [4]．しかし，直接的な解答提示により，初学者の問題解決能力が損なわれる可能性がある．

一方，Phung らは，GPT-4 を用いて直接解答を回避し，文章のみでヒントを提示する手法を提案している [6]．この手法では，GPT-4 で生成されたヒントを GPT-3.5 で検証し，合格したヒントのみを提示することで，解答提示を回避する工夫がなされている．この手法はプログラミング講師によって有用性が評価されているが，実授業での実用性や学生の評価はまだ検証されていない．

本研究は，この先行研究の手法を拡張し，ヒント生成機能を開発・導入して，その有用性を初学者向けプログラミング演習で評価する．具体的には，授業での利用状況，学生の評価，生成されたヒントの影響を調査する．

以降，2 章では先行研究のシステムの説明と，実験で用いるヒント生成機能の概要を説明する．3 章では本研究で行う調査の内容を説明し，4 章で結果を述べる．5 章では本研究の妥当性の脅威を述べ，6 章では本研究を総括する．

2　既存手法：GPT4Hints-GPT3.5Val

Phung らの研究 [6] では，学生のバグを含むプログラムに対して，GPT を使い質の高いヒントを生成する「GPT4Hints-GPT3.5VaL」というシステムが提案されている．本システムは，GPT-4 をフィードバック生成の「講師」モデル，GPT-3.5 をフィードバック検証の「生徒」モデルとして用いる．以下，このシステムを「既存手法」と呼ぶ．先行研究では，生

An Integration of Large Language Model-Based Hint Generation Method into Programming Exercises

Takuto Kudo, Kazumasa Shimari, Kenichi Matsumoto, 奈良先端科学技術大学院大学, Nara Institute of Science and Technology.
Takashi Ishio, 公立はこだて未来大学, Future University Hakodate.

成されたヒントの 70%以上が検証に合格し，そのうち 90%以上がプログラミング講師によって高い品質と評価された．ただし，学生を対象とした評価が行われておらず，授業での有用性はまだ明確にされていない．

2.1 既存手法のプロセス

既存手法は，生成されたヒントを検証することで，信頼性の高いヒントを提供することを目的としている．このプロセスは，「シンボリックデータの生成」「フィードバックの生成」「フィードバックの検証」の 3 つのステージで構成される．

シンボリックデータには，問題文，バグを含むプログラム，失敗したテストケースの入出力，修正プログラムが含まれる．失敗したテストケースは，最初に失敗したテストケースで，その入力と出力をプロンプトに含める．修正プログラムは，GPT-4 により生成された 10 個の候補から，すべてのテストケースを通過し，トークン編集距離が最小のものを選定する．

次に，GPT-4 がシンボリックデータを基にバグの説明と簡潔なヒントを生成する．ヒントは，学生が問題解決を考える余地を残しつつ，エラーの修正に必要な情報を提供する．例を図 1 に示す．このプログラムでは 5 行目の str_values.strip() でエラーが発生しており，リストの各要素に対して strip() を適用する必要がある．これに対してヒントは，「リストの全要素に strip() メソッドを適用して余分な空白を除去する」という内容が出力されている．

最後に，GPT-3.5 を使ってフィードバックの検証を行う．具体的には詳細な説明を含む拡張プロンプトと含まない標準プロンプトをそれぞれ GPT-3.5 に与え，問題を解かせ，それぞれのプロンプトによって生成された正しいプログラムの数を，以下の 2 条件に当てはめ，満たす場合のみヒントが提供される．

- 標準プロンプトから生成された正しいプログラムの数が拡張プロンプトと同等以上である．
- 正しいプログラムの割合が 50%以上，または拡張プロンプトより 25%以上高い．

検証に合格しない場合，最大 3 回まで繰り返し，合格しない場合は講師が介入することを想定している．

図 1: C2Room 及びヒントの例
コンソール実行時にエラーが発生し，
ヒント生成ボタンが押された後の図である

2.2 本研究における変更点

本研究では，既存手法を実授業に導入可能となるように拡張を行った．具体的には既存手法を基にしたヒント生成機能を Python で実装し，AWS Lambda 上で動作するように設計した．実装する環境は奈良先端科学技術大学院大学の授業,「プログラミング演習」にて利用されているブラウザベースの学習支援プラットフォームの C2Room(図 1) であり，そこにヒント生成ボタンを追加することで，ヒント生成機能を利用可能とした．実装するにあたって，既存手法から以下に説明する点を変更した．

まず，既存手法で利用する LLM のモデルの変更を行った．GPT-4 と同程度の精度で応答速度が向上した GPT-4o モデルが 2024 年 5 月中旬に公開された [†1]．そのため，本研究ではヒント生成機能で利用するモデルを GPT-4 から GPT-4o へ変更した．

そして，プロンプトの日本語対応を行った．既存手法は，主要言語を英語としていたため，利用されたプロンプトも生成されるフィードバックも英語であった．しかし，本研究で実験する授業は日本語を主要言語としているため，生成されるフィードバックも日本語である必要がある．よって，フィードバックを生成する際のプロンプトに日本語で出力するように文章を追加した．

既存手法を実装したところ，問題文の長さによってはヒント生成に 1 分かかるものもあり，十分な実用

†1 https://openai.com/index/hello-gpt-4o/

性が確保されていないと判断した．そこで，ヒント生成に成功したと判定するための条件式はそのままに，GPT-4 での修正コードならびに GPT-3.5 での検証のためのコード生成回数を 10 件から 5 件とした．また，実行時間のオーバーヘッド削減のため，分岐カバレッジが 100%を満たす範囲でテストケースを削減した．

そして，先行研究では検証されたヒントのみを提示していたが，本研究では検証に失敗したヒントも学生に提示している．これは，検証に失敗したヒントを目視で確認したところ，有用なヒントも見られたことに加え，ヒント生成機能の実行が 20 秒以上かかるため，待機した上でエラー解決の手がかりが提示されないことを防ぐためである．なお，検証の成否については学生に提示した上で，検証に失敗したヒントが手がかりとならなければ TA に質問するように誘導している．

2.3 ヒント生成機能の仕様

本研究で実装したヒント生成機能は，学生がコンソールでプログラムを実行してエラーを起こした際と，あらかじめ用意されているテストケースを実行するセルフテスト機能で失敗した際に「ヒント生成」のボタンを表示するようにした．学生がヒント生成のボタンを押すと表示が消え，AWS Lambda 上でヒント生成機能が実行され，処理が行われる．実行にはおよそ 20 秒から 30 秒程度かかる．実行が終了すると，ヒントと検証結果が学生に提示される．図 1 に，ヒント生成機能を用いて生成されたヒントの例を示す．検証結果を伝えるメッセージは以下の二つのパターンである．

- 一定以上の品質が保証されたヒントです．
- 十分な品質が保証されていないヒントです．ヒントが適切でない場合は TA に相談してください．

また，分析のために生成されたフィードバックの内容，ヒントを要求した学生の ID，ヒント生成ボタンの押されたエラーパターン（コンソールでのエラーによるものか，セルフテストの失敗によるものか），実行開始，実行終了時刻を記録した．

3 調査内容

本研究では 2.2，2.3 節で述べたヒント生成機能を，奈良先端科学技術大学院大学の授業「プログラミング演習」に導入し，有用性を評価する．評価は，学生の視点と生成されたヒントの二つの側面から行う．まず 3.1 節で実験の対象となる授業や参加者，データについて説明し，続く 3.2 節から，各 RQ を説明する．

3.1 対象

2024 年度奈良先端科学技術大学院大学で開講された「プログラミング演習」の最終回まで受講した 117 名を対象とする．授業ではオンライン学習システム「C2Room」を利用し，学生のコード，実行時刻，入出力，質問履歴などのデータを収集した．授業には 5 名のティーチングアシスタント（TA）が配置されており，学生をサポートし，質問は C2Room のチャット機能を通じて行われる．

また，学生には授業で得たデータを授業や研究のために利用して良いかのアンケートを全員に行った．同時に，TA のサポートの必要性を「A. いらないと思う」「B. 少し必要と思う」「C. 大いに必要と思う」の三つから選択させた．本研究では，Feigenspan の研究 [3] で，自己評価はプログラミング経験を測定する信頼性のある方法であることが確認されていることから，このアンケートをもとに学生を「A. 経験度が高い（上級者）」「B. 経験度が中程度（中級者）」「C. 経験度が低い（初級者）」と分類した．そして，アンケートの回答より，本研究で利用するデータは，データの利用許諾を承認した 108 名の授業に関するデータを対象とする．また，本調査では自然言語での回答や画像を出力とするような課題を除いた，検証されたヒントが生成可能なテストケースが存在する課題 71 問を対象に行った．

3.2 RQ1：ヒント生成機能は学生から必要とされているか

RQ1 では，ヒント生成機能が学生にとって必要とされているかを調査し，有用性を評価する．まず「RQ1.1: ヒント生成機能はどの程度利用されたか」

を調査し，学生の利用頻度を各レベル毎に調査し，評価する．

次に「RQ1.2: ヒント生成機能は学生にとって有用であったか」を調査し，アンケート結果を基に学生視点による有用性を評価する．アンケートでは，ヒント生成機能を利用したかどうかを尋ね，利用した学生にはSUS（System Usability Scale）[1]に基づく10の設問と,「TAよりもヒント生成機能を優先して利用したいか」という設問に5段階で回答してもらう．利用しなかった学生には，その理由とエラー解決方法を自由記述で答えてもらい，全員にヒント生成機能に関する自由記述も設けた．

SUSとは，システムの使いやすさを評価するシンプルかつ信頼性の高いアンケート方式である．SUSは10の設問で構成され，ユーザーがシステムの使いやすさを5段階で評価する．SUSスコアは0〜100で算出され，68を基準にそれ以上で使いやすいと判断される．

3.3 RQ2：検証されたヒントは学生にとって役に立ったか

先行研究では，検証されたヒントは高品質と判断されたが，実際に学生に役立つかは未検証である．そこで，本RQでは生成されたヒントが学生のエラー修正にどれほど貢献したかを調査する．

具体的には，初級者のヒント生成機能利用回数上位20%の学生に対して,「コンソールでの実行でエラーが発生した後，ヒント生成機能を利用し，その後のコンソールで再実行した」事例を抽出し，ヒントの検証結果で分類を行った．そして，学生のコードや生成されたヒントを目視で確認し，ヒントがエラー修正の手がかりとなっているかを確認する．

4 結果

4.1 RQ1：ヒント生成機能は学生から必要とされているか

結果

「RQ1.1: ヒント生成機能はどの程度利用されたか」に関する分析結果を表1，図2に示す．表1に示すように，ヒント生成機能の利用率は上級者，中級者，初級者それぞれ73.2%，90.0%，82.4%と,，全体の利用率は82.4%であり，ヒント生成機能の利用者の平均利用回数はそれぞれ3.5回，19.1回，42.7回であった．

次に「RQ1.2: ヒント生成機能は学生にとって有用であったか」に関する分析結果を表2, 表3に示す．初級者，中級者，上級者の平均SUSスコアはそれぞれ75.83，54.19，66.11であり，全体の平均SUSスコアは60.90であった．初級者がヒント生成機能を非常に有用だと感じている一方で，中級者のSUSスコアは54.19と低く，特に中級者がこの機能に対して不満を持っている可能性が示された．

また，ヒント生成機能を利用した中級者，上級者12人の自由記述の分析では，肯定的な意見を述べたのは2人であり，否定的な意見が9人，残り1人は中立的であった．否定的な意見の中で最も多かったのは「ヒントが表示されるまでの時間の長さ」であり，ヒントを提供する速度が学生にとって重要であることが分かった．加えて，複雑な課題ではヒントがうまく機能していないとの指摘があり，ヒント生成プロセスに改善の余地があると示唆された．

また，ヒント生成機能を利用しなかった理由については9人が回答しており，TAに聞いた方が早いと感じた，あるいは自力で解決できると答えた学生が多かった．さらに，エラー遭遇時には，中級者および上級者ともにWeb検索を利用することが多く見られた．

考察

「RQ1: ヒント生成機能は学生から必要とされているか」に関する結果から，初級者や中級者にとってヒント生成機能が必要とされていることが示唆された．特に初級者はエラーに多く直面し，頻繁に利用していた．SUSスコアでも高評価を示しており，初級者にとって本機能が有用であることが明らかとなった．

一方，中級者は利用割合が高いにもかかわらず，SUSスコアが低く，機能に対して不満を抱えていることがアンケート結果からも明らかとなった．そのため，中級者は「この機能を使うよりもTAに質問した方が効率が良い」と感じている可能性がある．このことから，ヒントの質や生成プロセスの改善が求められており，ニーズに対応できるような機能向上が必要である．

表 1: 経験度別ヒント生成機能利用者数

	総人数	利用者数	平均利用回数
上級者	41	30(73.2%)	3.5
中級者	50	45(90.0%)	19.1
初級者	17	14(82.4%)	42.7
合計	108	89(82.4%)	15.7

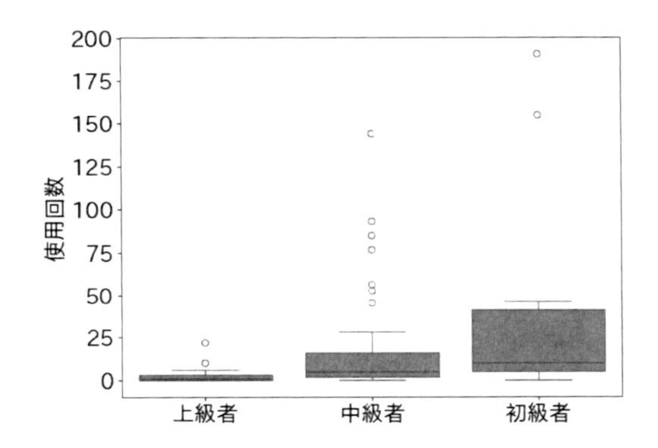

図 2: 経験度別ヒント生成機能利用回数分布

表 2: 経験度別平均 SUS スコア

	平均 SUS スコア
上級者	66.11
中級者	54.19
初級者	75.83
総合	60.90

さらに，上級者は利用割合の低さと，自身でエラーを解決できることから，ヒント生成機能の必要性が低いと考えられる．彼らに対しては利用促進よりも，彼らの高度なスキルに合わせた別の支援方法を検討するのも良いと考えられる．

総じて，ヒント生成機能は初級者に有用だが，中級者や上級者には改善の余地がある．特に，ヒントの生成速度や複雑な課題に対応する精度を向上させること，そしてヒントの内容や提供プロセスを再検討する必要がある．

表 3: 設問「TA よりもヒント生成機能を優先して利用したいか」の回答

	上級者	中級者	初級者
1. 全くそう思わない	6	6	0
2. あまりそう思わない	5	10	1
3. どちらともいえない	4	5	1
4. そう思う	1	9	5
5. 非常にそう思う	2	4	2
合計	18	34	9

4.2 RQ2：検証されたヒントは学生にとって役に立ったか

結果

「コンソールでの実行でエラーが発生した後，ヒント生成機能を利用し，再実行した」事例について，検証に成功したヒントを含むデータ 19 件，失敗したヒントを含む 17 件を確認した．両者ともに，ヒントでエラーが解消した事例は 5 件であった．また，目視で全ヒントを確認した結果，質に大きな差は見られなかった．

検証に失敗した事例では，外部リソースに依存するものが多く，例えば外部の csv をインポートしてデータフレームとして扱う課題で KeyError が発生した際，ChatGPT に十分な情報が与えられず，質の低いヒントとなっていた．このような事例でのヒントは検証に失敗していたが，こうした問題では TA に質問するように誘導できていた．

一方，検証に成功したヒントでも問題文で推奨された要素を満たさないものがあり，また入力に対するエラーについては適切なヒントが提示されない場合もあった．ただし，トークンの修正量は少なく，現状のコードから入力を推測しやすい事例も見られたため，適切な修正が行われたケースもあった．

考察

ヒント生成前後でコードに変化がない，またはヒントに関連しない修正が見られた．これは，ヒントの質に関係なく，学生がヒントを理解できないか，適切に修正できない可能性を示している．その原因として，学生の知識不足やヒントが簡潔すぎる点が考えられる．また，外部リソースに依存する課題では，生成されるヒントの質が低下することが確認された．これに対しては，外部リソースに関する情報を追加するプロンプトや事前確認を導入することが有効と考えられる．さらに，ヒントが簡潔すぎる場合には，もう少し具体的な情報を提供する必要があることも示唆される．学生のレベルに応じたヒントの調整が今後の課題である．

これらの点から，検証に合格したヒントだけでなく，課題や学生の理解度に応じた柔軟なヒント生成システムが必要である．なお，現時点では初級者のデータの一部のみを主観的に評価しており，客観的データに基づく評価が不十分である．今後，中級者・上級者のデータも含め，C2Room で得たログデータを活用して，より詳細な分析を行う必要がある．

5 妥当性の脅威

学生が課題を解くに当たって，外部リソースの利用については考慮していない，そのため，検索などを用いて問題を解いた可能性は考慮できていない．

本研究は先行研究の手法を完全に再現したわけではなく，ヒントの日本語対応や，検証に失敗したヒントも表示するなど，いくつかの変更を加えており，先行研究と完全に同じ条件での比較が困難である．そのため，先行研究で検証された品質に十分達していないヒントが生成されている可能性がある．学生にどのようにヒントを提示するのが望ましいかについて，ヒント生成機能によって生成されるヒントの品質に加えて，実行時間といった実用性のバランスを考慮しながら，さらなる検討を行う必要がある．

また，本研究は奈良先端科学技術大学院大学のプログラミング演習の授業にて実験を行ったため，本校以外の教育環境においては，本研究の結果をそのまま一般化することは難しい．

6 おわりに

本研究では，先行研究で提案された LLM，特に GPT を用いて，学生に高品質なヒントを生成する手法を元に，ヒント生成機能を開発して本校の初学者向けプログラミング演習に導入し，その有用性を測った．学生視点による有用性の評価を行った結果，ヒント生成機能は利用回数が多く，SUS スコアも高いことから，初級者にとって有用であることが示唆された．また，中級者は利用者が多いものの，システムに不満を持つ人が多く，上級者はヒント生成機能自体が必要ない可能性が示された．そして，授業で生成されたヒントを確認したところ，全てが有用であったわけではないことも分かった．

今後は，RQ2 の分析を進めて客観的評価を行い，生成されたヒントの有用性を評価する．また，本研究の実験で明らかになった既存手法とヒント生成機能の問題点を踏まえ，ヒントの品質や機能の実用性の観点から改善点をさらに考察し，学生に対してより適切な支援を行うことを目指す．

謝辞 本研究は，JSPS 科研費 JP20H05706, JP23K16862 の助成を受けたものです．

参考文献

[1] Brooke, J. et al.: SUS-A quick and dirty usability scale, *Usability evaluation in industry*, Vol. 189, No. 194(1996), pp. 4–7.

[2] Denny, P., Luxton-Reilly, A., and Tempero, E.: All syntax errors are not equal, *Proceedings of the 17th ACM annual conference on Innovation and technology in computer science education*, 2012, pp. 75–80.

[3] Feigenspan, J., Kästner, C., Liebig, J., Apel, S., and Hanenberg, S.: Measuring programming experience, *2012 20th IEEE International Conference on Program Comprehension (ICPC)*, 2012, pp. 73–82.

[4] Kuramitsu, K., Obara, Y., Sato, M., and Obara, M.: KOGI: A Seamless Integration of ChatGPT into Jupyter Environments for Programming Education, *Proceedings of the 2023 ACM SIGPLAN International Symposium on SPLASH-E*, 2023, pp. 50–59.

[5] McCall, D. and Kölling, M.: A new look at novice programmer errors, *ACM Transactions on Computing Education (TOCE)*, Vol. 19, No. 4(2019), pp. 1–30.

[6] Phung, T., Pădurean, V.-A., Singh, A., Brooks, C., Cambronero, J., Gulwani, S., Singla, A., and Soares, G.: Automating Human Tutor-Style Programming Feedback: Leveraging GPT-4 Tutor Model for Hint Generation and GPT-3.5 Student Model for Hint Validation, *Proceedings of the 14th Learning Analytics and Knowledge Conference*, 2024, pp. 12–23.

ペアワイズ法を用いたカバレッジ考慮型 APIテストケース生成手法

鈴木 康文　川上 真澄

REST API に対するテストケース自動生成にペアワイズ法が発表されているが，仕様を効率的に網羅することができる一方でコードカバレッジが考慮されていないという課題がある．本論文ではペアワイズ法を用いて生成したテストケースに対してテストケースとコードカバレッジとの関連性を用いてテスト実行順を選択することにより，効果的に仕様とコードカバレッジを網羅するテストケース生成手法を提案する．

1　はじめに

REST API の仕様からのテストケース自動生成については，近年ファジングを用いた RESTler [1] やペアワイズ法を用いた RestCT [4] などの手法およびツールが発表されている．RestCT では，指定された強度の因子組合せをすべて網羅するようなテストケースを生成するアルゴリズムであるペアワイズ法を用いることにより，RESTler と比較して少ないテストケース数で仕様を網羅と不具合の発見を実現している．RestCT では API に配列要素が含まれる場合にペアワイズ生成ができないという課題があり，その問題を解決するためにペアワイズ法の拡張が提案した [3]．これにより，効率的に API 仕様を網羅するテストケース生成を実現した一方で，ソフトウェアテストにおける重要な指標であるコードカバレッジは考慮されておらず，生成されたテストケースが必ずしも実装コードのカバレッジを網羅するようなテストケースにはなっていないという課題がある．そこで，本論文では少ないテストケース数で仕様とコードカバレッジの両方を効率的に網羅するようなテストケース自動生成方法を提案する．

Coverage-guided Pairwise Testing for REST APIs
Yasufumi Suzuki, Masumi Kawakami, 株式会社日立製作所 研究開発グループ, Hitachi, Ltd..

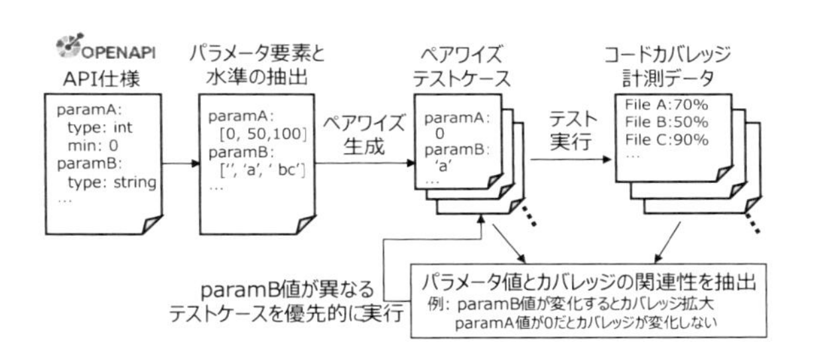

図 1　カバレッジ考慮型テストケース生成手順

2　カバレッジ考慮型テストケース生成手法

RestCT [4] では，REST API の仕様記述標準である OpenAPI [2] で記述された仕様からパラメータ情報を抽出し，パラメータ間の値の組合せについてペアワイズ法を用いることで組合せの効果的な網羅を実現している．一方，RestCT はテストを通じてコードカバレッジを考慮していない．そこで，本研究ではペアワイズ法による仕様網羅の組合せ生成をベースとし，さらにコードカバレッジを考慮した図 1 に示すようなテストケース生成手法を考案した．提案手法においても API テストケース生成への入力として OpenAPI に基づいて記述された API 仕様を用いる．API 仕様から API の各パラメータの因子と水準を抽出し，抽出した因子と水準に基づきペアワイズ法によりテストケース候補を生成する．ここまでの手順は従来研究 [3] で用いた方式と同じである．

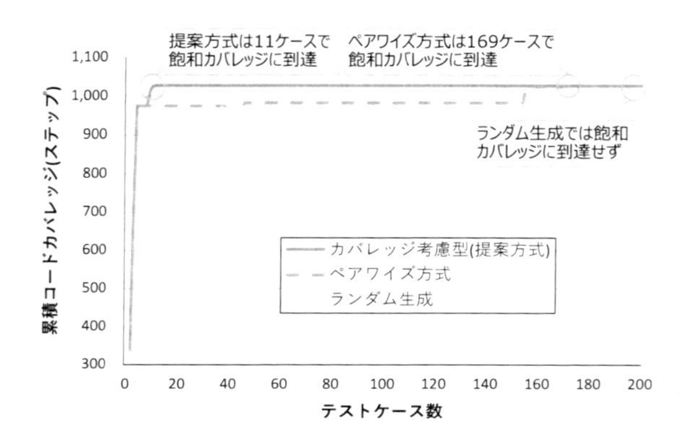

図 2 実行テストケース数とコードカバレッジとの関係

本提案方式ではテストケースの実行に合わせて，そのケースを実行することにより得られるコードカバレッジを計測する．そして，テストケースを実行するたびに，テストケースの各パラメータの値とコードカバレッジとの関係性を順次求める．具体的には，コードカバレッジが変化しなかった場合および変化した場合それぞれに対して，テストケースのどのパラメータの値が既実行のテストケースから変化したのかを分析する．これにより，コードカバレッジの拡大に寄与するパラメータが推定できるので，ペアワイズ法で生成した未実行のテストケースの中から当該パラメータの値が変化するようなテストケースを選択して優先的に実行する．また，別の種類のテストケースとカバレッジ関係性として，特定のパラメータが特定の値を取る場合には他のパラメータの値をどれだけ変えてもカバレッジが変化しないことがある．これはパラメータ値を用いた条件分岐により，ある特定値を取る場合には実行されるコード範囲が固定されてしまうような時に発生する．関係性分析においてはこのような特徴を持つパラメータと値についても見つけることにより，当該値を含むようなテストケースの実行優先度を下げるようにする．上記のような関係性分析とテストケースの実行優先度付けを繰返すことにより，コードカバレッジの増加に寄与するテストケースを先に実行することでテスト実施の早い段階でコードカバレッジを飽和させることが可能となる．

3 提案手法の評価

2 章にて提案した手法と従来手法とで生成したテストケースとそれを実行することにより得られた累積コードカバレッジとを比較した結果を図 2 に示す．評価には 10 個のパラメータを持つ API を用いて実施した．コードカバレッジには C0，C1，C2 などの種類のカバレッジがあるが，本研究では C0 カバレッジを用いている．図 2 において，横軸は実行したテストケース数，縦軸は累積でのコードカバレッジ行数を表わしており，本報告で提案するカバレッジ考慮型の生成方式を青色実線で，従来方式であるペアワイズ生成方式 (RestCT [4] にペアワイズ拡張 [3] を適用) を橙色破線，ランダム生成方式を黄色点線で示している．従来方式では 169 ケース目の実行でカバレッジが 1,027 行に到達し飽和したのに対して，提案方式では 11 ケース目にすでに飽和カバレッジに到達した．一方，ランダム方式では 400 ケース以上実行してもカバレッジが 1,027 行に到達することはなかった．提案方式を用いることにより，従来のペアワイズ方式と比較して約 1/15 のテストケース数でコードカバレッジを飽和させることが可能となった．

現時点では限られた API を対象とした評価であり，有効性の実証にはより広範な評価が必要ではあるが本提案手法によってテストケース数に抑えて効率的にコードカバレッジを実現するテストケース生成が可能となり，品質の向上とテストの効率化に寄与すると考える．

参 考 文 献

[1] Atlidakis, V., Godefroid, P., and Polishchuk, M.: RESTler: Stateful REST API Fuzzing, *2019 IEEE/ACM 41st International Conference on Software Engineering (ICSE)*, 2019, pp. 748 – 758.

[2] OpenAPI initiative: OpenAPI Specification, `https://spec.openapis.org/oas/latest.html`.

[3] 鈴木康文, 川上真澄: 配列を含む REST API 向けテスト自動生成のためのペアワイズ法の拡張, ソフトウェア工学の基礎 *30*, 日本ソフトウェア科学会 FOSE2023, 2023, pp. 181 – 182.

[4] Wu, H., Xu, L., Niu, X., and Nie, C.: Combinatorial Testing of RESTful APIs, *2022 IEEE/ACM 44th International Conference on Software Engineering (ICSE)*, 2022, pp. 426 – 437.

要求整理に向けたモデル化手法の有効性評価

園部 陽平　林 真光　林 香織　長谷川 円香　佐藤 博之　竹内 広宣

ソフトウェア開発において要求仕様をモデル化などを通して正確に理解することは非常に重要である．しかし特にチーム開発では，経験の浅い担当者が作成するモデルの品質に一貫性がなく，コストや工数が増加する可能性があり課題となっている．この課題に対処するため，筆者らは均一な品質でモデルを作成するためのプロセスと具体的なモデル化手法を以前に提案した．本稿では，実験を通じて提案手法の有効性と課題を確認する．

1　はじめに

ソフトウェア開発では設計や製作の入力となる要求仕様を理解することが重要である．その理解のためにモデル化が有効であることが分かっており，例えばDFD の活用方法が報告されている [4].

大規模ソフトウェア開発では，熟練者と複数の担当者がチームで要求仕様をモデル化するが，経験の浅い担当者による品質のばらつきがコストや工数の増加を招く可能性がある．本稿ではこの課題に対処するため，要求分析におけるモデル化を対象に，均一な品質でモデルを作成するためのプロセスと具体的なモデル化手法を紹介し，手法の有効性と今後の課題を実験を通じて確認する．

2　提案手法の概要

2.1　要求整理モデルとその作成プロセス

本研究では筆者らが所属する企業で活用している要求整理モデルを対象とする．要求整理モデルは図 1 に示すように，ソフトウェア開発において利害関係者が開発対象について共通理解を持つために必要な要素と

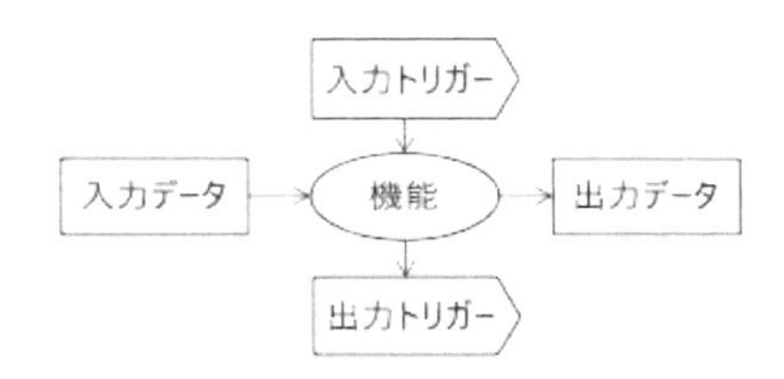

図 1　要求整理モデル

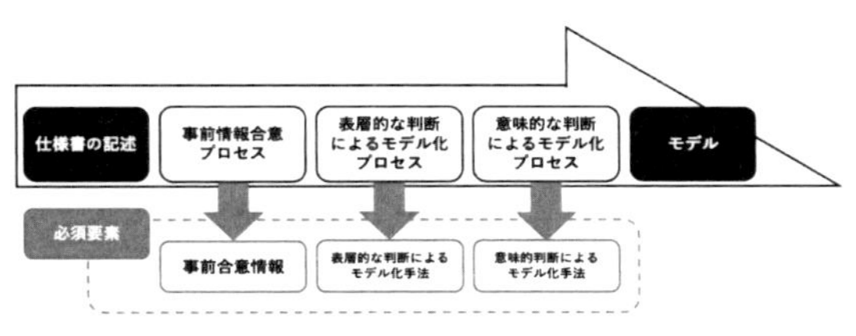

図 2　モデル化プロセスで必要となる要素

その関係を構造化したモデルである [1]．要求整理モデルの作成において，本研究では熟練者のもとで担当者がモデル化するプロセスを以下のように定義する．

1. 事前情報合意プロセス
2. 表層的な判断によるモデル化プロセス
3. 意味的な判断によるモデル化プロセス

これらのプロセスを遂行するには事前合意情報とモデル化手法が必要となる．図 2 に各プロセスと必要な要素の対応を示す．

本研究では上記のうち事前情報合意プロセスと表層的な判断によるプロセスに着目する [2]．それぞれのプロセスに対応した事前合意情報と表層的な判断によるモデル化手法の概要について以下で述べる．

Evaluation of the Effectiveness of a Modeling Method for Requirements Analysis

Yohei Sonobe, Masami Hayashi, Kaori Hayashi, Madoka Hasegawa, Hiroyuki Sato, 株式会社デンソークリエイト, Denso Create Corporation.

Hironori Takeuchi, 武蔵大学, Musashi University.

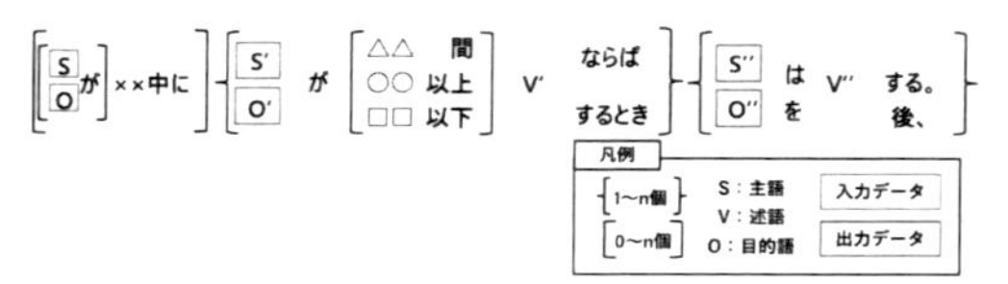

図 3　表層的な判断によるモデル化手法の例

2.2　事前合意情報

事前合意情報は仕様書ごとに決める必要がある情報であり，表層的な判断によるプロセスを遂行する前に熟練者が担当者に情報を示す．これには「仕様書の文書構造の理解に関する情報」,「モデル化対象個所の特定に関する情報」,「仕様書の記法・記述の理解に関する情報」が含まれる．

2.3　表層的な判断によるモデル化手法

この手法は文章の構造に着目し，図 3 のように主語や目的語をデータとして抽出する手法である．本研究では図 3 の例に挙げた「条件を含む文章」の他,「条件を含まない文章」,「条件を列挙する文章」,「数式が含まれる文章」,「要求整理モデルの要素が直接書かれている文章」の 5 ケースからルールを作成している．

3　実験

事前合意情報と表層的判断によるモデル化手法の有効性を評価するため，ソフトウェア開発経験のない大学生 17 名に，自転車の自動運転支援に関する要求仕様 [3] を一部改変した仕様書を用いて，要求整理モデルを作成させた．参加者には，仕様書から機能とその入出力データ，入力トリガーを抽出させた．出力トリガーは仕様書に記載がないため検証対象外とした．手法の効果を検証するため，参加者を 3 グループに分けモデル作成前に以下を実施した．

- A グループ（5 名）: 事前合意情報および表層的な判断基準を提示
- B グループ（6 名）: 表層的な判断基準のみ提示
- C グループ（6 名）: 何も提示しない

表 1 および表 2 に実験の結果を示す．

表 1　各グループの適合率

グループ	機能	入力 データ	出力 データ	入力 トリガー
A	0.87	0.59	0.62	0.37
B	0.83	0.56	0.72	0.56
C	0.59	0.46	0.50	0.19

表 2　各グループの再現率

グループ	機能	入力 データ	出力 データ	入力 トリガー
A	1.00	0.66	0.58	1.00
B	1.00	0.77	0.69	0.75
C	0.83	0.46	0.36	0.83

4　考察とまとめ

事前合意情報は機能抽出の適合率と再現率の向上に効果があると期待されるが，A グループと B グループの適合率に有意差は見られなかった．これは，ソフト開発経験のない参加者が事前合意情報の理解やその活用に苦労した可能性があり，改善には事前合意情報に対する事前トレーニングが必要と考えられる．

一方で B グループは C グループと比較して，適合率，再現率ともに高く，A と C の比較でも同様の傾向が見られた．これは，表層的な判断基準を提示したことによる効果と考えられる．表層的な判断基準は公式集のようなものであり，初見であっても理解しやすかったものと考えられる．

本稿では要求整理に向けたモデル化手法の有効性を検証する実験を行いその効果を考察した．今後の課題として，期待する効果が得られなかった部分に対するプロセス，手法の見直しが挙げられる．

参 考 文 献

[1] 林香織, 鈴木亜矢香, 藤戸貴大, 藤元謙次, 小林展英: 仕様レビューにおける熟練者の知見の活用に向けた取組み, 人工知能学会第 *27* 回知識流通ネットワーク研究会 *SIG-KSN-027-03*, 2020, pp. 1 – 6.

[2] 林真光, 林香織, 園部陽平, 佐藤博之, 竹内広宜: 要求整理モデルのためのプロセスとモデル化手法, 信学技法 *KBSE2024-01*, 2024, pp. 7 – 12.

[3] 平山雅之, 中本幸一: 組込みソフトウェア分野の共通問題の考え方, 情報処理, Vol. 54, No. 9(2013), pp. 890 – 893.

[4] 和田大輝, 弓倉陽介, 鷲見毅, 藤本宏, 村田由香里: DFD を用いた要求仕様の洗練化のためのトレーサビリティ構築と条件の抜け漏れ検出, 日本ソフトウェア科学会第 *30* 回大会講演論文集, 2013, pp. 625 – 632.

LLM駆動型Kubernetes障害分析エージェントの提案

家村 康佑　鵜林 尚靖

LLM(Large Language Model) の高い言語理解能力と推論能力を活用し障害調査やシステム分析が行われている．本論文では障害調査の自動化を目的に，コマンドの生成・実行・検証を一連のステップを繰り返し実行するエージェントを提案する．このエージェントを用いることで，Kubernetes を対象に適用した障害分析が自動化できることを確認した事例について報告する．本論文の結果は，インフラシステムの運用効率向上と障害対応時間の短縮に貢献する．

1　はじめに

クラウドやマイクロサービスアーキテクチャの普及により，インフラシステムの構成要素が増加し，障害発生時の原因特定が困難になっている．また，障害の発生時には迅速な分析と対応が不可欠となっている．従来，障害分析は人手に頼ることが多く，時間と労力を要している．

LLM を活用し行動・観察・思考を繰り返す ReACT(Reasoning and Acting) [1] の技術が活用され，また，エージェントとして動作させる手法も様々発表されている．障害調査においてもデータベースを対象に調査する手法も提案されている [2].

本論文では，ReACT の技術を応用し Kubernetes の障害分析の自動化手法を実証する．Kubernetes は様々な機能で構成され，障害調査が困難である．また，障害調査では Kubernetes を操作するコマンドとして kubectl が用いられるが，そのサブコマンドやオプションは膨大であり調査に必要なコマンドの特定や出力される情報の精査が課題となる．そこで，障害調査のコマンドを繰り返し実行するエージェント手法を適用し，その適用事例について報告する．

Autonomous Kubernetes Diagnosis using LLMs
Kosuke Iemura, 富士通株式会社, Fujitsu Limited.
Naoyasu Ubayashi, 早稲田大学, Waseda University.

2　提案手法

本論文では，LLM に調査目的を記述したプロンプトから kubectl コマンドを自動生成し，自律的に障害調査を進めるエージェントを提案する．エージェントは以下の「コマンドの生成」・「実行」・「検証」の機能を繰り返し呼び出す構成とする．

- 生成：質問に対して調査するために実行する必要があるコマンドがあれば生成する．2 回目以降では過去のコマンドや実行結果を参照して，過去のコマンドと重複しない生成を行う．生成は LLM 自体から得る手法や，RAG（Retrieval-Augmented Generation）でのマニュアル参照やインターネット検索を用いる．
- 実行：生成したコマンドが再起動や環境を変更する実行を抑制するため，状態取得に関するコマンドかの判断を行い，結果を取得する．
- 検証：結果が質問に対して期待した出力が得られているかを確認し要約を行う．出力結果毎に要約を行うことで，繰り返し実行された出力結果の中で，必要な情報のみから最終的な結果の出力を行うことを可能とする．

上記の一連の機能を繰り返し実行し，調査のために実行するべきコマンドが見つからなくなったとエージェントが判断した後に，報告結果をまとめる処理を行い結果を出力する．

命令
- 情報から調査するコマンドと理由を生成してください.
情報
- 過去の出力: {{cmd_results}}
- 質問: {{question}}
- 実行済みコマンド: {{cmd_history}}
出力フォーマット
- 実行コマンド: kubectl <subcommand><options>
- 理由: <reason>
- 終了: <yes>or None

図 1　コマンド生成のプロンプトテンプレート例

生成に用いているプロンプトの一部を図 1 に示す. 繰り返し実行することで過去の出力や実行済みコマンドが蓄積され, 生成されるコマンドが変化する.

3　適用事例

実際に Kubernetes が稼働しているシステムで, 本エージェントを適用した事例を図 2 に示す.

入力として「エラーはあるか」と入力を与えた際の出力結果として, 3 つのコマンドを順次生成し実行した. 上から順番に実行され, 左側の矢印はそれぞれの参照状態を示している. 初めの「I. 生成」では質問に対して, すべての pod の状態の取得を実施し, エラーが発生している pod を明確にしている,「II. 生成」では「I. 検証」の結果も参照し, 該当 pod を指定して pod の詳細情報の取得を行っている. 図中は一部のメッセージのみ抽出しているが, 実際にはより多くの情報からエラーの理由とエラーコードの抽出を行っている。「III. 生成」ではさらに log の取得を行っている. この場合 pod の log には何も出力されていないが,「エラーがあるか」の問いに, 全体の確認・pod の詳細情報の取得・log 取得を行い, これ以上調査する必要がないとエージェントが判断し, 最終的な結果としてエラー概要を出力できている.

適用事例から単一のコマンドでは得ることが困難な事象を, 複数のコマンドを実行し結果を得ることが確認できた. 従来人手で行っていた作業と同等のことを自動化できることが確認できた. また, それぞれのコマンドは現在発生している状態を数百行のテキストで出力されることもあるため, 自動化することで障害対応時間の短縮をできることを確認できた.

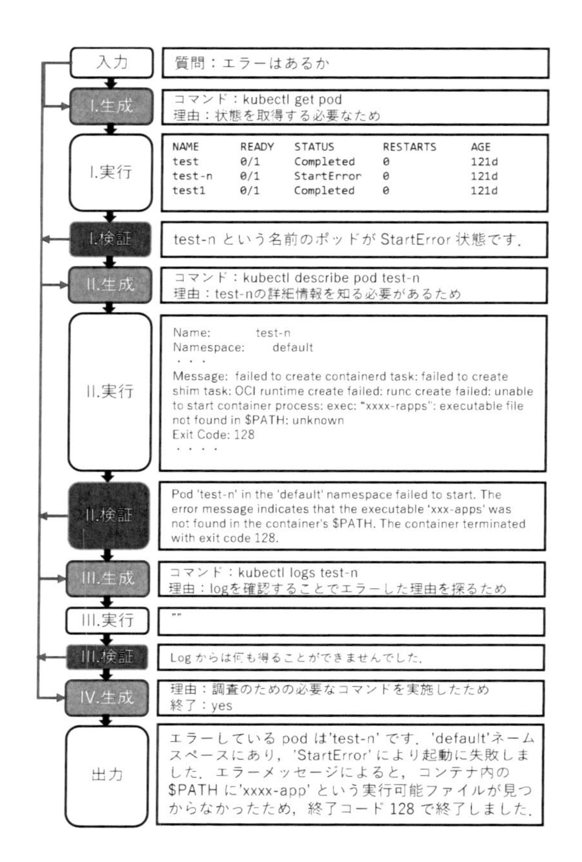

図 2　適用事例

4　考察・まとめ

本論文では, Kubernetes での障害分析について, 調査に必要なコマンドの生成・実行・検証を繰り返し行い障害の特定を自動化できることを確認した.

今後は, 業務環境での評価や Kubernetes 以外への適用を検討予定である. 課題として, 安定的に障害分析を行うプロンプトの検討が必要だと考える.

参考文献

[1] Yao, S., Zhao, J., Yu, D., Du, N., Shafran, I., Narasimhan, K. R., and Cao, Y.: ReAct: Synergizing Reasoning and Acting in Language Models, *The Eleventh International Conference on Learning Representations*, (2023).

[2] Zhou, X., Li, G., Sun, Z., Liu, Z., Chen, W., Wu, J., Liu, J., Feng, R., and Zeng, G.: D-bot: Database diagnosis system using large language models, *Proceedings of the VLDB Endowment*, Vol. 17, No. 10(2024), pp. 2514–2527.

C/C++のシステムに対するSBOM生成手法の検討

音田 渉　神田 哲也　眞鍋 雄貴　井上 克郎　仇 実　肥後 芳樹

現在のソフトウェア開発では多くの外部ライブラリを活用するが，セキュリティや著作権上のリスクが伴う．この問題に対処するためにSBOMの活用が奨励されているが，C/C++で開発されたシステムに対するSBOM生成技術が確立できていないため，ビルド処理と成果物であるバイナリから得られる情報に着目して生成手法を検討した．

1 ソフトウェア部品表（SBOM）

開発効率向上や高機能化などのために外部ライブラリを用いたソフトウェア開発が広く行われている一方，セキュリティや著作権上のリスクが伴う [2]．これらのリスクは早期に発見し対応することが重要である．しかし，現在のソフトウェア開発で利用する外部ライブラリの数は，その外部ライブラリが依存する別のライブラリのような推移的な依存関係も考慮すると膨大なものとなり [3]，適切な管理は難しい．

この問題に対処するためにソフトウェア部品表（Software Bill of Materials, SBOM）の活用が奨励されている．SBOMは，ソフトウェアの構築に用いられるライブラリなどの部品の正式かつ機械可読な表であり，各部品のライセンス・バージョン・ベンダなどの詳細や，部品間のサプライチェーン関係の情報を含む [5]．米国をはじめ各国の政府機関がSBOM利用を推進する [1] など，近年急速に注目が集まっている．しかし，普及にあたってはSBOM利活用に必要なツールの不足が障壁となっている [4]．特に，npmやpipといったパッケージマネージャの情報を用いてSBOMを生成するツールは流通しているものの，パッケージマネージャが普及していないC/C++で開発されたシステムについては，現状SBOMを容易に生成する方法が存在しない．

2 C/C++における依存関係抽出

我々はビルド処理から得られる情報とその結果生成されるバイナリに含まれるメタデータに着目する．手法の概要を図1に示す．まず，ビルド処理においてC/C++ではコンパイルの後にリンク処理が存在し，ここではプログラムが参照するシンボル情報とライブラリ内のシンボル情報の照合を行う．そして，静的ライブラリについてはビルド成果物に埋め込み，動的ラ

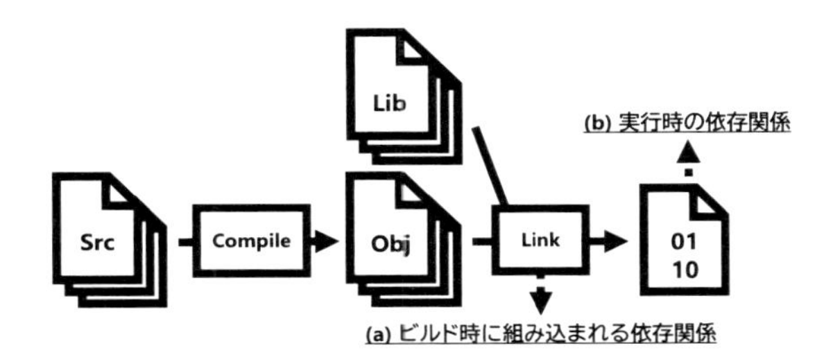

図1　手法概要

Investigating Techniques to Produce an SBOM for C/C++ Systems

Wataru Otoda, Yoshiki Higo, 大阪大学, Osaka University.

Tetsuya Kanda, ノートルダム清心女子大学, Notre Dame Seishin University.

Yuki Manabe, 福知山公立大学, The University of Fukuchiyama.

Katsuro Inoue, 南山大学, Nanzan University.

Shi Qiu, 株式会社東芝, Toshiba Corporation.

```
/usr/lib/x86_64-linux-gnu/libssl.so
/usr/lib/x86_64-linux-gnu/libcrypto.so
/usr/lib/gcc/x86_64-linux-gnu/13/libgcc.a
```

図 2　ビルド時に組み込まれる依存関係（抜粋）

イブラリについては必要なライブラリファイルとシンボルの情報をメタデータとして記録する．以上を踏まえると，(a) リンク処理時のリンカの動作を観測すればビルド時に組み込まれる依存関係を，(b) ビルド成果物バイナリのメタデータを解析すれば実行時の依存関係を，それぞれ取得できると考えられる．なお，以下の実験は Ubuntu 24.04 (AMD64) で実施した．

2.1　ビルド時に組み込まれる依存関係の抽出

C 言語で開発されている curl 8.10.1[†1] に対し，OpenSSL ライブラリを使用する`--with-openssl`をビルドオプションに加えた状態でリンカに動作ログを出力させたところ，図 2 のとおり OpenSSL と libgcc が依存に含まれることを確認できた．`.so` ファイルは shared object を表し実行時に読み込まれるものである．一方，`.a` ファイルは archive を表しリンク時に直接埋め込まれるものである．

しかし，SBOM の用途として脆弱性管理を考えるとファイルパスだけでは不足であり，少なくとも脆弱性の有無を決める要因となるライブラリ名とバージョンは含めたい．そのためには，シンボリックリンクが指す先を解析する，ファイルパスから推定する，pkg-config や OS 側のパッケージマネージャの情報を用いるなどの工夫が必要となる．さらに，実際の出力は内部のオブジェクトファイルなども混ざった大量のノイズを含むため，外部ライブラリに該当するものだけを選別する工夫も必要となる．

2.2　実行時の依存関係の抽出

前節で得られた実行可能バイナリに記録された依存情報を抽出したところ，図 3 のとおり同様の依存を確認できた．libgcc はリンク時に直接埋め込まれているためここでは抽出されない．これ以外にも，shared object が依存する shared object のような推移的な依存関係も取得できた．ただし，有用な SBOM を得るには前節と同様に工夫を要する．

```
/lib/x86_64-linux-gnu/libssl.so.3
/lib/x86_64-linux-gnu/libcrypto.so.3
```

図 3　実行時の依存関係（抜粋）

3　おわりに

本研究では，C/C++で開発されたシステムに対する SBOM 生成技術が確立できていない問題を解決するため，ビルド処理から得られる情報とその結果生成されるバイナリに含まれるメタデータに着目し，SBOM 生成手法を検討した．今後の課題として，有用な SBOM の生成にあたり必要なメタデータを得る方法を検討し，ツールの実装を目指す．

謝辞 本研究は，JSPS 科研費（JP24K14895，JP21K02862，JP23K28065，JP24H00692，JP21K18302，JP21H04877，JP23K24823，JP22K11985），2024 年度南山大学パッヘ研究奨励金 I-A-2 の助成を得て行われた．

参 考 文 献

[1] Biden, Jr., J. R.: Executive Order on Improving the Nation's Cybersecurity, https://www.whitehouse.gov/briefing-room/presidential-actions/2021/05/12/executive-order-on-improving-the-nations-cybersecurity/, May 2021.
[2] Collin, L.: XZ Utils backdoor, https://tukaani.org/xz-backdoor/, Jul 2024.
[3] Kikas, R., Gousios, G., Dumas, M., and Pfahl, D.: Structure and Evolution of Package Dependency Networks, *Proc. MSR2017*, 2017, pp. 102–112.
[4] 音田渉，神田哲也，眞鍋雄貴，井上克郎，肥後芳樹: Stack Overflow における SBOM 利活用に関する質問の分析，信学技報，Vol. 123, No. 414, Mar 2024, pp. 127–132.
[5] The United States Department of Commerce: The Minimum Elements For a Software Bill of Materials (SBOM), https://www.ntia.gov/report/2021/minimum-elements-software-bill-materials-sbom, 2021.

†1 https://github.com/curl/curl/releases/download/curl-8_10_1/curl-8.10.1.tar.xz

トレーサビリティを活用した開発資材のナレッジ化によるLLMベースのソフトウェア開発支援の試み

秋信 有花　倉林 利行

本研究では，トレーサビリティ自動構築による開発資材のナレッジ化を通じて，LLM を活用したソフトウェア開発の効率化と精度向上を目指している．本発表では，トレーサビリティを活用したユースケースの一つとして，開発資材間の矛盾箇所を検知し，それを修正するプロセスを紹介する．

This study aims to improve the efficiency and accuracy of software development using LLMs by realizing the knowledge conversion of development materials through establishing traceability. In this presentation, we introduce the application of contradiction detection and correction technique between artifacts as one of the use cases utilizing traceability.

1　はじめに

近年，大規模言語モデル (LLM) を用いたソフトウェア開発の効率化に向けた研究が進展している [2]．LLM は曖昧な指示を受けた場合でも，その意図を解釈し，大量のドキュメントやコードを迅速に生成する能力を持つ．しかし，ソフトウェア開発の規模が大きくなればなるほど，指示通りの修正だけでは不十分となり，関連する複数のファイルを参照した修正や，他の依存関係のあるファイルの修正も必要となる．そのため，LLM には全ての開発資材の情報を与えることが理想的だが，それらを直接与えることは難しい．仮に全ての情報を与えたとしても，必要なコンテキストを自力で抽出することは難しく，余計な情報を参照したことで誤った出力を引き起こすリスクも高まる．

LLM に必要な情報を適宜与える方法として，RAG (Retrieval-Augmented Generation) が存在する．RAG は，入力プロンプトに対して必要な情報を外部情報の検索によって取得することで，LLM にドメイン知識を与え，回答精度を向上させる技術である [1]．しかし，ソフトウェア開発では，各資材間の関連やコード内の依存関係等の把握も必要になるため，RAG のような単純な検索技術だけでは不十分である．実際，実世界のソフトウェア開発で RAG を利用したところ，タスク全体の約 4%しか遂行できなかったという調査結果も存在する [3]．

我々は RAG に代わる新たな手法として，トレーサビリティ自動構築による開発資材のナレッジ化と，トレース結果を利用したソフトウェア開発の自動化および支援技術の実現を目指している．トレーサビリティ自動構築では，ドキュメントやコード等の開発資材を資材ごとに適切な粒度 (ノード) へと分割し，それらのトレースリンクを類似度に基づき取得する．RAG はタスクを解くのに必要な情報を都度取得するのに対して，提案手法は事前に構築した資材間のトレースリンクに基づき必要な情報を取得する．構築したトレースリンクは開発者によって事前にレビューされることで，LLM が修正および参照すべき情報の抜け漏れを防ぐことができる．また，トレース結果に基づいてタスクを実施し，その結果をリンクに基づき隣接した資材へと伝搬していくことによって，資材間の整合性を保つことができる．

本論文では，トレーサビリティ自動構築のユース

An Attempt at LLM-based Software Development Support through Knowledge Structuring of Development Artifacts Using Traceability

Yuka Akinobu, Toshiyuki Kurabayashi, NTT ソフトウェアイノベーションセンタ, NTT Software Innovation Center.

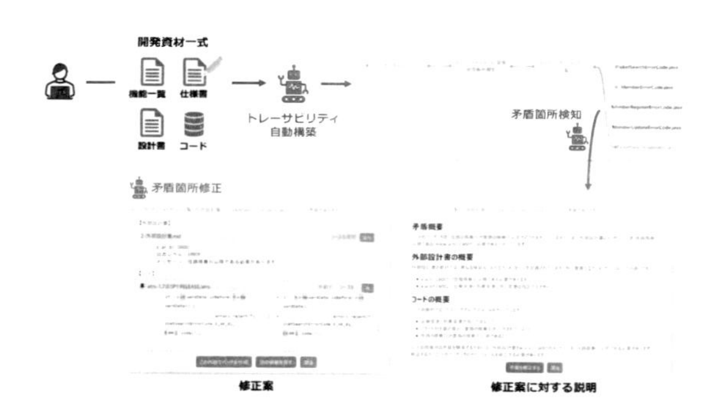

図 1: ユースケース概要

ケースと技術のポイントを紹介する．

2 トレーサビリティ自動構築技術のユースケース

我々は，トレーサビリティの自動構築技術のユースケースとして，開発資材間の矛盾検知・修正プロセスに着目している．図 1 は，ユースケースの概要を示したものである．開発者（ユーザ）は，開発資材の一部を修正し，それを他の開発資材とともにトレーサビリティ自動構築技術に与える．トレーサビリティ自動構築技術は，受け取った資材をノードとして分割し，上流から下流までの資材間の関係を表すトレーサビリティリンクを構築する．次に，構築されたリンクに対して，リンクが結ばれているノード同士の記述内容に矛盾がないかを検知する．矛盾箇所検知を行うことで，開発資材内に修正漏れや更新漏れがないことを確認する．矛盾箇所が検知された場合には，検知された矛盾箇所に対して修正を実施する．ユーザは，修正すべき資材の概要や修正案を確認した後，リンクがつながっている 2 つのノードのうち記述内容が正しいノードを判別する．ユーザの判断結果に応じて，矛盾箇所修正技術は正しいノードに合わせた修正を実施する．

このユースケースは，以下のようなシナリオで大きな効果を発揮する．

- 仕様変更に伴う関連資材の自動修正
- 形骸化したドキュメント群の自動更新

特に，形骸化したドキュメント群の自動更新は，LLM を利用したソフトウェア開発において，重要性が一層高まると考えられる．これは，LLM の外部知識となるドキュメント群を最新の状態に保つことで，LLM の生成精度が向上すると想定されるためである．

矛盾箇所検知および修正技術は，LLM とトレーサビリティを利用した技術として位置づけられる．LLM ベースのソフトウェア開発タスクにおいて，トレーサビリティを利用するメリットは大きく二つ存在する．一つ目は，LLM が実施するタスクに関連した情報のみを，人間の負荷をかけることなく抽出可能な点である．トレーサビリティリンクに従い，関連するノードの情報のみを LLM に与えることによって，LLM のコンテキスト把握の負担を軽減させることができ，LLM が高い精度でタスクを遂行できる．二つ目は，LLM が参照すべき情報に抜け漏れが起こりにくい点である．トレーサビリティは資材の内容に変更が生じない限りは常に同じ構造が保持されるため，一つのノードからは常に同じコンテキストが抽出される．また，事前に構築されたトレーサビリティに対して，ユーザ視点で一度リンクを確認・編集しておくことで，LLM は開発者が暗黙的に参照するような情報も必ず参照することになる．これは，複雑な依存関係や資材特有の構造を持つソフトウェア開発資材の活用ならではの工夫といえる．

3 むすびに

本論文では，トレーサビリティに基づくソフトウェア開発支援技術の概要やユースケースを紹介した．今後は，トレーサビリティ自動構築技術の確立に向け，概念実証や評価実験に取り組む予定である．

参 考 文 献

[1] Gao, Y., Xiong, Y., Gao, X., Jia, K., Pan, J., Bi, Y., Dai, Y., Sun, J., and Wang, H.: Retrieval-augmented generation for large language models: A survey, *arXiv preprint arXiv:2312.10997*, (2023).

[2] Hou, X., Zhao, Y., Liu, Y., Yang, Z., Wang, K., Li, L., Luo, X., Lo, D., Grundy, J., and Wang, H.: Large Language Models for Software Engineering: A Systematic Literature Review, *ACM Trans. Softw. Eng. Methodol.*, (2024). Just Accepted.

[3] Jimenez, C. E., Yang, J., Wettig, A., Yao, S., Pei, K., Press, O., and Narasimhan, K. R.: SWE-bench: Can Language Models Resolve Real-world Github Issues?, *The Twelfth International Conference on Learning Representations*, 2024.

スマートフォンアプリケーションのレビュー自動分類のシステム実現に関する考察

宮下 拓也　横森 励士　井上 克郎

スマートフォンアプリケーションにおけるレビューは開発者にとって開発，運営の方針を決めるための指針となる．本稿では，レビューを自動で分類をして開発者に送り届ける支援システムについて提案，考察を行う．

1　はじめに

スマートフォンアプリケーション (以下，アプリ) におけるユーザーレビューには，利用者の意見や要望が含まれ，アプリの現状を開発者が知ることができる．アプリの現状を知ることによって開発者は今後の開発，運営の方針を定めることができる．本研究では，開発者の支援を目的としたレビュー自動分類システムの実現についての考察を行う．

1.1　レビュー自動分類システムの概要

目標としている自動分類システムは図 1 のような構成を考えており，ユーザーがアプリケーションストア (以下，アプリストア) に投稿したレビューを自動で収集，分類，分析を行いそれぞれのレビューを対応が必要な各部署に届けるというものである．分類システムでは収集したレビューがそれぞれどの部署にとって必要となるかを分類し，分析システムでは収集したレビューを用いて統計やグラフを作成する．分類されたレビューや作成されたグラフと統計は問題管理システムで保存され，各部署はそこに集められた情報を元に修正するべき箇所の確認を行い，最終的には修正を行いユーザーが利用するアプリに修正を加える．

Discussion about Development Support System Using Smartphone Application Reviews
Takuya Miyashita, Reishi Yokomori, Katsuro Inoue, 南山大学大学院理工学研究科, Graduate school of Nanzan University.

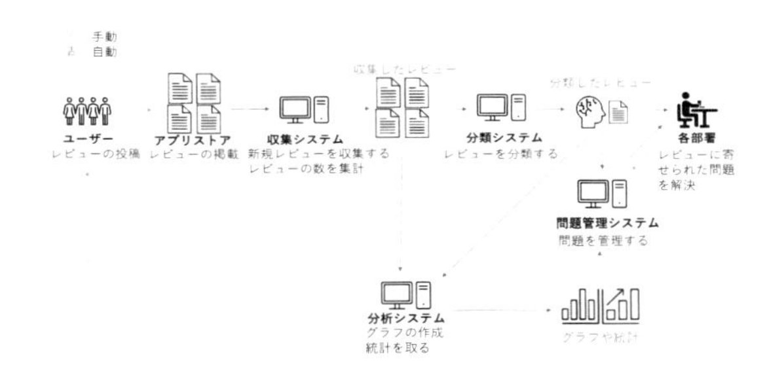

図 1　将来的に目指すレビュー分類システムの概要図

2　分類の方針

将来的なレビュー分類システムを実現するためには各部署ごとに苦情のレビューを届ける必要がある．各部署ごとに送られる苦情のレビューはそれぞれ苦情に起因する問題ごとに分かれている必要があると考えた．そこで分類モデルではレビューにおける苦情に起因する問題が何であるかに基づいて分類する．苦情に起因する問題を考えるために各部署のステークホルダーを限定した.「アプリケーションの部」,「ネットワーク，端末の部」,「お問い合わせ窓口」,「企画部」,「経営戦略部」の 6 つの部をステークホルダーとした．このステークホルダーから苦情に起因する問題を考えた結果，この 6 つのステークホルダーそれぞれに対応する問題として新しい分類モデル上の区分とした．

このモデルが十分であるかについて，ステークホルダー間の関係を示す概要図での比較，Khalid [1] の分

表 1　作成した分類モデル

分類モデル	苦情の詳細	レビュー例
アプリケーションの問題	アプリケーションの制御事態が原因となって引き起こされる問題	アプリが強制終了する，操作しづらい
会社の問題	会社の運営の仕方が問題となって引き起こされる問題	ユーザーの問い合わせに答えない
ビジネスモデルの問題	企業のお金の稼ぎ方が原因となって引き起こされる問題	広告が多い，課金システムの問題
ユーザーによる問題	悪質なユーザーが原因となって引き起こされる問題	マナーの悪いユーザーがいる
アプリストアの問題	アプリストア自体が原因となって引き起こされている問題	アップデートができない
コンテンツの問題	アプリの内容自体が原因となって引き起こされる問題	面白くない，他のアプリの方が面白い
ネットワーク，端末の問題	利用者の利用環境が原因となって引き起こされる問題	特定の端末，ネットワークでは動かない

類モデルとの比較，利用時の品質モデル [2] との比較で妥当性の確認を行いそれらで必要となる要素は含んでいることを確認した．これに加えて概要図上での評価の際にアプリストア側の不具合によって発生する問題も存在すると考え，最終的に表 1 で示す分類モデルを作成した．

3　分類機能の試作

分類機能の試作として機械学習を用いた 10 分割交差検証によって分類精度を求めた．手順としては収集した各レビューに対して表 1 の分類モデルを用いてタグ付けを行い，タグ付けを行ったレビューに対して 10 分割交差検証を行う．作成した分類モデルを実際に利用して 10 分割交差検証を行なって分類精度を調査した [3] [4] [5] の研究がある．[3] では収集の条件を絞らず大量のレビューを収集して [4] では同種のアプリを [5] では開発会社が同じアプリのレビューを収集した場合とそれぞれ違う観点からレビューを収集，分類を行い分類精度を調査している．[3] [4] [5] の結果を図 2 にまとめた．図 2 から条件を絞った場合の精度は 0.7 から 0.8 に位置し，絞らない場合は 0.6 付近から精度が向上しないという結果が得られた．これらの結果から，ただレビューの数を増やすだけでは精度の向上は見込めず，同種のアプリのように比較的似たレビューが揃う条件を整える必要があると考えられる．

4　今後の方針

現在，レビュー分類システムの実現に向けて，分類モデルを作成し，分類器の性能向上を目指している段階である．今後の改良点として複数のカテゴリーに当てはまるものにも対応できるように，各基準に当てはまるかどうかを判定することができる機能の実装，形

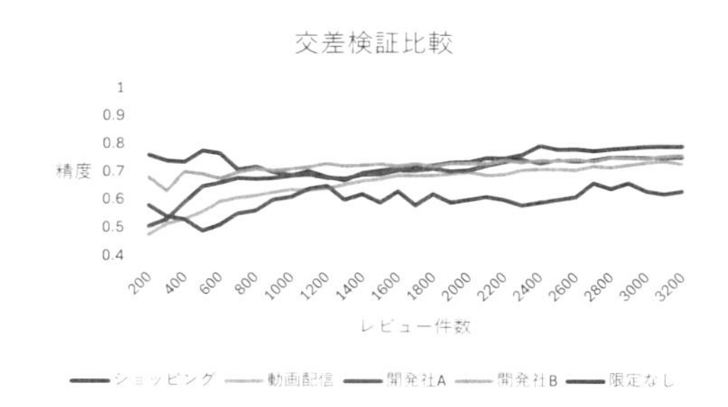

図 2　レビュー分類器の分類精度の評価（10 分割交差検証）

態素解析における考察を行うことでの分類器の改良，自動分類のアルゴリズムごとでの精度の比較などによって，分類機能の向上を図ったうえで，レビュー自動分類システムの実用化を目指したい．

謝辞 本研究は JSPS 科研費 23K28065 の助成を受けたものです。

参 考 文 献

[1] Khalid, H., Shihab, E., Nagappan, M., and Hassan, A. E.：What Do Mobile App Users Complain About?, *In IEEE Software*, Vol.32, No.3, pp.70-77, 2015.
[2] JIS X 25010:2013 (ISO/IEC 25010:2011) システム及びソフトウェア製品の品質要求及び評価（SQuaRE）－システム及びソフトウェア品質モデル, 日本工業規格, 2013.
[3] 大塚 冬馬, 宇佐美 彪雅：スマートフォンアプリケーションのレビューの自動分類—大量のレビューを用いた場合の精度向上について—, 南山大学理工学部, 2023 年度卒業論文, 2024.
[4] 古山 滉大, 柴田 晃希：スマートフォンアプリケーションのレビューの自動分類—同種のアプリを集めた場合の精度向上について—, 南山大学理工学部, 2023 年度卒業論文, 2024.
[5] 白木 麻衣子, 興野 太紀：スマートフォンアプリケーションのレビューの自動分類—開発会社が同一のアプリを集めた場合の精度向上について—, 南山大学理工学部, 2023 年度卒業論文, 2024.

強化学習を用いたGraphQL APIの自動テスト手法の提案

斎藤 健三郎　田原 康之　大須賀 昭彦　清 雄一

GraphQL は API のクエリ言語であり，REST API とは異なる構造を持っており従来の自動テスト手法の適用が難しいため，新たなアプローチが求められている．本研究は，強化学習を用いた GraphQL API の自動テスト手法を提案する．提案手法では，Q 学習を用いてテスト空間の探索を行う．スキーマを基に API のフィールドと引数を選択してリクエスト生成を行い，レスポンスに応じて Q 値を更新する．これを繰り返して学習することにより，効率的なブラックボックステストを実現する．実験では，一般公開されている API を対象に，スキーマカバレッジとエラーレスポンスの割合を評価指標として提案手法の有効性を検証した．今後は，局所最適解を避けるための Q 値初期化や報酬設計の改善を図り，他手法との比較を通じてさらなる有効性を確認する予定である．

GraphQL is an API query language, and because it has a different structure from REST APIs, it is difficult to apply conventional automated testing methods, so a new approach is required. This research proposes an automated testing method for GraphQL APIs using reinforcement learning. In the proposed method, the test space is explored using Q-learning. A request is generated by selecting API fields and arguments based on the schema, and the Q-value is updated according to the response. By repeating this process and learning, efficient black-box testing is achieved. In the experiment, the effectiveness of the proposed method was verified using schema coverage and the rate of error responses as evaluation indicators for publicly available APIs. In the future, we plan to improve the Q-value initialization and reward design to avoid local optimum solutions, and further confirm the effectiveness through comparison with other methods.

1　はじめに

Graph Query Language(GraphQL) [1] は，2015 年に公開された API のクエリ言語であり，REST API の代替として注目を集めている．REST API と異なり，クライアントが必要なフィールドを指定してデータを取得でき，高速で安全な処理が期待できる．しかし，ネストされたオブジェクトや循環参照が発生しうるオブジェクトを扱うケースが多く，複雑性が高い．

Web 開発において API の自動テストは重要な役割を果たしているが，GraphQL API の自動テストに関する先行研究はまだ多くなく，また GraphQL API と REST API はアプローチが大きく異なるため，REST API を対象とした既存の自動テスト手法をそのまま適用することは難しい．

本研究では，強化学習を用いた GraphQL API のブラックボックステスト手法を提案する．GraphQL API のテストは探索空間が膨大であり，ブラックボックステストは他の種類の API テストへの転用に適しており，また動的なレスポンスを利用できるため，強化学習での探索に適していると考えられる．そのため，強化学習を用いた既存の REST API の自動テストの手法をベースラインとする．

2　提案手法

本研究では，強化学習を用いた REST API の自動テスト手法である ARAT-RL [3] をベースラインとして，改良を加えて GraphQL API に適応させた GQL-QL を提案する．

まず，SUT のスキーマを取得し，各フィールドと

Proposal of an automated testing method for GraphQL APIs using reinforcement learning

Kenzaburo Saito, Yasuyuki Tahara, Akihiko Ohsuga, Yuichi Sei, 電気通信大学, The University of Electro-Communications.

引数に Q 値を割り当てて初期化する．次に，フィールドと引数の Q 値を参照して，API 操作と選択するフィールドと引数に優先順位を付けながらリクエストを生成する．そして，レスポンスの内容に応じて各値の報酬を更新し，再びリクエストを生成することを繰り返す．具体的には，レスポンスがエラーを含まない場合は報酬に r=-1 を割り当て，含む場合は報酬に r=1 を割り当てる．そして，選択されたパラメータの Q 値を式 (1) で更新する．状態 s は API 操作または親オブジェクト，行動 a は選択される子フィールドを表す．

$$Q(s,a) \leftarrow Q(s,a) + \alpha[r + \gamma \max_{a'} Q(s',a') - Q(s,a)] \tag{1}$$

REST API と GraphQL API の違いを考慮して以下のような工夫を加えた．

- 取得したスキーマを各 API 操作ごとに分割して，API 操作の名前を根とした木構造としてフィールドと引数を参照できるようにする
- フィールドと引数にネストされたオブジェクトが使われることを考えて，Q テーブルを木構造で管理する
- GraphQL では HTTP ステータスコードを正確に用いることができないため，クライアントエラーかサーバエラーかはエラーメッセージから判定する

3 実験

提案手法を評価するために，GQL-QL を用いて実際の GraphQL API をテストした．テスト対象には，一般利用できてかつ認証の必要が無い SpaceX GraphQL API [2] を採用した．学習の実行時間は 1 時間として，学習率 α は 0.1, 割引率 γ は 0.99, 探索率 ϵ は 0.1 とした．

評価指標には，スキーマカバレッジとエラーレスポンスの割合を用いた．スキーマカバレッジは，参照可能なフィールドと引数のうちリクエスト生成時にアクセスできた割合を示し，エラーレスポンスの割合は，受け取ったレスポンスのうちエラーとして返された割合を示す．

4 結果

実験結果は図 1, 2 のようになった．

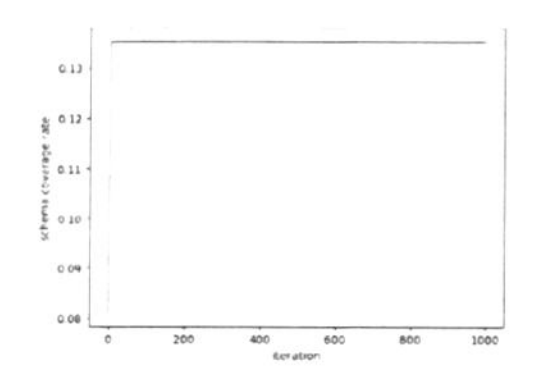

図 1　iteration ごとのスキーマカバレッジ

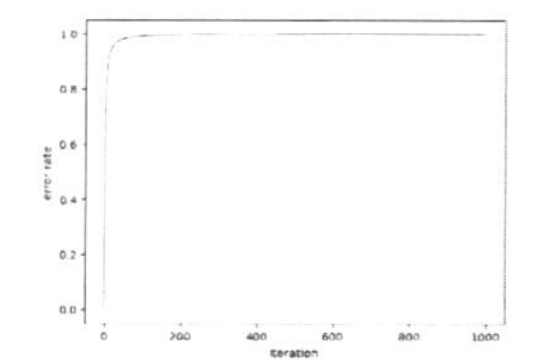

図 2　iteration ごとのエラーレスポンスの割合

図 1 から，最初の実行からスキーマカバレッジがほとんど変化しておらず，局所最適解に陥っていることが考えられる．また，図 2 では，エラー割合も途中からほとんど変化しておらず，有効でないエラー (API 呼び出し回数制限エラーや一部のクライアントエラー) が多く返されている可能性がある．

5 まとめと今後の展望

本研究では，強化学習を用いて GraphQL API の自動テストを行う GQL-QL を提案した．今回の結果では，提案手法の有効性は正確に示すことはできず，評価の方法にも課題が残った．今後の方向性として，Q 値の初期化や報酬の与え方に工夫を加えて局所最適解に陥るケースを防ぐ，有効でないエラーレスポンスをエラー割合から除外するなどが必要である．スカラー値を生成するためのソース選択にも工夫が必要である．また，本手法と同様の基準のスキーマカバレッジを他手法でも算出し，結果の比較を目指す．

参考文献

[1] GraphQL Foundation.: GraphQL—A query language for your API, https://graphql.org/.
[2] Apollo Graph Inc.: SpaceX GraphQL API, https://github.com/apollographql/spacex.
[3] Myeongsoo Kim, M. K. Saurabh Sinha, S. S. Alessandro Orso, A. O.: Adaptive REST API Testing with Reinforcement Learning, *2023 38th IEEE/ACM International Conference on Automated Software Engineering (ASE)*, pp.446-458.

Web アプリケーション向け異常系テストの自動生成に関する提案：Selenium とミューテーションの活用

山下 智也　阿萬 裕久　川原 稔

本稿では，Web アプリケーションに対する異常系テストの自動化に着目し，Selenium とミューテーション技術を活用して正常系テストに対して人工的な誤りを混入させることで，異常系テストを自動的に生成する手法とその支援ツールの提案を行う．

1　はじめに

今日，Web ブラウザをインタフェースとした Web アプリケーションは主要なソフトウェアの形態であり，さまざまな動作シナリオの下で Web アプリケーションの網羅的な動作テストを行うことが重要となっている．しかしながら，人手で Web ブラウザを操作しつつ多種多様なテストを行うのは工数のかかる作業であり，その自動化が求められている．

現在，Selenium [1] 等の技術により，ブラウザ操作をいったん記録しておけば同じ操作を自動的に実行することは可能である．それゆえ，さまざまな動作シナリオ，具体的には正常系テストシナリオ並びに異常系テストシナリオに沿っていったんテストを行えば，2 回目以降のテストを自動化できる．しかしながら，それはあらかじめ人手で用意したテストを自動実行できるだけであって，テストケースを自動的に “生成する” わけではない．特に異常系テストシナリオの場合，さまざまな “例外や操作ミス” を想定することになるため，その多様性ゆえに人手で用意するには限界がある．そこで本稿では，いったん人手により正常系テストケースを作成（記録）しておき，そこに人工的な誤りを混入させることでさまざまな異常系テストケースを自動的に生成・実行する手法と支援ツールの提案を行う．

An Automated Generation of Negative Test Cases For Web Applications:
A Utilization of Selemium and Mutation Techniques
Tomoya Yamashita, 愛媛大学大学院理工学研究科, Graduate School of Science and Engineering, Ehime University.
Hirohisa Aman, Minoru Kawahara, 愛媛大学総合情報メディアセンター, Center for Information Technology, Ehime University.

2　提案手法

提案手法では以下の流れで異常系テストプログラムの自動生成を行う（図 1）．

1. 正常系テストの記録：
   人手でもって Web アプリケーションに対する正常系テストを行い，その内容を Selenium IDE で記録する．そして，テスト内容を Selenium Webdriver [2] を使った Python プログラムとして出力する．
2. プログラムの変換：
   出力された Python プログラムを Web 操作に関するプログラムと Web 要素の位置情報（ロケー

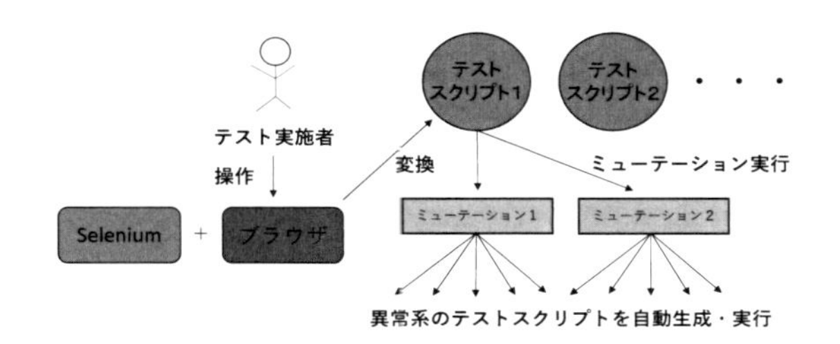

図 1　提案手法

タ）に関するプログラムに分割して整理する．

3. ミュータントの生成：
Web 操作に関するプログラムに対し，ミューテーション操作 [3] を施して変異プログラム，即ち，操作ミス等を模した異常系テストケースを生成する．ここでは“テストコードの削除”，“テストコードの置き換え”，及び“ロケータの置き換え”という 3 種類を採用する．
   (a) テストコードの削除：
   Web 操作に関する命令の 1 つ（1 文）を元のプログラムから削除する．
   これにより，1 つの Web 操作を“やり忘れた”という異常系テストケースを生成できる（例：あるチェックボックスのチェックをやり忘れる）．
   (b) テストコードの置き換え：
   1 つの Web ページに対して行う Web 操作命令群について，その中での命令の順序をローテーションさせる．テストコードの置き換えという観点でいえば，任意の行と行を置き換える方法も考えられるが，組合せ数が大きくなりやすいという理由からローテーションのみを採用している．
   これにより，一連の Web 操作の“順序を間違えた”という異常系テストケースを生成できる（例：あるフォームに入力する前にボタンをクリックしてしまう）．
   (c) ロケータの置き換え：
   本手法では，ミューテーションに先立って行うプログラム変換によって，Web 操作（動作）そのものを表すコードとその対象となる Web 要素の位置情報（ロケータ）が分離されている．そして，ロケータを別のものに置き換えることで別の Web 要素に対して操作を実行するようプログラムを変異させる．この場合もテストコードの置き換えと同様にロケータに該当する部分だけをローテーションさせる．
   これにより，本来とは“別の要素に対して操作を行ってしまう”という異常系テストケースを生成できる（例：本来とは異なるボタンをクリックしてしまう）．

4. 異常系テストケースの自動実行：
上述の手順で生成されるテストケースは，pytest コマンドを使うことで自動実行が可能である．それにより，Web ブラウザが自動的に起動し，指定された一連の操作が自動実行される．

5. 最終画面の差分抽出：
自動生成された異常系テストケースでは，その元となった正常系テストケースとはいずれかが異なる動作（主として操作ミス）が行われることになるため，Web ブラウザで最終的に表示される画面の内容には何らかの差異が見られることが期待される．そこで，最終画面の HTML を自動的に取得し，正常系の場合との差分を xmldiff を用いて抽出し，利用者へフィードバックする．

3 おわりに

本稿では，Web アプリケーションに対するテスト支援の一環として，人手による Web ブラウザ操作によって作成された正常系テストケースに着目し，そこに人工的な誤りを混入させることで異常系テストケースを自動生成・実行する手法とツールの提案を行った．現在，最終的に得られる正常系との差分の分類，並びに被験者実験による効果（工数削減，バグ検出等）の評価について検討中である．

謝辞 本研究の一部は JSPS 科研費 21K11831, 21K11833, 23K11382 の助成を受けたものです．

参考文献

[1] Software Freedom Conservancy: Selenium, https://www.selenium.dev/, 2024.
[2] Raghavendra, S.: *Python Testing with Selenium: Learn to Implement Different Testing Techniques Using the Selenium WebDriver*, Apress, New York, 2020.
[3] Agrawal, H., DeMillo, R. A., Hathaway, B., Hsu, W., Hsu, W., Krauser, E., Martin, R., Mathur, A. P., and Spafford, E.: Design of Mutant Operators for the C Programming Language, *Technical report, Purdue University*, March 1989.

LLMを利用したキーワード拡張による検索手法の改良

久保 大雅　神谷 年洋

オープンソースソフトウェア（OSS）の数が増加し，目的に合ったツールを迅速に検索するための効果的なシステムの必要性が高まっている．本研究では，OSSの検索精度を向上させるために，大規模言語モデル（LLM）を用いて検索キーワードの拡張を行う新しい手法を提案する．具体的には，ユーザーのクエリに対して抽出されたキーワードを，同義語や類義語，英訳を含めたリストに拡張し，検索エンジンに入力することで，精度の高い検索結果を提供する．

As the number of open-source software (OSS) grows, users need better systems to quickly find tools that meet their needs. In this study, we propose a method to improve OSS search accuracy by expanding search keywords using large language models (LLMs). This method generates synonyms, related words, and translations for keywords extracted from user queries. These expanded keywords are then used for searching, providing more accurate results.

1　はじめに

オープンソースソフトウェア（OSS）は，その目的や機能，利用方法が自然言語で詳細に記述されているものが多く，数万を超えるツールが公開されている．このように膨大なOSSツールが存在する中，ユーザーが目的に合ったツールを迅速に見つけられる検索システムの必要性は高まっている．しかし，現在広く利用されているキーワードに基づく部分一致や完全一致の検索アルゴリズムでは，検索範囲が狭く，ユーザーが入力するキーワードの正確さに大きく依存しているため，特に数万を超えるツールの中から正確に検索するには限界がある．最近では，テキストの埋め込みベクトルを用いた意味的類似性に基づく検索手法も徐々に導入され始めており，検索精度の向上が期待されている．しかし，ソフトウェアの概要説明が英語や中国語など多言語で記述されているケースも多く，日本語話者にとっては言語の壁が検索精度を下げる要因となることも課題である．本研究では，これらの課題を解決するために，OSSツールを提供しているUbuntu OSを対象とし，大規模言語モデル（LLM）を用いて作成した類義語リストによる検索キーワードの拡張を行うことで，検索精度の向上を目指す．これにより，OSSツールの効率的な検索を実現することを目的とする．

Expanding Search Keywords Using LLMs.
Taiga Kubo, Toshihiro Kamiya, 島根大学総合理工学部, Interdisciplinary Faculty of Science and Engineering, Shimane University.

2　関連研究

キーワード検索における従来の手法として，TF-IDF（Term Frequency-Inverse Document Frequency）[1]やOkapi BM25 [2]といったアルゴリズムが広く利用されている．TF-IDFは，文章内での単語の頻度（TF）と，検索対象の文書での単語の出現頻度の逆数（IDF）を組み合わせ，各単語の重要度を算出する手法である．頻出する一般的な単語の重みを下げ，文書内で重要な単語を強調することで，検索結果の精度を向上させることを目的としている．一方，Okapi BM25は，TF-IDFを基盤としつつも，文書の長さに対する正規化やパラメータ調整を行うことで，検索精度をさらに改善するアルゴリズムである．Okapi BM25は，短い文書よりも長い文書での単語の出現

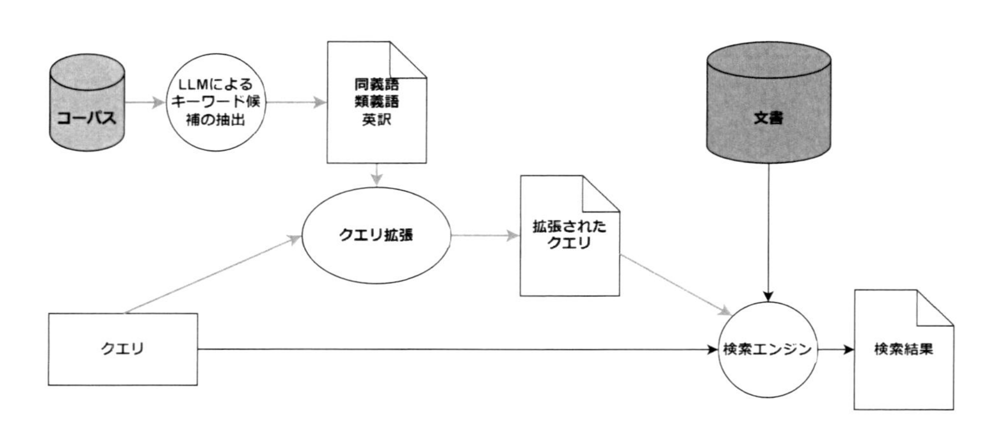

図 1　提案手法の概略

を過度に評価しないように設計されており，現実の検索エンジンでよく利用されている．

テキストの類似性を検出する手法として，埋め込みベクトル [3] を用いる方法がある．これは，文章を数値ベクトルに変換して比較することで，キーワード検索に比べて文脈や意味を考慮した検索が可能になる．しかし，文章を数値ベクトルに変換する際に使用される大規模言語モデル（LLM）には，コンテキスト長に制限があるため，長文のテキストでは埋め込みの精度が低下することがある．また,「3D」と「2D」のように，ユーザーが明確に区別してほしいキーワードが，類似したベクトルに埋め込まれてしまい，検索システムが意味を類似していると誤って判断することがある．これにより，ユーザーの意図とは異なる検索結果が表示され，検索精度が低下する場合がある．

3　提案手法

図 1 に提案するキーワード検索手法を示す．図中において，青の太線で示されている矢印部分が，提案手法に関する処理を表している．本手法では，検索対象と同じ分野のコーパスから大規模言語モデル（LLM）を利用し，まずキーワードを抽出する．その後，抽出された各キーワードに対して，同義語，類義語，さらに英訳（英語のキーワードの場合は和訳）を生成し，それらをリスト化する．ユーザーが入力したクエリからもキーワードを抽出し，それぞれのキーワードに対応する同義語，類義語，英訳が存在する場合は，それらも含めた拡張されたキーワード群を検索エンジンに入力する．これにより，検索エンジンは検索対象の文書から検索を行い，拡張された検索結果がユーザーに提示される．

一方，従来のキーワード検索手法は，図中の黒線で示される矢印によって表されている．ここでは，ユーザーが入力したクエリから抽出されたキーワードを，そのまま検索エンジンに入力して検索を行う．この手法では，キーワードの拡張は行われず，入力されたキーワードに基づく直接的な検索結果が得られる．

4　まとめと展望

本稿では，LLM を用いたキーワード拡張による検索手法を提案した．今後は，提案手法の有効性を評価するため，Ubuntu OS で管理されているソフトウェアの概要文を検索対象とし，実験に用いる予定である．提案手法と従来のキーワード検索手法，埋め込みベクトルを使用した検索手法を実験的に比較し，精度の評価や検索結果の質的な違いを調べる．

参 考 文 献

[1] Saltion, G., Fox, E.A., Wu, H.: Extended Boolean Information Retrieval, *Communications of the ACM*, Vol.26, No.11(1983), pp. 1022–1036.
[2] Robertson, S.E., Walker, S., Jones, S., Hancock-Beaulieu, M.M., Gatford, M.: Okapi at TREC-3, *Proc. of TREC-3*, 1995, pp. 109–126.
[3] Reimers, N., Gurevych, I.: Sentence-BERT: Sentence Embeddings using Siamese BERT-Networks, *Proc. EMNLP-IJCNLP*, 2019, pp. 3982–3992.

メトリクスごとの欠損メカニズム判別と評価

谷本 詩温　柿元 健

ソフトウェア開発の初期段階において過去のソフトウェア開発データを基に開発コストを見積もるが，欠損値の存在が精度を低下させる可能性がある．そこで，我々は欠損メカニズム (MCAR、MAR、NM) を識別することで，欠損値処理の精度向上を目指している．本稿では，非負値行列因子分解 (NMF) と深層学習を用いた二種類の手法の欠損メカニズムの判別精度を比較する．F 値による比較の結果，深層学習を用いた手法がより高い精度を示した．

1 はじめに

ソフトウェア開発の初期段階において，過去のソフトウェア開発データを基にコスト見積が行われ，正確な見積がプロジェクトの円滑な進行に寄与する．しかし，過去のソフトウェア開発データには欠損値が含まれることがあり見積精度を低下させる要因となり得る．欠損値の発生メカニズムは Missing Completely At Random(MCAR)，Missing At Rando(MAR)，Non-ignorable Missingness(NM) の 3 種類に分類される [3]．欠損メカニズムに基づいて適切な欠損処理を行うことで，定量的管理モデルの作成が可能になり，コスト見積の精度向上が期待できる．我々の研究グループでは欠損メカニズム判別手法として，非負値行列因子分解 (NMF) や深層学習を用いた手法を提案しているが，同じ条件の比較できていなかった．本稿では，これら二種類の判別手法の精度を同条件で比較評価する．

2 欠損メカニズム

欠損メカニズムは三種類あり，MCAR は，ある値の欠損確率が他の観測されている変数と無関係で欠損がランダムに発生する欠損メカニズムである．MAR は，ある値の欠損確率が他の観測されている変数に依存する欠損メカニズムである．一方 NM は，MAR とは異なり，ある値の欠損確率がその値自身の大きさに依存する欠損メカニズムである．本研究では，MCAR，MAR，NM の三種類の欠損メカニズムはデータセットに単独で影響していると仮定している．

3 欠損メカニズム判別手法

3.1 NMF を用いた判別手法

非負値行列因子分解 (NMF) とは，全ての要素が非負である観測行列を，係数行列と基底行列の行列積に分解する低ランク近似手法である [2]．欠損値を補完する手法として，欠損値である要素をコスト関数から除外する最適化手法を用いた非負値行列因子分解による欠損値補完法がある [1]．NMF を用いた欠損メカニズム判別手法は，非負値行列因子分解による補完法を，依存するメトリクスと欠損メトリクスに用いた場合に補完精度が低下することを利用して，欠損メカニズムを判別する．

3.2 深層学習を用いた判別手法

深層学習を用いた欠損メカニズム判別手法は，欠損値を含むデータセットを，欠損値を 0，欠損値以外の値 50〜255 の値に正規化したうえで，HSV 画像に変換し，色相をメトリクス数で分割することで，各

Identification and Evaluation of Missing Mechanisms by Metrics

Shian Tanimoto, Takeshi Kakimoto, 香川高等専門学校, National Institute of Technology, Kagawa College.

メトリクスを異なる色の濃淡で表現し，一次元配列にする．正規化データセットを畳み込みネットワーク(CNN) で学習し，欠損メカニズムごとの特徴量を抽出することで欠損メカニズムを判別する手法である．また，メトリクスごとの欠損メカニズムを判別するために正規化データのメトリクスを入れ替えて学習し，欠損メカニズムを判別する．

4 評価実験

本実験では，欠損値を含むデータセットが必要であるため，メトリクス数 16，プロジェクト数 499，要素数 7,984 の欠損値の存在しないデータセットである China に対して，各欠損メカニズムで疑似的に欠損させたデータセットを使用した．欠損率を 10%,20%,30%,40%と変化させて各欠損メカニズムで欠損させたデータをそれぞれ 10 個作成し，合計 120 個の欠損データセットを用いて実験を行った．また，判別手法の評価には，適合率と再現率の調和平均である F 値を用いて評価した．

5 評価実験の結果と考察

NMF を用いた欠損メカニズム判別手法の各欠損メカニズムと欠損率における判別結果を表 1 に，深層学習を用いた欠損メカニズム判別手法の各欠損メカニズムと欠損率における判別結果を表 2 に示す．

表 1 より，NMF を用いた欠損メカニズム判別手法では，MAR は判別では全ての欠損率で高い精度が得られており，欠損率の影響をあまり受けず，高い精度の判別モデルを作成できていることが分かる．MCAR の判別ではデータの欠損率が高くなるにつれて精度が低下しているため，欠損率が高い場合には NM と MAR の欠損メカニズムと欠損パターンの差がなくなりうまく判別できていないと考えられる．NM では全ての欠損率で低い精度しか得られておらず，NMF を用いた NM の欠損メカニズム判別は有効ではないと考えられる．

表 2 より，深層学習を用いた欠損メカニズム判別手法では，全ての欠損メカニズムの判別において高い精度が得られた．しかし，MCAR の欠損率が 10%の場合のみ，比較的精度が低くなっている．これは欠損率

表 1 NMF を用いた欠損メカニズム判別手法の判別結果

データの欠損率	MCAR	MAR	NM
10%	0.6563	0.8977	0.2313
20%	0.4000	0.9083	0.2938
30%	0.2563	0.9386	0.2313
40%	0.1688	0.8263	0.2250

表 2 深層学習を用いた欠損メカニズム判別手法の判別結果

データの欠損率	MCAR	MAR	NM
10%	0.7988	0.9231	0.8348
20%	1.000	0.9245	0.9284
30%	0.9971	0.8673	0.8153
40%	0.9942	0.9621	0.9552

10%の MCAR の特徴を学習で十分に捉えられていないためと考えられる．

6 まとめ

本稿では，非負値行列因子分解を用いた欠損メカニズム判別手法と深層学習を用いた欠損メカニズム判別手法の判別精度の比較を行った．実験の結果，深層学習を用いた欠損メカニズム判別の方が高い精度が得られた．しかし，本手法では，データセットに単独の欠損メカニズムが作用していると仮定しているため，複数の欠損メカニズムを判別することができていない．複数の欠損メカニズムを有するデータセットの欠損メカニズム判別するため，既存手法の改良や別アプローチの考案が今後の課題である．

謝辞 本研究の一部は JSPS 科研費 JP19K11915 の助成を受けた．

参 考 文 献

[1] 川辺裕貴, 北村大地, 柿元健: ソフトウェア開発実績データにおける欠損値補完への非負値行列因子分解の適用, 第 *26* 回ソフトウェア工学の基礎ワークショップ, 2019, pp. 175–176.

[2] Lee, D. D. and Sebastian, S.: Algorithms for non-negative matrix factorization, *Proc. of the 13th International Conference on Neural Information Processing Systems*, NIPS'00, 2000, pp. 535–541.

[3] Little, R. and Rubin, D.: *Statistical Analysis with Missingdata, Third edition*, John Wiley and Sons, 2019.

脳波，皮膚温度によるプログラミング中のストレス検知

郡山 太陽　中才 恵太朗　鹿嶋 雅之　揚野 翔

近年，エンジニアが感じているストレスの大きさによってプロダクトの生産性が変わることが注目されている．そこで本研究ではプログラミング中の認知負荷を脳波と鼻部周辺皮膚温度を計測することで認知負荷の非侵襲での評価を目指した．実験の結果，プログラミング中は鼻部皮膚温度が低下し，休憩中には上昇することが確認された．これは先行研究でも似た結果が確認されており，このことからプログラミング中の皮膚温度に注目することで認知負荷を確認することができると考えられる．脳波解析でも，先行研究と同様に問題解答中に一部の部位でβ波の活動が増加する傾向が見られた．これらの結果から，非接触でのストレス検知の可能性が示されたと考えられる．

1 はじめに

研究の背景: エンジニアが感じているストレスによってプロダクトの生産性が変わることが注目されている [1]．ストレスを大きく感じている状態でのプログラミングは作業効率を下げるだけでなく，プログラマの精神状態に大きく影響を及ぼすと考えられる．

これまで，生体情報を用いたソフトウェア開発者の認知負荷の計測が評価されてきた．生体情報から計測される認知負荷が一定以上となれば，ソフトウェア開発者に通知を行うことができ，実務での利用が期待できるが，従来の手法では身体への計測装置の装着を要求するため，被計測者に対する身体的な負担や体動の制約が伴う．そこで，著者らの過去の研究では非接触で身体的負担が少ない測定方法である赤外線サーモグラフィを用いてプログラミング中の認知負荷を計測する手法を提案，評価した．実験の結果，プログラミング中はある程度のストレスを感じていることが分かった．しかし，非接触で行う計測では温度の変化が実際にストレスによる影響かは断定できなかった．そこで，本研究では今までの計測に並行して脳波の計測も行い，これまでに得られた結果が実際にストレスによるものかどうかを調査することとする．

皮膚温度: 類似の研究 [2] では，認知負荷に関して鼻部皮膚温度は有意な変化があり，額部皮膚温度には有意な変化が見られなかったため，本研究でも額部温度から鼻部温度を引いた差を「鼻部周辺皮膚温度」として，その温度をもとに認知負荷の評価を行う．

脳波: 一般に，開眼や視覚刺激，運動，暗算計算などから精神に負荷がかかるときや，緊張時，睡眠時にはβ波 (14-30Hz) と呼ばれる周波数成分が，脳波の中でもほかの周波数成分と比べて増加することが分かっている．本研究ではそこに着目して脳波の計測を行う．

2 研究手法

実験の概要: 実験課題として，「計算」「検索」「ソート」のいずれかを行っている C 言語プログラムのソースコードを被験者に読ませ，それらを分類してもらう．問題には「簡単」「普通」「難しい」の 3 つの難易度があり，各難易度で 9 問ずつの計 27 問の問題を解いて

Stress detection during programming by EEG, skin temperature

Sora Koriyama, 鹿児島工業高等専門学校, National Institute of Technology, Kagoshima College.
Keitaro Nakasai, 大阪公立大学工業高等専門学校, Osaka Metropolitan University College of Technology.
Masayuki Kashima, 鹿児島大学, Kagoshima University.
Sho Ageno, 鹿児島工業高等専門学校, National Institute of Technology, Kagoshima College.

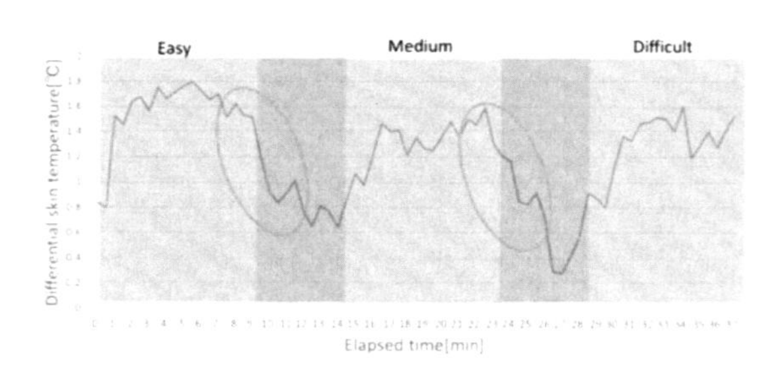

図 1　鼻部周辺皮膚温度の時間変化

もらう．実験終了後は自身のプログラミング経歴などのアンケートに回答してもらう．本研究では C 言語でのプログラミング経験が 3 年以上ある 6 人の被験者で皮膚温度や脳波の計測を行った．

測定手法: 皮膚温度は, 実験中の様子を被験者の正面 1.5m の位置に設置したサーモグラフィカメラで撮影して測定する．また, 脳波は国際 10-20 法に則った位置に 19 個の電極を配置して測定する．

解析手法: 皮膚温度はサーモグラフィカメラで撮影されたデータを確認することができる FLIR Tools を用いて温度のデータを取得し解析した．脳波は EEGLAB 及び Brainstorm を用いて被験者毎に得られた各周波数帯のパワースペクトルを各難易度, 安静時毎に平均し, 状態間での比較を行った．

3　実験結果

6 人の被験者の鼻部周辺皮膚温度の時間変化の平均値を示したグラフを図 1 に示す．また、各状態の β 波の平均パワースペクトルを図 2 に示す．

4　考察

実験の結果, 問題解答中の額部皮膚温度には大きな変化はなく, 鼻部皮膚温度は問題解答中に低下し, 休憩中に上昇することがわかった．これは負荷のかかった状況での皮膚温度の変化を示した先行研究 [2] [3] と同様の結果であり, プログラミングにおいても皮膚温度に注目することで認知負荷を確認することができると考えられる．また, 脳波に注目すると, 問題解答中と休憩中のどちらの場合も頭頂部から左後頭部にかけて β 波の活動が行われていることがわかるが,

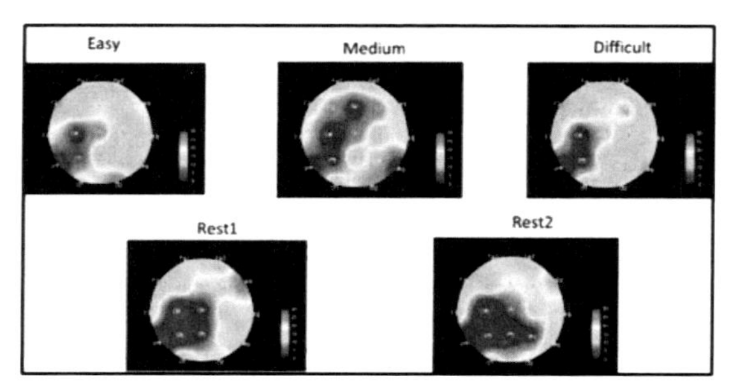

図 2　各状態の β 波のパワースペクトル

パワースペクトルにそれほど大きな差は見られなかった．しかし, 計算タスクによって負荷を与える先行研究 [4] では β 波の増大が C3, Cz, F4 で確認されており, 今回の結果でも同様の部位でも β 帯域の活動がみられた．今後はタスク開始直後や終了直前での脳波活動の変化を考慮した解析を行いたいと考える．

5　おわりに

本稿では, プログラミング中の認知負荷計測のため, 赤外線サーモグラフィを用いた鼻部周辺皮膚温度の計測や分析、その際の脳波の解析を行った．その結果, プログラミング中には鼻部皮膚温度が低下することが確認できた．ただし, 脳波に関しては難易度や休憩時によるパワースペクトルの変化を確認することができなかった．今後は, 被験者の数を増やし, 他の帯域の分析も行う予定である．

参 考 文 献

[1] Ralph, P, et al. Pandemic programming: How covid-19 affects software developers and how their organizations can help. *Empirical software engineering*, Vol. 25, pp. 4927–4961, 2020.

[2] 山越健弘, 松村健太, 小林寛幸, 後藤雄二郎, 廣瀬元. 差分顔面皮膚放射温度を用いた運転ストレス評価の試み—単調運転ストレス負荷による基礎的検討—. 生体医工学, Vol. 48, No. 2, pp. 163–174, 2010.

[3] Nakasai, K., Komeda, S., Tsunoda, M., Kashima, M. Measuring mental workload of software developers based on nasal skin temperature. *IEICE Transactions on Information and Systems*, 2024.

[4] 島田尊正, 今野紀子, 宮保憲治, 深見忠典, 斎藤陽一. 脳波を用いた計算タスク時のストレス計測. 電気学会論文誌 C (電子・情報・システム部門誌), Vol. 134, No. 10, pp. 1498–1505, 2014.

修正の影響を提示することにより コーディング規約への違反修正を支援する方法

藤吉 里帆　中川 岳　名倉 正剛

ソフトウェア開発において，コーディング規約を遵守することでコードの可読性，保守性を高めることができるが，開発者に必ずしも守られていない．そこで本研究では，コーディング規約に対する違反を開発者に提示する際に，違反を修正すべきか開発者が判断する根拠になりうる情報を付加して提示する方法を検討する．

1 はじめに

ソフトウェア開発において，コードの書き方に関するルールであるコーディング規約が定められている．コーディング規約を遵守していないコードに対して，遵守するようにリファクタリングを実施することで，コードの可読性，保守性を高めることができる．

2 コーディング規約遵守に対する課題

ソフトウェア開発におけるコードの書き方（コーディングスタイル）に関する統一的な定義として，コーディング規約が規定され [1]，遵守することでコードの書き方の属人性を排除でき，コードの可読性，保守性を高めることができる．しかし，開発者が規約内容を理解し見落としなく遵守することは困難である．そこで遵守せずに違反している箇所を静的プログラム解析により検出するツールも開発されている．

コーディング規約違反を検出した際の修正作業には手間と時間がかかり，必ずしも実施されるとは限らない．このことは一般的なリファクタリングと同様である．本研究ではその原因として次の2点に着目する．

1. 修正によるリグレッションリスクの増加：
   開発者はコード修正を行う際にリグレッションのリスクを懸念する [2]．したがって，コード修正により新たなバグが発生しないか確認するためのコードレビューが必要になる．
2. 対象箇所のオーナーシップの相違：
   リファクタリングは主に対象ファイルに対して重要なオーナーシップを持つ開発者が実施する [3]．規約違反箇所のオーナーシップが異なる場合は，オーナーシップを持つ開発者に修正意図が正しいかどうかを確認する必要が生じることがある．

3 提案手法

本研究では，静的解析ツールによって検出したコーディング規約違反に対して，修正すべきか判断する根拠になりうる次の情報を追加して，開発者に提示する方法を提案する．

1. 修正に影響を受けるコード行数：レビューの手間や時間の見積もりを支援
2. 違反箇所を記述した開発者の情報：オーナーシップを持つ開発者への確認作業を支援
3. 規約ごとの過去の違反修正割合：プロジェクトにおいて遵守されているかどうかの確認を支援

提案手法の流れを図1に示す．

まず規約ごとの過去の違反修正割合を算出するために，事前に開発中プロジェクトの過去のコミット履歴から，規約ごとの規約違反増加数と減少数を各コミッ

A supporting method for removing coding style violations by showing effects of the changes

Riho Fujiyoshi, Masataka Nagura, 南山大学理工学部ソフトウェア工学科, Dept. of Softw. Eng., Fac. of Sci. and Tech., Nanzan University.

Gaku Nakagawa, 株式会社 PKSHA Communication, PKSHA Communication Inc.

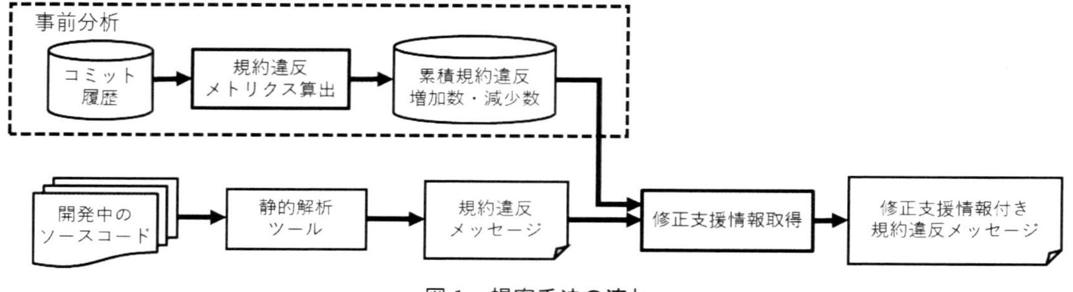

図 1　提案手法の流れ

```
sample.py:1:1: F401 ‘pandas’ imported but unused (ALoC:0, Owner:Alice, Removed:4/5)
sample.py:6:11: E261 at least two spaces before inline comment (ALoC:0, Owner:Alice, Removed:1/3)
sample.py:6:12: E262 inline comment should start with ‘# ’ (ALoC:0, Owner:Bob, Removed:1/5)
sample.py:7:9: E117 over-indented (ALoC:2, Owner:Carol, Removed:0/2)
```

画面 1　コーディング規約違反の検出

トに対して算出する．そしてプロジェクト全期間における遵守の傾向をあらわすために，累積値を求める．

開発者が静的解析ツールによってコーディング規約違反を検出する際には，次の 3 つの分析の結果を解析結果に付け加えて，開発者に提示する（画面 1）．

【分析 1：修正に影響を受けるコードの特定】

静的解析ツールによって検出されたコーディング規約違反に対して，規約に遵守するためのリファクタリング作業が影響する他のコードを特定する．この特定方法は規約によって異なる [†1]．事前に規約内容に応じて定義した特定方法に従って影響範囲を特定し，特定した範囲のコード行数を，「修正に影響を受けるコード行数（AffectedLoC: ALoC）」として取得する．

【分析 2：違反箇所を記述した開発者の特定】

各規約違反箇所に対して変更を行ったコミットを，git blame コマンドによって特定する．変更コミットを繰り返し特定しながら，該当の違反が存在する最も古いコミットを，違反が混入したコミットとして特定する．そしてそのコミットを実施した開発者を，該当の違反のオーナーである開発者として特定する．

【分析 3：規約違反修正割合の算出】

各規約ごとに累積違反減少数と増加数から，規約違反修正割合を求める．この割合によって，該当プロジェクトで過去に遵守されている規約なのかを判断できる．

画面 1 では，Python 向けコードチェッカーツール flake8 の出力結果に対して，3 種類の分析結果をハイライト部分に左から順に付加している．

謝辞 本研究の成果の一部は，2024 年度南山大学パッヘ研究奨励金 I-A-2 の助成による．また，提案方式の検討にあたっては，株式会社 Fixstars Amplify 末次健太郎氏に貴重なアドバイスをいただいた．

参 考 文 献

[1] Allamanis, M., Barr, E. T., Bird, C., and Sutton, C.: Learning Natural Coding Conventions, in *Proc. of the 22nd ACM SIGSOFT Int'l Symposium on tne Foundations of Software Engineering*, pp. 281-293, 2014.

[2] Kim, M., Zimmermann, T., Nagappan, N.: A Field Study of Refactoring Challenges and Benefits, in *Proc. of the 20th ACM SIGSOFT Int'l Symposium on the Foundations of Software Engineering*, pp. 1-11, 2012.

[3] Orrú, M., Marchesi, M.: A Case Study on the Relationship between Code Ownership and Refactoring Activities in a Java Software System, in *Proc. of the 7th Int'l Workshop on Emerging Trends in Software Metrics*, pp. 43-49, 2016.

†1 例えば，「余計な空白行の存在（後述の flake8 における “E303”）」であれば，空白行を削除するだけなので，他のコードに影響しない．一方で「あいまいな変数名（同様に “E741”）」であれば，その修正は同様の変数名の変数を利用する別の箇所にも影響する．

プログラミング教育における生成AIを活用したエラー文理解支援のためのツール開発

城越 悠仁　玉田 春昭

プログラミングの初学者は，プログラム実行時に表示されるエラーが，プログラム中のどこで発生したのか，また，どのようにすれば解決できるのかを理解するのに時間がかかる．そこで本稿では，プログラム実行時にエラーが発生したときに，即座にフィードバックを提供するツールを提案する．フィードバックは生成 AI を利用し，実行時のエラーメッセージとプログラムのソースコードから，エラーの原因と解決策を提示する．

1　はじめに

プログラミング初学者は，学習の過程で直面するエラーや複雑な概念の理解に苦しむことが多い．そのため，そのような初学者はプログラミング学習に対して苦手意識を持つことが報告されている [1]．苦手意識を持たせないために，これまでに様々な初学者のプログラミング学習支援手法が研究されている [3, 4]．

一方で，近年の生成 AI 技術の急速な発展は，教育分野において新たな可能性を提供している [2]．例えば，ChatGPT などの生成 AI は学習者に対してリアルタイムでフィードバックを提供し，個々の理解度に応じて支援できる．このような技術は特に，プログラミング教育において初心者が感じる学習のハードルを下げるための強力なツールとなり得る．

そこで本稿では，初学者がプログラムを実行したときにエラーが発生すると，即座にフィードバックを提供するツールを提案する．これにより，エラーの原因と解決策を学習者に提示し，初学者がエラーメッセージを理解し，独力で解決する力を養うことが期待できる．

A tool for giving feedback on error messages using generative AI in programming classes
Yuto Shirokoshi, Haruaki Tamada, 京都産業大学, Kyoto Sangyo University.

2　提案手法

今日のプログラム言語の多くは，エラーが発生した際に，エラーの種類とともにスタックトレースと呼ばれるエラー箇所の特定につながる情報を表示する．これらの情報をもとにエラーの解消に努めることになる．プログラムに慣れた学習者（中級者と呼ぶ），エラーの種類から原因が推測でき，スタックトレースから場所を限定できるようになり，エラーを解消できるようになる．しかし，このようなエラーの解消は一朝一夕には行えるようにならず，初学者にとっては学習のハードルとなる [5]．そこで，プログラム実行時にエラーが発生したときに，即座にフィードバックを提供するツールを提案する．

プログラム実行が成功したか否かはプログラムの終了ステータスをもとに判断できる．多くの場合，0 が正常終了を示し，それ以外の値がエラーを示す．そして，終了ステータスが 0 以外であれば，何らかのエラーメッセージが出力される．

そこで本稿では，出力されたエラーの原因とエラー箇所から，解決策を推薦するために生成 AI を利用する．プログラムの実行結果を監視して，エラーが発生すればそのエラーメッセージとプログラムのソースコードを生成 AI に与える．そして，生成 AI から得られたフィードバックを学習者に提示する．これで，初学者が読み解けないエラーメッセージを解釈し，エ

```
以下のプログラムコードにエラーが見つかりました:
<プログラムコード>
エラーメッセージ:
<エラーメッセージ>
このエラーの原因と修正提案を教えてください。
```

図 1　ChatGPT に与えたプロンプト

```
1: def raise_error():
2:     my_list = [1, 2, 3]
3:     print(my_list[5])
4: if __name__ == "__main__":
5:     raise_error()
```

図 2　プログラム例 (index_error.py)

```
エラーメッセージ:
Traceback (most recent call last):
  File "index_error.py", line 7, in <module>
    raise_index_error()
  File "index_error.py", line 3, in raise_error
    print(my_list[5])
          ^^^^^^^^^^
IndexError: list index out of range
エラー原因:
ここで発生しているエラーは「IndexError」で、それは配列の範囲外のインデックスを参照しようとしたときに生じるものです。具体的には、my_list には 3 つの要素 (0, 1, 2 番目のインデックス) しかないのに、5 番目のインデックスを参照しようとしたために起きています。
修正提案:
my_list から存在するインデックス (0, 1, 2) を参照するように変更することで、このエラーは解決します。以下に修正後のコードを示します:
... 後略 (修正コード例が提示される) ...
```

図 3　pyrevise での index_error.py の実行結果

ラーの原因と解決策を提示できると期待できる.

3　実装

本稿では対象言語を Python とし, 生成 AI には ChatGPT 4[†1] を用いる. そして, python コマンドのラッパースクリプト pyrevise を用意し, 初学者に使わせるものとする.

pyrevise では最初に, コマンドラインで与えられたスクリプトファイルを python コマンドで実行する. 出力結果とステータスコードを取得し変数に保存しておく. そして, ステータスコードが 0 以外の場合は, スクリプトとエラーメッセージを ChatGPT に投げ, フィードバックを得る (プロンプトは図 1 に示す通り). 次に, python コマンドの出力結果とエラーメッセージを出力したのちに, ChatGPT から得られたフィードバックを出力する. 最後に, python コマンドのステータスコードで終了する. 一方, ステータスコードが 0 の場合は, python コマンドの出力を出力して正常に終了する.

図 2 は, 3 行目でリストの範囲外を参照するため, IndexError が発生するプログラムである. このプログラムを pyrevise で実行した結果を 図 3 に示す. 標準的なエラーメッセージであるスタックトレースが表示されたあと, ChatGPT からの解析結果が表示されていることがわかる. なお紙面の都合上, ChatGPT の出力は一部を省略している.

4　まとめ

本稿では, エラーメッセージ理解の支援を目的としたプログラミング教育支援ツールの開発を提案した. このツールの利用により, 初学者がエラーメッセージを読み解き, エラーを解決する手助けになると期待できる. 今後は, 初学者に実際に pyrevise を利用してもらい, ツールの有用性を評価する.

謝辞 本研究の一部は, JSPS 科研費 20K11761 の助成を受けた.

参 考 文 献

[1] FU, X., YIN, C., SHIMADA, A., and OGATA, H.: Error log analysis in C programming language courses, *Proc. 23rd International Conference on Computers in Education, ICCE 2015*, 2015, pp. 641—650.
[2] 田中英武, 前田悠翔, 井垣宏: Few-Shot Prompting を用いた言語系生成 AI による プログラミング演習問題の自動生成手法の検討, 日本ソフトウェア科学会第 *40* 回大会 *(2023 年度)* 講演論文集 (46-R-S), 2023.
[3] 槇原絵里奈, 藤原賢二, 井垣宏, 吉田則裕, 飯田元: 初学者向けプログラミング演習のための探索的プログラミング支援環境 Pockets の提案, 情報処理学会論文誌, Vol. 57, No. 1(2016), pp. 236—247.
[4] 秋山楽登, 中村司, 近藤将成, 亀井靖高, 鵜林尚靖: プログラミング初学者のバグ修正履歴を用いたデバッグ問題自動生成の事例研究, 第 *28* 回ソフトウェア工学の基礎ワークショップ (*FOSE 2021*), 2021, pp. 13–22.
[5] 榊原康友, 松澤芳昭, 酒井三四郎: プログラミング初学者におけるコンパイルエラー修正時間とその増減速度の分析, No. 4(2012), pp. 121–128.

†1 https://openai.com/index/gpt-4/

プログラミング習慣化のためのバーチャルペットを育成するVSCode拡張機能の開発

次原 蒼司　玉田 春昭

プログラミング初学者の多くは，プログラミングの好き嫌いに拘わらず，習慣として開発を続けることが難しい．習慣として継続させるためには，継続するための動機が必要である．そこで本稿では継続するための理由付けとして，ペット育成ゲームの要素を取り入れることを考える．ペット育成ゲームを，今日のデファクトスタンダードなエディタ/IDE である VSCode 上に構築することで，初学者が開発意欲を維持できるような環境を提供する．

1　はじめに

プログラムに限らず，学習には継続的な努力が必要であり，そのためには継続する動機が必要である．そのためにこれまで，ゲーミフィケーション [2] やエディテインメント [1] に基づく手法が提案されてきた．これらは，ゲームや娯楽を通じて学習を促進する手法であり，プログラミング教育においても，プログラミング言語の学習をゲーム感覚で行うことで，学習意欲を高める取り組みが行われている [3]．

そこで本稿では，ゲーミフィケーションを取り入れた VScode 拡張機能を開発する．VSCode は現在最も普及しているエディタであり，ユーザが非常に多い．それにより，初学者が開発に対するモチベーションを維持できるような環境構築を目指す．具体的には，キャラクターを成長させることができる育成ゲームの要素を取り入れ，ユーザーの進捗を視覚的にフィードバックする．サイドバーを部屋に見立てて育成するキャラクターを配置する．そしてユーザーは，開発を行うことで実績を解除し，経験値を得てキャラクターを成長させる．この実績システムでは，ソースファイルの新規作成数や編集行数，デバッグ回数などを追跡し，これらの操作をもとに実績を解除できる．このシステムによってユーザーにフィードバックと達成感を与え，さらなる開発への動機付けになると考えられる．また，達成した実績数に応じて，部屋に飾るアイテムを取得することができる．これによりユーザーは，単なる学習成果のみならず，キャラクターの成長や部屋のカスタマイズといった要素を楽しみながら，自主的に開発を継続できると期待できる．これらを通じて，プログラミング初学者が日常的にコーディングを続けられる環境を提供し，モチベーションの維持と開発習慣の定着を目指す．

2　提案手法

本稿では，初学者が楽しみながらプログラミング開発を習慣化できる環境を提供することを目的とする．そのために，今日広く使われている Visual Studio Code（VSCode）に対して，ゲーミフィケーション要素を取り入れた機能拡張を提供する．この機能拡張では，継続的な開発により成長するキャラクターを配置する．この機能拡張の要件は次の 3 つである．

1. インストールが容易であること，
2. 利用方法が直感的であること，
3. 習慣的な開発を継続できる仕組みを持つこと．

要件 1 は，初学者が利用することを想定しているため，使い始めるのに余計な手間を要しないことが重要である．VSCode では一般的な機能拡張と同じく

Code Aile: A VSCode extension for building a programming habit with raising a virtual pets

Soshi Tsugihara, Haruaki Tamada, 京都産業大学, Kyoto Sangyo University.

図 1: 実行画面のイメージ（初期状態）

図 2: 実行画面のイメージ（成長後）

Visual Studio Marketplace[†1] で提供できるため，この要件は満たせると考えられる．

要件 2 は，初学者が直感的に利用できることが重要である．ただ，育成ゲームは，キャラクターに対してユーザーから明示的に指示できることはなく，単に画面上でキャラクターが成長する様子を眺めるのみである．そのため利用方法に戸惑うことはないであろう．

要件 3 は，開発を行うことを促進する仕組みを持つことが重要である．この要件を満たすために，実績システムを導入する．実績システムは，ユーザーが開発を行う中で一定の条件を満たすと解除できる実績を多数用意しておく．これにより，ユーザーにフィードバックと達成感を与える．

3 実装

これまでに述べた内容をもとに TypeScript および VSCode API を用いて機能拡張 Code Aile を実装した．VSCode を通じて，ファイルの新規作成，保存，デバッグの実行などの操作をログファイル `$HOME/.vscode/aile.log` に記録する．そして，VSCode 実行中に定期的（1 回/10 分程度）にログファイルを確認し，編集行数やデバッグ回数などの情報を抽出する．そして，これらの情報をもとに実績システムが実績解除を判定する．解除された実績の項目や数に対応して，キャラクター（Aile）が成長し，Aile の部屋の装飾品が解放されるようになる．図 1 と図 2 は Code Aile の実行画面のイメージで，Code Aile の部分のみを示している．図 1 が初期である卵の状態で，図 2 がある程度 Aile が成長した後のイメージである．

†1 `https://marketplace.visualstudio.com/vscode`

4 関連ツール

華山らは実績システムをプログラミング教育に取り入れた [4]．コード品質に着目した品質を CI 実行時に測定することで，実績システムを構築している．どちらかといえば，ある程度の経験があるユーザーを対象としている点が本研究とは異なる．

浦上らは英単語学習システムにバーチャルペット育成システムを導入し学習の支援を行なった [5]．本研究とは，対象とする学習内容が異なるが，バーチャルペットを育成するという点で共通している．

5 まとめ

本稿ではプログラミング初学者が開発を習慣化し，モチベーションを維持できる環境を提供することを目的とする．そのために，ゲーミフィケーションを取り入れた VSCode 拡張機能 Code Aile を提案し，楽しみつつ学習を継続できる仕組みを構築した．Code Aile は初学者が自主的にコーディングを続けられる環境を提供し，学習習慣の定着を促進するツールとして，今後さらなる発展が期待できる．

謝辞 本研究の一部は，JSPS 科研費 20K11761 の助成を受けた．

参 考 文 献

[1] Ab Hamid, S. H. and Fung, L. Y.: Learn Programming by Using Mobile Edutainment Game Approach, *2007 1st IEEE International Workshop on Digital Game and Intelligent Toy Enhanced Learning (DIGITEL 2007)*, 2007, pp. 170–172.

[2] Hamari, J., Koivisto, J., and Sarsa, H.: Does Gamification Work? – A Literature Review of Empirical Studies on Gamification, *2014 47th Hawaii International Conference on System Sciences*, 2014, pp. 3025–3034.

[3] Zhan, Z., He, L., Tong, Y., Liang, X., Guo, S., and Lan, X.: The effectiveness of gamification in programming education: Evidence from a meta-analysis, *Computers and Education: Artificial Intelligence*, Vol. 3, No. 100096(2022).

[4] 華山魁生, まつ本真佑, 肥後芳樹, 楠本真二: プログラミング教育における実績可視化システムの提案と評価, 情報処理学会論文誌, Vol. 61, No. 3(2020), pp. 644–656.

[5] 浦上太一, 黄瀬浩一: バーチャルペット飼育型単語学習システムとその評価, 情報処理学会研究報告, Vol. 2023-HCI-202, 2023, pp. 1–8.

テイントフロー追跡を用いたコンコリックテストによるインジェクション脆弱性検出

山口 大輔　千田 忠賢　上川 先之

インジェクション脆弱性の検出手法に Klein らの動的テイントフロー追跡を用いた手法（Euro S&P 2022）があるが，テイントが伝播しない分岐条件が解析されないことによる誤検知や未通過のパスによる検出漏れの問題がある．本稿では，Web アプリケーションのプログラムを題材にこれらの問題を説明し，コンコリックテストの導入による脆弱性検出手法を提案する．

1 はじめに

Web は最も重要なアプリケーションプラットフォームであり，web を狙ったサイバー攻撃の件数は多い．とりわけ外部入力に有害なスクリプトを与えアプリケーション上で実行させるインジェクション攻撃 (e.g., XSS，SQL インジェクション）は，重大なセキュリティリスクの一つに数えられている [2]．アプリケーションの保護には外部入力に含まれる有害なスクリプトを置換・除去するサニタイズ処理が有効であり，多くのサニタイザライブラリが開発・利用されている．しかし，それらの一部には欠陥が認められるものも存在する [1]．加えてユーザが適切にサニタイズ機能を利用するとは限らず，サニタイザの誤用やユーザが独自にサニタイザの改造を実施することで脆弱性が残る場合もあるため，サニタイザの適用だけでなく，セキュリティテストやプログラム検証を通して脆弱性を検出することが重要である．

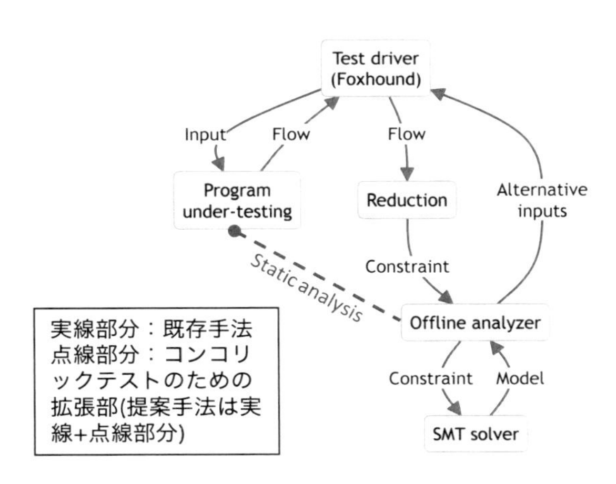

図 1　動的テイントフロー追跡を用いた脆弱性検出のアーキテクチャ

2 テイントフロー追跡を用いた脆弱性検出

サニタイザの文字列の編集操作は，動的テイントフロー追跡によって抽出可能である．具体的には，入力された文字列にテイントタグを付与しテイントタグの伝播先で実行された編集操作を追跡する．動的テイントフロー追跡の実装は Foxhound [1] などがある．

図 1(実線部分) は得られた文字列の編集操作列から制約解消を通して脆弱性を検出する手法 [1] のアーキテクチャである．Test driver は Foxhound 上でプログラムを実行し入力された文字列値への編集操作列を Flow として抽出する．編集操作列のそれぞれを Reduction モジュールによって文字列制約式へ簡約す

Injection Vulnerability Detection via Concolic Testing with Taint-flow Tracking

Daisuke Yamaguchi, NTT ソフトウェアイノベーションセンタ, NTT Software Innovation Center.
Nariyoshi Chida, Hiroyuki Uekawa, NTT 社会情報研究所, NTT Social Informatics Laboratories.

ることで，外部入力値 x に対しサニタイズ処理結果の値の関係を表す文字列制約式 Constraint $S(x)$ を得る．サニタイズが必要な文字列を特徴づける制約式を $\mathcal{L}_{\mathrm{ATK}}$ とするとき，Offline analyzer は $\mathcal{L}_{\mathrm{ATK}} \wedge S(x)$ の充足判定を行うことで脆弱性の有無を判定する．また，充足可能な場合（i.e., 脆弱性有の場合）は Model として，サニタイザをバイパスする外部入力値 Alternative inputs を求めることができる．

問題 1: 形式に基づく分岐条件の解析漏れ 図 2に OSS に見つかった XSS (CVE-2022-0437) の修正版のサニタイザを用いたプログラムを示す．このプログラムは `params.get` で取得された入力文字列に対し，正規表現の所属判定を用いることで，攻撃用のスクリプトをはじめとした形式違反の値を無効化している．しかし，テイントフロー追跡を用いた脆弱性検出では，このサニタイザは文字列の編集操作を一度も適用していないことから入力文字列がそのまま `location.href` に渡されるものと解釈され，脆弱性が有るものと誤った判定をしてしまう問題がある．

```
const returnUrl = params.get('return_url');
if (returnUrl) {
 try {
  if (/^https?:\/\//g.test(returnUrl)) {
   location.href = returnUrl;
  } else { throw new Error('Navitaion to ${
       returnUrl} was blocked.'); }
 } catch (error) {document.write(error);}
}
```

図 2 正規表現の所属判定を用いたサニタイザ（CVE-2022-0437 修正パッチ）を用いたプログラム

正規表現の所属判定以外に文字列長（`str.length`）などのプロパティに関する条件判定が用いられることもある．この場合もプロパティを持つ値にテイントが伝播してもプロパティの値にはテイントが伝播されないため，プロパティに関する条件式が無視され，正しく脆弱性を検出することができない．

問題 2: 未通過パス 外部入力値が所与の形式に従わない場合は条件分岐先のプログラムでその値を無効としなければ脆弱性につながる．正しく無効化されているかを判定するために条件分岐先のプログラムを解析する必要があるが，動的テイントフロー追跡では分岐先のプログラムを通過する入力文字列が与えられなければ未通過パスとなり解析が行われない．

3 提案手法

問題 1，2 の解決に向けテイントフロー追跡を用いた脆弱性検出にコンコリックテストを導入する．コンコリックテストは Offline analyzer にプログラムの静的解析を行う拡張により実現される（図 1 点線部分）．

問題 1 のテイントフロー追跡で漏れた分岐条件式は静的解析によって復元される．Offline analyzer は動的テイントフロー追跡によって得られた Flow 上の各文字列編集操作のソースコード上の位置を取得する．それらを通過するコントロールフローパスを列挙し，パス上の分岐条件式を求める．動的テイントフロー追跡で漏れた分岐条件式の復元には実行されたパスに関する分岐条件式を求めれば十分であるため，Flow 上の各文字列編集操作に渡された引数値を仮定し，各分岐の通過条件の最弱事前条件を計算すればよい．

また，分岐条件式の否定を用いて制約解消を行うことで未通過のパスを実行させるための入力値を Alternative inputs として生成することができる．生成された入力値を用いてコンコリックテストを行うことで問題 2 の未通過パスを実行することができる．

4 むすびに

本稿ではテイントフロー追跡を用いた脆弱性検出とその問題について説明し，その解決に向けたコンコリックテストによるアプローチを提案した．本稿で扱うことができなかった実装については FOSE2024 のデモンストレーションに譲ることとしたい．

参考文献

[1] Klein, D., Barber, T., Bensalim, S., Stock, B., and Johns, M.: Hand Sanitizers in the Wild: A Large-scale Study of Custom JavaScript Sanitizer Functions, *2022 IEEE 7th European Symposium on Security and Privacy (EuroS&P)*, 2022, pp. 236–250.

[2] OWASP: OWASP Top 10:2021, `https://owasp.org/Top10/`. (Accessed on 07/10/2024).

Webアプリケーション上でユーザニーズを自動抽出するチャットボットの実装

中田 匠哉　佐伯 幸郎　中村 匡秀

サービス利用が多様化する現代では，エンドユーザのサービスニーズが重要視される．先行研究ではヴァーチャルエージェントを用いた音声対話によるニーズ自動抽出を実現した．本論文では，既存の Web アプリケーションにチャットボットを重ねて実装することでニーズ抽出を容易に実現する手法を構築する．

1　はじめに

サービス利用の増加に伴って，サービス利用形態もユーザごとに多様化している．エンドユーザのサービス要求の聞き取りは主にアンケートによって行われている．システムエンジニアのような専門家による個別の聞き取りは高コストであまり行われていない．先行研究では，ニーズ聞き取りを自動化するために，図 1 に示すヴァーチャルエージェント（VA）を用いた対話型ニーズ抽出システムを構築した [2]．PC 上の VA とユーザが音声対話を行い，ユーザの入力文を大規模言語モデル（LLM）で解析して構造的なニーズを取得するシステムである．ユーザが利用したいサービスが何であるかの推測もシステムが自動で行うことで，サービス市場全体の広い視点からサービスニーズを聞き取ることができる．サービスの一覧は別途データベース上で管理する．先行研究の課題として，専用の PC が必要であること，サービスの種類を指定した聞き取りが出来ないことがある．例えば，特定のカレンダーアプリに関するニーズに特化した聞き取りに失敗し，他の類似したタスク管理アプリ等に関連するニーズだと誤って解釈する可能性がある．

Implementation of Chatbot for Automatic User Needs Extraction in Web Application

Takuya Nakata, Masahide Nakamura, 神戸大学, Kobe University.

Sachio Saiki, 高知工科大学, Kochi University of Technology.

図 1　先行研究：VA による対話型ニーズ抽出システム

本研究では，特定のサービスに関するユーザニーズを手軽に収集する手法の構築に取り組む．既存 Web アプリケーション上に追加実装するチャットボットとして対話型ニーズ抽出システムを再構築する．

2　提案手法

図 2 に提案手法のアーキテクチャを示す．以下の 2 つのアプローチで既存 Web アプリケーションの一部としてニーズ抽出チャットボットを構築する．

- (A1) 特定サービスに関するニーズ抽出手法
- (A2) 実装容易なニーズ抽出チャットボット

2.1　(A1) 特定サービスに関するニーズ抽出手法

先行研究では，ユーザの入力文からサービス名を推定したうえでニーズを抽出していた．ユーザは自身が利用したいサービスを VA が知らない前提で話すため，ユーザはどんなサービスか説明しながらニーズを話していた．提案手法では，事前にサービス名を与

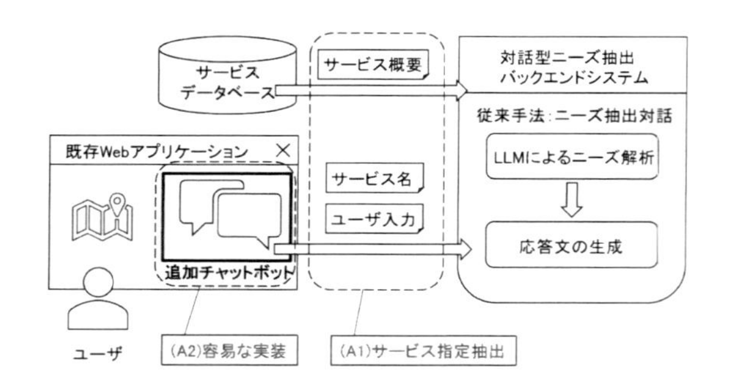

図 2　ニーズ抽出チャットボットのアーキテクチャ

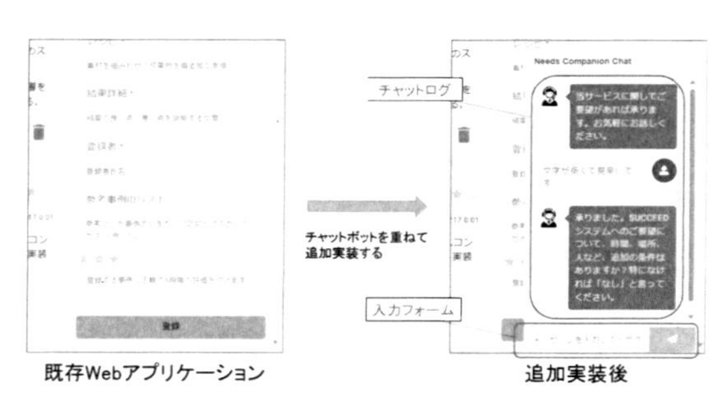

図 3　チャットボットの追加実装

える．ユーザはチャットボットが何のサービスに特化しているか事前に知っているため，チャットボットがサービスの概要を知っている前提でニーズを話す．そのため，事前にチャットボットにサービスの概要も与えておく必要がある．サービスに関する知識は，サービス名をもとにデータベースからサービスの概要を取得することで取得できる．ユーザの入力文・サービス名・サービス概要を LLM に与えることで，特定サービスに関するニーズ抽出を実現する．

2.2 (A2) 実装容易なニーズ抽出チャットボット

先行研究では，VA を単独の Web アプリケーションとしてデプロイしていた．そのため，サービスごとに VA を特化させるには，設定を変更したうえで個別に新しくデプロイする必要があった．提案手法では，JavaScript の拡張言語である JSX のコンポーネントを活用することで，既存の Web アプリケーションに重ねて実装を可能にする．React.js 向けに提供されているチャットボットライブラリを活用する [1]．チャットボットが先行研究におけるバックエンドアプリケーションと直接通信を行うことでニーズ抽出対話を実現する．チャットボットのサービスごとの設定は指定するサービス名の変更のみであり，追加実装は極めて容易である．CSS 等を設定することで，既存 Web アプリケーションに合ったデザインの自由な拡張も可能である．本手法は，チャットボットが手軽に実装できるライブラリが存在するフロントエンド環境であれば，同様のプロセスで実装可能である．

3 実装

図 3 は，実際に既存 Web アプリケーション上に追加実装した画面である．ユーザが入力フォームに要求を入力することでニーズ抽出できる．ニーズを解析する LLM のモデルには gpt-4o-mini-2024-07-18 を使用した．サービスの名称と概要を事前にデータベースに登録し，JSX コンポーネントを追加するだけでチャットボットを重ねて実装できた．

4 まとめ

本研究では，単一の Web アプリケーション内で完結する対話型ニーズ抽出チャットボットを実現した．将来展望として，チャットボットのライブラリ化と，ユーザの Web アプリケーション使用履歴をもとにしたおすすめ機能提案チャットを検討している．

謝辞 本研究の一部は JSPS 科研費 JP20H05706, JP22H03699, JP22K19653, JP23H03401, JP23H03694, JP23K17006，および，立石科学技術振興財団の研究助成を受けて行われている．

参 考 文 献

[1] FredrikOseberg: react-chatbot-kit, `https://github.com/FredrikOseberg/react-chatbot-kit`. (Accessed on 10/08/2024).

[2] Nakata, T., Chen, S., Saiki, S., and Nakamura, M.: Employing Large Language Models for Dialogue-based Personalized Needs Extraction in Smart Services, *Computer Science & Information Technology (CS & IT)*, Vol. 13, No. 24, December 2023, pp. 21–33.

ビルド可能性と依存関係のぜい弱性を用いた OSSプロジェクトの生存性評価

房野 悠真　玉田 春昭

今日のソフトウェアは多くの OSS ライブラリに依存して構築されている．しかし，全ての OSS ライブラリの開発がこれからも継続していくわけではない．加えて，開発が継続しているかどうかをプロジェクトの外側から観測することすら困難である．そこで本稿では，ビルド可能性と依存ライブラリの依存関係をもとに，OSS プロジェクトの生存性を評価する手法を提案する．

1　はじめに

オープンソースソフトウェア（OSS）は、GitHub をはじめ様々なプラットフォームで多数の開発者によって公開されている。OSS は開発を継続するのも，開発を止めることも自由である．そのため，公開されているソフトウェアが今後も継続して開発されていくかどうかを判断することは難しい．もし開発者が開発を止めるとき，通知は期待できない．もちろん，最近コミットされているかなどを指標に利用できるが，一時的な休止か，中止かは判別できない．

一方，開発が継続されていたとしても，主要なプラットフォームをサポートしていなかったり，ビルドするのに特殊な環境が必要で，ビルドに多大なコストが必要な場合もある．加えて，今日のソフトウェアは多くのライブラリに依存して構築されている．そのため，依存しているライブラリにぜい弱性があり，それが長期間修正されていない場合，そのプロジェクトの利用には大きなリスクが潜んでいると考えられる [2]．そのため，OSS を利用する際には，そのプロジェクトが生存しているかを判断するとともに，ビルド可能性（buildability [1,3]）をはじめとした利用しやすさも考慮する必要がある．

そこで本研究では，ビルド可能性，依存関係のぜい弱性，コミット頻度などを総合的に勘案することで，プロジェクトの継続度を判断することを目的とする．

Continuity evaluation of OSS projects using buildability and vulnerabilities of dependencies

Yuuma Fusano, Haruaki Tamada, 京都産業大学, Kyoto Sangyo University.

2　調査方法

本稿では対象プロジェクトに対して，ビルド可能性と，依存関係のぜい弱性を評価観点として継続度（A）を算出する．

2.1　ビルド可能性

ビルド可能性は，プロジェクトがビルド可能であるかどうかを示す指標である．多くのプロジェクトでは，ビルドツールを用いてビルドする．そのため，各ビルドツールごとに Docker コンテナ環境を用意してビルドを行うことで評価する．また，ビルド環境の要件も一般的にプロジェクトごとに異なる．そのため，各環境のコンテナ環境を用意し，それぞれでビルド可能かどうかを確認する．いずれの環境でのビルドも失敗した場合，継続度は N/A とする．逆にいずれかの環境でビルドが成功した場合，次の依存関係のぜい弱性調査の結果により，継続度を算出する．

2.2　依存関係のぜい弱性調査

対象プロジェクトが依存しているライブラリのリストは，ビルドツールが利用するビルドスクリプト（例

表 1　継続度の算出結果

Projects	V	Buildability				Vulnerabilities				N
		8	11	17	21	C	H	M	L	
spring-projects/spring-boot	2.14	NG	OK	OK	OK	22	62	90	1	131
elastic/elasticsearch	N/A	NG	NG	NG	NG	0	0	0	0	65
skylot/jadx	0.27	NG	NG	OK	OK	0	5	5	0	56
Stirling-Tools/Stirling-PDF	0.01	NG	NG	OK	OK	0	1	1	0	394

えば、pom.xml や build.gradle）から取得できる．OWASP Dependency-Check[†1] を利用して依存ライブラリのぜい弱性調査を実施する．依存ライブラリのぜい弱性は重要度が Critical，High，Medium，Low ごとの数が報告される．各重要度の報告数を C，H，M，L とし，依存ライブラリ数を N としたとき，ぜい弱性の割合（V）を次の式で算出する．

$$V = \frac{3C + 2H + M + 0.5L}{N}$$

ぜい弱性が多いほど V は高くなり，依存ライブラリ数が多くなるにつれて V は低くなる．そして，継続度は $V > 1$ のときに低，$0.25 < V < 1$ のとき中，$V < 0.25$ のときに高と判断する．

3　ケーススタディ

提案手法を用いて継続度を算出するための対象プロジェクトは，GitHub 上で Gradle を利用した Java プロジェクトとする．このうち，スター数の多い 4 プロジェクトを対象プロジェクトとして選定した．継続度の算出結果を表 1 に示す．ビルド可能性（Buildability）の結果は，Java の LTS（Long Term Support）である Java 8, Java 11, Java 17, Java 21 の 4 つの環境でのビルド結果を示している．OK がビルド成功，NG がビルド失敗を表す．結果は，spring-projects/spring-boot の V が 2.14 と高かった．また，elastic/elasticsearch はすべてのビルド環境でテストに失敗しており，N/A であった．この理由はテストに Docker を利用しており，本稿でのビルド環境では Docker を利用できなかったためである．これら 2 つのプロジェクトは直感に反し，継続度が低い結果となった．

†1 https://owasp.org/www-project-dependency-check/

4　まとめ

本稿では，ビルド可能性と依存関係のぜい弱性調査をもとに OSS プロジェクトの生存性を評価する手法を提案した．ケーススタディとして，著名な 4 つの Java プロジェクトを対象に提案手法を適用した．その結果，elasticsearch で N/A，spring-boot で $V = 2.17$ と直感に反して継続度が低い結果となった．この 2 つのプロジェクトは活発に開発が続けられていることが広く知られているため，提案手法により改善の余地があることがわかる．ただし，ビルド可能性や依存ライブラリのぜい弱性について，プロジェクトの修正が必要であることは示されたとも言える．今後は，GitHub 上での活動履歴も考慮し，総合的でより直感的な評価を行う予定である．

謝辞 本研究の一部は，JSPS 科研費 20K11761 の助成を受けた．

参考文献

[1] Sulír, M. and Porubän, J.: A quantitative study of Java software buildability, *Proc. 7th International Workshop on Evaluation and Usability of Programming Languages and Tools (PLATEAU 2016)*, 2016, pp. 17–25.

[2] Wattanakriengkrai, S., Wang, D., Kula, R. G., Treude, C., Thongtanunam, P., Ishio, T., and Matsumoto, K.: Giving Back: Contributions Congruent to Library Dependency Changes in a Software Ecosystem, *IEEE Transactions on Software Engineering*, Vol. 49, No. 4(2023), pp. 2566–2579.

[3] 小池耀, 眞鍋雄貴, 松下誠, 井上克郎: オープンソース Android アプリケーションのビルド可能性に関する調査, 信学技報 *SS2022-15*, Vol. 122, No. 138, 2022, pp. 85–90.

差別データ多様性を意識した敵対的標本に基づく公平性テスト算法

神吉 孝洋　岡野 浩三　小形 真平　北村 崇師

In recent years, decision-making algorithms based on machine learning have become widely used in everyday life. While these algorithms often make more accurate judgments than humans, they can also learn biases and potentially compromise fairness. This study proposes an enhancement to an existing method that uses deep neural networks (DNN) to search for discriminatory data. By incorporating diversity into the search process, we demonstrate that our method can more effectively identify a wider range of discriminatory data compared to traditional approaches.

1　はじめに

ディープニューラルネットワーク（DNN）は, 自動運転や医療診断などで重要な役割を果たしているが, 公平性の問題が依然として課題である. 特に, DNN の偏見はトレーニングデータに起因しており, 単に保護属性 [1] を削除するだけでは解決できない. Zhang らは, 損失関数の勾配を用いて個人の差別データを生成する Adversarial Discrimination Finder (ADF) [2] を提案しているが, 発見される差別データには偏りが生じる可能性がある. 本研究では, 差別データの多様性を考慮した手法を導入し, ADF の性能を改善した.

2　提案手法

ADF [2] は, Global Generation と Local Generation の 2 段階のプロセスで構成される. Global Generation では, 広範囲に探索を行い, 決定境界に近いデータを発見し, 多様性を向上させる. Local Generation では, Global Generation で発見した差別データの周辺をさらに探索し, データを増やす. 本研究では, 差別データの多様性を向上させることを目的に, Global Generation のアルゴリズムを変更する. ADF の Global Generation の探索フローは図 1 に示す. 本研究では, 3 つの手法を提案する.

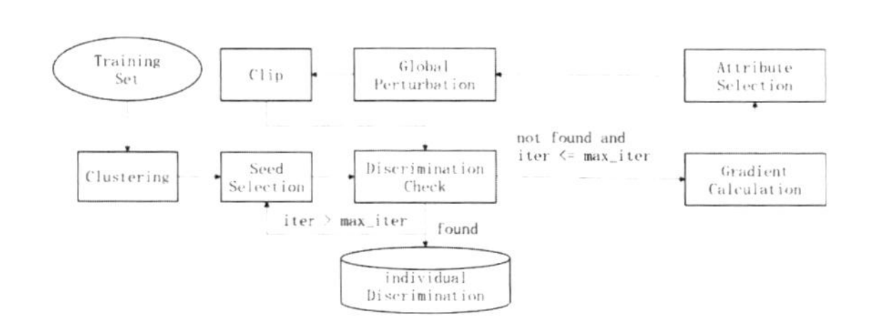

図 1　ADF の探索フロー

2.1　提案手法の手順

- 提案手法 1 では, 勾配に従ってデータを移動させる際, 出現回数が少ないデータ要素に移動させるアルゴリズムを追加する. まず, 現在発見した差別データから要素の出現頻度を算出し, 次に勾配に従って移動させたデータの属性値の出現頻度が, 現在のデータの属性値の出現頻度と同じかそれより低い場合, 値を変更する. これにより, データ更新時に多様性を向上させる.

The Adversarial Sample-Based Fairness Testing Algorithm with Consideration of Diversity in Discriminatory Data

Takahiro Kanki, 信州大学総合理工学研究科, Shinshu University.
Kozo Okano, Shinpei Ogata, 信州大学工学部, Shinshu University.
Takashi Kitamura, 産業技術総合研究所, National Institute of Advanced Industrial Science and Technology.

表 1　1000 回探索時の差別データと実行時間

	ADF			手法-1			手法-2			手法-3		
	diversity	#DI	exec time	diversity	#DI	exec time	diversity	#DI	exec time	diversity	#DI	exec time
Census-age	2618	759.2	1728.061	2883	663.7	603.6512	5113	63.1	4862.301	5050	58.8	4966.293
Census-sex	3202	300.5	3110.336	4421	196.3	3534.478	5076	49.3	5014.115	5050	49.6	5036.725
Census-race	3406	540.2	2098.586	4005	394.2	1920.46	5109	62.5	4843.462	4973	60.2	4935.385
Bank-age	4043	873.2	549.0297	3591	712.8	598.0932	2345	19.4	5415.663	1503	16.7	5448.383
Credit-age	5416	576.5	198.6281	5689	576.5	138.4359	6526	107.2	4363.607	6524	125.5	4194.548
Credit-sex	5802	114.1	4564.27	5833	114.1	4564.27	6370	114.1	4564.27	6438	113.1	4560.506

- 提案手法 2 では，差別データを探索する際に，既に見つかった差別データから出現回数が少ない要素を持つデータを生成する．まず，現在発見した差別データからデータ要素の出現頻度を算出する．次に，各属性の出現頻度から最も低いものをランダムに選択し，データを生成する．これにより，現時点で最もばらついたデータを作成し，このデータに対して差別データの探索を行う．
- 提案手法 3 では，提案手法 1 と提案手法 2 を組み合わせる．

2.2　多様性の計測方法

多様性は，発見された差別データそれぞれのハミング距離の総和から求める．この際，手法ごとに差別データの数を揃えて比較することで，公平に各手法の多様性を評価する．また，ハミング距離の総和が大きいデータほど，多様性が高いと判断する．

3　実験手順

本実験では，1000 の個人データを対象に，従来手法である ADF と提案手法 1, 2, 3 の差別データの発見数，多様性（同じ差別データ数の場合），および探索時間を比較する．各データの探索はそれぞれ 10 回行い，その平均を求める．使用するデータセットには，census, credit, bank を選定し，保護データとして race, sex, age を設定して探索を行う．

4　実験結果

実験結果を表 1 に示す．この表から，手法ごとの多様性を比較したグラフが図 2 である．図 2 では，横軸にデータセットと保護属性，縦軸にハミング距離をとっており，提案手法のハミング距離が従来手法である ADF よりも大きい結果が得られた．この結果から，提案手法 1, 2, 3 は ADF よりも多様性が向上していると考えられる．また，提案手法 2, 3 は提案手法 1 よりもハミング距離が大きく，多様性が高い結果となった．これは，提案手法 1 では勾配に基づかずに差別データと判定されるデータも含まれているため，スタートから多様性が高いデータを用いている提案手法 2, 3 の方がより高い多様性を実現したと考えられる．さらに，提案手法 2 と 3 の間に大きな差は見られなかった．これは，スタート時に多様性の高いデータを使用しているため，勾配を移動させる際に多様性を考慮する必要が少なかったためと考えられる．

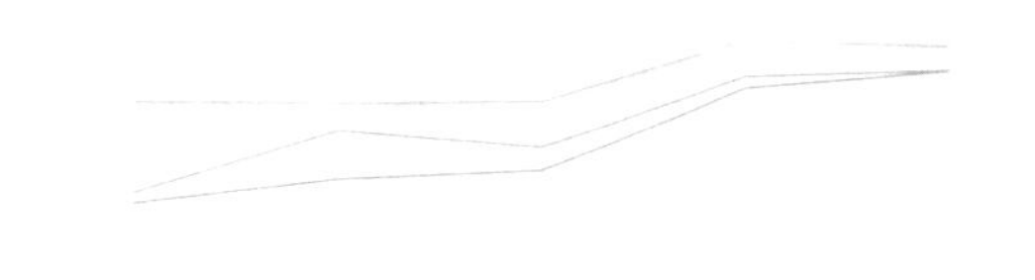

図 2　手法による多様性の比較

5　まとめと今後の課題

本研究では，従来手法よりも多様性の高い差別データを探索できる手法を提案し，その有効性を示した．今後は，探索データ数が同じ場合に発見数が少なく，実行時間が長い点の改善が課題となる．

参 考 文 献

[1] Galhotra, S., Brun, Y., and Meliou, A.: Fairness Testing: Testing Software for Discrimination, *Proceedings of the 2017 11th Joint Meeting on Foundations of Software Engineering (ESEC/FSE 2017)*, 2017, pp. 498–510.

[2] Zhang, P., Wang, J., Sun, J., Dong, G., Wang, X., Wang, X., Dong, J. S., and Ting, D.: White-box fairness testing through adversarial sampling, *Proceedings of the International Conference on Software Engineering (ICSE 2020)*, 2020, pp. 23–29.

Kotlinにおけるサイクロマティック数計測ツールの開発

清水端 康佑　稲吉 弘樹　門田 暁人

比較的新しいプログラミング言語であるKotlinは，メトリクスを計測するツールが未だ普及していない．本稿ではKotlinプログラムの保守性の評価・改善を目的として，サイクロマティック数を計測するツールを開発する．サイクロマティック数の算出に必要な分岐に関する16個の構文を同定し，その内の7個を計測するツールを実装した．

1 はじめに

KotlinはAndroidアプリケーションを作成するプログラミング言語として近年普及してきている．その背景として，2017年にGoogleがKotlinをAndroidアプリケーション開発の公式な言語として認定したことが挙げられる[3]．ただし，Kotlinが開発されたのは2011年と新しく[3]，Java，C，Pythonといった言語と比べると，開発支援ツールは必ずしも充実していない．特に，ソフトウェアの保守性を定量化するための複雑さメトリクス（complexity metrics）を網羅的に計測するツールは普及していない[1]．

本稿では，Kotlinプログラムから多数のメトリクスを計測できるツールの開発を目的とし，その第一歩としてサイクロマティック数を計測するツールの検討および実装を行う．

以降，2章では研究のアプローチについて述べ，3章ではツールの実装について説明する．4章はまとめと今後の課題を述べる．

A Tool for Measuring Cyclomatic Number of Kotlin
Kosuke Shimizubata, 岡山大学工学部情報・電気・数理データサイエンス系, Department of Information, Electricity, and Mathematical Data Science, Faculty of Engineering, Okayama University.
Hiroki Inayoshi, Akito Monden, 岡山大学学術研究院環境生命自然科学学域計算機科学講座, Department of Computer Science, Faculty of Environmental, Life, Natural Science and Technology, Okayama University.

2 研究のアプローチ

サイクロマティック数とは，プログラム中の分岐の複雑度を表す尺度であり，ソースコード中の分岐の数に1を足したものとして算出される．Kotlinにおいては分岐を生じさせる構文要素は多数あることから，それら全てを計測対象とすることが望ましい．そこで，本稿では，Kotlinにはどのような分岐構文があるかを整理し，それらの検索方法を検討する．また，Kotlinプログラムを構文解析するための既存のツールを調査し，目的とする分岐構文の検索が可能かどうかについて検討する．

3 実装

3.1 ツールの概要

Kotlinのメトリクス計測ツールは，Kotlinで実装することが自然であるが，本稿では，構文解析や構文木の検索を行うためのツールがより充実しているJavaで実装することにした．Javaによる構文解析ツールとしては，antlrを用いた．antlrは，字句解析器（lexer）と構文解析器（parser）をユーザが用意することで，様々な言語の構文解析を行うことができ，Kotlinにも対応可能である．Kotlin向けのlexerとparserとして，`KotlinLexer.g4`と`KotlinParser.g4` [2]を使用した．

antlrによる構文解析の出力となる構文木は，JSON形式で出力される．そこで，JSON形式の構文木から特定の構文に対応するキーを検索するために，Java プログラムから利用可能な JsonPath を用いた．JsonPath によって分岐を生じさせる構文のキーの数をカウントすることで，サイクロマティック数の導出が可能となる．

3.2 計測対象の構文

表 1 に，Kotlin プログラムにおいて分岐を生じさせる構文のリストを示す．さらに，各構文の右側には，その構文を検索するための JsonPath の検索文を載せている．本稿において計測しなかった構文は，検索文の欄にその旨を記載している．

計測できた構文はいずれも構文木の中にその構文独自のキーがあったため，そのキーを検索することで構文の数を確認することができた．例えば，`if` 式が持つ独自のキーは ifExpression である．

しかし，`repeat`，`forEach`，`takeIf`，`takeUnless` は，構文解析を行っても構文独自のキーが出現せず，ラムダ式であることを示す同一のキーしか出現しなかった．これは antlr もしくは parser の制約により，ラムダ式の中身までは構文解析されなかったためと考えられる．このため，これらは今回のサイクロマティック数の計測に含めていない．また，例外処理の `try`，`catch` 構文については，分岐とみなすべきとは言い切れないため，計測対象に含めなかった．また，`forEachIndexed`，`filter`，`partition`，`groupBy` については実装を検討中である．

表 1 Kotlin において分岐を生じさせる構文

構文	jsonpath への検索文
if	“$..ifExpression”
when	“$..whenExpression[*] .whenEntry[*].whenCondition”
for	“$..forStatement”
while	“$..whileStatement”
dowhile	“$..doWhileStatement”
?: (elvis)	“$..elvis”
?. (safecall)	“$..safeNav”
repeat	独自のキーが存在しなかったため未実装
forEach	独自のキーが存在しなかったため未実装
takeIf	独自のキーが存在しなかったため未実装
takeUnless	独自のキーが存在しなかったため未実装
try,catch	分岐とみなすべきか要検討のため未実装
forEachIndexed	検討中
filter	検討中
partition	検討中
groupBy	検討中

4 まとめ

比較的新しい言語である Kotlin は，多種多様な複雑さメトリクスを計測できるツールが普及していない．本稿では，多数のメトリクス計測が可能なツールの開発のための第一歩として，サイクロマティック数の計測について検討し，実装を行った．検討の結果，antlr，KotlinLexer.g4，KotlinParser.g4 を用いた計測ツールの実装が可能であること，ラムダ式に含まれる分岐の計測が難しいこと，例外処理の取り扱いについてさらなる検討が必要なことなどが分かった．

今後の課題は次の通りである．まず，サイクロマティック数の計測ツールを完成させる予定である．また，継承の深さや CBO(クラス間結合度) など，サイクロマティック数以外のメトリクスに対応する予定である．さらに，GitHub などのプログラム管理サービスからプログラムを読み取り，容易に解析を行うことのできるツールを開発したい．さらに，サイクロマティック数の計測を行う既存ツールとして，detekt や sonarQube などがあり，これらが Kotlin の分岐構文をどの程度網羅できているかを調査することで，本稿のツールとの性能比較を行う．最後に，クラス単位でのメトリクス計測も行えるようにしたい．

謝辞 本研究は JSPS 科研費 JP20H05706, JP24K23863 の助成を受けた．

参考文献

[1] Andrä, L.-M., Taufner, B., Schefer-Wenzl, S., and Miladinovic, I.: Maintainability Metrics for Android Applications in Kotlin: An Evaluation of Tools, *Proceedings of the 2020 European Symposium on Software Engineering*, (2020), pp. 1–5.

[2] Kotlin: Kotlin/kotlin-spec, `https://github.com/Kotlin/kotlin-spec`, 9 2024. (Accessed on 18/09/2024).

[3] xhours: Kotlin の需要はあるの？Kotlin の今後や将来性について解説, `https://x-hours.com/articles/468`, 12 2023. (Accessed on 18/09/2024).

第三者データを用いたソフトウェアバグ予測の確信度の推定に向けて

北内 亮太　稲吉 弘樹　西浦 生成　門田 暁人

従来，数多くのバグ予測方法が提案されてきたが，予測が外れることは避けられない．そこで，予測の確信度を推定し，確信度が高い場合のみ予測結果を利用し，そうでない場合は利用しないという運用を考える．本稿では，予測の確信度の推定に，第三者データセットを用いる方法について検討し，その予備実験の結果について報告する．

1 はじめに

従来，バグを含むソフトウェアモジュールの予測（ソフトウェアバグ予測）が盛んに研究されている．([1] など)．バグを含むと予測されたモジュールを重点的にテストする，もしくは，レビューすることで，効率的にバグを検出できると期待される．ただし，一般に予測精度は100%ではないため，予測が外れることは避けられない．特に，予測精度が低い場合は，バグを含まないモジュールを無駄にテストし，そうでないモジュールのテストがおろそかになるため，予測結果を利用することで返ってソフトウェア品質の低下を招く恐れがある．

そこで，予測の確信度を推定し，確信度が高い場合のみ予測結果を利用し，そうでない場合は利用しないという運用を考える．これにより，予測精度が低いことによるリスクを回避しつつ，予測の成果を享受できると期待される．従来，バグ予測を対象とした確信度の推定方法が提案されている [2]．ただし，従来方法は，確信度の推定に，モデル構築に用いたプロジェクトのデータのみを用いており，より現実的なバグ予測であるバージョン間予測に必ずしも対応できない．バージョン間予測では，モデル構築時のデータセットと，予測対象のデータセットではバグの要因が異なる場合があるためである．

そこで，本稿では，モデル構築に用いなかった多数の他プロジェクトのデータ（第三者データ）を用いて予測の確信度を推定する方法を提案する．提案方法では，バージョン間予測における予測結果と第三者データを用いた予測結果を比較し，大きな解離がない場合に予測の確信度が高いとみなす．

2 提案方法

バージョン間ソフトウェアバグ予測においては，あるプロジェクトの過去のバージョンのバグデータを用いてバグ予測モデルを構築し，同一プロジェクトのより新しいバージョンのバグを予測する．ただし，バージョンが異なるとバグ要因が異なる場合があることから，たとえモデル構築時のフィッティング誤差が小さい場合でも，予測精度が低いことは少なくない [1]．一方で，プロジェクトやバージョンに依存しないバグ要因も存在すると考えられ，そのようなバグ要因を反映したバグ予測モデルは，多数のプロジェクトを混在させたデータからの学習により得られると考えら

Exploring the Confidence Level of Software Defect Prediction Using Third-party Data

Ryota Kitauchi, 岡山大学工学部情報・電気・数理データサイエンス系, Department of Information, Electricity, and Mathematical Data Science Faculty of Engineering, Okayama University.

Hiroki Inayoshi, Akito Monden, 岡山大学学術研究院環境生命自然科学学域計算機科学講座, Department of Computer Science, Faculty of Environmental, Life, Natural Science and Technology, Okayama University.

Kinari Nishiura, 京都工芸繊維大学情報工学・人間科学系, Faculty of Information and Human Sciences, Kyoto Institute of Technology.

れる．

そこで，提案方法では，バージョン間予測のモデル構築に用いない多数の他プロジェクトのデータ（第三者データ）により予測モデルを構築し，バージョン間予測における予測結果と比較を行い，大きな解離がない場合に予測の確信度が高いとみなす．つまり，バージョン間予測による予測値と第三者データによる予測値の差の絶対値を確信度の尺度とする．本尺度は，予測値に大きな差がある場合は，プロジェクトやバージョンに依存しないバグ要因が十分に反映された予測結果となっておらず，予測が外れるリスクが高いという仮定に基づいている．本尺度において，予測の確信度が低い（もしくは高い）と判断するための閾値は，実験的に決定する．

3 実験

3.1 実験方法

バグ予測モデルとしてランダムフォレストを用い，R の randomForest パッケージを使用した．パラメータは全てデフォルトの値を使用した．本稿では，バグ予測の対象として Eclipse jdt，第三者データとして Eclipse pde，Mylyn，Netbeans の合計 4 プロジェクトのバグデータ [1] を用いる．それぞれ 2 つのバージョンのデータセットがあり，全てのデータセットにおいて，計測されているメトリクスの種類は共通である．提案方法と比較する対照方法として，バージョン間予測において，予測値が判別境界 (0.5) から解離するほど予測の確信度が低いとみなす方法（以降，従来法と呼ぶ）を用いる．この従来法は，判別境界に近い結果ほど，バグあり／なしのいずれであるかを明確に判別できておらず，予測のリスクが高いという仮定に基づいている．

実験では，予測の確信度，すなわちバージョン間予測による予測値と第三者データによる予測値の差の絶対値が大きいモジュールから 10%ずつ予測対象から除外していき，それぞれの予測精度を F1 値として算出する．この操作を，予測対象のモジュール数が元の 40%になるまで繰り返す．同様に，従来手法においても，予測値と判別境界 (0.5) の差の絶対値が小さいモジュールから 10%ずつ除外していき，それぞれの場合の F1 値を算出する．

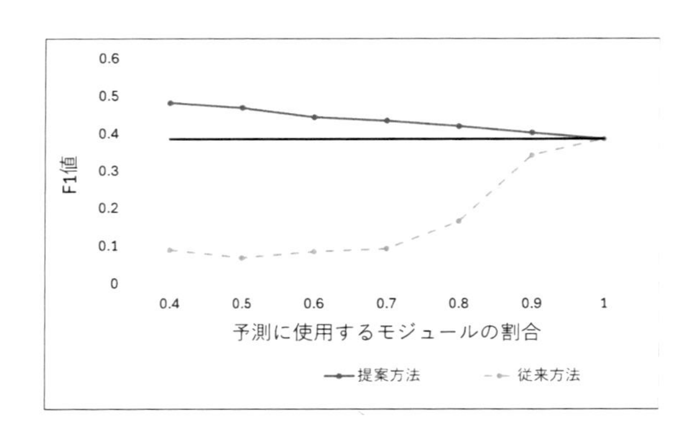

図 1　F1 値と予測に使用したモジュールの割合

3.2 実験結果

図 1 は，実験結果を示す．グラフの横軸は確信度に基づいて予測対象としたモジュール数の全モジュール数に対する割合を示し，縦軸は F1 値である．提案方法では，予測対象とするモジュールを減らせば減らすほど，つまり，より確信度の高いモジュールのみを予測した場合ほど，F1 値が改善している．一方，従来手法は，予測対象とするモジュールを減らすと，むしろ F1 値が低下している．このことから，1 プロジェクトの事例ではあるものの，提案方法は有効であることが示唆される．

4 まとめ

本稿では，バージョン間バグ予測において，第三者データを用いて予測の確信度を推定する方法を提案し，評価実験を行った．今後は，より多くのプロジェクトに対する実験を行う予定である．

謝辞　本研究は JSPS 科研費 JP20H05706，JP23K16863 の助成を受けた．

参考文献

[1] Gan, M., Yücel, Z., and Monden, A. : Neg/pos-Normalized Accuracy Measures for Software Defect Prediction, *IEEE Access*, Vol.10, 2022, pp.134580-134591.

[2] Jiang, H., Kim, B., Guan, M. Y., and Gupta, M. : To trust or not to trust a classifier, *Proc. 32nd Int'l Conf. Neural Information Processing Systems*, , 2018, pp.5546-5557.

Javaプログラムの解析による習熟度の測定に向けて

奈良井 洸希　Ratthicha Parinthip　稲吉 弘樹
Pattara Leelaprute　門田 暁人

本稿では，Javaのプロジェクトを解析することで，CEFRに倣った難易度区分でそのプログラムの理解や記述に必要なプログラミング熟練度を測定するJavaCEFRを提案する．

1 はじめに

Javaは多くのプラットフォームにおいて利用可能であり，Webサービスから大規模場業務システム，組み込みシステム，スマホアプリに至るまで広く利用されていることから，その効果的な習熟が求められている．一方，近年ではChatGPTなどの生成AIが普及しつつあり，初心者であってもJavaプログラムを生成させることが可能である．ただし，生成されたプログラムを利用し，より大規模なプログラムの開発を行うためには，生成されたプログラムの難易度に応じた，習熟度の向上が必要である．

そこで本稿では，与えられたプログラムに対し，その理解や記述に必要な習熟度を定量化することを目的とする．従来，Pythonプログラムを対象とした習熟度の測定フレームワークpycefr [1] が提案されており，本稿ではこれを参考にjavacefrの策定を目指す．

Towards measuring proficiency levels by analyzing Java programs.
Koki Narai, 岡山大学工学部工学科情報・電気・数理データサイエンス系, Department of Information, Electricity, and Mathematical Data Science Faculty of Engineering, Okayama University.
Hiroki Inayoshi, Akito Monden, 岡山大学学術研究院環境生命自然科学学域, Faculty of Environmental, Life, Natural Science and Technology, Okayama University.
Ratthicha Parinthip, Pattara Leelaprute, カセサート大学工学部, Faculty of Engineering, Kasetsart University.

2 関連研究

先行研究として，Roblesらによるpycefr [1] がある．pycefrでは，Pythonプログラムから構文要素を抽出し，それらを理解して使用するために必要な熟練度(proficiency level)を算出する．熟練度は「CEFR(欧州言語共通参照フレームワーク)」の設計に倣って，A1，A2，B1，B2，C1，C2の6段階で与えられる．これは，プログラミング言語の学習は，自然言語の学習プロセスを模倣していくつかの要素と簡単な構造から学習を始め，経験と学習によって拡張し，より複雑で高度な要素を獲得すべきであるという仮定に基づいている．例えば，List構造についていえば，単純なListはA1であり，Nested ListはA2，List with dictionaryはB1である．一つのプログラム中に複数のレベルの構文要素が出現する場合，もっとも高いレベルを，そのプログラムの理解に必要な習熟レベルとみなすことになる．

3 javacefrの策定

3.1 習熟度の決定方法

javacefrはpycefrと同様，プログラムを解析して「そのプログラムを理解するのにどの程度の熟練度が必要か」を測定することを目的としており，Javaの構文要素のそれぞれについてあらかじめ難易度を割り当てる必要がある．Javaはその版権を持つOracleによるcertified programmerの認定制度があり，Bronze,

表 1　習熟度の区分と分類方法

習熟度	分類方法
A1	Bronze にのみ記載
A2	Bronze と Silver(クラス登場前) に記載
B1	Bronze と Silver(クラス登場後) に記載
B2	Silver にのみ記載
C1	Silver と Gold に記載
C2	Gold にのみ記載

表 2　Java の構文要素とその習熟度 (抜粋)

構文要素の検索文	詳細	難易度
ArrayType	配列の型	A1
SwitchStmt	switch 文	A2
ImportDeclaration	import 文	B1
BlockComment	複数行コメント	B2
LambdaExpr	ラムダ式	C1
EnumDeclaration	列挙型の宣言	C2

Silver，Gold の 3 種類の認定レベルが設定されている．各認定レベルについて認定資格教科書（Java プログラマ Bronze SE，Java プログラマ Silver SE，Java プログラマ Gold SE）が出版されており，各レベルの認定を受けるのに必要な Java の構文やその使用方法が解説されている．そこで本稿では，表 1 の通り，認定資格教科書に基づいて，習熟度を決定することにした．

表 1 の「分類方法」の欄に示されるように，2 つの異なる認定レベルに現れる構文要素が存在する．例えば,「Bronze」では基礎的な内容が説明されており「Silver」ではそれをより詳しく補足している場合があった．さらに,「Silver」では，Java がオブジェクト指向としての特性を発揮する「クラス」が登場する章の以降において，より発展的な内容が説明されている場合があった．そこで，Bronze と Silver の両方に出現する構文要素については，Bronze のみに記載されている要素を A1，Bronze と Silver の前半（クラス登場前）に記載されている要素を A2，Bronze と Silver の後半（クラスの登場後）に記載されている要素を B1 としている．

3.2　構文要素と難易度の対応付け

javacefr の策定のためには，Java にはどのような構文要素があり，それぞれ構文木からどのように検出できるかを検討するとともに，それらと前節で述べた習熟度を対応付ける必要がある．本稿では，構文解析ツール JavaParser を用いて得られる構文要素と習熟度を紐づけた．結果として，A1 に分類される要素は 5 個，A2 は 29 個，B1 は 16 個，B2 は 4 個，C1 は 6 個，C2 は 13 個となった．表 2 にその一部を示す．

4　まとめ

Java プログラムを入力し，その理解や記述に必要な習熟レベルを出力とする javacefr を提案した．今後は，javacefr に基づく習熟レベルの測定ツールを開発するとともに，実プロジェクトへの適用を進めていく予定である．

謝辞　本研究は JSPS 科研費 JP20H05706，JP24K23863，JP24K14896 の助成を受けた．

参考文献

[1] Robles, G., Kula, R. G., Ragkhitwetsagul, C., Sakulniwat, T., Matsumoto, K., Gonzalez-Barahona, J. M.：pycefr: Python competency level through code analysis, *Proc. Int'l Conf. Program Comprehension (ICPC'22)*, (2022), pp. 173-177.

ボールとパイプを組み合わせたCSアンプラグド教材に対する実験的評価の試み

陣内 純香　角田 雅照

コンピュータサイエンス（CS）アンプラグドの教材として，ボールとパイプを組み合わせてプログラムを表現し，プログラム動作の視覚イメージ化を支援する方法が提案されている．本稿では予備的実験により，この表現法を用いることによりプログラムの理解度が高まるかどうかを確かめた．

To help envisioning of program behavior, there is a material of computer science unplugged that combines a ball and pipes to express program. In this paper, we performed preliminary experiment to evaluate the effect of the expression for the program comprehension.

1　はじめに

近年，計算機科学やプログラミング的思考の教育に対する関心が高まっている [1]．プログラミング的思考は抽象化やアルゴリズム的思考などの能力から構成され，それらを身につけることにより，現実世界の問題解決能力を高める効果が期待できる．

コンピュータサイエンス (CS) アンプラグドは，計算機科学やプログラミング的思考を教育する手段のひとつである．CS アンプラグドでは，教育時にコンピュータを利用せず，代わりに印刷物などの物理的な教材を用いる．

本稿では，プログラミング導入教育に対し CS アンプラグドを適用することに着目する．ここで，プログラミングの初学者はプログラムの実行状態を視覚イメージ化することに慣れていない，すなわち，プログラムのどの行が実行されているのかを明確に意識していないと想定する．

文献 [2] では上記想定に基づき，プログラムの動作をボールとパイプを組み合わせて可視化する方法を提案している．ただし文献 [2] では，プログラムの実行状態に対する理解度が高まるかどうかを，実験的に確かめていない．そこで本稿では，文献 [2] のプログラム表現を実験的に評価する．

Preliminary Experimental Evaluation for Combination of Ball and Pipes for CS Unplugged
Sumika Jinnouchi, Masateru Tsunoda, 近畿大学, Kindai University.

2　ボールとパイプによるプログラム表現

文献 [2] では，パイプ，パイプ接続用のパネル，パイプ上を移動するボールの 3 つから構成される玩具 ([3] など．複数のメーカーから同様の玩具が販売されている）を用いて，プログラムの実行状態を表現する方法を提案している．

文献 [2] に基づきプログラムを表現したものを図 1 に示す．文献 [2] では下記を前提としている．

- （1 つ以上の）パイプがプログラム各行に対応している
- ボールは現在実行中のプログラム行を示す
- ボールがパイプで構成されたコースから出るとプログラムが終了し，画像・音声出力も終了する

文献 [2] では上記の表現方法に基づき，例えば「プログラムが終了することにより，音声出力が終了することを防ぐためには，ループが必要である」ことを視覚的に示している．

3 実験

情報科学を専攻する大学 3 年生 7 人を参加者として，文献 [2] で提案されている表現方法を評価した．プログラムの実行状態の説明は下記の 3 種類とし，それぞれを順次説明した．また，それぞれの説明後に，プログラムの理解度に関する問題を出題した（参加者は同一の問題に 3 度回答している）．2 については，1 だけではループのイメージを十分に理解できないと考え実施した．

1. プログラム終了を防ぐためのループの必要性を，動画で説明する
2. パイプでのボールの動き（ループでのプログラム動作）を，動画で説明する
3. プログラム終了を防ぐためのループの必要性を，ボールとパイプを用いて対面で説明する

上記説明では，音声出力（鈴の音）を聞くには，適切なループを追加する必要があることを説明した．

プログラムの理解度に関する問題は 2 個であり，問題 (i) は図 1 から 2, 4 行目を削除したものであり，3 行目の表示を維持するために，A, B タイプ（図 2 参照）のどちらのループを追加すべきかを質問している．これに対する正答は両者となる．問題 (ii) では図 1 に対し，A，B どちらのループを追加すべきかを質問している．ここではユーザの入力を継続的に待つ必要があるため，B が正答となる．

回答は Google Forms により収集した．各問題のプログラムに A, B タイプを追加した状態についても Google Forms で示した．

各説明終了後の問題 (i), (ii) の正答数と正答率を表 1 に示す．問題 (ii) の正答率は最終的（説明 3 の後）には 71%となった．一方で問題 (i) の正答率は若干低下した．説明 3 では「音声出力（鈴の音）においてタイプ A は，何度も同じ音が出力されるため不適切」という例を示したため，回答がその説明に影響された可能性がある．

4 おわりに

本稿では，ボールとパイプによりプログラムの実行状態を表現する方法について，有効性を実験的に評価した．実験結果より以下が考えられる．

- 動画による説明だけでは，プログラムの実行状態に対する理解が十分に高まらない
- 音声出力，画面出力，ユーザ入力を別個に表す部品がない場合，理解度が十分に高まらない
- 実際に教材を使った説明により，理解度が高まる

また，初学者への説明を容易にするためには，ボールを継続的に動かすための機構が必要であると考えられる．

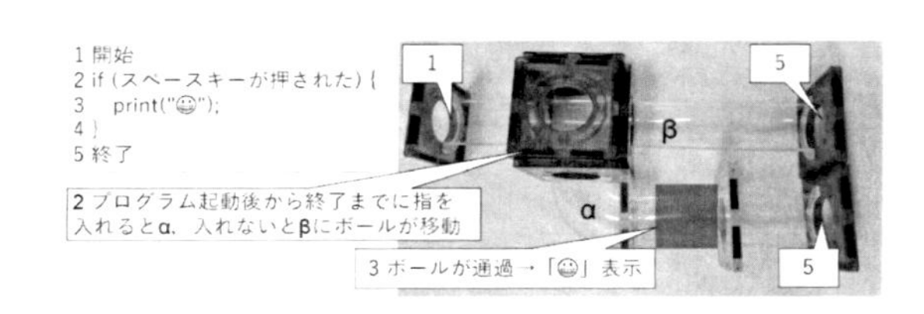

図 1　条件分岐するプログラムの表現

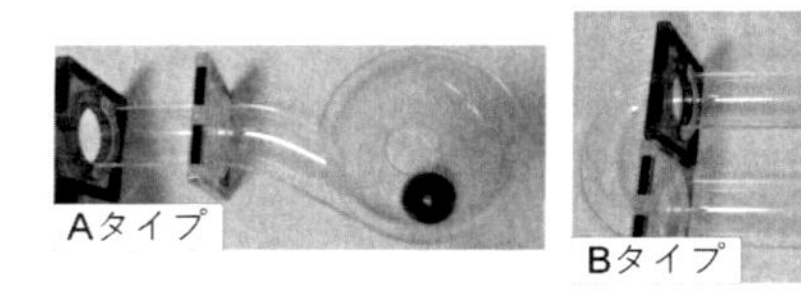

図 2　2 種類のループ表現

表 1　問題の正答率（カッコ内は回答者数）

	説明 1	説明 2	説明 3
問題 1	57% (4)	57% (4)	43% (3)
問題 2	43% (3)	57% (4)	71% (5)

参考文献

[1] Huang, JW., and Looi, C. :A critical review of literature on "unplugged" pedagogies in K-12 computer science and computational thinking education, *Computer Science Education*, vol.31, no.1, 2021, pp.83-111.

[2] Jinnouchi, S. and Tsunoda, M.: Visualizing Program Behavior with a Ball and Pipes for Computer Science Unplugged, *In Proc. of Asia-Pacific Software Engineering Conference (APSEC)*, 2023, pp.663-664.

[3] キットウェル: マグビルド, https://www.amazon.co.jp/dp/B08LPGVDMH

ゲーミフィケーション適用時のユーザと利用間隔に関する予備的分析

角田 雅照　神藤 昌平　須藤 秀紹　山田 武士

ユーザがゲーミフィケーションに慣れてしまうと，その効果を得ることが難しくなる．本稿では，ゲーミフィケーションの効果を継続的に得ることをゴールとし，ユーザと適用間隔に関する予備的分析を行った．

When users are accustomed to gamification, it is difficult to acquire effect of the gamification. The goal of the study is to obtain effect of the gamification sustainably. To achieve the goal, we preliminary analyzed used and usage interval of gamification.

1 はじめに

ゲーミフィケーションとは，ゲーム以外の作業に対してゲーム要素を追加することである．これにより作業の娯楽性を高め，作業者のモチベーション向上を高めることを狙いとしている．

ただし，ゲーミフィケーションにユーザが慣れてしまうことなどがあり，その効果を継続的に得ることは必ずしも容易ではない．そこで本稿では，ゲーミフィケーションのユーザと適用間隔について検討するための予備的分析を行う．

2 ゲーミフィケーション

2.1 商用ソフトウェア

近年，ゲーミフィケーションはソフトウェア開発など，様々な分野で注目が高まっており，いくつかの商用ソフトウェアも販売されている．RealFocus [4] は作業進捗の可視化のために，ゲーム要素を本格的な取り入れたソフトウェアであり，ディスプレイ，入力機器などから構成される．ソフトウェアのスクリーンショットを図 1 に示す．各キャラクターが各作業者の成果量を表しており，成果量が増加するとキャラクターの外観が変化する．すなわち，順位表とレベルの両方のゲーム要素が含まれている．

図 1　商用ゲーミフィケーションソフトウェアの一例

2.2 関連研究

これまで，知的ハンディキャップを持つ生徒のトレーニングに対し，ゲーミフィケーションを適用した研究は存在する [1]．ただし，ゲーミフィケーションの効果持続を考慮しつつ，ユーザが知的ハンディキャップを持つ場合とそうでない場合に，ゲーム要素をどのように設計すべきかは検討されていない．

ゲーミフィケーションの効果を高めるために，部分強化に着目した研究が存在する [3]．部分強化とは，ある行動に対し，常に報酬を与えるのではなく，不定期に報酬を与えることを指す．常に報酬を与えるより

Preliminary Analysis of Target Users and Usage Interval on Gamification

Masateru Tsunoda, Hidetsugu Suto, Takeshi Yamada, 近畿大学, Kindai University.
Shohei Sinto, 日昌電気制御株式会社, Nissho Elektron Co., LTD..

も，部分強化のほうが行動の習慣付け効果が高いことを指す．文献 [1] ではゲーミフィケーションの報酬の与え方に部分強化が適用できる，すなわち報酬を不定期に与えることに言及しているが，ゲーミフィケーションの実施自体を不定期にすることは考慮していない．

3 定性的予備分析

3.1 利用するユーザの考慮

2 章で例示した商用ソフトウェアを使用している 2 組織（企業 A，B とする）の担当者に対し，導入後のソフトウェアの有用性をインタビューした．作業内容はリネン工場のラインでの単純作業である．それぞれの企業ではソフトウェアのユーザが 4 名以上含まれている．企業 A では，ユーザの一部が知的なハンディキャップを持っており，企業 B では，全員のユーザがそのようなハンディキャップを持たない．

インタビューの結果，企業 A では知的なハンディキャップを持つユーザについては，ソフトウェアに対して肯定的評価をしていた．企業 B では，ゲーミフィケーションの内容に慣れたため，新たなゲーム要素を求めるユーザが存在した．

3.2 慣れに対する対策

ゲーム要素への慣れを遅らせることを目的とし，ユーザが週に 1 日程度ソフトウェアを使用する（1 チーム 5 名編成で，5 チーム中 1 チームのみソフトウェアを使用する）こととし，作業状況を観察した．休憩場所に移動する動線上に大型モニターを配置し，ゲーム進捗状況と作業者名を確認可能とした．ユーザはハンディキャップを持たない 20～40 代女性である．

各ユーザが週 5 日勤務の場合，4 日は他ユーザの成果を観察し，1 日は自身の成果が他者に見られることになる．ユーザにとってはソフトウェアを毎日利用しないため，ゲーム要素への慣れが遅れるともに，ゲーミフィケーションの効果持続が期待される．なお，上記運用では必要なソフトウェアの数が少なくなるため，ゲーミフィケーションの導入および運用コストの削減も期待される．

定量的な分析はできていないが，作業を観察した結果，ゲーミフィケーションソフトウェアを利用するユーザ，すなわち作業成果が公開されるユーザは，作業に集中して取り組む傾向が見られた．このことから，ゲーミフィケーションの適用が毎日でない場合も，少なくとも一定のモチベーション向上効果は得られると考えられる．

文献 [2] では，ゲーミフィケーションと金銭的報酬の組み合わせについて評価しており，両者を組み合わせるほうが効果が高いとしている．金銭的報酬によりゲーミフィケーションの効果を継続的に得られるかを評価することは今後の課題である．

4 おわりに

本稿では，ゲーミフィケーションの効果持続をゴールとして，適用するユーザと適用間隔に着目して予備的に定性的分析を行った．分析結果より，ゲーミフィケーションソフトウェアを利用する際には，下記を検討することが望ましい可能性がある．

- ユーザが知的ハンディキャップを持つ場合，ゲーム要素を複雑化しすぎず，ゲーム要素の追加も頻繁に実施しない
- ユーザが知的ハンディキャップを持たない場合，ゲーム要素への慣れを防ぐため，各要素を複雑化したり適宜追加する
- ゲーミフィケーションを不定期に適用し，慣れを防ぐとともに導入・運用コストを抑える

参考文献

[1] Barnekow, A., Bonet-Codina, N, and Tost, D.: Can 3D Gamified Simulations Be Valid Vocational Training Tools for Persons with Intellectual Disability? An Experiment Based on a Real-life Situation, *Methods of information in medicine*, vol.56, no.2, 2017, pp.162–170.

[2] Bitter, A. ,Wondra, T. , McCrea, S., Darzi, A. and Novak, V.: Does It Pay to Play? Undermining Effects of Monetary Reward and Gamification in a Web-Based Task, *Technology, Mind, and Behavior*, vol.3, no.1, 2022.

[3] Skok, K.: Gamification in education – practical solutions for educational courses, *Polish Journal of Applied Psychology*, vol.14, no.3, 2016, pp.73–92.

[4] 日昌電気制御: RealFocus, https://realfocus.nisshodenkiseigyo.com/

Webアプリケーションの各リビジョンにおける操作量自動分析

牧野 雄希　小形 真平　柏 祐太郎　谷沢 智史　岡野 浩三

ISO/IEC 25010:2023では，操作や制御を容易にする機能や特性を持つ製品の能力を操作性と定義する．操作性向上には，クリック数といった定量的な操作量などに基づく操作性分析が必要である．しかし，従来の操作性分析では，ユーザの操作や環境準備に人的・時間的コストがかかる．そして，その方法を版管理されたWebアプリケーションにおける多数のリビジョンに適用することは現実的でない．そこで本稿では，操作性分析の支援を目的にWebアプリケーションの各リビジョンに対してテストプログラムで得た操作ログを基に操作量を自動分析するツールを紹介する．

1　はじめに

Webアプリケーションにおける操作性 [3] の向上には，現状での操作のしやすさを分析する操作性分析が重要である [6]．従来の操作性分析 [4] では，ユーザの操作ログを分析対象とするが，本アプローチでは，ユーザの操作や環境準備に人的・時間的コストがかかる問題がある．さらに，本アプローチを版管理されたWebアプリケーションにおける多数のリビジョンに適用することは現実的でない．

本研究は，版管理されたWebアプリケーションの操作性分析を支援する手法の確立を目的とする．そして本研究では，開発者が特定したいが困難である「どのリビジョン間で操作性に変化が生じうるのか」という情報を把握しやすくすることを解決すべき課題とした．そこで本稿では，Webアプリケーションの各リビジョンに対してテストプログラムで得た操作ログを基に，マウス移動量などの操作量を自動分析するツールを紹介する．提案ツールをケーススタディに適用した結果，その出力からUI変更による操作量の変化を示せた．このことから，UI変更により操作量に変化が生じたリビジョンを特定することに提案ツールが貢献し，操作性分析の支援として有効な見込みを得た．

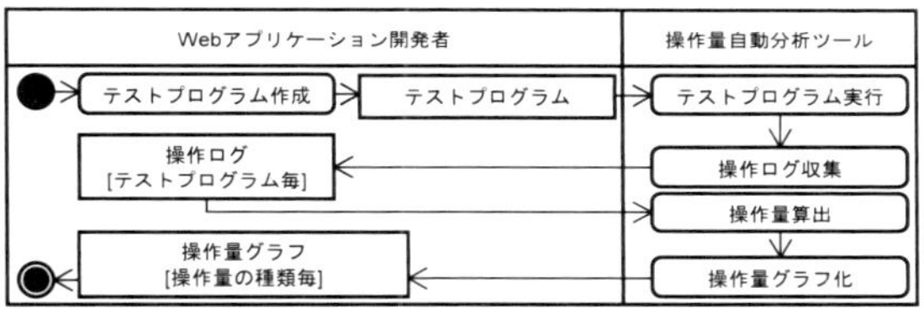

図1　操作量自動分析ツールの概要

2　操作量自動分析ツール

本章では，操作量自動分析ツールを紹介する．提案ツールの概要を図1に示す．提案ツールの主な利用者はWebアプリケーション開発者である．入力はテストプログラムと操作ログであり，出力は各リビジョンにおける操作量をプロットしたグラフ (操作量グラフと呼ぶ) である．この操作量グラフを用いて利用者は操作量が変化したリビジョンを特定し，操作性の変化やその要因を分析する．

提案ツールでは，ユーザがタスク完了までにかかる時間を予測するモデルであるKLM(Keystroke-Level

Automated Quantitative Analysis of Web Application Operations Across Revisions

Yuki Makino, Shinpei Ogata, Kozo Okano, 信州大学, Shinshu University.

Yutaro Kashiwa, 奈良先端科学技術大学院大学, Nara Institute of Science and Technology.

Satoshi Yazawa, 株式会社ボイスリサーチ, Voice Research, Inc..

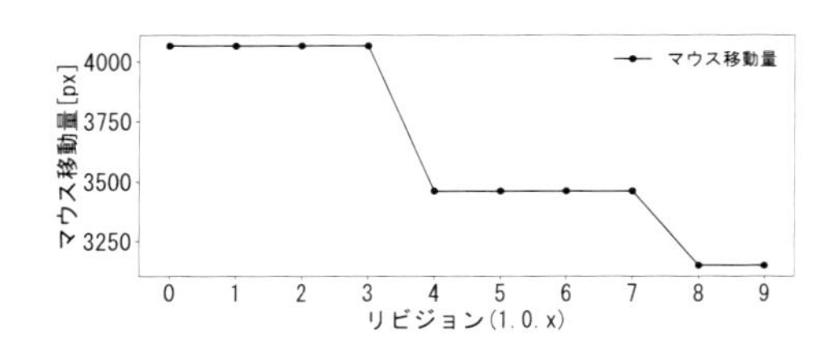

図 2　マウス移動量の変化を示す操作量グラフ

Model) [2] を参考にし，マウス移動量，スクロール操作量，クリック数，入力文字数を算出する．これらそれぞれの操作量はテストプログラム実行の開始から完了までの総量とし，Selenium [5] による自動操作から操作ログ収集ツール [1] を通じて得た操作ログに基づき自動算出する．

Selenium [5] での工夫として，マウス移動とスクロール操作を模擬して操作ログに記録するため，テストプログラムではクリック直前にカーソルの位置を操作対象要素の中心に移動する処理を含めるとする．また，どのリビジョン間で操作量に変化が生じたかを利用者が特定しやすいように操作量グラフを生成する．

3　ケーススタディ

3.1　評価方法

GitHub に公開されているブログ用 Web アプリケーション [7] の v1.0.0〜v1.0.9 それぞれで提案ツールを用いて試行的にマウス移動量を分析した．サインアップを行い，ログイン状態でトップページに遷移するまでのテストプログラムを第一著者が作成した．

3.2　評価結果

図 2 に提案ツールで生成したマウス移動量の操作量グラフを示す．図 2 においてマウス移動量の変化が見られたリビジョンは v1.0.3〜v1.0.4，v1.0.7〜v1.0.8 である．v1.0.3〜v1.0.4 におけるマウス移動量の減少はサインアップ後に自動的にログイン状態となる仕様に変更され，ログインをするためのマウス移動が無くなったことが要因である．また，v1.0.7〜v1.0.8 におけるマウス移動量の減少はホームボタンとサインアップボタンの配置が画面中央よりに変更され，操作対象要素間の距離が小さくなったことが要因である．

3.3　考察

図 2 を例として，UI 変更による操作量の変化が生じたリビジョンを特定することに提案ツールが貢献することがわかった．そのため，開発者が様々なテストプログラムを用意することで，意図せずに操作量が増えてしまった UI や機能の変更などを容易に把握できることが期待される．このことから提案ツールが操作性分析支援に有効な見込みを得た．また，自動的にログイン状態となる仕様変更により，v1.0.4 で v1.0.3 のテストプログラムを変更する必要があった．このことからリビジョンに適したテストプログラム作成が負担となる課題を確認した．

4　おわりに

本稿では，テストプログラムで得た操作ログを基に Web アプリケーションの各リビジョンにおける操作量を自動分析する操作量自動分析ツールを紹介した．また，ケーススタディを通じて，提案ツールが操作性分析支援に有効な見込みを得た．今後は，提案ツールの利用で開発者に負担が高いと考えられるテストプログラムの作成支援方法を検討したい．

参 考 文 献

[1] 青木亮太, 小形真平, 岡野浩三: 学習済み Web サイトの操作ログに基づく有効性・効率性評価の実践, 信学技報, Vol. 118, No. 463, 2019, pp. 63 – 68.

[2] Card, S. K., Moran, T. P., and Newell, A.: The keystroke-level model for user performance time with interactive systems, *Commun. ACM*, Vol. 23, No. 7(1980), pp. 396 – 410.

[3] ISO/IEC: ISO/IEC 25010:2023 Systems and software engineering — Systems and software Quality Requirements and Evaluation (SQuaRE) — Product quality model, 2023.

[4] Maslov, I. and Nikou, S.: Usability and UX of Learning Management Systems: An Eye-Tracking Approach, *Proc. of IEEE ICE/ITMC 2020*, 2020, pp. 1 – 9.

[5] Software Freedom Conservancy: Selenium, `https://www.selenium.dev`. (2024-09-10 参照).

[6] Tullis, T. and Albert, B.: *Measuring the User Experience: Collecting, Analyzing, and Presenting Usability Metrics*, Morgan Kaufmann, 2013.

[7] Urker, D.: DogukanUrker/flaskBlog: Simple blog app, `https://github.com/DogukanUrker/flaskBlog`. (2024-09-10 参照).

LLM と埋め込みモデルを用いた要求仕様書とソースコードのマッチング手法の提案

藤江 克彦　神谷 年洋

ソフトウェア要求仕様書の記述の抽象度や表現が統一されていない場合にはソースコード検索の精度が低下する可能性がある．本研究では，検索の前処理として大規模言語モデル (LLM) を活用し，ソースコードに対して抽象度を統一した説明を生成することで，埋め込みモデルとベクトル類似度を用いたソースコード検索の精度向上を図る手法を提案する．

In software requirements specifications, inconsistencies in the level of abstraction and expression may lead to a decrease in the accuracy of source code retrieval. This study proposes a method to improve the accuracy of source code retrieval using embedding model and vector similarity by employing large language model (LLM) as a preprocessing step to generate source code descriptions with a unified level of abstraction.

1　はじめに

ソフトウェア要求仕様の多くは自然言語で記述され，記述された内容は実装過程にて人工言語であるプログラミング言語に変換される．自然言語とプログラミング言語は言語構造が異なるため，変換前後におけるトレーサビリティの確保は容易ではなく，長年にわたりこの問題に対してさまざまな手法が提案されてきた．

近年，機械学習を用いたトレーサビリティリンク回復手法が次々と発表されている．Zhangyin Feng らは，自然言語で記述された文章とソフトウェアソースコードを学習させた BERT 系モデルである CodeBERT を発表し，自然言語の文章をクエリとしてソースコード片を検索することを可能にした [1].

2　要求仕様の多様な表現とソースコード

自然言語とプログラミング言語に対応する BERT 系埋め込みモデルの多くは，学習データとしてソースコード片およびコード中のドキュメンテーションコメントをペアで使用しており，そのドキュメンテーションコメントは低い抽象度で簡潔にコード片の処理を説明したものになっている．

一方で，ソフトウェア要求仕様書の記述内容，抽象度，記述方法などはソフトウェアや開発フェイズごとにさまざまである．特に，要求仕様の記述内容の抽象度が高い場合には，要求仕様の記述とソースコードの抽象度のギャップが大きくなり，その結果，埋め込みモデルを用いて両者から生成されたベクトルの間の類似度が低下し，検索の精度が低下する可能性がある．

この問題に対して，大規模言語モデル (LLM) を用いたトレーサビリティリンク回復手法も提案されている．Syed Juned Ali らは，ベクトル埋め込み，Okapi BM25，ナレッジグラフを併用した RAG(Retrieval-Augmented Generation) を用いたソースコード検索手法を提案した [2].

3　提案手法

本稿で提案する手法は，基本的には，ソースコードから LLM により生成した自然言語による説明を，埋め込みモデルによりベクトル化し，類似文書検索を行うものである．ただし，ソースコードから説明を生成

Matching Software Requirements Specifications and Source Code Using LLM and Embedding Model
Katsuhiko Fujie, Toshihiro Kamiya, 島根大学大学院自然科学研究科, Graduate School of Natural Science and Technology, Shimane University.

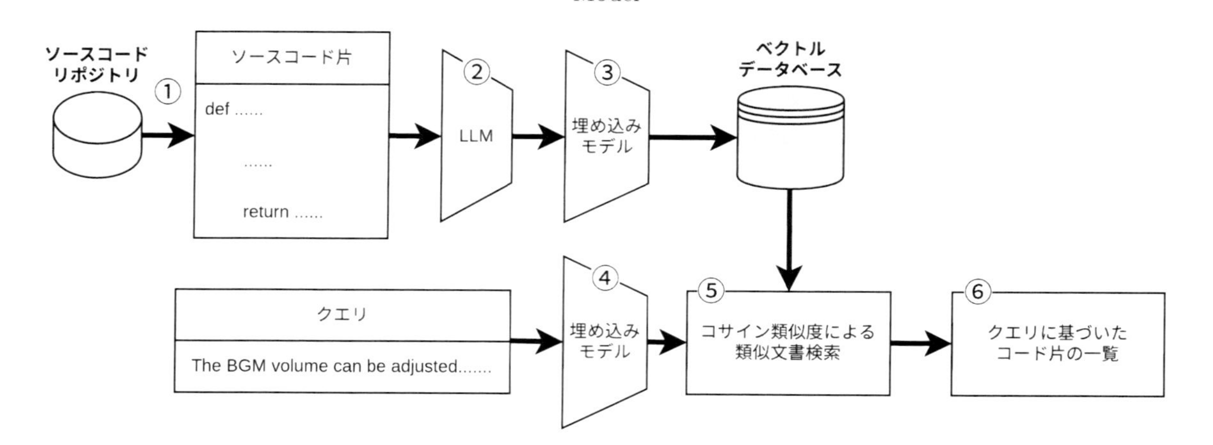

図 1　提案手法の概略

する際に，要求仕様の記述に近い抽象度の説明を生成することで，類似文書検索の精度を向上させることを狙う．

具体的には，ソースコード自体やそのドキュメンテーションコメントに加えて，システム全体に関する要求や設計などの情報を LLM に与え，より抽象度の高いソースコードの説明を生成する．ソースコードの説明の抽象度が高くなることで要求仕様の記述との抽象度のギャップが小さくなり，類似文書検索の精度が向上することを期待する．

提案手法の有効性を，iTrust データセットを用いて実験的に評価する．

提案手法を図 1 に示す．

① ソースコードから関数およびクラスを抽出する．
② LLM を用いて，ソースコード片から自然言語による説明文を生成する．推論時にはソースコード片やそのドキュメンテーションコメント，システム全体に関する要求や設計などの情報を併せて与え，要求仕様の記述の一部も例として与えることで抽象度の調整を行う．生成されたものを再度 LLM に通すことで，繰り返し部などの不要な情報を削除する．
③ 埋め込みモデルを用いて，②で生成された説明文をベクトルに変換する．
④ クエリとなる要求仕様の記述を埋め込みモデルによってベクトルに変換する．
⑤ ④で生成したベクトルと，③で生成したベクトルのコサイン類似度検索を行い，検索結果の正確性を確認する．

4　まとめと展望

本研究では，LLM と埋め込みモデルを用いて，要求仕様の記述とソースコードの間のトレーサビリティリンク回復の精度向上手法を提案した．今後は，iTrust データセットを用いて実験を行い，提案手法の有効性を評価する予定である．

参考文献

[1] Feng, Z., Guo, D., Tang, D., Duan, N., Feng, X., Gong, M., Shou, L., Qin, B., Liu, T., Jiang, D., Zhou, M.：CodeBERT: A Pre-Trained Model for Programming and Natural Languages, *Findings of the Association for Computational Linguistics: EMNLP*, 2020, pp. 1536–1547.

[2] Ali, S, J., Naganathan, V., Bork, D.：Establishing Traceability between Natural Language Requirements and Software Artifacts by Combining RAG and LLMs, *43rd International Conference on Conceptual Modeling* (to appear), 2024, pp. 1–19. Preprint available at: https://model-engineering.info/publications/papers/ER24-Requirements2Code.pdf.

各層ニューロンカバレッジに基づくテストケース自動生成手法

朱 勇　岸 知二

本稿は既存のディープニューラルネットワークテストの提案を踏まえ，ディープニューラルネットワークをより網羅的にテストすることを目的とし，新たなニューロンカバレッジ基準とそれに基づくテストケース生成手法を提案する．

This document, based on existing deep neural network testing proposals, aims to more comprehensively test deep neural networks. It proposes a new neuron coverage criterion and a test case generation method based on this criterion.

1 はじめに

近年，ディープニューラルネットワーク（DNN）は画像認識，音声認識，医療診断など，さまざまな分野で広く使われている．それゆえに，DNN の体系的なテストと評価，そしてその信頼性の確保は重要な課題となっている．

この課題に対して，DNN を対象とした新たなカバレッジ基準や，それに基づくテストケース生成手法の提案がなされている．

本研究では，こうした既存のテストケース生成の提案を踏まえ，より良質のテストケースを生成することを目的とし，新たなニューロンのカバレッジ基準とそれに基づくテストケース生成手法を提案する．

2 先行研究

Pei K ら [1] は DNN テストに関して，テストデータの生成の難しさ，テストの網羅性の確保が重要な課題だと指摘するとともに，その課題に対して DeepXplore といテストケース自動生成モデルを提案した．従来の手法よりも効率的かつ効果的に DNN 欠陥を発見することができる．

3 研究の目的

本研究の目的は Pei ら [1] が提案した DeepXplore モデルの特定の問題点を解消し，より良質なテストケース (バグ検出が期待できる) を生成することである．これらのテストケースを利用することで，開発者は DNN の再訓練や構築の調整を行い，さらに高品質なモデルを構築することが期待される．

4 提案手法

4.1 概要

本研究の提案方法は差異行動と各層ニューロンカバレッジを基準に構築した損失関数を利用し，複数の DNN により正しく認識された画像に対して，差異行動と各層ニューロンカバレッジの最大化の方向に向けて，勾配上昇法を用いてこれらの画像を変更することで，DNN が誤認識する画像を生成する．

4.2 各層ニューロンカバレッジ

$$LNC(T_i, x_{ij}) =$$

$$\sum_{i=1}^{k} \left(\frac{\sum_{j=1}^{m_i} n_{ij} if \forall x_{ij} \in T_i \wedge out(n_{ij}, x_{ij}) > t}{|N_i|} - \mu_i \right)^2$$

- k : ニューラルネットワークの層の総数

Automatic Test Case Generation Method based on Layer-wise Neuronal Coverage.

Yong Zhu, 早稲田大学, Waseda University.
Tomoji Kishi, 早稲田大学, Waseda University.

- m_i : 第 i 層のニューロンの総数
- N_i: 第 i 層のニューロンの集合: N_i={n_{i1},n_{i2} ⋯ n_{im_i} }
- μ_i: 第 i 層のニューロンカバレッジ率の期待値
- T_i : 第 i 層のテスト入力の集合: T_i={x_{i1},x_{i2} ⋯ x_{im_i} }
- t: ニューロンが活性化する閾値
- $out(n_{ij}, x_{ij})$: 第 i 層のニューロン n_{ij} における テスト入力 x_{ij} に対する出力関数

5 評価実験

5.1 実験目的

以下 2 つの質問を通して，本研究の提案手法と先行研究の提案方法のテストの網羅性を評価する．

RQ1: 本研究の方法と DeepXplore を比較して差異行動を引き起こす画像数と生成時間はどのような違いがあるか．

RQ2:DeepXplore と本研究で提案された方法を比較し，テストされた DNN のニューロンの網羅性はどのような違いがあるか．

5.2 実験方法

実験に用いたデータセットとテスト対象となる DNN は以下の通りである．

テストデータセット（MNIST）: 手書きの数字から構成される大規模なデータセットであり，28 × 28 ピクセルの画像が含まれ，クラスラベルは数字 0 から数字 9 までである．

テストされる DNN : LeNet ファミリ [1] に基づく 3 つの異なる数字認識 DNN，すなわち LeNet-1, LeNet-4，および LeNet-5 を使用する．

5.3 実験結果

本研究の提案方法は，差異行動と各層ニューロンカバレッジを基準に構築した損失関数を利用し，複数の DNN により正しく認識された画像に対して，差異行動と各層ニューロンカバレッジの最大化の方向に向けて，勾配上昇法を用いてこれらの画像を変更することで，DNN が誤認識する画像を生成する．

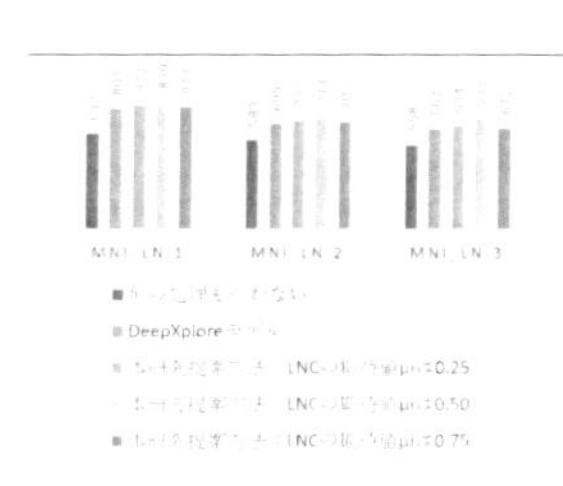

図 1　差異行動を引き起こす画像数

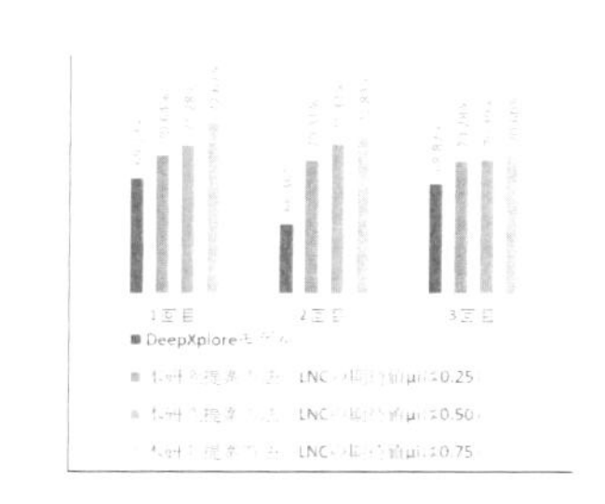

図 2　テストされた DNN ニューロンカバレッジ

5.3.1 RQ1: 画像数と生成時間 (異なる実施方法)

図 1 から，提案方法は何の処理も行わない方法と比較して差異行動を発見する能力が大幅に向上し，DeepXplore と比較するとその向上は顕著ではないものの，実行時間の増加も許容範囲内であることが判明した．

5.3.2 RQ1: 画像数と生成時間 (異なる LNC)

LNC の期待値が 0.25 から 0.50 に増加すると，差異行動を引き起こす画像の数は増加する．しかし，0.50 から 0.75 にさらに増加すると，差異行動を引き起こす画像の数は減少する傾向がある．

5.3.3 RQ2: ニューロンカバレッジ (異なる LNC)

図 2 の結果に基づき，提案された方法は DeepXplore と比較して，より網羅的に DNN モデルをテストできることが示された．また，LNC の期待値を適切に調整することで，テストの網羅性を効果的に向上させることができる．

参 考 文 献

[1] Pei, K., Cao, Y., Yang, J., and Jana, S.: DeepXplore: Automated Whitebox Testing of Deep Learning Systems, *Symposium on Operating Systems Principles*, ACM, 2017, pp. 1–18.

RNNを用いたオープンソースソフトウェアの潜在バグ数の予測に向けた試み

本田 澄　小松 駿介

オープンソースソフトウェアの開発において，バージョンアップのたびにコード行数や潜在バグ数が変化する．本研究では，OSS の過去のバージョンデータを用いて，リカレントニューラルネットワークモデルにより次バージョンの潜在バグ数およびコードスメル数の予測を行う．データは静的解析ツール SonarQube を使用して収集し，GitHub から各バージョンを取得した．RNN と LSTM のモデルを比較し，より精度の高い予測手法を検討する．

1 はじめに

オープンソースソフトウェア（OSS）の開発において，バージョンアップ時にコード行数や潜在バグ数が変化する．過去のバージョンのデータから新しいバージョンでの潜在バグ数やコードスメル数の予測が可能であるかを検討する．

本研究では，以下の 3 つの研究課題に基づき，OSS の潜在バグ数とコードスメル数の予測を行うことを目的とする．

- RQ1: OSS の開発中に発生する潜在バグやコードスメルの予測は可能か？
- RQ2: 機械学習において，潜在バグ数，コードスメル数，コード行数を関連づけて学習させることで，予測精度は向上するのか？
- RQ3: RNN と LSTM のうち，どちらが潜在バグ数およびコードスメル数の予測に適しているか？

これらの研究課題に基づいて，OSS プロジェクトの過去バージョンを静的解析し，リカレントニューラルネットワーク（RNN）モデルを用いて次バージョンの潜在バグ数とコードスメル数の予測を行う．具体的には，SonarQube を用いてデータを収集し，Git のタグ付けされたバージョンを時系列データとして利用する．最終的に，予測モデルの有効性と精度を評価し，OSS 開発における潜在バグ予測の可能性を明らかにする．

Prediction of Latent Bugs in Open Source Software Using RNN

Kiyoshi Honda, Komatsu Syunsuke, 大阪工業大学, Osaka Institute of Technorogy.

表 1　プロジェクト名とデータ数

プロジェクト名	データ数	潜在バグ数
IO	17	68
Net	17	46
Compress	25	59
Configuration	17	15
Lang	21	27

2 研究手法

OSS の潜在バグ数とコードスメル数を予測するために，静的解析手法を用いたデータ収集を行う．具体的には，OSS プロジェクトの過去バージョンデータを取得し，これを基に機械学習モデルを構築して次バージョンのバグやコードスメルを予測する．

データ収集には，GitHub 上で公開されている OSS プロジェクトを対象とし，各プロジェクトのコード行数，潜在バグ数，コードスメル数を解析するために SonarQube などの静的解析ツールを使用する．収集したデータは時系列データとして整理し，RNN および LSTM モデルを用いて予測を行う．

表 2　潜在バグ数とコードスメル数とコード行数の単体での予測結果と予測精度

プロジェクト名	潜在バグ数		コードスメル数		コード行数	
	予測結果	予測精度	予測結果	予測精度	予測結果	予測精度
IO	79.21	116.48%	630.05	31.55%	2007.81	13.89%
Net	56.47	122.76%	1285.84	123.05%	1541.46	8.97%
Compress	94.39	159.99%	1074.26	30.68%	4806.52	10.68%
Configuration	24.17	161.15%	558.64	205.38%	2606.61	12.67%
Lang	42.48	157.32%	1510.18	30.13%	3025.66	10.17%

表 3　RNN と LSTM の潜在バグ数予測結果

プロジェクト名	RNN		LSTM	
	予測結果	予測精度	予測結果	予測精度
IO	67.3	98.93%	69.2	101.80%
Net	35.2	76.59%	38.7	84.18%
Compress	86.4	146.39%	39.6	67.04%
Configuration	40.5	269.96%	16.8	112.20%
Lang	15.4	56.88%	31.8	117.70%

3　実験と結果

実験では，各バージョンから収集したコード行数，潜在バグ数，コードスメル数を時系列データとして整理し，次バージョンの潜在バグ数およびコードスメル数を予測する．表 1 に対象としたプロジェクトを示す．表 2 に RNN を用いた単体での予測結果と精度を示す．

次に，RNN と LSTM について，両モデルの精度を比較した．その結果，LSTM は潜在バグ数の予測において RNN よりも高い精度を示した．また，潜在バグ数，コードスメル数，コード行数を関連づけて学習させた場合，単独で学習させた場合よりも精度が向上することが明らかになった．表 3 に RNN と LSTM の予測結果と精度を示す．

これらの結果は，OSS 開発における潜在バグやコードスメルの予測が，RNN および LSTM モデルを使用することで実現可能であることを示している．

4　考察

LSTM は潜在バグ数の予測において RNN よりも高い精度を示した一方で，コードスメルの予測においては RNN の方が優れていた．

5　関連研究

重回帰分析による潜在バグの予測研究では，10 の説明変数を用いて重回帰分析を行い，潜在バグ数と説明変数の関連性を調べている [1]．作成規模と最終規模が潜在バグ数との関係性が高いことが明らかになり，どちらかを抑えても片方が大きければ潜在バグ数が多くなると結論付けている．

6　結論

本研究では，RNN を用いた潜在バグ数やコードスメル数の予測が可能であることを示した．特に，コード行数やコードスメル数を組み合わせることで予測精度が向上することが確認された．今後の課題として，異なるプロジェクト間での汎用性の向上や，学習データのさらなる拡充が挙げられる．

謝辞 本研究は JSPS 科研費 JP19K20242 の助成を受けたものです．

参 考 文 献

[1]　野崎瑞ら.：重回帰分析による潜在バグの予測, 情報処理学会全国大会講演論文集, 33rd, 1986, pp. 573-574.

プロジェクト理解のための動的チャート作成ツールの開発

速水 健杜　玉田 春昭

ソフトウェアプロジェクトの成長過程の変化の理解を促進するために，一つのプロジェクトを対象とする可視化ツール RepoTimelapse を提案する．これはプロジェクトからあるメトリクスを抽出し，その時系列変化を動的グラフで描画するものである．プロジェクトの成長過程を一般的なグラフ表現で可視化するため，理解促進が期待できる．

1 はじめに

近年のソフトウェアはこれまで以上に大規模・複雑化しており，その開発・保守はますます困難を極めている．この問題は単なる開発効率のみならず，ソフトウェアの品質や保守性にも大きな影響を与える．そのため，大規模プロジェクトの構造を効果的に可視化し，理解を促す手法は重要な研究課題となっている．

この問題に対する従来からの代表的なアプローチは，CodeCity であろう [1]．CodeCity はソフトウェアシステムのメトリクスをもとに都市を構築し，ソフトウェアの構造を直感的に理解することを目指している．しかし，CodeCity はメタファーであるが故に，利用に際して建物の面積や高さが何を表しているのかの理解が必須である．

一方で，ソフトウェア開発のプラットフォームとして，GitHub が現在最も広く利用されている．つまり，開発データは多くが GitHub 上に存在し，そのデータを活用することで，ソフトウェア開発の効率化や品質向上が期待できる．そこで本研究では，GitHub 上のデータを活用し，ソフトウェアプロジェクトの可視化を行うことを目指す．その可視化では，メタファーを用いることなく，直感的に理解しやすい一般的なグラフ形式を採用する．ただし一般的なグラフでは，値の一覧と時系列での変化の両方を表現することが難しい．そのため，本稿では動的グラフを用いる．

図 1　stleary/JSON-java の TreeMap

図 2　gradle/gradle の TreeMap

2 提案手法

本稿ではこれらの課題を踏まえ，GitHub プロジェクトの構造把握が容易で，プロジェクトの成長を可視化することを目的とする．そのために，TreeMap と棒グラフの 2 種類の動的グラフを用いる．TreeMap は階層化されたデータの可視化に適した可視化手法である [2]．ソフトウェアプロジェクトには，多くのファイルが存在し，プロジェクトのルートディレクトリか

A tool for generating dynamic charts to understand the projects

Kento Hayami, Haruaki Tamada, 京都産業大学, Kyoto Sangyo University.

表 1 対象プロジェクト

プロジェクト名	概要	スター数	フォーク数	主要言語
`stleary/JSON-java`	JSON 解析・生成（Java ライブラリ）	4.5k+	1.5k+	Java
`gradle/gradle`	ビルド自動化ツール	14.5k+	4.3k+	Java, Groovy

ら階層化されて配置されている．それらファイル群を TreeMap で表現することで，プロジェクトの構造を直感的に理解することができる．加えて，開発が進むごとにファイルの追加や削除，また，ファイル単体に着目しても追記や一部の削除が発生する．これら時系列での変化の可視化にも対応するため，TreeMap のアニメーションを用いる．

一方，ソフトウェアプロジェクトには多くのファイルが含まれており，それらから様々なメトリクスを抽出できる．それらメトリクスはファイルの変更に伴い変化する．このように抽出したメトリクスは，プロジェクトの成長とともに変化していく．この成長に伴うメトリクスの変化を表現するために，動的棒グラフを用いる[†1]．これら 2 つの表現により，プロジェクトの構造と成長を直感的に理解することができる．

3 ケーススタディ

ここでは，表 1 に示す 2 つのプロジェクトを対象に提案手法を適用する．両プロジェクトともに GitHub 上で公開されている著名な OSS プロジェクトである．棒グラフのメトリクスは，ファイルの種類毎の総行数とした．Gradle は種類数が多いため，総行数が 100 以上のもののみとした．図 1 は `stleary/JSON-java`，図 2 は `gradle/gradle` の TreeMap を示している．図 3，図 4 は同様にそれぞれの棒グラフである．

4 まとめ

GitHub プロジェクトの構造把握を目的とした可視化ツール RepoTimelapse を提案した．RepoTimelapse は一つの GitHub プロジェクトに着目し，そこからあるメトリクスを抽出して，その頻度と時系列変化を動的グラフ（TreeMap，動的棒グラフ）で表現する．これにより，一般的なグラフ表現でプロジェクトの構造を表現でき，プロジェクトの理解を促すことが期待できる．今後は，より多様なメトリクス表現への対応や，他のグラフへの対応も検討する．

†1 `https://app.flourish.studio/@flourish/bar-chart-race`

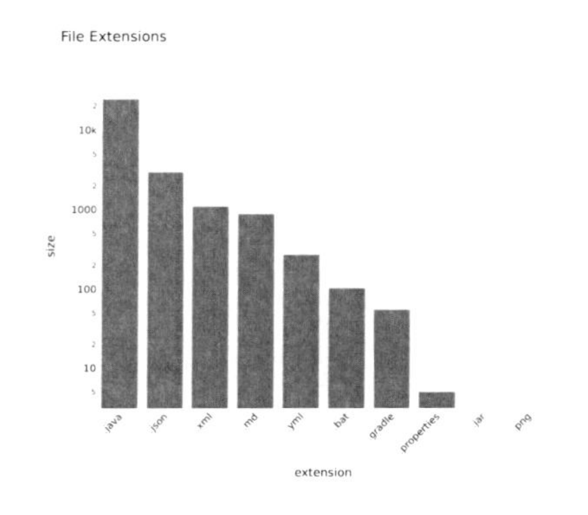

図 3 `stleary/JSON-java` の棒グラフ

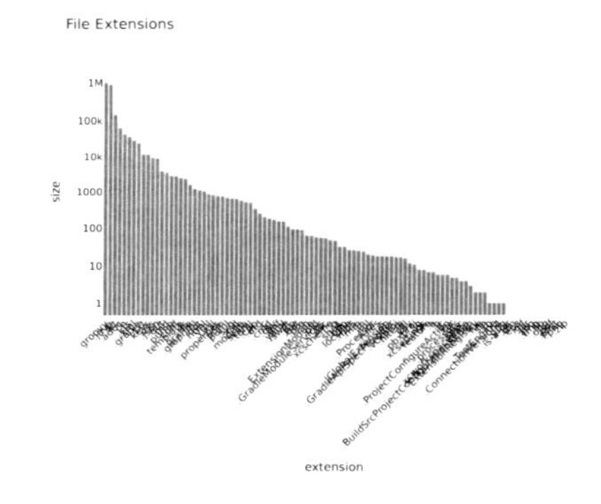

図 4 `gradle/gradle` の棒グラフ

謝辞 本研究の一部は，JSPS 科研費 20K11761 の助成を受けた．

参 考 文 献

[1] Ardigò, S., Nagy, C., Minelli, R., and Lanza, M.: Visualizing Data in Software Cities, *Proc. 2021 Working Conference on Software Visualization (VISSOFT)*, 2021, pp. 145–149.

[2] Shneiderman, B.: Tree visualization with tree-maps: 2-d space-filling approach, *ACM Transaction on Graphics*, Vol. 11, No. 1(1992), pp. 92—99.

◎本書スタッフ
編集長：石井 沙知
編集：伊藤 雅英
組版協力：安原 悦子
表紙デザイン：tplot.inc 中沢 岳志
技術開発・システム支援：インプレスNextPublishing

●本書の内容についてのお問い合わせ先
近代科学社Digital　メール窓口
kdd-info@kindaikagaku.co.jp
件名に「『本書名』問い合わせ係」と明記してお送りください。
電話やFAX、郵便でのご質問にはお答えできません。返信までには、しばらくお時間をいただく場合があります。なお、本書の範囲を超えるご質問にはお答えしかねますので、あらかじめご了承ください。

レクチャーノート/ソフトウェア学 第50巻

ソフトウェア工学の基礎 31

2024年12月13日　初版発行Ver.1.0

編　者　戸田 航史,藤原 賢二
発行人　大塚 浩昭
発　行　近代科学社Digital
販　売　株式会社 近代科学社
〒101-0051
東京都千代田区神田神保町1丁目105番地
https://www.kindaikagaku.co.jp

印刷・製本　京葉流通倉庫株式会社
Printed in Japan

ISBN978-4-7649-6096-1

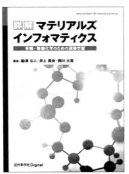